Die homerischen Räte und die spartanische Gerusie

Syssitia

Studien zur Geschichte und Kultur Spartas und zur Sparta-Rezeption

herausgegeben von

Ernst Baltrusch und Andreas Luther

Band 1

Wellem Verlag · Düsseldorf

Die homerischen Räte und die spartanische Gerusie

von

Fabian Schulz

wellem

Bibliografische Informationen der Deutschen Bibliothek

Die Deutsche Bibliothek verzeichnet diese Publikation in der Deutschen Nationalbibliografie; detaillierte bibliografische Daten sind im Internet über http://dnb.ddb.de abrufbar.

ISBN 978-3-941820-06-7

1. Auflage

Satz: Wellem Verlag aus der Bembo Book
Druck und Bindung: Grafoprint, Gornji Milanovac
Papier: Werkdruckpapier »Munken Premium Cream« von Arctic Paper, säurefrei und alterungsbeständig gemäß ISO 9706
Logo Syssitia: Ausschnitt einer Symposiums-Szene. Schwarzfigurige Schale des Naukratis-Malers (6. Jh. v. Chr.), Original im Louvre. Technische Umsetzung: Balkwitz GbR (http://www.balkwitz.de)

FSC
The mark of responsible forestry
SGS-COC-005828 · www.fsc.org
© 1996 Forest Stewardship Council

PEFC/05-37-113
Promoting sustainable forest management · www.pefc.org

Printed in Serbia

Danksagung

Die vorliegende Arbeit ist eine überarbeitete Fassung meiner Dissertation an der Freien Universität Berlin, die von Ernst Baltrusch in ihrer historischen und von Bernd Seidensticker in ihrer philologischen Dimension betreut wurde. Beide haben meine Entwicklung vom Beginn des Studiums der klassischen Philologie bis zum Abschluss der Promotion in Alter Geschichte entscheidend gefördert, wofür ich ihnen von Herzen danke. Besonderer Dank gilt Pierre Carlier, mit dem ich viele Aspekte der Arbeit durchsprechen konnte. Andreas Luther und Stephen Hodkinson haben mir geholfen, das Thema zu entwickeln. Die Freie Universität hat mir ein ideales Arbeitsumfeld geboten und einen anregenden Aufenthalt an der École Normale Supérieure Paris ermöglicht. Der Fondation Hardt verdanke ich einen fruchtbaren Forschungsaufenthalt. Das Land Berlin und der DAAD haben das Vorhaben großzügig unterstützt. Norbert Blößner, Gyburg Uhlmann und Mischa Meier haben mir in der letzten Phase den nötigen Freiraum gewährt, um die Dissertation und das Manuskript abzuschließen. Den Herausgebern der Syssitia danke ich für die Ehre, die Reihe eröffnen zu dürfen und für die großzügige Finanzierung des Drucks. Schließlich danke ich meinem Bruder und meinen Eltern, für alles.

Tübingen, August 2011

Inhaltsverzeichnis

Einleitung

In vielen Sprachen wird zwischen den »physisch« Alten und den »altehrwürdigen« Ältesten unterschieden: So sprechen wir nicht vom Altenrat, sondern vom Ältestenrat.[1] Diese Unterscheidung ehrt Qualitäten, die mit dem Alter verbunden sein können wie Erfahrung und Autorität. Außerdem verfügen diese »Ältesten« in vielen Kulturen über politische Macht. Eine solche Form der Herrschaft bezeichnet man als Gerontokratie. Dabei handelt es sich um ein antikes Konzept[2] und einen neuzeitlichen Begriff, der ursprünglich geprägt worden ist, um die Regierung nach der französischen Revolution zu geißeln.[3] Der Begriff wurde aber bald auf andere Kontexte übertragen, weil er treffend ein verbreitetes Phänomen beschreibt: »Gerontokratie heißt der Zustand, dass, soweit überhaupt Herrschaft im Verband geübt wird, die (ursprünglich im wörtlichen Sinn: an Jahren) Ältesten, als beste Kenner der heiligen Tradition, sie ausüben«, so Weber 1980 [1922], S. 133. Diese Form der Herrschaft findet sich bis auf den heutigen Tag in vielen Teilen der Welt[4] und fand sich besonders in der Antike, aus der Max Weber sein Konzept der Gerontokratie ableitet, wenn er sich in diesem Zusammenhang auf die antiken »Ältestenräte (Senate, Gerusien)« beruft.[5] Die altertumswissenschaftliche Forschung bescheinigt den griechischen Oligarchien eine Tendenz zur Gerontokratie.[6] Besonders Sparta wird als Gerontokratie angesehen.[7]

---

1 Im Englischen und Französischen unterscheidet man zwischen »the old/the elders« und »les vieux/les anciens« und bildet entsprechend »council of Elders« bzw. »conseil des anciens«.

2 Plutarch widmet der Frage, ob der Staat von Alten geführt werden soll, ein ganzes Werk: *An seni res publica gerenda sit*.

3 Eisele 1979.

4 Oft in Afrika, vgl. Spencer 1965 und Aguilar 1997. Das House of Lords in Großbritannien hat zwar seit dem Mittelalter einige Kompetenzen eingebüßt, aber die Mitgliedschaft ist noch immer lebenslang und zum Teil erblich; heute beträgt das Durchschnittsalter fast 70 Jahre.

5 Weber 1980 [1922], S. 547.

6 Glotz 1928, S. 113.

7 David 1991, S. 36 und 46 ff.; Cartledge 2001, S. 60 und 80; Schmitz 2003, S. 100 und 111 ff.

Ältestenräte spielten in allen Teilen Griechenlands zu allen Zeiten eine wichtige Rolle in der Gesellschaft. Die hellenistische und römische Gerusie sind gut erforscht.[8] Dagegen ist der Ältestenrat vor Alexander dem Großen weder generell (wie das Königtum und die Tyrannis) noch für einzelne Stadtstaaten (wie die athenische Boule und Volksversammlung) untersucht worden.[9] Einen kleinen Beitrag, diese Lücke zu schließen, soll diese Arbeit leisten. Sie untersucht die ältesten Ratsgremien, die in den homerischen Epen als »Rat der Geronten« (βουλὴ γερόντων) erscheinen, und den bekanntesten Ältestenrat, die spartanische Gerusie (γερουσία), dessen Mitglieder ebenfalls Geronten heißen. Die Untersuchung beginnt also in der noch näher zu definierenden homerischen Zeit und erstreckt sich bis zum Ende der klassischen Epoche, wo die Untersuchung der spartanischen Gerusie enden soll. Weil sich das Interesse der Spartaforschung eher auf die Ephoren und die Könige richtet und sich die historische Homerforschung eher auf die Könige und die Volksversammlung konzentriert, sind die homerischen Räte und die spartanische Gerusie bisher eher am Rande behandelt worden. Dabei werden manche Bereiche häufiger diskutiert (Einfluss der Geronten auf die Entscheidungsfindung) als andere (ihre Rolle in der Diplomatie). Einzelne Aspekte wurden noch gar nicht untersucht (Bedeutung der Familie für den homerischen Rat; Chilon, einer der sieben Weisen, als spartanischer Geront). Da sich auch in den viel diskutierten Fragen oft kein Konsens abzeichnet und der Forschungsstand einseitig und lückenhaft ist, erscheint eine grundlegende und umfassende Analyse angebracht. Die homerischen Räte und die spartanische Gerusie werden nacheinander nach demselben Grundschema untersucht: Terminologie, Aufnahme, Mitgliedschaft, Verfahren, Kompetenzen, Privilegien, Verhältnis zu anderen Institutionen, Ursprung und Entwicklung. Gleichzeitig steht jeder Teil für sich und entwickelt sich aus den jeweiligen Gegebenheiten heraus, so dass vieles ohne Entsprechung ist.

Abschließend sollen die homerischen Räte und die spartanische Gerusie miteinander verglichen und in ihrem Abhängigkeitsverhältnis untersucht werden. Schon in der Antike hat man eine enge Beziehung zwischen beiden Gremien konstatiert. So heißt es in den antiken Kommentaren, Homer habe die spartanische Verfassung vorhergesehen, denn der Rat der Alten und die Atriden entsprächen Gerusie und Doppelkönigtum.[10] In der mo-

8 Oliver 1941, 1961 und 1967; Rossum 1988.

9 Abgesehen vom Areopag, der aber nur selten als Ältestenrat verstanden wird.

10 Eust. 1,264 (ad Il. 2,53).

dernen Forschung wird die Richtung des Einflusses umgekehrt. So urteilt etwa Busolt: »Nachfolger der homerischen Geronten waren die spartanischen«.[11] Aber neben Ähnlichkeiten gibt es auch Unterschiede: Die homerischen Geronten sind im Gegensatz zu den spartanischen nicht unbedingt alt. Zwar ist die Bezeichnung der Mitglieder identisch, aber die Gremien tragen verschiedene Namen: einerseits Boule, andererseits Gerusie. Die Analyse beider Gremien nach demselben Grundschema soll einen systematischen Vergleich und eine Klärung ihres möglichen Abhängigkeitsverhältnisses ermöglichen. Das letzte Kapitel ergibt sich aus den beiden vorangehenden als Synergieeffekt, ist aber nicht ihr alleiniger Kulminationspunkt. Das systematische Vorgehen in den beiden ersten Kapiteln rechtfertigt sich, weil die Räte in Ilias und Odyssee einen Typ zu bilden scheinen und die spartanische Gerusie nach ihrer Institutionalisierung relativ unverändert geblieben zu sein scheint. Dafür wird die Entwicklung zwischen beiden Gremien im letzten Teil umso ausgiebiger behandelt.

Im Mittelpunkt der Untersuchung steht Institutionengeschichte; sie berührt aber auch die Fragen nach den Wurzeln der griechischen Polis und nach der Ausbildung der spartanischen Ordnung. Diese Arbeit ist eine Untersuchung; es geht nicht darum, eine Kernthese zu beweisen, sondern um die umfassende Analyse des Gegenstands, die von den Quellen ausgeht: Sammlung, Ordnung und Interpretation des Materials unter Einbeziehung der wichtigsten Forschungsliteratur. Eine Quellenkritik, deren Tiefe der Komplexität der homerischen Frage und der Problematik des »mirage spartiate« gerecht würde, ist leider nicht möglich. Während die antiken Quellen möglichst vollständig erfasst werden, ist das bei der modernen Forschungsliteratur unmöglich. Denn die homerischen Epen erfreuen sich seit Jahrhunderten eines ungebrochenen Forschungsinteresses; die Spartaforschung immerhin seit ein paar Jahrzehnten. Die Auswahl der wichtigsten Literatur ist notwendigerweise subjektiv. Diese Arbeit versucht an die jüngste Forschung anzuknüpfen und gleichzeitig die Tradition zu berücksichtigen, wobei auch auf Werke des 19. Jahrhunderts zurückgegriffen wird, als die Erforschung von Institutionen besonders Konjunktur hatte.

In vielen Teilen der Arbeit wenden wir die bewährten Methoden der klassischen Altertumswissenschaften wie Text- und Quellenkritik auf bekannte Texte an. Aber es werden auch neue Methoden genutzt und neue Quellen und Quellengattungen ausgewertet: einerseits literarische Quellen, die bislang nicht für diese Fragestellung herangezogen wurden, andererseits

11 Busolt 1920–1926, Bd. 2, S. 679.

Inschriften, die zwar nicht zahlreich sind, aber einen direkten Einblick in die damalige Lebenswirklichkeit bieten. Das Instrumentarium der Soziologie wird genutzt, um die Entscheidungs- und Legitimationsverfahren zu beschreiben. Außerdem kann mit Hilfe der historischen Demografie die Exklusivität der Gerusie bemessen werden. Durch diesen Ansatz soll ein umfassendes und innovatives Bild gezeichnet werden.

Abkürzungen von modernen Werken sind im Anhang verzeichnet. Griechische Autoren und Werke werden nach LSJ bzw. nach DGE abgekürzt; Lateinische Autoren nach DNP. Die Übersetzungen Homers folgen Schadewaldt, die Plutarchs Ziegler und die des Aristoteles Schütrumpf. Zeitangaben verstehen sich vor Christus.

1 Die homerischen Räte

1.1 Einleitung

Wegen des enormen Umfangs der beiden homerischen Epen und reichen Materials, das sie für viele Bereiche bieten, ist oft versucht worden, an Ilias und Odyssee auch historische Fragen zu richten. Problematisch ist, dass sich der historische Gehalt nur schwer interpretieren, datieren und lokalisieren lässt. Denn Homer schrieb in der Archaischen Zeit über den Krieg zwischen Trojanern und Griechen, der sich wohl in der Bronzezeit zugetragen hat, wobei er auf Erzählungen zurückgriff, die vorher mündlich tradiert worden waren. Daher ist nicht immer klar, welche Aspekte der epischen Welt der Gegenwart des Autors, welche der Vergangenheit angehören und zu welchem Grad die Trojaner wie Griechen gezeichnet sind.

Besonderes Interesse hat das Bild des Gemeinwesens gefunden, das aus König, Rat und Volksversammlung (ἀγορή) besteht. Die Ähnlichkeiten und Unterschiede zu den entsprechenden Institutionen der klassischen Polis haben eine lange Debatte über die Staatlichkeit des homerischen Gemeinwesens entfacht. Dabei stehen sich, wie Gschnitzer gezeigt hat,[12] zwei Lager gegenüber: Die einen gehen von einer starken Institutionalisierung und Normierung des homerischen Gemeinwesens aus, die anderen sehen darin eher vorstaatliche bis primitive Zustände. Forscher des 19. Jahrhunderts wie Gladstone, Fanta und Busolt sprachen vom »homerischen Staat« und gingen von entwickelten Institutionen aus. Diese Strömung ist seit der Mitte des 20. Jahrhunderts besonders von Finley in Zweifel gezogen worden: Die Voraussetzungen für eine Polis seien zweifelhaft, weil das Gemeinwesen von den Adligen dominiert werde und die Volksversammlung anonym und passiv sei. Komparatisten haben »primitive« Kulturen zum Vergleich herangezogen, um das homerische Gemeinwesen als un- oder zumindest vorstaatlich zu erweisen. An diesem Punkt schlug das Pendel zurück. In Reaktion auf Finley hat sich die jüngere Forschung auf die Rehabilitierung der homerischen Versammlung konzentriert. Ihre berechtigten Einwände haben die Bedeutung von Gemeinschaft und Öffentlichkeit erhellt und gezeigt, dass

12 Die folgende Analyse stützt sich auf Gschnitzer 1991.

die Volksversammlung viel mehr als eine anonyme Masse ohne Rechte war. Aber die Reaktion gegen Finley hatte zur Folge, dass die Macht der Volksversammlung überzeichnet und der Rat vernachlässigt wurde. So nimmt Hölkeskamp 1997 den Streit mit Finley zum Ausgangspunkt, um die homerische Versammlung zu untersuchen, ignoriert dabei aber den maßgeblichen Beitrag der Geronten zur Versammlung. Auch die Revision des Adelsbegriffs (weg von Geburt zu Leistung) hat zur Vernachlässigung und Unterbewertung des Rats beigetragen (Ulf 1990). Wenn eine Institution im Mittelpunkt stand, dann eher das Königtum (Carlier 1984). Insofern scheint die Position des Rats zwischen Staatlichkeit und Unstaatlichkeit und im Gefüge der Institutionen nur unzureichend bestimmt. Diese Einordnung soll die folgende Untersuchung leisten.

Nachdem die Ratsszenen identifiziert sind, sollen die verschiedenen Termini, die die Ratssitzung und ihre Mitglieder bezeichnen, analysiert und voneinander abgegrenzt werden. Anschließend werden die verschiedenen Räte und ihre Teilnehmerschaft prosopographisch und zahlenmäßig untersucht; ferner werden die Eigenschaften der Ratsmitglieder herausgearbeitet und geprüft, ob sich darin Aufnahmebedingungen spiegeln und in welchem Modus die Aufnahme erfolgte. Aus diesen Ergebnissen wird eine Typologie der Räte abgeleitet. Sodann wird die Position des Rats im Kräfteverhältnis von König und Versammlung bestimmt: Der Vergleich von Ratssitzung und Versammlung hinsichtlich der Zuständigkeit und des Verfahrens von Beratung und Entscheidung soll das Wesen des Rats erhellen. Ein Exkurs soll zeigen, wie sehr die Handlung der Epen von Spannungen zwischen der Souveränität des Königs und dem Konsensprinzip lebt. Ferner werden Aufgaben, Belohnung und Stellung des Ratsmitglieds bestimmt, die mit dem Begriff »geras« gefasst werden. Abschließend werden die wichtigsten Aspekte der homerischen Räte nuanciert. Zuletzt werden die homerischen Räte in die historische Entwicklung eingeordnet. Bei der Auswertung der Quellen wird darauf geachtet, dass zwischen Ilias, Odyssee und Dolonie unterschieden wird, weil sie wohl nicht von demselben Dichter, sondern aus verschiedenen Zeiten – wenngleich aus derselben Epoche – stammen.[13]

Für unsere Fragestellung sind besonders die Monographien von Gladstone, Fanta, Vlachos, Carlier, Ulf und Ruzé wichtig – daneben Aufsätze

13 Kirk, Bd. 3, S. 155 zur Dolonie: »The Rhesos-story was adapted for this place in the Iliad not long after the epic's composition by a poet familiar with the traditional art of ἀοιδή but not the poet of the Iliad«; ähnlich West 2001, S. 10f.

von Sale, Gschnitzer, Raaflaub und Hölkeskamp;[14] Fanta 1882 ist zwar sehr quellenreich, aber in der Trennung von alten und neuen oder echten und unechten Teilen der homerischen Epen überholt. Innerhalb der beiden Epen sehen wir (abgesehen von der Dolonie) keine verschiedenen Schichten – wir folgen also den Unitariern. Gschnitzer 1983 geht in die richtige Richtung, behandelt aber nur einen Teilaspekt. Ruzé 1997 ist enorm fundiert, wegen des übergreifenden Themas verschwimmt aber bisweilen der Unterschied zwischen Rat und Versammlung.[15] Sale 1994 hat wenig Beachtung gefunden, ist aber überaus anregend. Die Forschungsliteratur wird kontinuierlich reflektiert, aber am Schluss sollen die wichtigsten Arbeiten geschlossen diskutiert werden, um ihrer Gesamtargumentation gerecht zu werden (1.7.1, 1.8.1, 1.8.2).

Das Thema des Hauptteils verläuft also mitten durch die tiefsten Gräben der Homerforschung: die Homerische Frage (Analytiker vs. Unitarier), die Datierung des Inhalts (mykenische Zeit vs. dunkle Jahrhunderte vs. frühe Archaik) und der Abfassung (Ilias vs. Odyssee) sowie die soziale und politische Dimension der Epen (Geburt vs. Leistung; staatlich vs. vorstaatlich). Wir können uns nur mit dem letzten Fragenkomplex eingehend befassen. In den anderen Punkten müssen bestimmte Positionen vorausgesetzt werden, die zwar nicht überprüft werden, aber die Communis opinio zu bilden scheinen.

1.2 Typen von Ratsszenen

In den homerischen Epen gibt es verschiedene Typen von Ratsszenen, die sich nach Anlass, Ziel, Rahmen und Tagungsort unterscheiden: Regelmäßig wird im Anschluss an das Früh- oder Nachtmahl diskutiert, zu dem Agamemnon die Ratsmitglieder zu sich einlädt.[16] Die Beratung nach dem

14 Ältere Literatur zu Rat und Versammlung bei Homer bietet Vlachos 1974, S. 223, Anm. 37.

15 Zum Beispiel der Unterschied zwischen den Einberufungsformen (vgl. Anm. 158); die inkonsistente Behandlung des Götterrats (vgl. Anm. 148); Ruzé übersieht Kompetenzen, die dem Rat auch ohne Versammlung zukommen (vgl. Anm. 267).

16 Früh- bzw. Opfermahl: Il. 2,404ff.; Nachtmahl: Il. 9,69 und 89 auf Nestors Empfehlung. Allerdings wird der im Zweikampf siegreiche Aias zu Agamemnon geführt, ohne dass wir von einer Einladung hören (Il. 7,311–34). Aber zu diesem Anlass kann sie wohl vorausgesetzt werden. Die Siegesfeier ist gleichzeitig Nachtmahl.

Essen hat ihren festen Platz, kann aber auch abgekürzt werden.[17] Agamemnon kann auch eine reine Beratung einberufen, die nicht in seinem Zelt stattfindet.[18] Außerdem kann sich Agamemnon mit den Ratsmitgliedern während des Kampfes beraten.[19] Ferner können sich die Ratsmitglieder zu einem anderen Zweck als zum Mahl oder zur Beratung versammeln.[20] Bei den Trojanern kann Hektor eine reine Beratung einberufen[21] oder sich während des Kampfes mit den Ratsmitgliedern beraten.[22] Auf trojanischer Seite wird ein Beratungsmahl zwar nicht geschildert, aber angedeutet (Anm. 95). Beim Treffen der Demogeronten zur Mauerschau, handelt es sich augenscheinlich um eine Zusammenkunft ohne Beratung.[23] Die Götter scheinen nur in Zeus' Palast Rat zu halten und dabei immer zu tafeln.[24] Ähnlich verhält es sich mit dem Rat des Alkinoos bei den Phäaken.[25]

Die Ratsszenen sind mehr oder weniger formell und werden bisweilen nur knapp oder indirekt erwähnt. In gewisser Weise sind auch die Heeres- und Volksversammlungen Ratsszenen, weil sie entscheidend von den Rats-

17 Nach dem gemeinsamen Frühmahl bittet Nestor Agamemnon: Lass uns nicht noch lange hier reden, sondern das Heer auf bestimmte Weise mustern (Il. 2,435). Nach BK ad 2,194 ist 2,404ff. unverständlicherweise »keine eigentliche βουλή-Szene.«

18 Il. 2,53ff. vor Heeresprobe und Frühmahl; Dolonie bei Nacht.

19 Nestor trifft Agamemnon, Diomedes und Odysseus, die den Kampf verwundet verlassen haben (Il. 14,27ff.), und fordert zur Beratung auf, nachdem ihn Agamemnon angesprochen hat (14,61).

20 Kampf um Patroklos' Leiche (17,247–253): Aias bittet Menelaos, die Besten der Danaer zu rufen; Menelaos ruft die Führer und Berater, die von den Atriden auf Kosten des Volks bewirtet werden. Es kommen Idomeneus und Meriones. Patroklos' Bestattung (23,154ff. und 233ff.): Achill instruiert Agamemnon und die Besten der Allachaier.

21 Dolonie bei Nacht: 10,299ff. und 414ff.

22 Il. 13,726ff.: Hektor gefällt Polydamas' Rat, alle Aristoi einzuberufen, um über Angriff oder Rückzug zu beraten. Hektor macht sich an die Einberufung, führt aber ohne Beratung in den Kampf (vgl. 1.4.1 b). Zu einer weiteren Ratsszene vgl. Anm. 90.

23 Sale 1994, S. 74 hält die Mauerschau für eine Sitzung, die die Rückgabe der Helena thematisiert. Sale spaltet die wörtliche Rede (Il. 3,156–160) in Gegner (156–158) und Befürworter (159–160) der Rückgabe. Ob es sich bei diesem Getuschel an jenem ungewöhnlichen Ort um eine formelle Sitzung handelt, sei dahingestellt.

24 Ratsszenen der Götter bei Zeus mit Mahl: Il. 1,531; 4,1–72; 15,84–167; nur Mahl erwähnt (24,22ff.); nur Zeus' Palast erwähnt (Od. 1,26–95). Weder noch: auf dem Gipfel des Olymps (Il. 8,1–40; 8,439–484; 22,166ff.); »Versammlung der Götter« ohne Ortsangabe (Od. 5,1–20); »die Götter, die bei Zeus sitzen« (Il. 7,443ff.).

25 Spätmahl: Od. 7,95ff. und Il. 8,470ff. Wir erfahren, dass die Berater des Alkinoos nicht nur gewöhnlich (Anm. 98), sondern immer bei ihm speisen (Anm. 105).

mitgliedern geprägt werden.[26] In der Ilias sind die Ratsszenen der Achaier am häufigsten.[27] In der Odyssee nimmt der Rat der Phäaken den größten Raum ein.[28] In der Ilias werden mehr Götterräte als in der Odyssee geschildert (Anm. 24).

1.3 Terminologie

1.3.1 Personen

Die variantenreiche Terminologie lässt sich gut am Beispiel der Ratgeber des Alkinoos verfolgen.[29] Nach Odysseus' Bewirtung entlässt Alkinoos die ἡγήτορες ἠδὲ μέδοντες (Od. 7,186) und kündigt eine Versammlung mit weiteren γέροντες (7,189) an. Auf der morgendlichen Versammlung lädt Alkinoos die σκηπτοῦχοι βασιλῆες (8,41) zum Festbankett zu Odysseus' Ehren ein. Zwischen den Mahlzeiten verlassen Alkinoos und die ἄριστοι (8,91) den Palast, um Wettkämpfe zu sehen. Nachdem Odysseus die Tanzkunst der Phäaken gelobt hat, fordert Alkinoos die βασιλῆες ἀρχοί (8,390 f.) auf, Gastgeschenke für Odysseus zu stellen. Bewegt von Odysseus' Vortrag fordert Alkinoos weitere Gastgeschenke von den βουληφόροι (13,12). Alle Termini bezeichnen die gleiche Gruppe oder zumindest Teilmengen derselben. Zu den einzelnen Termini:

a) Neben Agamemnon, der den Heerzug als monarchischer König (βασιλεύς) anführt, gibt es weitere Basilees (βασιλῆες), die eine zahlenmäßig begrenzte Gruppe bilden und politische Einheiten z.B. Heeresverbände anführen (vgl. LfgrE βασιλεύς und Carlier 1984, S. 142 ff.). Mehrere Basilees können in einem Demos regieren (Od. 8,390 von den Phäaken). Der Plural »Basilees« kann also Anführer von unterschiedlichem Status umfassen.

b) Der Singular γέρων bezeichnet wie in späterer Zeit den Greis.[30] Das Kompositum ὠμογέρων »frischer γέρων« wird aber für einen aktiven Krie-

26 Listen der Versammlungen bei Ruzé 1997, S. 103 f. und Hölkeskamp 1997, S. 2, Anm. 5.

27 Achaier: 2,53 ff.; 2,404 ff.; 7,323–343; 9,89 ff. und 669 ff.; 10,195 ff., 327 ff., 532 ff.; 14,27 ff.; 19,303 ff.; 24,651 ff.; Trojaner: 3,149 ff.; 10,299 ff.; 13,726 ff.; 15,719 ff.

28 Phäaken: 6,55 ff.; 7,189 ff.; Bücher 8 bis 13 passim; Ithaka: 21,20 ff.; Troja: 11,51 ff.; Syria: 15,466.

29 Ähnliche Häufung in Ilias Gesang 2.

30 Carlier 1984, S. 150, Anm. 46. LfgrE γέρων weist dem Singular nicht klar die Bedeutung »Greis« zu, aber die angeführten Belege zeigen, dass nur Personen, die nicht mehr kämpfen, als γέρων bezeichnet werden: Nestor, Priamos, Laertes und Phoi-

ger wie Odysseus benutzt.[31] Die Altersspanne von (ὠμο)γέρων ist also etwas größer als in späterer Zeit, als man ab ca. 60 Jahren γέρων war.[32] Dementsprechend kann der Plural γέροντες die Greise meinen,[33] aber auch die älteren Kämpfer einschließen.[34] Davon abweichend werden jedoch in einem Atemzug mit Nestor auch jüngere Kämpfer wie Diomedes und Achill als γέροντες bezeichnet. Dieser Umstand hat seit der Antike irritiert. Daher stellt Dion Chrysostomos den γέροντες (wie Nestor) die σύμβουλοι νεανίσκοι (wie Achill und Aias) gegenüber.[35]

Ulf versucht diese Diskrepanz dadurch zu erklären, dass γέρων bei Homer eine noch größere Altersspanne (als vom älteren Kämpfer bis zum Greis) umfasse und dass nicht nur das Alter, sondern die Leistung einen γέρων ausmache.[36] Aber Diomedes und Achill werden nirgends γέρων genannt, und man kann auch unabhängig von der Leistung γέρων sein wie ein Bettler oder ein Sklave.[37] Warum werden Diomedes und Achill dann zu den γέροντες gezählt? Weil sie Basilees und Ratsmitglieder Agamemnons sind. Bereits die Homerkommentare unterscheiden im Plural zwei Bedeutungen von γέροντες: 1. die Älteren (πρεσβύτεροι) und 2. die Ehrwürdigen (ἔντιμοι).[38] Dank seiner Leistung kann jemand in früheren Jahren als ein anderer zum Kreis der Basilees und Ratsmitglieder den ἔντιμοι γέροντες

nix etc. Dagegen werden Agamemnon, Idomeneus, Achill, Aias und Menelaos nirgends γέρων genannt. Ulf 1990, S. 71 vermischt die Bedeutung des Singulars mit der des Plurals, so dass er zu dem falschen Schluss kommt: »Geron wird also für Figuren, die in sehr unterschiedlichem Alter stehen, verwendet.«

31 ὠμογέρων Il. 23,791 »frischer Geron«. Mit οὗτος ist in 23,790 Odysseus gemeint und nicht der kleine Aias (vgl. Ameis/Hentze/Cauer ad locum).

32 Vgl. Gnilka 1983, S. 996f.

33 Il. 8,518: Hektor schickt vom Schlachtfeld aus Befehle an Frauen, Kinder und Greise (γέροντες) in der Stadt.

34 Il. 9,36: Die Teilnehmer der Heeresversammlung werden in νέοι und γέροντες geschieden, womit die jüngeren und älteren Kämpfer bezeichnet sind.

35 Vgl. D. Chr. 2,21.

36 Ulf 1990, S. 83 lässt Geron unmittelbar an Kouros anschließen; dass die Kouroi Achill und Diomedes schon als Geron gezählt werden, verdankten sie ihren besonderen Fähigkeiten.

37 In einen Bettler verwandelt wird Odysseus unerkannt als γέρων angesprochen (Od. 14,37); Dolios der Sklave der Penelope (vgl. LfgrE γέρων).

38 Der alexandrinische Grammatiker Aristonikos setzt γέροντες mal mit πρεσβύτεροι mal mit ἔντιμοι gleich: εἶξαν δὲ γέροντες· γέροντας νῦν τοὺς πρεσβυτέρους ἀκουστέον (Ariston. ad Hom. Il. 2,14), Νέστορι, τόν ῥα μάλιστα γερόντων τῖ' Ἀγαμέμνων· τῶν ἐντίμων, ἐν οἷς καὶ Διομήδης καὶ Αἴαντες (ad Il. 2,21). Ähnlich bereits D. H. 2,12,3.

stoßen, ist damit aber nicht γέρων.[39] Wie erklärt sich der Umstand, dass der Plural eine Sonderbedeutung hat, die auch Personen, die nicht unter den Singular fallen, einschließen kann? Vielleicht dadurch, dass ein Mitglied der Basilees und Berater normalerweise ein Greis oder ein älterer Kämpfer (γέρων) war, so dass der Plural kollektiv und altersindifferent benutzt werden konnte.

Die Abgrenzung dieser Sonderbedeutung des Plurals vom Singular mag spitzfindig erscheinen, ist aber wichtig. Denn indem Ulf Singular und Plural miteinander vermischt, kann er zu dem Schluss kommen, dass der Kreis der Ratsmitglieder nicht exklusiv war: Da die Ratsmitglieder aus γέροντες bestehen, habe jeder γέρων die Möglichkeit am Rat teilzunehmen und als Richter zu fungieren (vgl. Anm. 121).

c) »Anführer und Berater« (ἡγήτορες ἠδὲ μέδοντες) wird besonders als Anrede gebraucht und oft durch ein Ethnikon spezifiziert. Die Bedeutung von μέδοντες geht oft in Richtung »Fürsorger« bzw. »Herrscher«,[40] aber neben ἡγήτορες »Anführer« scheint eine komplementäre Nuance zu überwiegen, nämlich »Berater«. Der eine Begriff scheint sich auf die militärische Fähigkeit zu beziehen, der andere auf die Kompetenz im Rat. Auf die Trennung der Sphären Rat/Krieg weist Aineias einen Gegner hin, der ihn auf dem Schlachtfeld in lange Reden verstrickt: »In den Armen liegt die Entscheidung des Krieges; die der Worte im Rat. Darum gilt es nicht, Reden zu häufen, sondern zu kämpfen!« (Il. 16,630). In 18,252 werden Polydamas und Hektor kontrastiert: Der eine siegt mit Worten, der andere mit der Lanze. Die militärische Seite umfaßt aber nicht nur Körperkraft, sondern auch strategische Kompetenz. Daher können sogar die Demogeronten des Priamos, die zu alt sind, um zu kämpfen, als Anführer der Troer bezeichnet werden.[41] Die Begriffe ἡγήτορες ἠδὲ μέδοντες und γέροντες umfassen einen recht großen Personenkreis.[42]

---

39 Pace Ulf 1990, S. 74: »So kann auch jemand in jüngeren Jahren als ein anderer Geron werden, weil er früher die für einen Geron nötigen Qualifikationen aufzuweisen hat.«

40 μέδοντες zu μέδ(έ)ων, μέδομαι »sich kümmern um etwas«. Der Plural des Partizips ist laut LfgrE formelhaft: »verantwortlich für« von privilegierten Anführern. Die Dehnstufe μήδομαι und μήστωρ bezeichnet den, »der kluge Pläne, gute Ratschlüsse zu ersinnen weiß« – auch in der Versammlung (Il. 7,366) –, aber weniger den »Berater« als den »Planer«, also eher individuell als kollektiv. Denn das Subjekt von μήδομαι steht bis auf eine Ausnahme (Od. 9,92) im Singular.

41 Τρώων ἡγήτορες Il. 3,153.

42 So zu Recht Busolt 1920–1926, Bd. 1, S. 329 und Ulf 1990, S. 80.

d) »Ratbringer« (βουληφόροι) hat einen viel engeren Sinn als die oben genannten Termini und bezieht sich nur auf die begrenzte und privilegierte Zahl von Basilees, die am Rat des Königs teilnehmen, wie Busolt und Carlier richtig feststellen.[43] Das zeigt sich in Il. 1,144, wo die namentlich genannten βουληφόροι mit den Personen übereinstimmen, die regelmäßig im Rat auftreten. Außerdem werden als βουληφόροι die Teilnehmer einer Ratssitzung bei Achill bezeichnet (Il. 24,651), die Teilnehmer an Hektors Rat (10,414) und die engsten Berater des Alkinoos (Od. 13,12). Im Singular bezeichnet βουληφόρος ein Ratsmitglied wie Aias (Il. 12,414). Häufiger werden aber Personen so bezeichnet, die sonst nicht im Rat erscheinen. Der Gebrauch von βουληφόρος ist in diesem Fall formelhaft.[44] Dabei erscheint βουληφόρος als Apposition zum Eigennamen mit einem Völkernamen im Gen. Pl.: z. B. Hippokoon, Ratbringer der Thraker.[45] In diesen Fällen ist βουληφόρος gleichbedeutend mit »Anführer«, genauso wie auch Agamemnon βουληφόρος genannt wird (Il. 2,24). Der Plural βουληφόροι bezeichnet also den kleinen Kreis der βασιλῆες, der am Rat des Königs teilnimmt. Der Singular wird für das einzelne Ratsmitglied und zumeist für einzelne Anführer benutzt, die als oberste Berater ihres Volkes gedacht werden.

Im Folgenden werden die Mitglieder des Rats als Ratsmitglieder oder Berater bezeichnet, weil sich »Ratsherren« zu institutionell anhört. Auch die verbreitete Bezeichnung »Älteste« wird gemieden, weil sie falsche Assoziationen hinsichtlich ihres Alters weckt und die γέροντες eine größere Gruppe als die Ratsmitglieder bilden (vgl. 1.4.1 a und c).

1.3.2 Institution

Die Geronten bilden einen Rat, die βουλὴ γερόντων (Il. 2,53) Der Terminus βουλή leitet sich von βουλεύειν und βούλεσθαι ab und bedeutet Wille, Entscheidung, Plan, Meinung, Rat und selten Ratssitzung.[46]

---

43 Busolt 1920–1926, Bd. 1, S. 329 hält βουληφόροι für die Spitzengruppe der ἡγήτορες ἠδὲ μέδοντες. Carlier 1984, S. 147, Anm. 34: »il semble que βουληφόροι ait un sens beaucoup plus précis que βασιλῆες, γέροντες ou ἡγήτορες ἠδὲ μέδοντες, et qu'il s'applique toujours au groupe de rois le plus restreint.«

44 Vgl. LfgrE βουληφόρος 2).

45 Il. 10,518; Peleus, Ratbringer der Myrmidonen (Il. 7,126); Aineias, Ratbringer der Troer (Il. 13,463); ähnlich Sarpedon, als sich seine Lykier um ihn scharen (Il. 12,414).

46 Zu Etymologie, Bedeutung und Stellen vgl. Ruzé 1997, S. 31 ff. Nach Ruzé (ebd.), S. 32 mit Anm. 42 bezieht sich βουλὰς βουλεύειν auf die Institution »eine Rats-

θόωκος bezeichnet 1. den Sitz des Ratsmitglieds und 2. die Zusammenkunft, der er beiwohnt: einerseits 1a) den besonderen Sitz des Ratsmitglieds in der Versammlung[47] – andererseits 1b) den besonderen Sitz im Rat;[48] einerseits 2a) die vom Rat geprägte Versammlung (Anm. 171) – andererseits 2b) den Rat allein.[49] Einseitige Definitionen sind zurückzuweisen: LfgrE ignoriert die Versammlung, Ruzé den Rat;[50] ebenso Fanta 1882, S. 77, der in θόωκος ein Gremium für Bekanntmachungen sieht.

Die Institution wird im Deutschen bisweilen als »Ältestenrat« bezeichnet, was falsche Assoziationen weckt, oder als »Gerusie«, was nicht belegt ist.[51] Daher wird hier grundsätzlich »Rat« verwendet und gegebenenfalls zwischen »Kriegsrat« und »Stadtrat« unterschieden, was zu selten geschehen ist. Desgleichen wird zwischen Heeresversammlung und Volksversammlung unterschieden und als Überbegriff einfach »Versammlung« verwendet. Um der Bedeutung des Rats für die Versammlung gerecht zu werden, wird bisweilen der Terminus »Rat in der Versammlung« verwendet.[52]

1.4 Räte und Ratsmitglieder

1.4.1 Räte und Ratsmitglieder der homerischen Gemeinschaften

a) An den Ratsszenen der *Achaier* (vgl. Anm. 5–9) nehmen verschiedene Personengruppen teil. Es gibt einen großen und einen kleinen Rat.[53]

Der große Rat tagt im neunten Gesang der Ilias: In der Versammlung empfiehlt Nestor Agamemnon, die Geronten zum Mahl zu laden (δαίνυ

sitzung halten«. An einer Stelle scheint sich diese Figura etymologica aber nur auf zwei Personen zu beziehen, so dass die Übersetzung »Pläne schmieden« angemessener erscheint (vgl. Anm. 241).

47 Telemach setzt sich in der Versammlung auf den Platz seines Vaters (Od. 2,14).

48 Im Götterrat: Il. 8,439.

49 Aigyptios stellt fest, dass es seit Odysseus' Abreise weder ἀγορή noch θόωκος gab (Od. 2,26).

50 Vgl. LfgrE θόωκος und Ruzé 1997, S. 29 mit Anm. 32.

51 Zum Beispiel BK Prolegomena, S. 141; Jordan 1970, S. 101; Stein-Hölkeskamp 1989, S. 35.

52 Gschnitzer 1983, S. 159 prägt den Terminus »Rat in der Volksversammlung«, der auf die Achaier aber schlecht passt.

53 Vgl. Carlier 1984, S. 147f. und S. 150, Anm. 46 und Ruzé 1997, S. 62. BK ad 2,194 spricht sich gegen die Existenz eines engen Beraterkreises aus, was an der Interpretation der betreffenden Passage festgemacht wird (vgl. Anm. 57). In Il. 1,144 wurde βουληφόρος noch als »Mann des engsten Rates« übersetzt.

δαῖτα γέρουσιν Il. 9,70) und demjenigen zu gehorchen, der von den zahlreichen Versammelten den besten Rat spricht (πολλῶν ἀγρομένων 9,74). Agamemnon nimmt den Vorschlag an und versammelt alle Geronten der Achaier (γέροντας ἀολλέας ἦγεν Ἀχαιῶν 9,89).

Der kleine Rat zeigt sich in der Dolonie: Agamemnon schickt Menelaos, um Idomeneus und den großen Aias zu holen (10,53 ff.), selbst geht er zu Nestor, der ferner Odysseus, Diomedes, Meges und den kleinen Aias hinzuziehen will (10,108 ff.). Jeder von diesen wird im Folgenden geholt. Als Diomedes von Nestor geweckt wird, denkt er, dass jener jeden einzelnen der Könige (ἕκαστον βασιλήων Il. 10,166) einberuft – also eine große Ratssitzung. Dem ist aber nicht so. Denn bei den geladenen Königen, die am Sitzungsort eintreffen (Ἀργείων βασιλῆες ὅσοι κεκλήατο βουλήν Il. 10,194), scheint es sich nicht um mehr als die einzeln Einberufenen zu handeln:[54] Auf der Sitzung sprechen Nestor, Agamemnon und Diomedes. Als dieser einen Begleiter für seine Spionagemission sucht, melden sich die beiden Aianten, Menelaos und Odysseus. Von den anfangs Einberufenen werden nur Meges und Idomeneus nicht mehr erwähnt.

Kleiner und großer Kreis zeigen sich auch in einer Ratsszene des 19. Gesangs, in der sich die »Geronten der Achaier« um Achill sammeln, sich dann »die anderen Basilees« zerstreuen und nur die Atriden, Nestor, Odysseus und Idomeneus zurückbleiben, die wiederum als »Geronten« bezeichnet werden.[55] Diese Personen überschneiden sich mit den engsten Beratern der Dolonie.

Ein Fall ist umstritten: Agamemnon hat im Rat der großmütigen Geronten bzw. zeptertragenden Basilees (βουλὴ μεγαθύμων γερόντων Il. 2,53; σκηπτοῦχοι βασιλῆες 2,86) geplant, die Kampfeslust der Soldaten auf die Probe zu stellen. Auf der anschließenden Heeresversammlung befiehlt er daher den Abzug und hofft auf Widerspruch, doch das Heer macht sich begeistert an die Abfahrt. Nun ermahnt Odysseus die verängstigten Basilees (βασιλῆες 2,190), sich und ihre Männer zur Raison zu bringen: »Noch weißt du ja nicht genau, wie der Sinn des Atreus-Sohnes ist: Jetzt stellt er eine Probe an, doch bald wird er strafen die Söhne der Achaier«.[56] Der daran anschließende Satz wird entweder als Aussage oder als rhetorische Frage ver-

---

54 Die Kouroi Thrasymedes und Meriones sind Gäste und von den engeren Ratsmitgliedern zu unterscheiden (Anm. 70).

55 Il. 19,303 αὐτὸν δ' ἀμφὶ γέροντες Ἀχαιῶν ἠγερέθοντο 309 ἄλλους μὲν ἀπεσκέδασεν βασιλῆας, / δοιὼ δ' Ἀτρεΐδα μενέτην καὶ δῖος Ὀδυσσεὺς / Νέστωρ Ἰδομενεύς τε γέρων θ' ἱππηλάτα Φοῖνιξ 338 ἐπὶ δὲ στενάχοντο γέροντες.

56 Il. 2,192–94: οὐ γάρ πω σάφα οἶσθ' οἷος νόος Ἀτρεΐωνος· / νῦν μὲν πειρᾶται, τάχα δ' ἴψεται υἷας Ἀχαιῶν. / ἐν βουλῇ δ' οὐ πάντες ἀκούσαμεν οἷον ἔειπε.

standen: »Wir haben nicht alle gehört, wie er im Rat gesprochen. / Haben wir nicht alle gehört, wie er im Rat gesprochen?«; also als Appell an die Mitwisserschaft der Basilees, die alle am Rat teilgenommen haben,[57] oder als Ermahnung oder Entschuldigung für Pläne, die ohne sie gefasst worden sind.[58] Das Verständnis als rhetorische Frage erscheint ausgeschlossen, weil Odysseus die Könige über etwas aufklären will, das sie noch nicht wissen. Gegen das Verständnis als Aussage spricht, dass Odysseus ja am Rat teilgenommen hat, sich aber durch den Gebrauch der 1. Ps. Plural in die Gruppe einzuordnen scheint, die nicht am Rat teilgenommen hat. Carlier 1984, S. 148 erklärt das »wir« plausibel als taktische Solidarisierung mit den geringeren Basilees. Odysseus meint also: »Ihr Basilees habt nicht alle gehört, wie Agamemnon im kleinen Rat gesprochen.«

Aus den Ratsszenen des neunten und zehnten Gesangs folgt: Alle Geronten bilden den großen Rat, hingegen ein Teil der Basilees den kleinen Rat. Wie verhalten sich die Gruppen »Geronten« und »Basilees« zueinander? In den Ratsszenen des zweiten und neunzehnten Gesangs zeichnet sich ab, dass sich beide Gruppen überschneiden und einen engeren Kreis hervorbringen können. Aber beide Termini sind nicht synonym (vgl. 1.3.1). Hier hat »Geronten« die Sonderbedeutung des Plurals, die »Basilees« entspricht. Insofern meint γέροντας ἀολλέας in 9,89 nicht alle älteren Kämpfer, sondern alle Basilees. Der große Kreis der Berater umfasst alle Basilees und diejenigen Geronten, die zu den Basilees gehören; der kleine Kreis nur einen Teil von ihnen. In manchen Fällen lässt sich nicht so klar entscheiden, ob ein großer oder kleiner Rat vorliegt.[59]

Wechseln die Basilees bzw. Geronten, die den engsten Kreis der Berater bilden, oder bleiben es dieselben Personen? Eher letzteres: An der Dolonie nehmen Agamemnon, Menelaos, Idomeneus, Nestor, Odysseus, Diomedes, Meges und die beiden Aianten teil. In der Ratsszene in 2,404 ff. erscheinen dieselben Personen (abgesehen von Meges) als beste Geronten der Allachaier (γέροντας ἀριστῆας Παναχαιῶν), weshalb es sich um eine Sitzung des kleinen Rats handeln könnte. Immer wenn Agamemnon sich berät, stammen seine Berater aus dieser Gruppe (z. B. Il. 14,27–132: Nestor, Diomedes und Odysseus). Eine Person gehört noch dazu: Als Agamemnon unter

57 BK ad 2,194 übersetzt als rhetorische Frage.

58 Carlier 1984, S. 148 und Ruzé 1997, S. 62 verstehen den Satz als Aussage.

59 Ulf 1990, S. 78 mit Anm. 60 glaubt, dass der enge Beraterkreis mit Hilfe von Epitheta von anderen Basilees und Geronten abgegrenzt wird, was BK ad 2,53 ablehnt. Für »zeptertragende«, »großmütige« und »beste« in Il. 2,53,86 und 404 ist Ulf zuzustimmen, weil es der Kontext erlaubt, aber nicht grundsätzlich. Carlier 1984, S. 147, Anm. 36 vermutet, dass auch Il. 7,323–342 eine Sitzung des großen Rats ist.

den »Ratbringern« (βουληφόροι bezeichnet die engsten Berater, vgl. 1.3.1 d) einen Führer für die Mission zu Chryses sucht, denkt er an Aias, Idomeneus, Odysseus und Achill.[60] Nach dem Streit verweigert Achill seine Teilnahme am Rat.[61] Erst nach der Versöhnung (Il. 19) nimmt er wieder teil (Il. 23). Nach Achills Tod wird Neoptolemos den Ratssitz seines Vaters übernehmen (Od. 11,510). Die in der Dolonie einberufenen Ratsmitglieder und Achill scheinen den engsten Kreis von Agamemnons Beratern zu bilden. Manchmal werden weniger genannt, aber niemals andere.

Das Alter der engsten Ratsmitglieder ist gemischt. Nestor ist der älteste Held der Achaier:

Er ist eine Generation älter als die anderen Kämpfer der Achaier.[62] Wenn man für die Dauer einer Generation 30 Jahre ansetzt, ist Nestor zwischen 60 und 90 Jahren alt.[63] Er ist der personifizierte Geront, wie sein Beiname Gerenier nahelegt.[64] Odysseus wird noch nicht lange als älterer Kämpfer gezählt.[65] Idomeneus ist schon halb ergraut (13,361). Agamemnon und Odysseus sind älter als Achill (Il. 9,160 und 19,217 ff.). Die Angaben, die auf Achills Alter schließen lassen, sind widersprüchlich: zu Kriegsbeginn war er sehr jung, im zehnten Kriegsjahr hat er einen heranwachsenden Sohn, den die

---

60 Il. 1,144 ff. εἷς δέ τις ἀρχὸς ἀνὴρ βουληφόρος ἔστω, / ἢ Αἴας ἢ Ἰδομενεὺς ἢ δῖος Ὀδυσσεὺς / ἠὲ σὺ Πηλεΐδη … In Achills Zelt treffen sich Boulephoroi regelmäßig zur Beratung (vgl. Anm. 166).

61 Il. 9,374 und 9,680.

62 »Dem waren schon zwei Geschlechter der sterblichen Menschen / dahingeschwunden, die vormals mit ihm zugleich ernährt und geboren waren / in Pylos, der hochheiligen, und er herrschte unter den dritten.« (Il. 1,250–252). Nestor hat also die Generation seines Vaters und seine eigene überlebt und herrscht nun in der Generation der Kinder. Diese Altersbestimmung findet ihre Bestätigung in Il. 23,629–643, wo Nestor erzählt, dass er bei den Leichenspielen für Amarynkeus, in voller Kraft gestanden habe. Denn Amarynkeus' Sohn kämpft jetzt vor Troja (Il. 2,622). Dagegen suggeriert eine Passage in der Odyssee, dass Nestor nicht eine, sondern zwei Generationen älter ist: Nestor sei schon dreimal über Geschlechter der Menschen Herr gewesen (Od. 3,245). Dafür sind verschiedene Erklärungen angeführt worden, vgl. Grethlein 2006, S. 12, Anm. 6 und 7, der die Abweichung der Odyssee aus der Situation erklärt: Dem jungen Telemach, der sich hier an Nestor wendet, erscheine jener älter, als er ist.

63 BK ad locum und Gladstone 1863, S. 459 f.

64 γερήνιος etymologisch vielleicht von γέρων abgeleitet vgl. LfgrE.

65 Vgl. Anm. 31. Ulf 1990, S. 73 mit Anm. 49 schätzt Odysseus auf 30 Jahre, Schadewaldt (ebd.) auf 50. Ulf muss das Alter so weit herabsetzen, weil er γέρων unmittelbar an die Altersklasse der κοῦροι anschließt, zu denen er Achill und Diomedes zählt.

Odyssee als erwachsenen Kämpfer vor Troja zeigt.[66] Diomedes ist so jung, dass er Nestors Sohn sein könnte (Il. 9,57). Das jüngste Ratsmitglied ist in der letzten Phase des Krieges Neoptolemos.

Alle engsten Ratsmitglieder sind alleinige Anführer oder Oberanführer eines Kontingents.[67] Der große Rat scheint alle Anführer aller Kontingente zu umfassen.[68] Das suggeriert folgende Szene: Zum Kampf um Patroklos' Leiche sammelt Menelaos »die Anführer der Argeier und Berater, die bei Agamemnon und Menelaos bewirtet werden und Weisung geben ein jeder seinem Volk«.[69] Menelaos scheint ein Mahl mit Beratung bei Agamemnon wie im neunten Gesang zu evozieren, an dem alle Geronten = Basilees teilnahmen. Der Schiffskatalog führt 46 Anführer an.

Die Teilnehmer des großen und kleinen Rats und Dritte bilden abgegrenzte Gruppen: Meriones und Thrasymedes gehören nicht zum engsten Kreis, obwohl sie an der Ratssitzung der Dolonie teilnehmen. Denn sie werden als Gäste zur Teilnahme geladen,[70] weil sie zu den Wächtern gehören, bei denen die Ratssitzung stattfindet (Anm. 311). Meriones gehört zwar nicht zum kleinen, aber als Unteranführer[71] der Kreter zum großen Rat: denn er erscheint, als Menelaos nach den Führern und Beratern ruft (Anm. 69). Thrasymedes, der die Wachen befehligt und Nestors Sohn ist, gehört höchstens zum großen Rat.[72] Phoinix zählt nicht zu den engsten

66 Achill war anfangs jung und unerfahren (νήπιος) in Krieg und Versammlung; Patroklos sollte auf den Jüngeren aufpassen (Il. 9,438 ff.). Achill sehnt sich nach seinem Sohn, der in Skyros aufgezogen wird und von Patroklos abgeholt werden sollte (Il. 19,326–327). Die Odyssee zeigt einen erwachsenen Neoptolemos (Od. 11,510). Zu dieser Diskrepanz vgl. Gladstone 1863, S. 463.

67 Vgl. Schiffskatalog; Alleinige Anführer: Agamemnon, Nestor, Odysseus, großer Aias, Menelaos, kleiner Aias, Meges und Achill; Oberanführer: Diomedes und Idomeneus.

68 Vgl. Carlier 1984, S. 148, Anm. 38.

69 Il. 17,248 ff. Ἀργείων ἡγήτορες ἠδὲ μέδοντες / οἵ τε παρ' Ἀτρεΐδῃς Ἀγαμέμνονι καὶ Μενελάῳ / δήμια πίνουσιν καὶ σημαίνουσιν ἕκαστος / λαοῖς.

70 Il. 10,194 ff. … τοὶ δ' ἅμ' ἕποντο / Ἀργείων βασιλῆες ὅσοι κεκλήατο βουλήν. / τοῖς δ' ἅμα Μηριόνης καὶ Νέστορος ἀγλαὸς υἱὸς / ἤϊσαν· αὐτοὶ γὰρ κάλεον συμμητιάασθαι. Von den zum Rat gerufenen Basilees, die Nestor folgen, werden Meriones und Thrasymedes abgesetzt, die sie selbst gerufen haben mitzuberaten.

71 Meriones tritt als Anführer der Kreter hinter Idomeneus zurück. Im Schiffskatalog wird Idomeneus als Anführer der Kreter zuerst genannt. Meriones wird als Gefolgsmann des Idomenes bezeichnet (ὀπάων Ἰδομενῆος Il. 7,161).

72 Im Gegensatz zu Meriones wird Thrasymedes im Schiffskatalog nicht genannt. In Il. 17,702 ff. erscheint er aber zusammen mit seinem Bruder Antilochos als Unteranführer der Pylier.

Beratern, wie Sale 1994, S. 26f. behauptet. In Il. 19,303ff. gehört er nicht zum kleinen Kreis der Geronten bzw. Basilees, die bei Achill ausharren, sondern ist als Achills Zeltgenosse anwesend (9,690). Die seltsamen Duale, die die Bittgesandtschaft bezeichnen, lassen sich vielleicht durch Phoinix'geringeren Status gegenüber Odysseus und Aias erklären, die zum engen Zirkel gehören.[73] Vielleicht zeigen die Duale auch, dass Phoinix in einer früheren Fassung der Ilias gar nicht anwesend war. Dazu würde passen, dass er auf der vorangegangenen Sitzung des großen Rats, ohne ein Kontingent zu führen, eigentlich nichts verloren hätte. Menestheus wird (zusammen mit Odysseus) von Agamemnon an die Rechte und Pflichten der Geronten erinnert, die am Mahl teilnehmen (Il. 4,343ff.). Im Gegensatz zu Odysseus gehört Menestheus nicht zum engsten Kreis von Agamemnons Beratern, wie schon die Scholien bemerken.[74] Aber als alleiniger Anführer der Athener sollte er zum großen Rat gehören.

Es ergibt sich Folgendes: Alle Anführer der achaiischen Kontingente (alle Basilees und darunter gewisse Geronten) bilden einen großen Rat, der von Agamemnon konsultiert wird. Bestimmte alleinige Anführer oder Oberanführer bilden einen kleinen Rat, der allein konsultiert wird; dessen Mitglieder führen im großen Rat und in der Versammlung das Wort.[75] Beide Gruppen von Anführern werden bei Agamemnon bewirtet, die engsten Ratsmitglieder auch separat. Da die Berater Befehlshaber verschiedener Bundesgenossen sind, kann man von einem zwischenstädtischen Kriegsrat sprechen.

b) Von den *Trojanern* werden weniger Ratsszenen erzählt. Es stehen sich Priamos' Demogeronten und Hektors Rat gegenüber. Die Demogeronten sind als Gruppe nur an einer Stelle explizit bezeugt,[76] deren Interpretation Probleme bereitet: von den Teilnehmern der Mauerschau heißt es (Il. 3,146ff.): Οἱ δ' ἀμφὶ Πρίαμον καὶ Πάνθοον ἠδὲ Θυμοίτην / Λάμπόν τε Κλυτίον θ' Ἱκετάονά τ' ὄζον Ἄρηος /Οὐκαλέγων τε καὶ Ἀντήνωρ πεπνυμένω ἄμφω / ἥατο δημογέροντες. Die Konstruktion ist schwierig (Namen im Akkusativ abhängig von ἀμφί + Namen im Nominativ). Sicherlich

73 So die Scholien und Köhnken 1975 passim.

74 Ariston. ad Il. 4,343. Vielleicht überzeichnet diese Stelle die Bedeutung des Menestheus gezielt, um Athen zu rühmen; vgl. Rothe 1910, S. 11.

75 Im großen Rat Nestor (9,96ff.) und (9,697ff.); zu den Rednern der Versammlung vgl. 1.5.4 c).

76 Implizit als Gruppe: vgl. Anm. 299 zu den γέροντες βουλευταί, die nicht kämpfen und beten; vgl. Anm. 196 zu den γέροντες, die Hektor und das Volk vom Sturm abgehalten haben; vgl. auch Anm. 134.

sind nicht nur die im Nominativ genannten Personen δημογέροντες, sondern alle – einschließlich Priamos, dessen Großvater ja schon Demogeront war.[77] Homer setzt außer Priamos noch andere Demogeronten in den Akkusativ, um ihn zum Primus inter Pares zu machen.[78] Die Demogeronten, die »durch ihr Alter schon des Kampfes ledig« sind,[79] haben also sieben Mitglieder + König = acht.

Antenor, dessen Vater möglicherweise bereits Demogeront war,[80] setzt sich wiederholt für eine Verständigung mit den Griechen ein.[81] Er ist das trojanische Äquivalent zu Nestor.[82] Die anderen werden sonst gar nicht (Thymoites, Ukalegon) oder nur am Rande erwähnt: zumeist als Väter ihrer kämpfenden Söhne. Lampos, Klytios und Hiketaon sind die Brüder des Priamos,[83] von Thymoites berichten das spätere Quellen.[84] Sale hält auch den Kriegstreiber Antimachos für einen Demogeronten, obwohl er in dieser Liste nicht erscheint.[85] Denn Antimachos genieße das Rederecht (vgl. 1.5.4 c) und sei zu alt zum Kämpfen, wie Il. 11,132 ff. zeige: Antimachos' Söhne versuchen Agamemnon davon abzuhalten, sie zu töten, und versprechen, ihr Vater werde ein angemessenes Lösegeld zahlen, wenn er erfahre, dass seine Söhne bei den Schiffen der Achaier am Leben seien. Antimachos

77 Ilos, der Gründer Trojas, wird bei der Erwähnung seines Grabs als ehemaliger Demogeront bezeichnet (Il. 11,372).

78 So auch Sale 1994, S. 72.

79 γήραϊ δὴ πολέμοιο πεπαυμένοι Il. 3,150.

80 Sch. Il. 3,148 hält einen gewissen Aisyetes für Antenors Vater, womit offensichtlich jener Held der früheren Generation gemeint ist, dessen Grabmal in Il. 2,793 als Landmarke dient. Aisyetes wird in diesem Iliasvers γέρων genannt, was, wie LfgrE γέρων 1aα spekuliert, für δημογέρων stehen könnte. Dafür könnte sprechen, dass das Grabmal des Aisyetes dem des Demogeronten Ilos ähnelt (Anm. 77). Ein anderes Scholion (Sch. Il. 3,205) hält dagegen Hiketaon, Antenors Kollegen, für dessen Vater. Aber wenn Antenor bereits zu alt zum Kämpfen ist, wie alt soll dann sein Vater sein? Trotzdem mag stimmen, dass Antenors Vater ein Demogeront war, aber nicht Hiketaon, sondern Aisyetes.

81 Empfang von Odysseus und Menelaos, als dieser seine Frau zurückfordert (Il. 3, 205 ff.); Beschwörung des ersten Zweikampfes, der den Krieg beenden soll (Il. 3, 250 f.); Plädoyer für die Rückgabe der Helena nach dem zweiten Zweikampf (Il. 7,345–380).

82 E. Fr. 899; Pl. Smp. 221 c.

83 Aineias nennt in der Genealogie der Dardaniden (Il. 20,236 ff.) folgende Söhne des Laomedon: Tithonos, Priamos, Lampos, Klytios und Hiketaon. Tithonos weilt nicht in Troja, sondern bei Eos (Il. 11,1).

84 Nach D. S. 3,67,5 ist Thymoites ein Bruder des Priamos.

85 Sale 1994, S. 68 f.

scheint also nicht an den Kämpfen der Söhne teilzunehmen, was an die anderen Demogeronten erinnert (Anm. 79). Sonst ist der Terminus »Demogeront« bei Homer nicht belegt, wird in späterer Zeit aber mit den Trojanern assoziiert.[86] Priamos' Berater stammen aus seiner Generation und kämpfen nicht mehr. Da alle Demogeronten Trojaner sind und keine Bundesgenossen teilnehmen, kann man von einem innerstädtischen Rat sprechen.

Hektor beruft zweimal einen Rat ein: Einmal während der Schlacht (Il. 13,726 ff.) und einmal zu einer besonderen Beratung des Nachts (Dolonie). Im ersten Fall empfiehlt Polydamas Hektor, weil die Kämpfer verstreut stehen, alle Besten (πάντες ἄριστοι) einzuberufen und gemeinsam über Angriff oder Rückzug zu beraten.[87] Hektor nimmt den Vorschlag an: Polydamas soll alle Besten (πάντες ἄριστοι) bei sich zurückhalten; selbst will er gehen, um die Sammlung zu befehlen, und dann zurückkommen. Alle, die Hektors Ruf hören, sammeln sich bei Polydamas. Hektor sucht Deiphobos, Helenos, Asios und dessen Sohn Adamas (13,758 ff.). Er fragt Paris nach diesen vier Personen und zusätzlich nach Othryoneus. Paris informiert ihn, dass von den Gesuchten nur noch Deiphobos und Helenos am Leben sind und sich in die Stadt zurückgezogen haben. Beide kehren zu Polydamas zurück, wo sich nun auch Kebriones, Phalkes, Orthaios, Polyphetes, Palmys und die beiden Brüder Askanios und Morys eingefunden haben (13,790–92). Hektor führt die Männer dann ohne Beratung in die Schlacht.

Polydamas, der Sohn des Demogeronten Panthoos, schließt sich in die Berater ein.[88] Handelt es sich bei allen anderen Personen um potenzielle Berater Hektors? Es ist zu bedenken, dass die Beratung nicht stattfindet und die Personen von 13,790–92 zu untergeordnet, zu unbedeutend und zu zahlreich scheinen, um sie in dieser wichtigen Frage zu Rate zu ziehen.[89] Aber was ist mit den Personen, die Hektor vergebens sucht (13,758 ff.)? Deiphobos ist Hektors Lieblingsbruder; Helenos, ebenfalls Hektors Bruder, ist der beste Vogelschauer und Seher der Troer; Asios ist ein wichtiger Anführer der

86 Vgl. Arist. EN 1109b9. In E. Andr. 300 erinnert der Chor daran, dass Kassandra den Demogeronten zur Hinrichtung des neugeborenen Paris geraten habe, um den späteren Krieg zu verhindern.

87 Il. 13,740 f. ἀλλ' ἀναχασσάμενος κάλει ἐνθάδε πάντας ἀρίστους· / ἔνθεν δ' ἂν μάλα πᾶσαν ἐπιφρασσαίμεθα βουλήν.

88 Durch die Benutzung der ersten Person Plural – vgl. Anm. 87.

89 Orthaios, Polyphetes, Palmys und Askanios werden nur an dieser Stelle erwähnt; Phalkes und Morys nur hier und bei ihrem anschließenden Tod. Kebriones ist ein außerehelicher Sohn des Priamos und Hektors Wagenlenker. Askanios und Morys führen zwar die Verbündeten aus Phrygien an, sind aber frisch angekommen, so dass sie Hektors Vertrauen noch nicht gewonnen haben können.

troischen Bundesgenossen; sein Sohn Adamas wird wenigstens noch viermal erwähnt. Als Hektor Paris nach den vier Unauffindbaren fragt, fügt er noch einen fünften hinzu: Othryoneus. Dieser ist ein troischer Bundesgenosse, dem Priamos die Hand seiner Tochter Kassandra versprochen hat, falls er wie versprochen die Achaier vertreibe (13,374ff.). Diese fünf könnten die πάντες ἄριστοι sein, die Polydamas im Sinn hatte. Aber was ist mit Paris? Hektor trifft Paris statt der eigentlich Gesuchten (13,765). Paris schließt sich Hektor unaufgefordert an. Obwohl Paris auch ein ἄριστος ist, scheint er nicht zu den Besten zu zählen, die Hektors Berater sind.

Diese Passage ist also wie folgt zu interpretieren: Polydamas will die Zersplitterung der Soldaten zum Anlass nehmen, die Ratsmitglieder (= Aristoi) zu sammeln, um über die Strategie zu beraten. Hektor will die Ratsmitglieder zur Beratung rufen und gleichzeitig die Soldaten zum Kampf sammeln. Weil die einen Ratsmitglieder tot und die anderen abwesend sind, kommt es nur zur Sammlung der Soldaten. Die Ratgeber Hektors umfass(t)en also Polydamas, wahrscheinlich Deiphobos, Helenos, Asios, dessen Sohn Adamas, Othryoneus und eventuell Paris. Alle sind aktive Kämpfer. Der Rat vereint Trojaner und Bundesgenossen, wie sich auch an anderer Stelle zeigt.[90] In der Altersstruktur und Einbeziehung der Bundesgenossen ist der Rat Hektors demjenigen des Agamemnon nicht unähnlich.[91]

Die zweite Ratsszene ist die Dolonie. Hektor beruft alle Besten (πάντες ἄριστοι) bzw. alle Anführer und Berater (ὅσσοι … ἡγήτορες ἠδὲ μέδοντες), die später »alle Ratbringer« (ὅσοι βουληφόροι) genannt werden,[92] der Terminus, der die Ratsmitglieder am präzisesten bezeichnet. Hektor sucht einen Spion und setzt eine Belohnung aus. Alle bleiben stumm (10,313). Nur Dolon meldet sich und wird ausgeschickt. Gehört Dolon zu den regulären Ratsmitgliedern? Das ist unwahrscheinlich: Dolon, der nur in diesem Gesang erscheint, ist zwar reich, aber hässlich (wie Thersites) und Sohn

90 In 12,60ff. wendet sich Polydamas an Hektor und an die Anführer der Troer und der Verbündeten. Hektor folgt dem Rat des Polydamas, die Mauer zu Fuß zu erstürmen.

91 Mackie 1996, S. 27 sieht einen fundamentalen Unterschied in der Zusammensetzung: bei Agamemnon die γέροντες, unter denen sie die Ältesten versteht, und bei Hektor die πάντες ἄριστοι, unter denen sie die jungen Kämpfer versteht. Aber einerseits werden Agamemnons Geronten ebenfalls als ἄριστοι bezeichnet (Il. 10,327) und sind (mit der Ausnahme von Nestor) nicht die Ältesten; andererseits gehört Asios, der zusammen mit seinem Sohn für Hektor kämpft, bestimmt nicht zu den jüngsten Kämpfern.

92 Il. 10,300f. (scil. Ἕκτωρ) … ἄμυδις κικλήσκετο πάντας ἀρίστους, / ὅσσοι ἔσαν Τρώων ἡγήτορες ἠδὲ μέδοντες· Il. 10,414f. Ἕκτωρ μὲν μετὰ τοῖσιν, ὅσοι βουληφόροι εἰσί, / βουλὰς βουλεύει …

eines Herolds.[93] Daraus haben Ameis/Hentze/Cauer ad 10,321 geschlossen, dass Dolon unter den βουληφόροι als Herold fungiert. Das ist gut möglich, weil Herolde bisweilen auch im Rat anwesend sind (vgl. 1.5.3). Dolon entspricht den Wächtern, die bei den Achaiern auf Einladung am Rat teilnehmen (Anm. 70 und Anm. 311).

Leider sind die eigentlichen Ratsmitglieder namenlos. Vielleicht sind es dieselben wie in Il. 13,726ff. Denn sie kommen wieder auf dem Schlachtfeld zusammen, werden auch hier als πάντες ἄριστοι bezeichnet, und es geht um eine kriegerische Mission. Asios, Adamas und Othryoneus sind noch am Leben. Zugegeben, Hektors Rat ist weniger ausgearbeitet, aber Mackies Feststellung, Hektor stehe kein Rat zur Seite, geht zu weit.[94]

Vielleicht gibt es auch einen großen Kriegsrat: Priamos' Sohn Lykaon erinnert Aineias, den er als βουληφόρος anspricht, daran, dass er den Königen (βασιλῆες) beim Wein versprochen habe, Achill herauszufordern.[95] Dass keiner der beiden Kämpfer in Hektors Rat erscheint, könnte als Hinweis auf einen großen Kriegsrat, der wie bei den Achaiern alle Basilees umfasst, verstanden werden. Diese Passage ist der einzige Hinweis auf ein Beratungsmahl, das für die Trojaner sonst nicht bezeugt ist.

Zusammenfassend ist festzuhalten: Priamos' Rat der Demogeronten besteht aus seinen Brüdern und anderen vornehmen Trojanern, die so alt sind, dass sie nicht mehr kämpfen. Hektors Rat besteht aus aktiven Kämpfern: einigen Brüdern und einigen der besten Trojaner und Bundesgenossen. In der Einbeziehung der Bundesgenossen ähnelt Hektors Rat demjenigen Agamemnons, der wiederum in der Einbeziehung des alten Nestor dem Rat des Priamos nahesteht. Priamos' Demogeronten bilden einen Stadtrat; der Rat Hektors scheint wie der Agamemnons ein Kriegsrat zu sein. Vielleicht gibt es daneben einen großen Kriegsrat, der alle Könige umfaßte und von Hektor bewirtet wird.

Besteht der Stadtrat zu jeder Zeit aus Greisen oder ist diese Zusammensetzung der Kriegssituation geschuldet? Carlier 1984, S. 145, Anm. 31 ver-

93 ἦν δέ τις ἐν Τρώεσσι Δόλων Εὐμήδεος υἱὸς / κήρυκος θείοιο πολύχρυσος πολύχαλκος, / ὃς δή τοι εἶδος μὲν ἔην κακός, ἀλλὰ ποδώκης Il. 10,314ff.

94 Mackie 1996, S. 27 mit Anm. 40: »Hektor has no council of »elders«, nor does he succeed in calling together any kind of bouleutic body. The exception is, as usual, Book 10.« Mackie ignoriert, dass der Rat in Gesang 13 von Hektor nicht einberufen werden kann und seine Mitglieder sicherlich als Geronten qualifizieren würden (Anm. 91). Die Sonderstellung der Dolonie wäre bezüglich des Problems näher zu erläutern.

95 Il. 20,84.

mutet letzteres: Bei den Trojanern berieten Jung und Alt zusammen, wenn sich das Heer in den Mauern befinde oder Waffenstillstand oder Frieden herrsche. Seine Vermutung lässt sich durch folgende Argumente erhärten: Vor der Versammlung sprechen nicht nur die Berater des Priamos, sondern auch die des Hektor wie Polydamas (vgl. 1.5.4 c). Beide Räte sind personell verzahnt: Polydamas gehört zu Priamos' Rat und sein Sohn Panthoos zu Hektors Rat (vielleicht, weil der Rat in Troja und anderswo generationsübergreifend ist). Als Hektor seine Berater einmal außerhalb der Stadt zusammenruft, tut er das am Grabmal eines Demogeronten (vgl. Anm. 77). Grundsätzlich soll sich der homerische Held sowohl im Kampf als auch in der Beratung auszeichnen.[96] Normalerweise umfasst der trojanische Stadtrat also nicht nur Priamos' Demogeronten, sondern auch Hektors trojanische Berater.

Nur singulär sind in der Ilias die Geronten der *Aitoler* bezeugt (Anm. 281).

c) In der Odyssee nehmen die Ratsszenen der *Phäaken* den größten Raum ein. Wie eingangs gezeigt, gibt es viele Termini, die hier die Ratsmitglieder bezeichnen oder zumindest einschließen. Im Folgenden sollen die Ratsszenen chronologisch hinsichtlich der Teilnehmer und Terminologie untersucht werden:

In Alkinoos' Palast trifft Odysseus die Besten bzw. die Könige[97] beim Spätmahl, das regelmäßig abgehalten wird.[98] Er wendet sich in Hikesie neben Alkinoos und dessen Frau Arete an die Anführer und Berater mit erblichem γέρας vom Volk (Anm. 125 und 136), zu denen der alte Echeneos zu gehören scheint, der Odysseus antwortet. Auf dessen Vorschlag wird Odysseus von Alkinoos als Gast aufgenommen. Alkinoos schlägt vor, am nächsten Morgen mehr Geronten (γέροντας πλέονας)[99] zu versammeln, um die

96 Kämpfen und Beraten gehören zusammen, wie die Junktur ἡγήτορες ἠδὲ μέδοντες zeigt. Der ideale Held zeichnet sich sowohl im Kampf (ἐν πολέμῳ) als auch im Rat (ἐν βουλῇ) aus, wie das Lob an Diomedes und die Kritik an Hektor zeigen (Anm. 123 und Anm. 217). Vgl. auch Anm. 115 und 251.

97 Diese Bezeichnungen in den Ankündigungen durch Nausikaa und Athena (Od. 6, 256 ff. bzw. 7, 49 ff.).

98 Odysseus hat im Palast Stühle gesehen, auf denen die Anführer der Phäaken beim Mahl zu sitzen pflegen (ἑδριόωντο Od. 7,95 ff.). Das Imperfekt drückt die Gewohnheit aus; das Verb wird hier bisweilen als »Sitzung halten« übersetzt, die Grundbedeutung ist aber »Platz nehmen« vgl. LfgrE.

99 Raaflaub 1993, S. 90, Anm. 31 bemerkt richtig: »In Od. 7,189 pleonas may indicate either that not all gerontes = basileis were present in Alkinoos' house when Odysseus arrived or that gerontes refers to a larger group than the basileis ...« Ulf 1990,

Rückführung des Odysseus zu planen, was alle befürworten (Od. 7,226). Spätestens seit Odysseus' Ankunft und Bitte ist diese Zusammenkunft ein Beratungsmahl.[100] Zu den Ratsmitgliedern gehört nur ein Teil der Geronten; denn sonst könnte man nicht von »mehr Geronten« sprechen.

Bei der Zusammenkunft am nächsten Morgen handelt es sich um eine Volksversammlung. Wenn die »Anführer und Berater« vom Herold gerufen und von Alkinoos angesprochen werden (Od. 8,11 und 8,27), sind damit nicht mehr nur die engsten Berater gemeint, sondern wie angekündigt mehr Geronten. In welcher Form diese weiteren Geronten am anschließenden Festmahl teilnehmen, ist unklar,[101] aber bei den sich daran anschließenden Spielen ist Alkinoos wieder von den engsten Beratern umgeben: Alkinoos sagt (wohl erklärend zu Odysseus), dass es zwölf Könige gebe, die im Demos als Herrscher entscheiden, von denen er der dreizehnte sei; und er fordert diese auf, gemeinsam Gastgeschenke zu stellen.[102] Die Zwölf scheinen den kleinen Kreis von Beratern zu bilden, den wir bereits aus dem siebten Gesang kennen.[103] Denn ihre Herrschaft im Demos könnte mit ihrem γέρας vom Volk zusammenhängen. Außerdem bezeichnet Alkinoos sie, wie sich im Anschluss zeigen wird, im Rückblick als βουληφόροι – der Terminus für die engsten Berater.

S. 79 ff. argumentiert für letzteres, Carlier 1984, S. 146 für ersteres, was wahrscheinlicher erscheint (vgl. Anm. 101).

100 Die Versammlung wird vorbereitet, auf der aber eher verkündet werden wird. Am Morgen war Alkinoos in der Versammlung mit den Königen gewesen (Od. 6,53 ff.). Vielleicht war das Mahl also ursprünglich eine Nachbereitung gewesen. Bei der morgendlichen Zusammenkunft handelt es sich nicht um eine Ratssitzung wie manche meinen (Anm. 153), sondern um eine Versammlung wie zur gleichen Zeit am nächsten Tag (Od. 8,11 ff.).

101 Die »zeptertragenden Könige« folgen Alkinoos in seinen Palast zum Abschiedsmahl. Es ist nicht klar, ob damit die Zwölf oder alle Geronten bzw. Basilees gemeint sind. Für letzteres könnte sprechen, dass sich dieses Festmahl vom Beratungsmahl darin unterscheidet, dass es in den Hallen und Höfen stattfindet und von Jung und Alt besucht wird (Od. 8,75 f.).

102 Od. 8,390 f. δώδεκα γὰρ κατὰ δῆμον ἀριπρεπέες βασιλῆες / ἀρχοὶ κραίνουσι, τρεισκαιδέκατος δ' ἐγὼ αὐτός· Laut Alkinoos gibt es zwölf Könige, die herrschen (sie); Alkinoos bezeichnet sich selbst als dreizehnten (ich); von denen solle jeder ein Gastgeschenk stellen (ihr); gemeinsam wolle man sie sammeln (wir). Alle stimmen zu und schicken Herolde, um die Geschenke zu holen. Warum redet Alkinoos zu Beginn in der 3. Person von den anwesenden Zwölf, die er sonst in der 1. oder 2. Person Plural anspricht? Da er sich an die »Anführer und Berater der Phäaken« wendet, die über ihre Könige Bescheid wissen müssen, scheint er zu Odysseus zu sprechen, der davor gesprochen hatte.

103 Von den Dreizehn und ihren Gastgeschenken wird Euryalos, der Odysseus im Diskuswurf unterlegen war, und dessen bescheidene Gabe abgehoben (Od. 8,396).

Anschließend geht man mit Alkinoos in den Palast zurück, nimmt auf Stühlen Platz (Od. 8,422) und nimmt das Spätmahl ein (Od. 8,470 ff.). Echeneos ist wieder dabei (Od. 11,342 ff.). Es scheint sich also um den kleinen Kreis zu handeln, wie zur gleichen Zeit und am selben Ort[104] am Vortag. Das lässt sich auch aus folgender Passage ableiten, deren Interpretation aber durch den Gebrauch verschiedener Numeri und Personae erschwert wird (Od. 13,4 ff.): Alkinoos wendet sich an Odysseus (du), dann an diejenigen, die immer (αἰεί) gerontischen Wein bei ihm trinken (ihr); dann erinnert er an die Geschenke, die die Ratbringer (βουληφόροι) der Phäaken dem Gast bereits gebracht haben (sie); und möchte zusammen mit den anwesenden Männern weitere Geschenke stellen (wir), die das Volk erstatten soll.[105] Wahrscheinlich spricht Alkinoos mit »ihr« die gleiche Gruppe an, der er sich später mit »wir« anschließt. Aber was ist mit »sie« und »ihr«? Carlier 1984, S. 146 f. vermutet, dass Alkinoos verschiedene Gruppen anspricht: Die Abwesenden haben bereits Gastgeschenke gestellt (sie), die Anwesenden noch nicht (ihr); dann gäbe es zwei verschiedene Gruppen, die regelmäßig bei Alkinoos speisen. Wahrscheinlicher ist, dass es sich um dieselbe Gruppe handelt, die Alkinoos das eine Mal direkt anspricht und auf die er das andere Mal gegenüber den anderen Anwesenden wie seiner Frau Arete, die weitere Geschenke gefordert hatte (Od. 11,340 f.), verweist. Ähnlich verwirrend ist der Wechsel der Personae und Numeri in Alkinoos' früherer Ansprache (Anm. 102). Diejenigen, die im dreizehnten Gesang Gastgeschenke stellen und immer bei Alkinoos gerontischen Wein trinken, sind also identisch mit den zwölf βουληφόροι des achten Gesangs. Dieser engste Kreis von Beratern, der immer am Königsmahl teilnimmt, ist wiederum mit den »wenigen Geronten« des siebten Gesangs identisch, die bei Alkinoos zu speisen pflegen. Denn die Möglichkeit, sich die Auslagen vom Volk erstatten zu lassen (13,13 ff.), scheint im Zusammenhang mit dem γέρας vom Volk zu stehen (Od. 7,152 ff.).

Der Terminus »Geronten« umfasst also sicherlich, der Terminus »Basilees« wahrscheinlich[106] eine größere Gruppe als die »Ratbringer«. Bei den Phäaken gibt es folglich zwei Räte: Der Rat des Königs, dem dieser als

104 Von Hallen und Höfen wie mittags ist keine Rede mehr (Od. 8,75 f.).

105 Od. 13,8 ff. ὅσσοι ἐνὶ μεγάροισι γερούσιον αἴθοπα οἶνον / αἰεὶ πίνετ' ἐμοῖσιν, ἀκουάζεσθε δ' ἀοιδοῦ / εἵματα μὲν δὴ ξείνῳ ἐϋξέστῃ ἐνὶ χηλῷ / κεῖται καὶ χρυσὸς πολυδαίδαλος ἄλλα τε πάντα / δῶρ', ὅσα Φαιήκων βουληφόροι ἐνθάδ' ἔνεικαν· / ἀλλ' ἄγε οἱ δῶμεν τρίποδα μέγαν ἠδὲ λέβητα / ἀνδρακάς, ἡμεῖς δ' αὖτε ἀγειρόμενοι κατὰ δῆμον / τεισόμεθ'· ἀργαλέον γὰρ ἕνα προικὸς χαρίσασθαι.

106 Vgl. Anm. 101. Mit den »Königen«, mit denen sich Alkinoos in der Versammlung berät (Anm. 100), könnten mehr als die zwölf Basilees gemeint sein.

Primus inter Pares angehört, besteht aus zwölf Mitgliedern, von denen nur Echeneos namentlich bekannt ist. Sie nehmen immer am (abendlichen) Königsmahl teil und bereiten die (morgendliche) Versammlung vor. Das Volk legitimiert das Amt, muss die Amtsführung finanziell unterstützen und ist gleichzeitig Realisierungsraum der Amtsgewalt. Insofern kann man von einem Polis- oder Stadtrat sprechen.[107] Der Rat in der Volksversammlung ist größer: Er besteht aus mehr Geronten und Basilees.

Nur singulär erwähnt werden in der Odyssee *Laertes'* Rat, der aus Geronten besteht (Anm. 279), und der Rat des Königs von *Syria,* dessen Mitglieder er vor der Versammlung speist (Anm. 171).

d) Der *Götterrat,* der eher durch den Rahmen der Beratung als durch die Terminologie definiert wird (vgl. 1.5.1), ist sowohl in der Ilias als auch in der Odyssee präsent. An den Beratungsmählern in Zeus' Palast (Anm. 24) nehmen nur Götter teil, die auf dem Olymp wohnen; Externe wie Tethys nur auf Einladung (Il. 24,74 ff.). Obwohl oft von »allen Göttern« die Rede ist, scheinen nicht alle olympischen Götter (aktiv oder passiv) teilzunehmen. Zumeist sprechen Zeus, Hera und Athena. Hephaistos spricht einmal im Rat (Il. 1,531 ff.) und einmal vor der Versammlung (Il. 20,4–41). Poseidon ist ein wichtiges Mitglied des Rats.[108] Apollon spricht einmal in einer ordentlichen Sitzung (24,32 ff.), fehlt aber in einer anderen (15,143). Themis und Ares sprechen nur auf einer Ratssitzung, in der Zeus durch Hera vertreten wird.[109] Helios spricht nur einmal in persönlicher Sache vor Zeus und den anderen Göttern (Od. 12,374–88). Anwesend sind ferner die Götterboten Iris und Hermes sowie Hebe, die als Mundschenk dient (Il. 4,2). Andere olympische Götter wie Aphrodite werden nicht erwähnt.[110] Nur ein Teil der olympischen Götter scheint also am Rat teilzunehmen, von denen wiederum nur ein Teil zu den aktiven Beratern zählt.

Resümee

Die Räte sind um eine besondere Person gruppiert, die Teil des Gremiums ist: Alkinoos gliedert sich in seinen Rat ein (Od. 8,387 ff.); Priamos ist wie sein Großvater einer der Demogeronten (Il. 3,146 und 11,372); Agamem-

---

107 Vgl. Gründung von Scherie (Od. 6,4–11) und Nausikaas' Beschreibung der Stadt (Od. 6,262–71).

108 Poseidon spricht (Il. 7,443 ff.) und ist anwesend (24,22 ff.); Zeus nutzt Poseidons Abwesenheit, um Odysseus' Heimkehr zu beschließen (Od. 1,26–95).

109 Il. 15,84–167. Dagegen behauptet Gladstone 1863, S. 243, dass Ares nie im Rat spreche.

110 Gladstone 1863, S. 226 hält 19 Gottheiten für sicher olympisch.

non wird auch βουληφόρος genannt (Il. 2,24) und Zeus hat ihm das Zepter gegeben, damit er rät (Il. 9,99).

Es gibt den Rat mit Mitgliedern einer Stadt (Alkinoos, Priamos u. a.) und den Rat mit Mitgliedern mehrerer Städte (Agamemnon, Hektor). Der erste Rat ist mit dem Frieden, der zweite Rat mit dem Krieg verbunden; bei den Trojanern gibt es beide Räte, da im Gebiet der Stadt gekämpft wird.

In den Städten Troja und Scheria[111] und im Heer der Achaier und Trojaner gibt es eine Gruppe von Anführern, die Basilees und Geronten genannt werden. Diese Gruppe wird vom König konsultiert und in seinem Palast oder Zelt bewirtet und nimmt privilegiert an der Volks- bzw. Heeresversammlung teil. Ein kleiner Teil dieser Anführer hat ein noch engeres Verhältnis zum König und wird separat konsultiert und bewirtet. Auch bei den Göttern bilden die olympischen Götter eine Spitzengruppe, von denen wiederum nur ein kleiner Kreis zu den engsten Beratern zählt.

1.4.2 Zahl der Mitglieder

Priamos ist von sieben namentlich genannten Demogeronten umgeben (Il. 3,149). Hektors Rat umfasst wohl sechs bis sieben Berater (vgl. 1.4.1 b). Alkinoos hat »zwölf Basilees« als Berater und bezeichnet sich selbst als dreizehnten (Od. 8,387 ff.). Die Mitgliederzahl im großen Rat der Achaier ergibt sich aus der Zahl der Anführer. An Agamemnons kleinem Rat nehmen nur bestimmte Anführer teil. Obwohl ihre Zahl von Ratsszene zu Ratsszene variiert, wird auf ihre Anzahl wert gelegt. Zur Teilnahme am Opfer beruft Agamemnon fünf Geronten und »als sechsten« Odysseus, denen sich Menelaos anschließt.[112] Der Scholiast Aristonikos glaubt, dass es sieben Geronten gibt.[113] Nach Ruzé 1997, S. 66 f. ist die Zahl der Berater auf sieben oder acht begrenzt. Mit acht namentlich erwähnten Beratern ist die Ratssitzung der Dolonie die größte. Diese acht Berater scheinen Agamemnons kleinen Rat zu bilden, dem grundsätzlich auch Achill angehört (vgl. 1.4.1 a). Von diesen neun Beratern sind mal mehr, mal weniger präsent, bzw. werden erwähnt. Auch sonst gibt es Hinweise auf die Neunzahl.[114] In Agamemnons Wunsch,

---

111 Vgl. Gründung von Scheria (Od. 6,4–11) und Nausikaas' Beschreibung der Stadt (Od. 6,262–71).

112 Il. 2,404. Ähnlich Od. 3,406, wo sich um Nestor seine fünf Söhne, als sechster (Sohn) Peisistratos und Telemach versammeln.

113 Ariston. ad Il. 4,343.

114 Zum Zweikampf melden sich »alle Neun« darunter aber auch Eurypylos und Thoas (Il. 7,161). Auf der Heeresversammlung sorgen neun Herolde für Ordnung, die zu neun Basilees gehören könnten (2,96); allerdings ist Achill abwesend.

zehn solche Berater wie Nestor zu haben (Il. 2,369), ist δέκα hyperbolisch gebraucht (LfgrE δέκα B1d).

Die Mitgliederzahlen der (kleinen) Räte der Ilias bewegen sich in derselben Größenordnung: knapp unter zehn Personen; in der Odyssee knapp darüber.

1.4.3 Basilees und Geronten: der große Rat

Bei den Achaiern bilden die Basilees und Geronten einen großen Rat, der von Agamemnon allein zur Beratung und zum Mahl gerufen werden kann; bei den Trojanern hat das Königsmahl mehr Teilnehmer als Hektors und Priamos' Rat; bei den Phäaken nehmen mehr Geronten bzw. Basilees als die zwölf engsten Berater des Alkinoos an Gastmählern teil und werden persönlich zur Volksversammlung geladen. Worin unterscheiden sich diese Ratsmitglieder, die vom Herrscher konsultiert und bewirtet werden, von den einfachen Männern, die nur an der Volksversammlung teilnehmen? Die Mitglieder des achaiischen Kriegsrats zeichnen sich dadurch aus, dass sie Kontingente führen. Von dieser Gruppe sind Personen, die kein Kommando führen, abzugrenzen (wie Phoinix und Thrasymedes, Anm. 72 und 73; oder der Seher Kalchas) und natürlich der einfache Soldat, der weder im Krieg noch in der Beratung etwas zählt[115] (wie der häßliche und freche Thersites). Entsprechend scheint Dolon auf trojanischer Seite ein Mann des Volkes zu sein (Anm. 93). Ruzé 1997, S. 73 stellt fest, dass ein Mann des Demos ohne familiäre, ökonomische oder militärische Qualität zwar zur politischen Gemeinschaft, nicht aber zu den Geronten und Basilees gehört.

Die Basilees bilden eine Gruppe von Anführern, die dem Basileus, dem Monarchen, nahesteht (vgl. 1.3.1 a und Carlier 1984, S. 142 ff.). Die Basilees sind exklusiv, auch wenn sie sich volksnah geben.[116] Bis ins 20. Jahrhundert hat man sie einfach als Adlige bezeichnet.[117] Die Übertragung des neuzeitlichen Adelskonzepts, das sich auf Stand und Familienverband gründet, ist aber gefährlich. Denn die homerischen Basilees definieren sich weniger über Geburt, als über Leistung.[118] Die Monarchie des Basileus ist zwar erb-

115 οὔτέ ποτ' ἐν πολέμῳ ἐναρίθμιος ⟨δήμου ἀνήρ⟩ οὔτ' ἐνὶ βουλῇ Il. 2,202.

116 Polydamas, Hektors Berater, bezeichnet sich nur aus taktischen Gründen als Mann des Volks (Anm. 200).

117 Busolt 1920–1926, Bd. 1, S. 329 »Der ständige Beirat des Königs bestand aber aus den Häuptern des Adels und der gentilizischen Verbände.« Fanta 1882 behandelt den Rat im Kapitel »Der regierende Adel«.

118 Vgl. das Kapitel »Individuelle Leistung statt Geblüt« in Ulf 1990, der aber etwas zu weit geht, wie Blum 2001a gezeigt hat.

lich (Carlier 1984, S. 142), aber die Stellung der Basilees nicht unbedingt. Außerdem repräsentieren die Basilees keine Stämme.[119]

Geronten ist ein breiterer Terminus als Basilees, weil er jeden alten Mann meinen kann (vgl. 1.3.1 b). Alter genoss Vorrang: Dass Odysseus mit Athenas Hilfe die jüngeren Wettläufer besiegt, kommentiert Antilochos: »Noch immer ehren die Unsterblichen die älteren Männer« (παλαιοτέρους ἀνθρώπους Il. 23,787). Die Alten unterscheiden sich von den Jungen durch ihre Weitsicht: dass sie »zugleich voraus und zurück denken« können.[120] Es ist aber zu bedenken, dass die Ratsmitglieder sich nicht aus allen Alten rekrutieren, sondern nur aus denen, die gleichzeitig Basilees sind.[121] Außerdem gibt es jüngere Ratsmitglieder, die unter die Geronten gerechnet werden, obwohl sie nicht alt sind. Dass der Terminus »Geronten« jüngere Ratsmitglieder einschließen kann, zeigt aber die Wichtigkeit der Qualitäten des Alters: So zeichnet sich der junge Kämpfer Polydamas, der Hektors Berater ist, dadurch aus, dass er (wie ein Geron) voraus und zurück denken kann.[122]

Genauso wenig wie jeder der Basilees (Anführer) ein Basileus (Monarch) ist, ist jeder der Geronten (Anführer) ein Geron (älterer Kämpfer/Greis). Alle Ratsmitglieder sind »Anführer« und insofern »Geronten«, aber nicht unbedingt »alte Kämpfer/Greise«. Es ist also wichtiger zu den Basilees zu zählen, als Geron zu sein.

1.4.4 Boulephoroi: die engsten Ratsmitglieder

Nur ein Teil der Basilees und Geronten gehört zu den engsten Ratsmitgliedern, den Boulephoroi (s. o. 1.4.1 c): z. B. gehören Meriones und Menestheus zwar zum großen, nicht aber zum kleinen Rat. Wie die Basilees und Geronten die Besten des Volkes sind, so sind die engsten Ratsmitglieder die Besten der Basilees und Geronten.

---

119 Höchstens bei den Phäaken, vgl. Carlier 1984, S. 148, Anm. 40 und 41.

120 Menelaos über den Unterschied zwischen Jung und Alt (Il. 3,109).

121 Pace Ulf 1990. Dieser sieht zwar Geronten »höherer Qualität«, die Agamemnon nahestehen (ebd. S. 79), aber grundsätzlich hätten alle Geronten die gleichen Rechte und Pflichten (ebd. S. 77 ff.): Rechtsprechung, Beratung, gerontischer Wein, geras geronton. Es gebe keine Hinweise auf eine Einschränkung dieser Privilegien auf einen Teil der Geronten. Gegen Ulfs These spricht die personelle und zahlenmäßige Konstanz des Rats und die erbliche Komponente bei der Weitergabe, die auch Ulf einräumen muss (ebd. S. 81 f.). Dagegen betonen Carlier 1984, S. 147 und Vlachos 1974, S. 172 ff. die Exklusivität des Rats.

122 ὁ γὰρ οἶος ὅρα πρόσσω καὶ ὀπίσσω Il. 18,250.

Die Ratsmitglieder Agamemnons zeichnen sich durch verschiedene Eigenschaften aus: Achill und Aias sind die besten Kämpfer (Il. 2,768f.). Während Achills Abwesenheit vom Kampf tut sich Diomedes so hervor, dass er den Trojanern als der stärkste Kämpfer der Achaier erscheint (Il. 6,98f.). Außerdem ist er unter den Altersgenossen der beste Berater.[123] Nestor, der älteste der Achaier, ist ihr bester Berater, wie Agamemnon, die Achaier und der Erzähler urteilen;[124] Odysseus zeichnet sich durch seine Klugheit aus, wie sein Epitheton πολύμητις zeigt. Der sogenannte kleine oder schnelle Aias erlegt dank seiner Schnelligkeit mehr Feinde auf der Flucht als ein anderer (Il. 14,521f.); Menelaos zeichnet sich in der Schlacht nur wenig aus; zu Agamemnons engstem Kreis scheint er zu gehören, weil der Krieg um seine entführte Frau geht und weil er einen besonderes Nahverhältnis zu seinem Bruder hat (Anm. 310). Idomeneus wird von Agamemnon am höchsten geehrt (Il. 4,255ff.) und hat wie Diomedes den Oberbefehl über 80 Schiffe, die drittgrößte Zahl nach Agamemnon und Nestor. Weniger offensichtlich ist, welche Qualitäten Meges aufweist.

Die Ratsmitglieder Agamemnons heben sich durch ihr *Kommando* von einigen anderen Basilees und Geronten ab: Es gibt unter ihnen keine Unteranführer (vgl. Anm. 67). Andererseits gibt es alleinige Anführer, die nicht zum engsten Rat gehören wie Menestheus.

Heben sich die engsten Ratsmitglieder durch ihr *Alter* von den anderen Basilees und Geronten ab? Diesen Eindruck könnte man bei den Trojanern und den Phäaken gewinnen: Odysseus wünscht den zwölf Ratsmitgliedern des Alkinoos, dass ein jeder seinen Besitz und sein γέρας den Söhnen überlassen möge.[125] Die Berater scheinen so alt zu sein, dass man über ihre Nachfolger nachdenken kann. Priamos' Demogeronten sind so alt, dass sie nicht mehr kämpfen (Anm. 79). In den Räten gibt es einzelne Ratsmitglieder, die sich durch ihr Alter abheben: Echeneos ist der Älteste der Phäaken (Od. 7,156); Nestor der Älteste der Achaier. Aber die anderen Ratsmitglieder Agamemnons sind vom Alter her gemischt: Die Jüngsten sind Achill,

123 Il. 9,53f. Τυδεΐδη περὶ μὲν πολέμῳ ἔνι καρτερός ἐσσι, / καὶ βουλῇ μετὰ πάντας ὁμήλικας ἔπλευ ἄριστος.

124 Il. 7,325; 9,93f.; 11,627. Agamemnon wünscht sich zehn solche Berater wie Nestor (Il. 2,369). Der Unheilstraum erscheint Agamemnon in der Gestalt Nestors, weil er ihn am meisten von den Geronten ehrt (Il. 2,21). Anschließend beruft er den Rat zu Nestors Schiffen. Als Agamemnon die Sorge um die Sicherheit nicht schlafen lässt, geht er zu Nestor (Il. 10,1); Desgleichen in der Odyssee: In der Unterwelt erzählt Odysseus Achill von dessen Sohn. Nur Nestor und er sprachen besseren Rat als Neoptolemos (Od. 11,510).

125 Od. 7,149f. παισὶν ἐπιτρέψειεν ἕκαστος / κτήματ' ἐνὶ μεγάροισι γέρας θ', ὅ τι δῆμος ἔδωκεν.

Diomedes und Neoptolemos. Auch bei Nestor und Echeneos hat man nicht den Eindruck, dass sie allein wegen ihres Alters teilnehmen, sondern wegen der mit dem Alter verbundenen Qualitäten. Natürlich nimmt die *Kampffertigkeit,* die die Ratsmitglieder Achill, Aias und Diomedes auszeichnet, mit dem Alter ab. Als Agamemnon bei der Inspektion des Heeres zu Nestor kommt, seufzt er: »Wärst du doch jünger und kräftiger!« Darauf antwortet Nestor selbstbewusst, er unterstütze den Kampf nicht wie die Jungen mit dem Speer, sondern mit Ermahnung und Rat, was das Vorrecht der Alten sei (Wortspiel: γέρας γερόντων Il. 4,323). Alter bringt *Erfahrung:* Nestor ist zwar zu alt, um selbst zu kämpfen, aber kann seine Soldaten gut führen, weil er »sich von alters gut auf Kämpfe versteht«.[126] Die Demogeronten werden nicht nur als »Berater« (μέδοντες), sondern auch als »Anführer« bezeichnet (ἡγήτορες vgl. Anm. 41); der Demogeront Hiketaon wird »Gefährte des Ares« genannt, was ihn als ehemaligen Kämpfer auszeichnet.[127] Nestor leitet aus seinem Alter eine Führungsrolle im Rat ab: Achill und Agamemnon sollen seinem Ratschlag folgen, weil sie jünger sind.[128] Nestor weist Diomedes zurecht, weil dieser jung ist, und gesteht ihm nur unter den Gleichaltrigen den Vorrang im Rat zu (Anm. 123). Von Echeneos heißt es, dass er etwas zu sagen habe, weil er viele alte Dinge wisse (Od. 7,157). Besonders für Ratsmitglieder ist *Weitsicht* wichtig, »zugleich voraus und zurück zu denken«,[129] die den Alten charakterisiert (Anm. 120) und nur einem einzigen jüngeren Ratsmitglied zukommt (Anm. 122). Die Fähigkeit, von Vergangenem auf Zukünftiges zu schließen, vergrößert sich natürlich mit zunehmendem Alter. Schwindende Körperkraft kompensieren die Alten also durch Erfahrung und Weitsicht. Nicht zuletzt diesem Umstand verdanken der Älteste der Achaier und der Älteste der Phäaken die Mitgliedschaft im Rat: Nestor ist in der Tat der beste Berater (Anm. 124); denn in Versammlung und Rat gibt er wichtige Impulse und zeichnet sich als Stratege und Schlichter aus.[130]

Polydamas hält *Verstand* (νοῦς) für seine persönliche Stärke, mit dessen Hilfe ein Ratgeber vielen Menschen nütze (Anm. 217). Odysseus zeichnet sich wie gesagt durch Klugheit aus, wie sein Epitheton πολύμητις zeigt. Die

126 πάλαι πολέμων ἐῢ εἰδώς Il. 4,310.

127 ὄζον Ἄρηος Il. 3,147; vgl. BK ad locum.

128 ἀλλὰ πίθεσθ᾽· ἄμφω δὲ νεωτέρω ἐστὸν ἐμεῖο Il. 1,259.

129 Achill spricht die Fähigkeit Agamemnon ab (Il. 1,343).

130 Nestor versucht den Streit zwischen Achill und Agamemnon zu schlichten (Il. 1, 254 ff.) und überzeugt Agamemnon später, einen Versöhnungsversuch zu unternehmen. Er bildet und instruiert die Gesandtschaft zu Achill (Il. 9,89–181). Außerdem initiiert er die Musterung des Heeres (Il. 2,337 ff.) und die Kampfespause für Mauerbau und Bestattung (Il. 7,323–343). In der Odyssee wird berichtet, Nestor habe die vom Erscheinen der Tethys verängstigte Versammlung beruhigt (Od. 24,52).

Demogeronten Ukalegon und Antenor werden beide als »klug« charakterisiert.[131] Schon ein Scholiast sagt über die Geronten der Schildbeschreibung, womit vielleicht die Ratsmitglieder gemeint sind (vgl. 1.6 b): sie seien würdig zu richten, weil sie sich durch Verstand und Lebenserfahrung auszeichnen.[132]

Die Mitglieder des Stadtrats zeichnen sich vor dem Volk und wahrscheinlich auch vor anderen Basilees und Geronten durch *Reichtum* aus. Den Reichtum der zwölf Berater des Alkinoos illustrieren ihre Gastgeschenke für Odysseus: Jeder gibt einen Mantel, einen Leibrock, ein Pfund Gold, einen Dreifuß und ein Becken.[133] Der Reichtum von Alkinoos' engsten Ratsmitgliedern ist wohl nicht einfach den utopischen Zügen der Phäaken zuzuschreiben; denn bei den Trojanern steht es ähnlich. Der Demogeront Antenor war wohlhabend genug, um Odysseus und Menelaos zu beherbergen und zu bewirten (Il. 3,207). Antimachos, der vielleicht auch ein Demogeront war (Anm. 85), hatte in seinem Haus Kostbarkeiten aus Eisen, Bronze und Gold (Il. 11,132 ff.). Deger-Jalkotzy vermutet, dass die Demogeronten besonders reich waren, und Sale meint sogar, dass durch ihren Reichtum der Krieg finanziert wurde.[134] Aber Reichtum allein macht noch kein Ratsmitglied, wie das Beispiel Dolons zeigt, der zwar viel Gold und Erz besitzt (Anm. 93), aber nicht zu Hektors Rat und wohl noch nicht einmal zu den Basilees und Geronten gehört.

Agamemnons Ratsmitglieder scheinen sich also durch verschiedene Eigenschaften vor den anderen Basilees und Geronten auszuzeichnen (Kommando, Alter, Erfahrung, Weitsicht, Verstand, Kampffertigkeit oder Reichtum); teilweise auf mehreren Gebieten gleichzeitig: Nestor durch sein Lebensalter und -erfahrung, die Größe seines Kontingents und als Meister der Redekunst[135].

131 πεπνυμένω ἄμφω Il. 3,148.

132 γέροντας ἀξιοῖ δικάζειν ὡς συνέσει καὶ πολυπειρίᾳ πραγμάτων προὔχοντας Hom. Sch. Il. 18,503 f.

133 Od. 8,387 ff.; Od. 13,11 ff. Auch wenn die Ratsmitglieder die Gastgeschenke vom Volk zum Teil erstattet bekommen, strecken sie sie vor.

134 Deger-Jalkotzy 1979, S. 19 in Berufung auf Il. 22,119 ff. (Gedankenspiel Hektors: Helena und Güter zurückgeben und als zusätzliche Entschädigung die Hälfte der Güter von Troja, worauf die Trojaner einen Geronteneid ablegen würden; vgl. 1.6 f) und Sale 1994, S. 61 in Berufung auf Il. 18,290 ff. (durch den Krieg ist das ehemals reiche Troja verarmt) und 17,225 f. (der Unterhalt der Bundestruppen hat Hektors Güter aufgezehrt). Allerdings werden die Demogeronten in diesen Passagen nicht direkt erwähnt.

135 Nestors Worte sind süßer als Honig (τοῦ καὶ ἀπὸ γλώσσης μέλιτος γλυκίων ῥέεν αὐδή Il. 1,249).

1.4.5 Aufnahmebedingungen und -modus; Dauer der Amtsführung

Alle Ober- und Unteranführer der Achaier gehören qua Kommando zum großen Rat. Grundvoraussetzung für die Zugehörigkeit zum kleinen Rat scheint das Oberkommando zu sein. Es nehmen aber nicht alle Oberbefehlshaber teil, sondern nur ein Teil von ihnen. Dabei ist die Größe des Kontingents unerheblich. Denn viele stellen mehr Schiffe als Odysseus, ohne am kleinen Rat teilzunehmen. Ist Alter eine weitere Aufnahmebedingung? Das ist in Agamemnons Rat offensichtlich nicht der Fall, der eine völlig durchmischte Altersstruktur hat. Deutet die Tatsache, dass alle Demogeronten alt sind, darauf, dass es in Priamos' Rat ein Mindestalter gab? Dies scheint eher dem Umstand geschuldet, dass die jüngeren Basilees und Geronten im Krieg sind (Anm. 96). Die Berater des Alkinoos sind zwar so alt, dass Odysseus über die Weitergabe ihres Besitzes und ihres γέρας an die Söhne nachdenken kann (Anm. 125), aber wenn γέρας neben der »Ehrenstellung« der Basilees auch das »Amt« des Ratsmitglieds[136] umfasst, dann scheint das Amt lebenslang ausgeübt zu werden und vererbbar zu sein. Dann wäre der Amtsantritt eher vom Tod des Vaters abhängig und das hohe Alter der Berater des Alkinoos eher der lebenslangen Mitgliedschaft geschuldet als einem festen Mindestalter. Alter scheint also kein ausschlaggebendes Kriterium für die Aufnahme in den Rat zu sein.[137] Auch ein Zensus ist nicht nachweisbar und die Zusammensetzung des Rats erfolgt auch nicht nach einem repräsentativen, föderalen oder regionalen Prinzip.[138]

Man ist sich zwar bewusst, dass der Rat spezifische Qualitäten erfordert (Vernunft und Erfahrung statt Körperkraft), aber das scheint wichtiger für die Diskussion als für die Aufnahme zu sein (vgl. 1.5.5 c). Die Verschiedenheit der Qualitäten, in denen sich die einzelnen Ratsmitglieder von den anderen Basilees abheben, scheint darauf hinzudeuten, dass die Mitgliedschaft im Rat nicht auf festen Aufnahmebedingungen, sondern auf persönlicher Exzellenz basiert: ἀρετή[139].

Welcher Aufnahmemodus führt zu solcher Vielfalt? Für den Modus der Aufnahme gibt es drei Szenarien: 1. Der König nimmt neue Mitglieder auf;

---

136 LfgrE γέρας 3a ad Od. 7,150: Ehrenstellung, Amt. Carlier 1984, S. 151 versteht »privilegierte Stellung der Geronten«. Dagegen sehen Fanta 1882, S. 80 und Gschnitzer 1991, S. 198 in diesem γέρας ein Temenos, das aber, wie Carlier 1984, S. 158ff. gezeigt hat, nur der König und einzelne Helden erhalten.

137 Ähnlich Ruzé 1997, S. 65.

138 Carlier 1984, S. 149, Anm. 41.

139 Diomedes muss seine ἀρετή im Kampf beweisen (Il. 8,535).

2. der Rat entscheidet zusammen über die Neubesetzung; 3. der Ratssitz ist erblich.

Wegen der engen Bindung des Rats an den Herrscher scheint Kooptation ausgeschlossen, und man könnte vermuten, dass der König über die Aufnahme entscheidet. Aber Ruzé meint, dass Alkinoos und Agamemnon sich ihre Gäste beim (Beratungs-)Mahl nicht aussuchen konnten und vermutet deshalb Erblichkeit.[140] Dazu scheint zu passen, dass es Achills Entscheidung ist, dem Rat fernzubleiben (Anm. 61), und ihn nicht etwa Agamemnon ausschließt, der von dessen Entscheidung gar nicht angetan ist.[141] Auf Erblichkeit des Ratssitzes könnte hindeuten, dass Nestors' Sohn im Rat präsent ist und Neoptolemos den Platz seines Vaters Achill übernimmt. Bei den Trojanern gehört Panthoos zum Rat des Priamos und sein Sohn zu Hektors Rat. Vielleicht war bereits Antenors Vater ein Demogeront (Anm. 80). Die bereits angeschnittene Episode über Alkinoos' Ratsmitglieder suggeriert, dass das Amt lebenslang ausgeübt wird und vererbt werden kann. Die Weitergabe scheint aber nicht automatisch zu erfolgen, denn Odysseus betet darum. Er spricht von einem Amt, »das das Volk gegeben hat« (Anm. 125). Wahrscheinlich werden neue Ratsmitglieder (wie auch die Priester)[142] von König und Rat vor der Volksversammlung bestimmt. Auch in der Beratung werden aus Vorschlägen des Königs und der Ratsmitglieder, denen das Volk akklamiert, Entscheidungen der Gemeinschaft (vgl. 1.5.6 d, e). Wahrscheinlich erhöht es die Chance, Ratsmitglied zu werden, wenn der Vater es bereits war, aber wichtig sind auch die eigenen Leistungen (ἀρετή) und die Verdienste für die Gemeinschaft.

Die Aufnahme ist also nicht an die Erfüllung fester Bedingungen geknüpft, sondern an persönliche Exzellenz, die in verschiedenen intellektuellen und körperlichen Fähigkeiten bestehen kann. Abkunft scheint ein Kriterium für persönliche Exzellenz zu sein, ist also wichtig, aber nicht allein ausschlaggebend. Der Aufnahmemodus war dem Einfluss des Königs weitgehend enthoben. Die Mitgliedschaft ist wohl lebenslang.

---

140 Ruzé 1997, S. 67. Dagegen vermutet Carlier 1984, S. 157 mit Anm. 83, dass der König die Teilnahme am Königsmahl gewähren und entziehen konnte. Der Entzug dieses γέρας würde aber zu ähnlichen Protesten führen wie bei Achills Beuteteil.

141 Il. 2,379: Agamemnon prophezeit, wenn er jemals wieder mit Achill berate, werde Troja fallen.

142 Vgl. Carlier 1984, S. 164 mit Anm. 127 ad Il. 6,300: Theano wurde von den Troern zur Priesterin gemacht (τὴν γὰρ Τρῶες ἔθηκαν Ἀθηναίης ἱέρειαν).

1.4.6 Typen von Räten und Genealogie

In der epischen Welt lassen sich verschiedene Typen von Räten unterscheiden: Die Variablen sind Krieg/Frieden; Mitglieder einer Stadt/Mitglieder mehrerer Städte; alte/junge Mitglieder; großer/kleiner Kreis.

In jeder Stadt gibt es einen (kleinen oder großen) Rat, der aus älteren, aber auch jüngeren Anführern (und dem König) besteht (wahrscheinlich Alkinoos' und Laertes' Räte sowie der trojanische Rat im Frieden; Anm. 96). Wenn diese Stadt ein Heer ausschickt, wird es von einem Kriegsrat geführt, der aus jüngeren Ratsmitgliedern (unter der Führung des Königs oder Prinzen) gebildet wird. Der Stadtrat wird auf die zurückbleibenden ältesten Ratsmitglieder reduziert. Wenn der König (wie Priamos) zu Hause bleibt, ist der Rat aktiver als wenn er (wie Odysseus)[143] zu Feld zieht. Führen Bundesgenossen gemeinsam Krieg, wird jedes Kontingent von einem Kriegsrat einer Stadt geführt (wie Achills Kontingent)[144] und das Gesamtheer von einem Gesamtkriegsrat, der aus den Kommandanten der einzelnen Kontingente gebildet wird. Der Oberfeldherr kann die Kommandanten geschlossen oder im kleinen Kreis konsultieren (Agamemnons und Hektors Räte).

Da sich Kriegsrat und Stadtrat in der Teilnehmerschaft unterscheiden, ist die verbreitete Vorstellung, dass das Heerlager der Griechen eine Polis mit Mauern, Agore etc. bilde,[145] für die politischen Institutionen irreführend. Auch an einer Volksversammlung nehmen vielleicht mehr Bürger als allein die Wehrfähigen teil.

1.5 Ratssitzung und Versammlung

1.5.1 Abgrenzung

Versammlung (ἀγορή) und Rat (βουλή) sind an einigen Stellen klar unterschieden (Od. 3,127; Il. 2,53 mit Scholien, vgl. LfgrE ἀγορή c) γ). An anderen Stellen verschwimmt der Unterschied zwar terminologisch: Beispielsweise ist bei den Göttern immer von ἀγορή die Rede, obwohl sich nur in einem Fall alle Götter versammeln;[146] auch können die wenigen Ratsmitglieder

143 Auf Ithaka finden weder Ratssitzungen noch Versammlungen statt; vgl. Anm. 49.

144 Anm. 241 und 250. Zum Vergleich kann Xerxes' Heer dienen, in dem das Kontingent jeder Stadt einen eigenen Führer hat (Hdt. 7,96).

145 Hölkeskamp 1997, S. 8; Haubold 2005, S. 36.

146 Il. 20,4 ff. Versammlung aller Halb- und olympischen Götter; zu Ratssitzungen vgl. Anm. 24.

kollektiv als Achaier oder Danaer bezeichnet werden.[147] Die Zusammenkünfte lassen sich aber anhand der Teilnehmer unterscheiden, was in der Forschung mal besser und mal schlechter gelungen ist.[148]

Es werden in etwa gleich viele Ratssitzungen und Versammlungen geschildert.[149] Die Ratsszenen sind eingangs typologisiert worden (vgl. 1.2). Auch bei der Versammlung gibt es eher formelle und eher informelle Treffen (z. B. Zweikampf). Die Gerichtsszene der Schildbeschreibung und die Versammlung anlässlich der Leichenspiele werden im Zusammenhang mit den richterlichen Kompetenzen behandelt (vgl. 1.6 b). Die von Nestor in Pylos geleitete Zusammenkunft, auf der er ein Opfer für Athena und das Geleit für Telemach organisiert, wollen wir nicht einbeziehen, weil sich zeigen wird, dass sie sich nicht klar einordnen lässt.[150]

1.5.2 Einberufung

a) Wer?

In der Ilias wird bei etwa der Hälfte der Ratssitzungen von Achaiern und Trojanern die einberufende Person spezifiziert: Agamemnon bzw. Hektor.[151] Der Götterrat wird einmal von Zeus einberufen (Il. 8,1–40) und ist in den anderen Fällen schon versammelt. Zeus ist der oberste Gott, Aga-

147 Il. 9,627f.: Aias will Achills Absage »den Achaiern melden, die sitzen und uns erwarten«, womit die Ratsmitglieder gemeint sind (9,669ff.).

148 Carlier 1984, S. 183, Anm. 219: »... il est possible, la plupart du temps, de distinguer clairement les Conseils réunissant les seuls Olympiens et les Assemblées où viennent toutes les divinités de l'univers.« Dagegen behandelt Ruzé 1997 die Götterräte trotz S. 53, Anm. 52 als Versammlung: z. B. auf S. 100. Auch Fanta 1882, S. 75f. ist zurückzuweisen: »Die älteren Lieder der Ilias aber unterscheiden ἀγορά und βουλή nicht ... Überall dort also, wo das Wort ⟨βουλή⟩ in den älteren Liedern der Ilias als die Bezeichnung einer Versammlung erscheint, haben wir nicht an einen Rat, sondern an die Volksversammlung zu denken.«

149 Wenn man die Agorai der Götter herauslässt, kommt man auf etwa 20 Ratsszenen (vgl. Anm. 27 und 28). Hölkeskamp zählt 17 und Ruzé 18 Versammlungen (Anm. 26).

150 Manches erinnert zwar an eine Versammlung: Man trifft sich draußen auf geglätteten Steinen (wie in der Gerichtszene der Schildbeschreibung), auf denen schon Nestors Vater Neleus, der Ratgeber (μήστωρ Od. 3,409), zu sitzen pflegte. Nestor trägt ein Zepter. Er verkündet, was er beschlossen hat (wie Könige in anderen Versammlungen: z. B. Alkinoos). Aber neben Nestor nehmen nur seine Söhne und Telemach teil. Außerdem lässt sich der Ort nicht genau lokalisieren. Denn es ist unklar, ob »vor den Türen/Toren« (προπάροιθε θυράων) im Vorhof oder außerhalb des Palasts bedeutet (vgl. Merry/Riddell/Monro ad 3,407).

151 Zu Agamemnon vgl. Anm. 16 und 18; zu Hektor vgl. Anm. 21 und 22.

memnon der oberste König und Heerführer und Hektor der Heerführer der Trojaner und ihrer Verbündeten (Priamos hat einen eigenen Rat). Dagegen dass der Rat von einer anderen Person als dem König einberufen werden konnte, spricht die Tatsache, dass Nestor Agamemnon die Einberufung des Rats nahelegt und dies nicht selbst tut (Il. 9,69); desgleichen Polydamas gegenüber Hektor (13,740). Das Recht, den Rat einzuberufen, liegt offenbar ausschließlich beim Herrscher. Darin zeigt sich die enge Bindung an seine Person.

In der Odyssee zeigt sich ein ähnlicher Befund: Bei den Phäaken wird der Rat einmal von König Alkinoos einberufen (Od. 8,40–103). Ein anderer Fall ist mehrdeutig: Alkinoos wird morgens angetroffen, wie er seinen Palast verlässt, um zur Ratssitzung/zur Beratung (ἐς βουλήν) mit den Basilees zu gehen, wohin ihn die edlen Phäaken gerufen haben.[152] Wenn die Ratsmitglieder (= Basilees und edle Phäaken) den König zu einer Ratssitzung rufen, wie die meisten Forscher annehmen, wäre das ein Zeichen größerer Autonomie des Rats.[153] Aber die Bedeutung von βουλή ist an dieser Stelle nicht so eindeutig wie oft angenommen.[154] Die Tageszeit passt besser zu einer Volksversammlung.[155] Eher handelt es sich hier also um eine Beratung vor dem Volk, zu der die Ratsmitglieder den König rufen wie in Il. 19,34 ff., wo Achill die Heeresversammlung einberuft und Agamemnon später kommt, weil er erst gerufen werden muss.

Die Einberufung des Rats ist enger als die der Versammlung an den Herrscher gebunden. Denn die Versammlung wird bisweilen von anderen Perso-

---

152 Od. 6,53 ff. τῷ δὲ θύραζε ἐρχομένῳ ξύμβλητο μετὰ κλειτοὺς βασιλῆας ἐς βουλήν, ἵνα μιν κάλεον Φαίηκες ἀγαυοί.

153 Carlier 1984, S. 145; Ruzé 1997, S. 46 f. und S. 58 f. hält Od. 6,55 ff. für einen Ratssitzung, an der sie Spuren einer Entwicklung zu einer gewissen Autonomie des Rats festmacht. Ähnlich Welwei 1998, S. 37.

154 Od. 6,55 erscheint unter LfgrE βουλή 2a »Rat als Versammlung, in der vorgeschlagen, beraten wird, besonders der Rat der Fürsten (Opp. ἀγορή) … am deutlichsten bei Verbindung mit lokaler Präposition.« Aber auch andere Verbindungen von βουλή und Präposition, die unter diesem Lemma angeführt werden, scheinen sich eher auf die Beratung in der Heeres- bzw. Volksversammlung zu beziehen: ἐνὶ βουλῇ in Il. 2,202 und 12,211 ff. Schadewaldt übersetzt einmal »in der Beratung« und einmal »im Rat«. Terminologisch lassen sich beide Gremien nicht so klar trennen: Die Versammlung wird ratbringend genannt (ἀγοραὶ βουληφόροι Od. 9,112), der Götterrat heißt ἀγορή. Zum Terminus θόωκος, der sich auf beide Gremien beziehen kann, vgl. 1.3.2.

155 Am nächsten Tag findet zur selben Zeit eine Versammlung statt (Od. 8,11 ff.). Die Versammlung tagt normalerweise morgens (vgl. 1.5.2 c). Der Rat tagt bei den Phäaken wiederholt am Abend.

nen einberufen: zweimal von Achill – auf Anraten der Hera (1,54 f.) und auf Anraten der Tethys (19,34 ff.) –, von den Atriden (Od. 3,136–152) und von Telemach.[156] In einem Fall vereint sie sich sogar spontan (Od. 24,420 ff.). Ferner gibt es folgenden unsicheren Fall: Achill fordert Odysseus auf, Agamemnon seine abschlägige Antwort auf das Versöhnungsangebot öffentlich zu überbringen, damit auch die anderen Achaier darüber erbittert sind. Vielleicht deuten »die anderen Achaier«, und »öffentlich« auf eine Versammlung, die Odysseus einberufen soll.[157]

b) Wie?

Die Ratssitzung wird im Gegensatz zur Versammlung[158] nicht von Herolden zusammengerufen (die freilich anwesend sein können, vgl. 1.5.3) und ist insofern nicht öffentlich. Der Unterschied tritt bei der Heeresprobe deutlich zutage: Agamemnon lässt die Versammlung durch Herolde einberufen und setzt selbst eine vorbereitende Ratssitzung an.[159] Agamemnon ruft Nestor »als ersten« zum Rat (Il. 2,404). Auch im Falle der Versammlung scheint der König die Ratsmitglieder persönlich zu laden, wohingegen die Herolde die anderen Teilnehmer kollektiv zusammenrufen:[160] Agamemnon befiehlt den Herolden, die Versammlung einzuberufen, er selbst kümmert sich um die Ersten.[161] Besonders deutlich ist der Einberufungsmodus der Ratssitzung in der Dolonie, den bereits Eustathios mit der Versammlung kon-

---

156 Od. 2,6 ff. Allerdings ist es die erste Versammlung seit Odysseus' Abfahrt.

157 … τῷ πάντ' ἀγορευέμεν ὡς ἐπιτέλλω / ἀμφαδόν, ὄφρα καὶ ἄλλοι ἐπισκύζωνται Ἀχαιοί Il. 9,369 f. ἀμφαδόν bedeutet »offen, öffentlich« (LfgrE) und scheint sich eher auf die Versammlung zu beziehen als auf den Rat, der einen privateren Charakter hat (vgl. 1.5.2 und 1.5.3 a. E.).

158 Da die Herolde bei der Einberufung der Versammlung nicht immer erwähnt werden, sieht Ruzé 1997, S. 38 ff. neben der organisierten Einberufung auch eine freie und selbstverständliche Art: »la coutume remplace le convocateur et le héraut.« Den Unterschied zwischen der Einberufung von Rat und Versammlung verdeutlicht sie nicht.

159 Il. 2,50 ff. αὐτὰρ ὃ κηρύκεσσι λιγυφθόγγοισι κέλευσε / κηρύσσειν ἀγορὴν δὲ κάρη κομόωντας Ἀχαιούς· / οἳ μὲν ἐκήρυσσον, τοὶ δ' ἠγείροντο μάλ' ὦκα· / Βουλὴν δὲ πρῶτον μεγαθύμων ἷζε γερόντων.

160 In Il. 9,11 f. findet sich eine Mischform, wie schon Ameis/Hentze/Cauer (ad locum) urteilen: zur Versammlung wird jeder einzelne Mann (ἄνδρα ἕκαστον) durch Zuruf (κλήδηn) und ohne Geschrei (μὴ βοᾶν) einberufen, vielleicht damit Achill oder die Trojaner nichts davon erfahren.

161 Il. 9,12: αὐτὸς δὲ μετὰ πρώτοισι πονεῖτο. Allerdings ist hier die Bedeutung von πρῶτος unsicher; vgl. LfgrE πρῶτος 1bβ mit Literatur.

trastiert:[162] Agamemnon befiehlt Menelaos, zur Beratung jeden Mann beim Namen zu rufen und nach dem väterlichen Geschlecht (10,68–69). Nachdem er Menelaos instruiert hat, geht Agamemnon zu Nestor; Menelaos zu Idomeneus und dem großen Aias; Nestor zu Odysseus und Diomedes; Diomedes zu Meges und dem kleinen Aias. Die Einberufung des Rats erfolgt also im Schneeballprinzip. Nestor tadelt Agamemnon, dass dieser ihn persönlich und nicht durch seinen Bruder Menelaos benachrichtigt (Il. 10,114), und wird seinerseits von Diomedes getadelt, weil er nicht einen Sohn schickt (10,165). Es scheint also üblich, ein Familienmitglied zu schicken. Im Modus der Einberufung zeigen sich der vertraute Charakter des Rats und die enge Bindung an den Herrscher.

c) Wann?

Die Versammlung wird zumeist am frühen Morgen anberaumt (Il. 2,48; 7,381–411; Od. 2,1; 6,53; 8,1) seltener abends (Il. 7,345–380; 9,9–79 und Od. 3,127). Der Rat tagt zu beliebigen Tageszeiten: morgens vor Heeresversammlung und Frühmahl (Il. 2,48)[163], nach dem Frühmahl (Il. 2,399 ff.; Od. 6,55), tagsüber während des Kampfes (Il. 14,27 ff.), nach dem Spätmahl (7,323–343; 9,89–181; 23,35 ff.; Od. 7,220 ff.) und nachts in der Dolonie.

d) Wo?

In der Ilias tagt der Rat der Achaier normalerweise im Zelt bzw. bei den Schiffen Agamemnons.[164] In einigen Fällen tagt der Rat an einem anderen Ort: vor der Heeresprobe bei Nestors Schiffen, weil Agamemnon von ihm geträumt hat; in der Dolonie jenseits der Mauer zur Inspektion der Wachen.[165] Achills Zelt wird als regelmäßiger Sitzungsort beschrieben.[166] Bei

162 Agamemnon berufe die Achaier zum Rat der Dolonie nicht mit lauten Herolden wie bei der Versammlung, sondern leise, damit die Troer nichts davon erfahren Eust. 2,647 (ad Il. 10,195).

163 Vor der Heeresprobe tadelt der Traum Agamemnon, ein Boulephoros dürfe nicht die ganze Nacht schlafen (Il. 2,25).

164 Il. 7,313; 9,89 f.; 9,669; 10,327; 23,38.

165 Aristoteles findet für die Ortswahl mehrere Gründe: 1. Nachts sei ein trojanischer Angriff unwahrscheinlich. 2. Der Ort außerhalb des Lagers biete mehr Ruhe und stelle die Tapferkeit unter Beweis. 3. Nächtlicher Aufruhr im Lager werde vermieden (Arist. Fr. 159R).

166 Achill empfiehlt Priamos, draußen zu schlafen, damit ihn keiner der Boulephoroi, die immer in sein Zelt zur Beratung kommen, wie es Brauch ist, ertappt und Aga-

den Trojanern gibt es nur eine ordentliche Ratssitzung, deren Ort bestimmt ist. Sie tagt beim Grabmal des Ilos (Il. 10,414), das sich auf dem Schlachtfeld befindet (Il. 11,166 und 11,372). Auch die andere Sitzung soll im Felde tagen, findet aber nicht statt (Il. 13,726 ff.). Der Götterrat tagt immer im Palast des Zeus bzw. auf dem höchsten Gipfel des Olymps (Anm. 24). Der Ort der Ratssitzung befindet sich also im Gebiet des Herrschers. Die Ausnahme bei den Trojanern erklärt sich vielleicht dadurch, dass Hektor den Rat als Heerführer einberuft. Gleichzeitig stellt sich Hektor durch die Ortswahl in die Tradition des trojanischen Rats, weil Ilos ein Demogeront war.

Die Versammlung der Achaier tagt auf dem Markt vor Agamemnons[167] und Odysseus' Zelt, wo auch Gericht gehalten wird.[168] Auch in der Schildbeschreibung wird auf dem Markt Gericht gehalten (Hom. Il. 18,497). Bei den Trojanern tagt die Versammlung bei den Toren von Priamos' Palast (Il. 2,788; 7,345 f.). In besonderen Fällen tagen die Achaier und Trojaner zu Felde, und zwar um die Zweikämpfe auszuhandeln (Il. 3,77 ff. und 7,54 ff.). Im Gegensatz zum Rat tagt die Versammlung zwar außerhalb der Sphäre des Königs, aber oft daran angrenzend.[169] Außerdem grenzt der Ort an die Zelte derjenigen Berater, die in der Versammlung am wichtigsten sind.[170] Der Übergang von Ratssitzung zu Versammlung (und umgekehrt) wird so erleichtert. Die einzige sicher identifizierbare Versammlung der Götter kann wie der Rat in den Hallen des Zeus tagen (Il. 20,4–41), weil diese übernatürliche Dimensionen haben.

In der Odyssee tagt der Rat der Phäaken in Alkinoos' Palast, in Syria im Vorhaus des Königs[171] und bei den Göttern in Zeus' Palast (Anm. 24). Die

---

memnon verrät. μή τις Ἀχαιῶν / ἐνθάδ' ἐπέλθησιν βουληφόρος, οἵ τέ μοι αἰεὶ / βουλὰς βουλεύουσι παρήμενοι, ἣ θέμις ἐστί Il. 24,651 ff. Carlier 1984, S. 147 wertet diese Passage als Zeichen der Unabhängigkeit des Rats vom König. Die Ratssitzung könnte aber von Agamemnon einberufen worden sein wie in Il. 2,53 f., wo er eine Ratssitzung zu Nestor bestellt.

167 Il. 7,383. Bei Hölkeskamp 1997, S. 8 fehlt der Hinweis auf Agamemnons Zelt.

168 ἀγορή und θέμις bei Odysseus' Zelt Il. 11,807 f.; gleiche Formulierung im Plural bei den Kyklopen (Od. 9,112–115); beide Stellen diskutiert Ruzé 1997, S. 30 f.

169 Ruzé 1997, S. 43: »Le lieu d'assemblée est donc habituel dans l'Iliade et il reste associé de près à la demeure royale.«

170 Ruzé 1997, S. 42 betont zwar, dass der Ort der Versammlung an die Zelte des Agamemnon, Odysseus, Nestor und Diomedes angrenzt, die in der Beratung am wichtigsten sind, relativiert aber: Die Versammlung sei Ort des Volkes.

171 Eine Sklavin stiehlt kostbare Becher von der Tafel im Vorhaus, wo der König von Syria (der Vater des Eumaios) mit Männern zu speisen pflegte, als jene zu Sitzung und Beratung mit dem Volk gegangen waren. Od. 15,466 ff. εὗρε δ' ἐνὶ προδόμῳ

Versammlungen auf Ithaka finden dagegen auf dem Markt statt, so auch bei den Phäaken,[172] wo der Markt bei den Schiffen liegt. Auch in Syria befindet sich der Versammlungsort außerhalb des Palasts (Anm. 171). Bei den Achaiern findet die Heeresversammlung auf dem Markt statt (Od. 3,127ff.). Es ergibt sich also der gleiche Befund wie in der Ilias.

Die Ausstattung des Ortes der Ratssitzung ist bemerkenswert: In Alkinoos' Palast gibt es kostbare Lehnstühle, auf denen sitzend die Geronten zu speisen pflegen (Od. 7,95ff.). In Syria pflegen die Geronten an einer Tafel mit kostbaren Bechern zu speisen (Anm. 171) – vergleichbar dem Götterrat (Il. 8,439–484). Ähnlich verhält es sich mit der Ausstattung des Versammlungsortes: Alkinoos und Odysseus nehmen auf geglätteten Steinen Platz (Od. 8,4ff.). Das Volk füllt Versammlungsplatz und Sitze (Od. 8,16ff.), womit wohl keine befestigten Plätze gemeint sind.[173] Eindeutiger ist die Schildbeschreibung, wo nur die Ratsmitglieder auf steinernen Plätzen sitzen.[174] Diese Sitze sind in einem »heiligen« Kreis angeordnet, wozu ein Scholiast bemerkt: Der Ort habe eine heilige Aura, um (die Richter) von falschen Urteilen abzuhalten und (die Parteien) zum Gehorsam anzuhalten.[175] Die besondere Ausstattung beider Tagungsorte deutet auf die Institutionalisierung des mit und ohne Versammlung abgehaltenen Rats hin. θόωκος kann in beiden Gremien die Sitzplätze der Ratsmitglieder (vgl. 1.3.2) bezeichnen.

Resümee

Der Rat wird also allein vom König einberufen und tagt zumeist bei ihm. Im Modus der Einberufung zeigen sich der vertraute Charakter des Rats und seine enge Bindung an den Herrscher. Im Gegensatz zur Versammlung muss der Rat zu jeder Tages- und Nachtzeit zur Verfügung stehen. Die Ratsmitglieder können die Versammlung einberufen und haben in beiden Gremien ihre besonderen und ständigen Sitze, was auf ihre Institutionalisierung deutet.

ἠμὲν δέπα ἠδὲ τραπέζας / ἀνδρῶν δαιτυμόνων, οἵ μευ πατέρ' ἀμφεπένοντο. / οἱ μὲν ἄρ' ἐς θῶκον πρόμολον δήμοιό τε φῆμιν, / ἡ δ' αἶψα τρί' ἄλεισα κατακρύψασ' ὑπὸ κόλπῳ / ἔκφερεν.

172 Od. 6,55ff. und 8,1ff. Ruzé 1997, S. 46f. hält Od. 6,55ff. für eine Ratssitzung, die außerhalb des Palasts stattfindet und von den Ratsmitgliedern einberufen wird. Stattdessen handelt es sich aber um einen Rat in der Versammlung (vgl. 1.5.2 a).

173 Vgl. Gschnitzer 1983, S. 155.

174 Il. 18,504 εἵατ' ἐπὶ ξεστοῖσι λίθοις ἱερῷ ἐνὶ κύκλῳ.

175 Hom. Sch. Il. 18, 503f.: τὸν δὲ τόπον αὐτῶν ἱερόν, ὥστε εἰς τὸ θεῖον ἀσεβεῖν δοκοῖεν οἵ τε παρακρίνοντες καὶ οἱ ἀπειθοῦντες.

1.5.3 Formaler Ablauf

Der Ablauf der Versammlung wird am ausführlichsten im zweiten Gesang der Odyssee geschildert: Telemach wartet, nachdem er die Versammlung einberufen hat, mit seinem Einzug, bis alle da sind. Als er kommt, machen ihm die Alten Platz (Od. 2,6). Auch in der Versammlung, die Achill einberuft, treffen Odysseus und Diomedes gemeinsam ein, als das Volk schon versammelt ist, und Agamemnon »als letzter« (Il. 19,47ff.). Ob die späte Ankunft ihrer Verletzung geschuldet ist oder wie bei Telemach berechnet ist, lässt sich nicht feststellen. Bei der Heeresprobe berät sich Agamemnon mit seinen Beratern, während die Herolde das Volk zusammentrommeln; Nestor verlässt die Beratung »als erster«, um zur Versammlung zu gehen. Andererseits haben in Od. 8 Alkinoos und Odysseus ihre Plätze bereits eingenommen, bevor die Einberufung und Ankunft des Volks beschrieben wird. Ob die Ratsmitglieder vor oder nach dem Volk, zusammen oder getrennt in die Versammlung kommen, scheint von der Situation abzuhängen.

Alle sitzen; das Gegenteil ist bemerkenswert (Il. 18,246). Je wichtiger die Person, desto zentraler der Platz: Das zeigt sich darin, dass sich Hephaistos in die Mitte setzt (Il. 20,15) und dass zwischen vorne und hinten Sitzenden unterschieden wird (Il. 2,281f.). Odysseus und Diomedes setzen sich ganz nach vorne (Il. 19,50). Alkinoos sitzt inmitten der Vordersten.[176] Die Geronten der Schildbeschreibung sitzen im Kreis. Gschnitzer schließt aus dem zentralen und geschlossenen Sitzen der Geronten auf ihre Bedeutung in der Versammlung; Ruzé sieht darin zugleich Nähe zum und Abgrenzung vom Volk.[177]

Ein Gebet an Themis eröffnet gewöhnlich die Versammlung.[178] Die Herolde verschaffen den Sprechern die Aufmerksamkeit der Menge und übergeben dem Redner das Zepter.[179] Das halten die meisten Forscher für die Regel,[180] auch wenn das Zepter und seine Weitergabe nicht immer erwähnt

176 Vgl. Od. 6,60 μετὰ πρώτοισιν, was von LfgrE πρῶτος 1bα örtlich aufgefasst wird. Auch Tethys sitzt in der Mitte, von den anderen Meeresgöttinnen umringt (Il. 24,83ff.).

177 Gschnitzer 1983, S. 155; Ruzé 1997, S. 47. Von Hölkeskamp 1997 der den Versammlungsort als öffentlichen Raum konzipiert, völlig ausgeblendet.

178 (Scil. Θέμις) ἥ τ' ἀνδρῶν ἀγορὰς ἠμὲν λύει ἠδὲ καθίζει Od. 2,68f. Die Versammlung der Götter wird von Themis persönlich einberufen (Il. 20,4ff.).

179 Il. 2,96–98; 2,279; 3,218; 18,503; 23,567–569; Od. 2,37.

180 Vgl. schon Ariston. ad Il. 18,504. Dagegen meint Ruzé 1997, S. 50ff., dass das Zepter nur in besonders feierlichen und dramatischen Situationen getragen wurde und nichts mit dem Rederecht zu tun hat.

werden. Das Zepter verleiht dem Redner öffentliche Autorität.[181] Der Redner steht auf und tritt in die Mitte (Il. 2,279; 7,345–420). Das Gegenteil ist bemerkenswert: In Il. 19,77 sitzt Agamemnon, weil er verletzt ist. Ein Gebet an Themis schließt die Versammlung (Anm. 178).

Die ausführlichste Schilderung einer Ratssitzung liefert der neunte Gesang der Ilias. Bei den Achaiern finden die meisten (Anm. 16), bei den Phäaken alle Beratungen nach dem (Opfer-)Mahl statt (eventuell mit Gebet; Anm. 25). Speisen und Beraten sind fast synonym (Il. 9,70). Bei den Göttern wird während des Gelages beraten (Anm. 24). Ruzé 1997, S. 40 spricht von »repas-conseil« und hält die Verbindung von Mahl und Beratung für üblich, wenngleich nicht notwendig. In der Tat gibt es auch Beratungen ohne vorangehendes Mahl (Anm. 18 und 21).

Die Götter erheben sich vor Zeus (Il. 1,531; 5,86). Die von Achill zurückkehrende Gesandtschaft wird durch Zuprosten, Aufstehen und Anrede begrüßt (9,670 ff.), das Gegenteil ist bemerkenswert (8,444 f.). Als Tethys zum Rat stößt, bekommt sie den Becher gereicht, trinkt und gibt ihn zurück (24,102 ff.). Als Hera ankommt, erheben sich die Götter und sie bekommt den Becher gereicht (Il. 15,86). Wenn also der König und andere Ratsmitglieder oder Gäste zum Rat stoßen, erheben sich die anderen und bieten einen Willkommenstrunk an.

Es ist eine besondere Ehre in der Nähe des Königs zu sitzen: Alkinoos lässt seinen Lieblingssohn den Platz für Odysseus räumen.[182] Alle sitzen.[183] Nur bei einer reinen Beratung ohne Mahl wird erwähnt, dass der Sprecher aufsteht und sich nach seiner Rede setzt (2,76). Sonst kann der Redner im Affekt aufspringen.[184] Aber normalerweise scheint sich der Redner im Gegensatz zur Versammlung nicht zu erheben, auch wenn das Essen vorbei ist. Dieser Umstand deutet auf die Ungezwungenheit der Beratung.

Die Ratsmitglieder teilen sich das Wort selbst zu[185] – nicht wie in der Versammlung die Herolde, die trotzdem anwesend zu sein scheinen, wie der neunte Gesang der Ilias zeigt: Nestor befiehlt zwei Herolden, die Gesandtschaft zu Achill zu begleiten (9,170), und danach vollziehen die Herolde an den Teilnehmern ein Reinigungsritual (Il. 9,174 f.; vgl. auch in

181 Raaflaub 1993, S. 55; vgl. 1.6 c.

182 Od. 7,169 f.

183 Il. 1,536; 2,85; 9,671 und 695; 10,198; 24,652.

184 Il. 1,565 ff.: Zeus heißt Hera, sich zu setzen und zu schweigen; 1,584: Hephaistos springt nach (oder schon während) der Rede auf.

185 Im Rat der Dolonie (Il. 10,202). Auch auf der Beratung der Freier (Od. 22,131 und 247).

23,39f.). Im Rat wird im Gegensatz zur Versammlung kein Zepter benutzt, das die Herrschaft des Königs und die öffentliche Funktion der Ratsmitglieder markiert, was der Ratssitzung einen privateren Charakter verleiht. An das Beratungsmahl kann sich ein Reinigungsritual und eine Trankspende anschließen (Il. 9,174ff.; Od. 7,220ff.).

Es ergibt sich: Ob die Ratsmitglieder vor oder nach dem Volk, zusammen oder getrennt in die Versammlung kommen, scheint von der Situation abzuhängen. Der Sitzkreis der Ratsmitglieder befindet sich im Zentrum der Volks- bzw. Heeresversammlung. Beim Beratungsmahl sitzt man an einer Tafel. Der König hat in beiden Zusammenkünften den besten Platz. Der Ablauf der Versammlung ist förmlich: Herolde sorgen für Ruhe und überreichen dem Redner das Zepter, der sich erhebt. Die Ratssitzung (besonders als Beratungsmahl) hat einen ungezwungeneren Charakter: Man teilt sich das Wort selbst zu und bleibt sitzen.

1.5.4 Zuständigkeit

a) Thema

Ratssitzungen und Versammlungen haben ein einziges, konkretes und aktuelles Thema, das entweder vom König oder von den Ratsmitgliedern bestimmt wird: im Rat häufiger von den Ratsmitgliedern als in der Versammlung, wo meistens der König beginnt. Ilias 9,89–181 illustriert diesen Unterschied: In der Versammlung hat Agamemnon in Anbetracht der drohenden Niederlage den Rückzug empfohlen; Nestor bringt das Gespräch im Rat, dessen Einberufung er Agamemnon empfohlen hatte, auf den Grund der Niederlage (Verweigerungshaltung des erzürnten Achill) und den möglichen Ausweg (Versöhnung). Natürlich kann der König auch reine Beratungen einberufen, in denen er das Thema vorgibt (Anm. 18). Aber jedes Königsmahl gibt Raum zu Diskussion (Anm. 17). Nach dem Essen kann ein Thema auch spontan aufkommen, wenn es ein Ratsmitglied zur Sprache bringt.[186] Selten bestimmt ein Ratsmitglied das Thema der Versammlung wie Achill im ersten Gesang (Grund der Pest und Ausweg).

Die Themen drehen sich in der Ilias fast immer um den Krieg und betreffen zukünftige Aktionen. Zwischen den Themen der Versammlungen

186 Nestor schlägt den Mauerbau vor (Il. 7,311–34). Auch im Götterrat kann ein (freilich eher persönliches) Thema von einem Ratsmitglied aufgebracht werden. Poseidon beklagt sich, weil die von ihm errichtete Mauer der Troer in Vergessenheit geraten könnte (7,445ff.).

und der Ratssitzungen gibt es Überschneidungen: So werden Angriff oder Rückzug vor beiden Gremien behandelt. Über die Rückgabe der Helena wird in der Versammlung (Il. 11,122–42) und vielleicht im Rat[187] verhandelt. Auch im zweiten Gesang der Odyssee vermutet Aigyptios als erstes, dass die Volksversammlung einberufen worden sei, weil jemand von einem Heer wisse, das im Anmarsch sei. Seine zweite Vermutung ist, dass jemand irgendeine andere gemeinsame Sache vorbringen und diskutieren wolle (τι δήμιον ἄλλο Od. 2,47). Das ist auch der Fall: Telemach will sich über die Freier beklagen. Bei den Phäaken wird über die Rückführung des Odysseus beraten (Od. 7,189).

Themen der Versammlung sind Dinge, die das Volk angehen (δήμια).[188] Ruzé 1997, S. 89 meint, dass alle Angelegenheiten der Gemeinschaft vor der Versammlung behandelt werden müssen. Der Rat besitze keine Souveränität, weil er nicht ohne Zeugnis und Zustimmung des Volkes entscheiden könne, aber Autorität, weil er die anliegenden Entscheidungen ausdiskutiere und das Volk kein Rederecht habe (ebd. S. 101).

Aber der Kriegsrat der Achaier beschließt δήμια allein und ohne die Versammlung zu informieren wie den Mauerbau (Il. 7,323–343), die Aussendung von Spähern (Il. 10,195 ff. und 299 ff.) und die Besetzung der Wachen (Anm. 311). Vielleicht zeigt der Terminus »Demogeront«, dass der Rat des Priamos das Volk (δῆμος) repräsentiert. Nach Ruzé 1997, S. 101 behandelt die Versammlung die langfristige Strategie und der Kriegsrat nur die konkrete Taktik. Gschnitzer 1983, S. 153 f., 159 meint, weniger wichtige Dinge erledige der Rat allein. Raaflaub gesteht dem Rat die Entscheidungskompetenz in »lokalen Dingen« zu.[189] Dinge, die Geheimhaltung erfordern wie die Aussendung von Spionen, werden eher im kleinen Kreis beschlossen.[190] Andererseits werden alle Anliegen von Auswärtigen vor dem Volk entschieden.[191]

187 Il. 3,149 ff. in der Interpretation von Sale vgl. Anm. 23.

188 Ulf 1990, S. 168; Fanta 1882, S. 94.

189 Manche Forscher schließen aus der von Raaflaub 1997, S. 13 angeführten Passage auf eine weiterreichende Entscheidungskompetenz: Der Rat habe Hektor und das Volk vom Kampf abgehalten (Il. 15,719; Anm. 196).

190 Vgl. das Scholion zur Dolonie (Anm. 162). Das ist auch noch im Peloponnesischen Krieg der Fall. Im Kriegsrat der Athener rät Nikias davon ab, den Rückzug offen in größerer Versammlung zu beschließen, weil der Plan dem Feind hinterbracht werden könnte. οὐδ᾽ ἐμφανῶς σφᾶς ψηφιζομένους μετὰ πολλῶν τὴν ἀναχώρησιν τοῖς πολεμίοις καταγγέλτους γίγνεσθαι· Th. 7,48.

191 Chryses: Rückgabe der Tochter; Trojaner: Zweikampf-/Friedensangebot; Menelaos: Rückgabe der Helena.

Der Rat besitzt also eine Teilsouveränität: Die einen Fragen kann er allein entscheiden, die anderen muss er vor der Versammlung entscheiden.

b) Thematische und zeitliche Verbindung beider Gremien

Der Rat kann zwar manches ohne die Volksversammlung entscheiden, aber wichtiger ist, dass beide Gremien miteinander verknüpft sind. Denn die Ratsmitglieder bilden die Redner der Versammlung (s. u.). Außerdem können beide Zusammenkünfte zeitlich und thematisch verbunden sein, wie die Heeresprobe eindrucksvoll demonstriert (Anm. 159): Während die Herolde die Soldaten zusammenrufen, veranstaltet Agamemnon eine Ratssitzung, auf der er die Ratsmitglieder in seinen Plan einweiht, das Heer in der anschließenden Versammlung auf die Probe zu stellen.

Auf eine Ratssitzung kann eine Versammlung folgen (Od. 15,466 → 15, 468; Il. 7,17 → 7,54;[192] vielleicht Il. 7,323–343 → 7,381–411). Umgekehrt kann aber auch auf eine Versammlung eine Ratssitzung folgen (Il. 9,9–79 → 9,89–181). Zwei Ratssitzungen können auch eine Versammlung umrahmen (Il. 2,53 ff. → 2,84–395 → 2,404). Beide Zusammenkünfte können eine Kette bilden: Versammlung, Rat, Versammlung, Rat (Od. 6,53 ff. → 6,256; 7,95; 136; 189 → 8,1–45 → 8,46; Il. 9,9–79 → 9,89–181 → 19,40–276 → 19,303).

Eine Versammlung folgt auf eine Ratssitzung, wenn der im Rat gefasste Plan dem Volk verkündet wird (Il. 2,53 ff. → 2,84–395 Heeresprobe; vielleicht Il. 7,17 → 7,54 Zweikampf; vielleicht Il. 7,323–343 → 7,381–411 Kampfpause für Bestattung[193]) oder dasselbe Thema vor einem breiteren Forum besprochen werden soll (9,89–181 → 19,40–276 Versöhnung Agamemnon/Achill; Od. 7,95; 136; 189 → 8,1–45 so angekündigt, faktisch Verkündung). Auf eine Versammlung folgt eine Ratssitzung, wenn in der Versammlung keine Entscheidung gefunden wurde (Il. 9,9–79 → 9,89–181); oder zu gemeinsamem Opfer und Schwur (Il. 2,84–395 → 2,404); Beitrag und Teilnahme am Festmahl (Od. 8,1–45 → 8,46).

Die Beispiele zeigen, dass beide Gremien aufeinander bezogen sind. Der Rat kann die Versammlung in formellerem oder informellerem Rahmen vor- und nachbereiten. Von einem regulären Probouleuma wie bei späte-

192 Apollon schlägt Athena vor, den Kampf zwischen Trojanern und Achaiern auszusetzen; Hektor soll die Griechen zum Zweikampf fordern. Sie nimmt an. Der Seher Helenos »vernahm im Mute jenen Beschluss, der den Göttern gefiel, wie sie sich berieten« (Il. 7,44 f.). Er gibt den Befehl an Hektor weiter, der das Heer sammelt.

193 Die Kampfpause ist aber doppelt motiviert, da sie auch von den Trojanern vorgeschlagen wird (Il. 7,372–397).

ren Räten kann man zwar nicht sprechen, aber die Vorbereitung ist nicht auf Einzelfälle beschränkt.[194]

c) Rederecht – personelle Überschneidung

Auf den Ratssitzungen (Anm. 27) reden die Ratsmitglieder, wobei es gewisse Wortführer gibt. Neben Agamemnon reden bei den Achaiern Nestor, Odysseus und Diomedes sowie Achill (auf den informellen Treffen nach der Versöhnung). Auch bei den Troern sprechen nur die Ratsmitglieder – abgesehen von Dolon, der sich zu Wort meldet, als Hektor einen Freiwilligen für das Ausspionieren der Gegner sucht. Das Rederecht im Rat kommt also nur den Ratbringern (βουληφόροι) zu und einem einfachen Mann nur ausnahmsweise, wenn ihn der König dazu auffordert (vgl. Carlier 1984, S. 185 mit Anm. 228).

Auch in der Versammlung (Anm. 26) gehören die meisten Redner zu den Ratsmitgliedern, wie Ruzé 1997, S. 53ff. feststellt: Bei den Achaiern reden Agamemnon, Nestor, Odysseus, Diomedes und Achill, daneben Kalchas, der auf Achills Aufforderung hin spricht, der auswärtige Chryses und Idaios, der Herold der Troer. Menelaos meldet sich auf die Zweikampfanfrage. Als Redner vor den Versammlungen der Trojaner treten folgende Personen auf: Hektor, Priamos, Paris, Antenor, Polydamas, Antimachos, Polites, Idaios, Odysseus und Menelaos. Priamos ist der König, Hektor der Prinz; Antenor gehört zu Priamos' Demogeronten, Polydamas zu Hektors Rat; Antimachos ist vielleicht auch ein Demogeront (Anm. 85); Paris redet nur, als es um die Rückgabe Helenas geht, er also persönlich betroffen ist – auf einer früheren Volksversammlung hatte er sich nicht selbst verteidigt, sondern Antimachos dazu bestochen (Anm. 308 und 309). Das Rederecht der Demogeronten, die als tüchtige Redner bezeichnet werden,[195] lässt sich wohl auch aus der Angabe erschließen, »Geronten« hätten Hektor und das Volk von einem Sturm auf die Schiffe abgehalten.[196] Polites und Idaios sprechen als Boten, Odysseus und Menelaos als Gesandte. Die trojanischen

194 Andrewes 1954, S. 6: »Homer depicts a political procedure … not at all probouleutic.« Gschnitzer 1983, S. 154 wendet sich gegen ein reguläres Probouleuma, betont aber die Bedeutung des Rats für die Volksversammlung: Der Rat diskutiere aus und die Menge stimme zu. Für Ruzé 1997, S. 99ff. ist die Vorbereitung hingegen auf Einzelfälle beschränkt, weil die Versammlung spontan zusammenkommen könne.

195 ἀγορηταὶ ἐσθλοί Il. 3,150f.

196 οἵ ⟨γέροντες⟩ μ' ἐθέλοντα μάχεσθαι ἐπὶ πρυμνῇσι νέεσσιν / αὐτόν τ' ἰσχανάασκον ἐρητύοντό τε λαόν (Il. 15,719), von Raaflaub 1997, S. 13 und anderen auf die Demogeronten bezogen.

Bundesgenossen nehmen zwar an der Versammlung teil,[197] ergreifen aber nie das Wort. Das Rederecht in der Volksversammlung kommt also primär den Ratsmitgliedern zu. Externe sprechen auf Einladung und Interne auf Aufforderung oder wenn es um sie persönlich geht. Wie steht es mit dem einfachen Volk?

Ausnahmsweise ergreifen auch einfache Leute das Wort wie Thersites, aber sein Auftritt in der Versammlung ist οὐ κατὰ κόσμον (Il. 2,214), weil er kein Rederecht hat.[198] Odysseus sagt, ein einfacher Mann zähle in der Beratung (der Volksversammlung) nichts (Anm. 115 und 154), was für manche auf eine Beschränkung des Rederechts hindeutet.[199] Das gleiche scheint auch auf trojanischer Seite zu gelten: Es zieme sich nicht, dass ein Mann des Volkes in der Versammlung anderer Meinung sei als der König.[200] Abgesehen von Thersites ist die Masse des Volkes undifferenziert und kann sich nur kollektiv und affirmativ äußern – im Gegensatz zu den Ratsmitgliedern, die ihre Meinung individuell äußern können.[201]

Im Rat und in der Versammlung der Götter (Anm. 146 und 1.4.1 d) spricht nur ein privilegierter Teil der olympischen Götter. Im Götterrat gibt es stumme Olympier wie Hebe oder ausführende wie Hermes und Iris. Neben Zeus führen zumeist Hera und Athena das Wort; je einmal Hephaistos, Poseidon und Apollon.[202] Helios spricht einmal in persönlicher Sache vor; Tethys, die keine olympische Göttin ist, spricht direkt mit Zeus und wird einmal vor den Rat geladen, wo sie stumm bleibt. An der Versammlung nehmen zwar alle Götter teil, aber neben Zeus spricht nur Hephaistos.

---

197 Priamos wendet sich auch an die Verbündeten: κέκλυτέ μευ Τρῶες καὶ Δάρδανοι ἠδ' ἐπίκουροι Il. 7,368.

198 So Carlier 1984, S. 185, Anm. 228. Dagegen meint Fanta, dass sich der Ausdruck οὐ κατὰ κόσμον auf Thersites' Unverschämtheit beziehe. Vlachos 1974, S. 185 leitet aus der Thersites-Episode ein allgemeines Rederecht ab. Ruzé 1997, S. 55 zeichnet die Diskussion nach und schließt sich den Gegnern eines allgemeinen Rederechts an.

199 So Gschnitzer 1983, S. 154; dagegen BK ad locum: Die Ideologie der Führungsschicht entspreche nicht den in den Epen geschilderten Gegebenheiten.

200 Il. 12,213. Diese Aussage bezieht Polydamas, der ein Unteranführer und Sohn eines Demogeronten ist, seltsamerweise auf sich. Die Kommentare erklären das als Ironie, Bescheidenheit oder Captatio benevolentiae.

201 Vgl. Ruzé 1997, S. 55 ff.; so schon Arist. Fr. 158R.

202 Themis und Ares nur auf einer Sitzung ohne Zeus.

d) Auftakt und Zweck

Der Auftakt von Ratssitzung und Volksversammlung bietet über deren Zweck Aufschluss. Es gibt folgende Modi: 1a) Der Herrscher gibt in der Versammlung einen vorher gefassten Plan bekannt, womit die Versammlung beendet ist. Das kommt selten vor: bei Agamemnon in der Heeresprobe (Il. 2,84 ff.) und bei Alkinoos.[203] Bisweilen wird die Versammlung[204] also einberufen, um vorher Beschlossenes zu verkünden. 1b) Der Herrscher gibt einen vorher gefassten Plan bekannt, der diskutiert wird. Dieser Fall ist sowohl in Versammlung als auch im Rat der häufigste;[205] Dabei kann der Vorschlag des Herrschers akzeptiert (Il. 2,79 ff.), ergänzt[206] oder zurückgewiesen werden (Il. 14,27–132). Oft geht 1a) in 1b) über wie in Il. 9,9–79: Agamemnon verkündet den Abzug; nach langem Schweigen widerspricht Diomedes und entschuldigt sich dafür. 1c) Der Herrscher ist unentschlossen und holt im Rat Vorschläge ein.[207] Wenn der Plan des Königs vor der Versammlung zurückgewiesen wird, kann es auch hier zu dieser Situation kommen (Il. 14,107) – dann geht 1b) in 1c) über. 2. Ein Ratsmitglied macht im Rat oder in der Versammlung unaufgefordert einen Vorschlag.[208] Im Extremfall kann der König also den Rat einberufen, wenn er vollkommen ratlos ist, und die Versammlung, wenn er sich schon entschieden hat. Normalerweise lässt er eine Idee von den Ratsmitgliedern unter sich oder vor dem Volk diskutieren.

Resümee

Der Rat besitzt eine Teilsouveränität: Manche Fragen kann er allein entscheiden, andere gehören vor die Versammlung. Im Extremfall kann der König den Rat einberufen, wenn er vollkommen ratlos ist, und die Versammlung, wenn er sich schon entschieden hat. Der Rat kann die Versammlung in mehr oder weniger formellem Rahmen vor- oder nachbereiten. Die

203 Od. 8,25–45 obwohl in 7,189 ff. als Beratung angekündigt.

204 Im Götterrat wird das Kampfverbot von Zeus einfach verkündet, weil es indiskutabel ist und sich gegen die Teilnehmer richtet (Il. 8,1–40 und 20,4–41).

205 Il. 2,53 ff.; 9,9–79; 10,86.

206 Nestor schlägt eine Gesandtschaft vor (Il. 9,165 f.), erweitert den Kreis der Berater (Il. 10,108 ff.) und präzisiert die Musterung (Il. 1,431).

207 Il. 4,14 ff.; 16,431 ff.; 22,166 ff. (dreimal Zeus); 10,147 in Nestors Darstellung.

208 Il. 1,59; 2,278 ff.; 7,323 ff.; 9,89 ff. Wenn die Aufforderung im Zuge der Fokussierung der Erzählung ausgeblendet ist, wäre dieser Fall mit 1c) identisch.

Ratsmitglieder können sich differenziert äußern, das Volk nur kollektiv und affirmativ.

1.5.5 Beratung

a) Auftakt

In der Versammlung beginnt der König oder ein besonders altes Ratsmitglied.[209] Es werden Agamemnon, die Atriden, die Achaier oder die Besten der Achaier also die Ratsmitglieder angesprochen.[210] Agamemnon und Alkinoos richten sich an die Anführer und Berater (ἡγήτορες ἠδὲ μέδοντες Il. 9,17; Od. 8,27). Die Basilees werden also als integrale Fraktion der Versammlung wahrgenommen (Arist. Fr. 158R). Man lässt den anderen aussprechen, wie Agamemnon postuliert (Il. 19,79–80); Achill war ihm früher ins Wort gefallen.[211]

Auch im Rat beginnt entweder ein besonders Alter[212] oder der Herrscher.[213] Die Geronten der Schildbeschreibung sprechen »der Reihe nach« (Il. 18,506 ἀμοιβηδίς), was ein Scholion als »in der Reihenfolge des Alters« interpretiert (κατὰ τάξιν τῆς ἡλικίας) und auf die Ratssitzung bezieht.[214] Insofern ist bemerkenswert, dass der junge Neoptolemos als erster im Rat gesprochen haben soll, wie es in der Odyssee heißt (Od. 11,510). Diese Abweichung erklärt sich durch den Kontext: Odysseus macht diese Angabe gegenüber Achill in der Unterwelt, wahrscheinlich um den Stolz des Vaters zu wecken.

Der Eröffnungsredner spricht die anderen vertraut als Freunde an[215] oder förmlicher als Anführer und Berater (ἡγήτορες ἠδὲ μέδοντες Il. 7,327;

209 So Ruzé 1997, S. 52 und Anm. 49 mit Stellen, denen noch Aigyptios in Od. 2,6 hinzuzufügen ist.

210 Il. 7,385 Ἀτρεΐδη τε καὶ ἄλλοι ἀριστῆες Παναχαιῶν.

211 Il. 1,292 τὸν δ᾽ ἄρ᾽ ὑποβλήδην ἠμείβετο δῖος Ἀχιλλεύς.

212 Nestor: Il. 2,434; 7,324 (πάμπρωτος … ἤρχετο); 9,93. Echeneos in Alkinoos' Rat: Od. 7,155 und 11,335.

213 Agamemnon: Il. 2,53 ff.; 14,27–132. Hektor: 10,299 ff. Alkinoos passim.

214 Das Scholion ad Il. 18,506 vergleicht die Gerichtsszene, die eher einer Versammlung ähnelt, mit der spartanischen Gerusie.

215 Il. 2,56; 2,79; 10,204; Od. 11,344 im Rat; BK ad 2,56: »Vokativisches φίλοι richtet sich an ein breites Spektrum von »vertrauten« Adressaten, bis hin zum Gesamtheer (z. B. 2,110 und 299; 18,254).« Wahrscheinlicher ist, dass sich φίλοι in der Versammlung primär an die Ratsmitglieder oder Basilees richtet, wie das für andere Anreden bezeugt ist (Anm. 210).

Od. 7,186). Beginnt der Herrscher, spricht er die Ratsmitglieder an; beginnt ein Ratsmitglied, spricht er Agamemnon an (Il. 2,434), »weil dieser der Herrscher ist« (Il. 9,99), oder Agamemnon und die anderen Berater (Il. 7,327).

b) Widerspruch

Bei Homer scheint es eine Kultur des Widerspruchs zu geben: Die Ratsmitglieder dürfen sogar dem König widersprechen, ohne dass dieser zürnen darf (vgl. 1.5.6 a).

c) Mittel der Überzeugung

Redekunst hat einen hohen Stellenwert: nicht nur die Wortwahl, sondern auch die Sprechweise und das Auftreten.[216] Der Redner versucht die anderen hinter den eigenen oder einen fremden Vorschlag zu bringen: durch Lob, Tadel, Aufforderung, Erwartungshaltung und Vereinnahmung: »Keiner wird deinen Rat tadeln«, »keiner wird dem folgen«, »doch auf, folgen wir alle, wie ich es sage!« (Anm. 227). Die Autorität des Sprechers, die auf seinem Alter, seinen Verdiensten und seiner Abkunft basiert, verleiht einem Vorschlag Gewicht: Bevor Diomedes vorschlägt, den Kampf, statt abzuziehen, wenigstens moralisch zu unterstützen, entschuldigt er sich für sein Alter und betont seine edle Abkunft (14,110ff.); Nestor weist Diomedes zurecht, weil er jung ist, und gesteht ihm nur unter den Gleichaltrigen den Vorrang im Rat zu (Anm. 123); selbst beruft sich Nestor regelmäßig auf sein höheres Alter, aus dem er einen Führungsanspruch ableitet (1,259ff.): Achill und Agamemnon sollen ihm folgen, weil sie jünger seien und selbst Helden wie Theseus, an deren Seite er gekämpft habe, auf seinen Ratschlag gehört hätten. Odysseus begründet seinen Vorrang vor Achill in der Beratung mit dem Alter (Il. 19,217ff.). Polydamas beruft sich gegenüber Hektor auf seinen überlegenen Verstand (13,726ff.): Hektor dürfe nicht, weil Zeus ihm die Kriegskunst im Übermaß gegeben habe, auch im Rat mehr wissen wollen.[217] Zwischen der Zahl der gestellten Schiffe und dem Einfluss in der

---

216 Nestors Worte sind süßer als Honig (Anm. 135), die Demogeronten sind tüchtige Redner (Am. 195); Antenor analysiert Odysseus' und Menelaos' Auftritt vor der trojanischen Volksversammlung (Anm. 150).

217 Il. 13,727ff. οὕνεκά τοι περὶ δῶκε θεὸς πολεμήϊα ἔργα / τοὔνεκα καὶ βουλῇ ἐθέλεις περιίδμεναι ἄλλων· / ἀλλ' οὔ πως ἅμα πάντα δυνήσεαι αὐτὸς ἑλέσθαι. / ἄλλῳ μὲν γὰρ ἔδωκε θεὸς πολεμήϊα ἔργα, / ἄλλῳ δ' ὀρχηστύν, ἑτέρῳ κίθαριν καὶ

Beratung besteht kein direkter Zusammenhang. Denn Odysseus, der nur zwölf Schiffe beisteuert, hat in der Beratung besonderes Gewicht.

Weil die Persönlichkeit so wichtig ist, werden Vorschlag und Person nicht voneinander getrennt, sondern zusammen gelobt oder getadelt: »Jetzt muss ich dir ganz den Verstand absprechen, wie du geredet« (Il. 14,95). Man unterstellt Unvernunft und Feigheit. Dem stellt man sich und seinen Vorschlag entgegen.

d) Streitkultur

Selten werden sachliche Argumente angeführt. Gegen Agamemnons wiederholten Vorschlag, die Belagerung Trojas abzubrechen und nach Hause zu segeln, gibt nur Odysseus zu bedenken, dass eine überstürzte Abfahrt verlustreich wäre (Il. 14,97 ff.). Darin hat man eine Diskrepanz zwischen der homerischen und der modernen Streitkultur gesehen: Von Nestor, der für die Alten der beste Ratgeber war (Anm. 124), behauptet Finley 1956, S. 122, der Mauerbau sei sein einziger rationaler Vorschlag; sonst zielten seine emotionalen und psychologischen Redebeiträge darauf, die Moral zu stärken, und nicht darauf, den Handlungsverlauf zu lenken. Aber kein Achaier hat durch seine Worte einen größeren Einfluss auf das Geschehen als Nestor (vgl. Anm. 130), wenn auch nur zu einem geringen Teil durch rationale Argumente.

Auch Ruzé kontrastiert unsere Streitkultur mit der homerischen:[218] Bei Homer finde kein Austausch von Argumenten statt, sondern man beharre auf Standpunkt und Ehre. Der Sieg im Rededuell werde durch Berufung auf die Götter, die eigene Autorität und Drohungen errungen, die nicht diskutierbar sind. Bei der Debatte handle es sich nicht um einen Dialog, sondern um eine Folge von Monologen. Das sei nicht auf einen intellektuellen Mangel, sondern auf die Ethik zurückzuführen (τιμή und γέρας). Das Gespräch müsse sich der Autorität unterordnen. Selbst mit Rederecht gebe es keine freie Rede; Hierarchie gehe vor Gleichheit. Der gute Rat lenke von den Problemen des Augenblicks durch Aktion ab – die vorangegangene Diskussion sei nebensächlich. Trotzdem sei die Debatte nicht unsinnig, sondern diene dazu, den Vorschlag eines Einzelnen zum Vorschlag der Gruppe zu machen.

ἀοιδήν, / ἄλλῳ δ᾽ ἐν στήθεσσι τιθεῖ νόον εὐρύοπα Ζεὺς / ἐσθλόν, τοῦ δέ τε πολλοὶ ἐπαυρίσκοντ᾽ ἄνθρωποι, / καί τε πολέας ἐσάωσε …

218 Ruzé 1997, S. 77–84 und 95.

Ruzés Position deckt sich mit unseren Beobachtungen, geht aber ein wenig zu weit, wie schon Odysseus' rationales Argument gegen die Abfahrt zeigt (Il. 14,97ff.). Ein besonders prominentes Gegenbeispiel ist auch Polydamas. In 12,60ff. empfiehlt er, die Mauer der Griechen nicht vom Wagen aus, sondern zu Fuß anzugreifen, um den mit Fallen gespickten Graben leichter zu passieren und in der Enge besser kämpfen zu können. Eine Debatte, in der Autorität vor Argument geht, wird vom Erzähler problematisiert und zur Erzeugung von Tragik benutzt (Il. 18,254ff.): Nach der Schlacht, in der Achill erschienen ist, rät Polydamas zum sofortigen Rückzug bei Nacht, weil Frauen und Kinder schutzlos sind und die Stadtmauern Schutz bieten. Wenn der Rückzug am nächsten Morgen im Kampf erfolge, werde er verlustreich. Hektor wehrt Polydamas' Vorschlag durch eine persönliche Attacke ab. Die Trojaner, die Hektor geschlossen zujubeln, nennt der Erzähler kindisch, und betont, dass Polydamas' Ratschlag (seine Argumentation) besser war.[219] Denn Hektor und viele Trojaner werden in dieser Schlacht den Tod finden.

Das sachliche Argument existiert also und wird wertgeschätzt; es ist aber eng an den Sprecher gebunden: Gute Argumente erhöhen die Autorität; die Autorität verleiht einem Argument Gewicht.

e) Rat vs. Versammlung

Die Diskussion kann in Rat und Versammlung ähnlich ablaufen, wie der Vergleich von zwei Versammlungen (Il. 2,84–393; 9,9–79) und einer Ratssitzung (Il. 14,27–132) zeigt:[220] Auf eine defätistische Rede Agamemnons folgen jeweils zwei Entgegnungen, deren erste (von Odysseus [2,284–332 und 14,83–102], bzw. von Diomedes [9,32–49]) nur die Wirkung der Agamemnon-Rede aufhebt, während die zweite (von Nestor [2,337–368 und 9,53–78/96–113], bzw. von Diomedes [14,110–132]) weiterführende Vorschläge enthält und die Handlung wieder in Gang bringt. Aber es gibt auch Unterschiede, wie die Heeresprobe zeigt: Agamemnon berät seinen Plan im Rat vor, damit es bei der Verkündigung des Abzugs vor der Versammlung zu keiner Diskussion kommt.

Im kleineren Kreis der Ratsmitglieder kann das Gespräch offen und ohne Druck geführt werden. Auch die Debatten vor dem Volk werden offen und

219 18,310ff. Ὣς Ἕκτωρ ἀγόρευ', ἐπὶ δὲ Τρῶες κελάδησαν / νήπιοι … / Ἕκτορι μὲν γὰρ ἐπῄνησαν κακὰ μητιόωντι, / Πουλυδάμαντι δ' ἄρ' οὔ τις ὃς ἐσθλὴν φράζετο βουλήν.

220 Vgl. BK ad 2,336–368.

hart geführt, aber hier werden Ratschläge durch die Reaktion des Volkes gestärkt oder geschwächt, was Achill im ersten Gesang ausnutzt. Nestor möchte Agamemnon die Versöhnung nicht vor der Versammlung vorschlagen, sondern im Rat (neunter Gesang). Auf der Ratssitzung ist man unter sich und kann offener reden als in der Versammlung, wo man sich beweisen muss. Vor der Versammlung kann man nicht alles sagen: Als Polydamas sich für den Rückzug ausspricht, verbietet ihm Hektor den Mund: »Lass nicht diese Gedanken mehr sehen im Volke!« (18,295). Als Agamemnon im Rat erneut für den Abzug plädiert (14,74 ff.), heißt Odysseus ihn schweigen, damit kein anderer der Achaier (also das Volk) diesen Vorschlag höre (14,90 f.).

Resümee

In der Versammlung und im Rat beginnt der König oder ein besonders Alter mit einem Vorschlag. Die anderen stimmen zu, ergänzen oder lehnen ab und machen Gegenvorschläge. Die Einzelpositionen werden durch die Debatte verallgemeinert. Die Autorität des Sprechers, die auf seinem Alter, seinen Verdiensten und seiner Herkunft basiert, verleiht einem Vorschlag Gewicht. Gute Argumente erhöhen die Autorität; Autorität verleiht einem Argument Gewicht. Vor dem Rat wird offener als vor der Versammlung gesprochen.

1.5.6 Entscheidung

Weder in der Versammlung noch im Rat wird je per Abstimmung entschieden. Carlier 1984, S. 186, Anm. 231 bemerkt, dass die Mittel zur Feststellung von Mehrheit und Minderheit zwar existierten, sich Mehrheit und Minderheit aber nur zeigten, wenn sich die Gemeinschaft spalte.

Der vorherrschende Entscheidungsmodus lässt sich nicht leicht fassen. Je nachdem von welcher Perspektive man ihn betrachtet, wird mal der Konsens und mal die Souveränität des Königs betont.[221] Wir folgen einem Mittelweg, den bereits Fanta 1882, S. 78 vorgezeichnet hat: »Eine Abstimmung über einen Antrag also findet nicht statt. Dadurch, dass der König denselben gutheißt, oder aber seine Zustimmung verweigert, wird darüber entschieden. Trotzdem wird die Beistimmung der Geronten gleichsam als eine nothwendige Form regelmäßig erwähnt und auf ihre Mitwirkung bei Staatsgeschäften Rücksicht genommen. Wenn aber auch der König nicht verpflichtet ist, auf den Willen der Geronten Rücksicht zu nehmen, so wird doch

221 Einerseits Flaig 1994, andererseits Carlier 1984.

viel Gewicht darauf gelegt, dass er in Uebereinstimmung mit den Vornehmen handle.«

Im Folgenden wollen wir die Bedingungen und den Ablauf der Entscheidungsfindung nachzeichnen, wobei wir auf die Unterschiede zwischen Volk und Ratsmitgliedern wertlegen, und zuletzt die Spannung zwischen Konsensprinzip und Souveränität des Königs untersuchen.

a) Widerspruch

Widerspruch muss artikuliert werden, damit er ausgeräumt werden kann und der Konsens ermöglicht wird. Bei Homer scheint es eine Kultur des Widerspruchs zu geben: Die Ratsmitglieder dürfen und sollen sogar dem König widersprechen, ohne dass dieser zürnen darf. Darauf beruft sich Diomedes gegenüber Agamemnon: »Mit dir zuerst muss ich streiten, wie das der Brauch ist in der Versammlung, du aber zürne nicht!«[222] Diese Streitkultur exisitert auch auf Seiten der Trojaner, wenngleich ihr Hektor ablehnend gegenübersteht (Il. 12,210ff.). Im Gegensatz zum Volk, das seine Ablehnung durch Schweigen ausdrückt, artikulieren die Ratsmitglieder ihre Ablehnung. Ablehnendes Schweigen der Ratsmitglieder ist sehr selten.[223]

b) Nachgeben und Kompromiss

Wenn trotz Überzeugungsarbeit in der Beratung gegensätzliche Präferenzen bestehen bleiben, kann eine Konsensentscheidung nur dadurch erreicht werden, dass eine Seite nachgibt oder ein Kompromiss gefunden wird.

Als Beispiel für das Nachgeben soll die von Flaig 1994 interpretierte Ratssitzung der Götter dienen (Il. 4,1–72): Zeus stellt die Konsequenzen des Zweikampfes, in dem Menelaos über Paris gesiegt hat, zur Beratung: Krieg oder Friede zwischen Achaiern und Trojanern. Hera protestiert, weil im Falle eines Friedens ihre Mühe für die Achaier und gegen die Trojaner umsonst gewesen sei. Zeus kann zwar ihren Hass gegen das brave Troja nicht verstehen, bietet aber einen Tausch an. Dafür dass sie Troja zerstören darf, wolle er später eine ihm verhasste Stadt zerstören, die ihr lieb sei. Hera nimmt an. Zeus gelingt es, seine ursprüngliche Präferenz zurückzustellen: »Er gibt

---

222 Il. 9,32f. Ἀτρεΐδη σοὶ πρῶτα μαχήσομαι ἀφραδέοντι, / ἣ θέμις ἐστὶν ἄναξ ἀγορῇ· σὺ δὲ μή τι χολωθῇς.

223 Zeus hat Athena und Hera zu sich zitiert, weil sie den Achaiern helfen wollten; Athena schweigt trotzig (Il. 8,459f.). Zeus entscheidet über den Fortgang; Hera schweigt (8,484).

willig nach, mit unwilligem Mute« (4,43). Auch Agamemnons Nachgeben in der Frage der Abreise und der Haltung zu Achill ist total (9,96ff. und 14,104ff.).

Der Nachgebende verliert im Moment und muss darauf vertrauen können, dass bei nächster Gelegenheit ihm nachgegeben wird, was Sartori 1984, S. 94 als Prinzip der vertagten äquivalenten Gegenleistung bezeichnet hat: Zeus' Lieblingsstadt jetzt gegen Heras Lieblingsstadt später. Folglich kann Hera sagen, dass beide einander nachgegeben haben (4,62). Entsprechend bricht Athena ihre Zustimmung zum Kampfverbot nach dem Motto »wenn Zeus nicht nachgeben kann, muss ich auch nicht nachgeben«; denn sie klagt, dass Zeus ihre Präferenzen nicht respektiert, obwohl sie ihm oft zu Diensten war, und bezeichnet ihn als Vereitler ihres Strebens (ἐμῶν μενέων ἀπερωεύς Il. 8,357ff.).

Auch die Bittgesandtschaft versucht Achill mit Verweis auf die vertagte Gegenleistung zu überzeugen: Als Achill nicht einlenkt, beschwert sich Aias, dass Achill es ihnen nicht dankt, dass sie ihn früher bevorzugt haben (9,630). Auch die Gastfreundschaft funktioniert nach dem Prinzip der vertagten Gegenleistung (Od. 4,30ff.).

Nachgeben muss ohne Gesichts- oder Statusverlust möglich sein: Nachdem Agamemnon von der Abreise abgerückt ist und Diomedes' Gegenvorschlag zugestimmt hat, führt er das Heer in die Schlacht (Il. 14,134; vgl. auch 9,707). Odysseus bringt es auf den Punkt: Wenn ein König jemanden verprellt habe, wie Agamemnon Achill, so sei er nicht zu tadeln, wenn er Wiedergutmachung leiste, sondern erscheine gerechter.[224]

Von der Zahl und dem Grad der Abneigung der Gegner hängt ab, ob einer seine Position durchzusetzen versucht oder es doch lieber lässt, weil die Gegenleistung, die er den anderen für deren Nachgeben schulden würde, zu hoch ist. Das zeigt folgendes Beispiel (16,431ff.): Sarpedon ist es bestimmt, von Patroklos getötet zu werden. Zeus zögert, ob er ihn retten soll oder nicht. Hera protestiert: Nicht alle Götter würden einer Rettung zustimmen, weil auch sie Söhne in der Schlacht hätten. Zeus solle Sarpedon sterben lassen und seine Leiche in die Heimat zurückführen. Hera entwirft zwei Szenarien: Entweder rettet Zeus Sarpedon und alle Götter wollen das auch für ihre Söhne (vertagte Gegenleistung) oder er lässt ihn sterben und erweist ihm die letzte Ehre. Hera macht ihre Präferenz für letzteres deutlich. Daraufhin lässt Zeus von seinem Plan, Sarpedon wider das Schicksal

224 Ἀτρεΐδη σὺ δ' ἔπειτα δικαιότερος καὶ ἐπ' ἄλλῳ / ἔσσεαι. οὐ μὲν γάρ τι νεμεσσητὸν βασιλῆα / ἄνδρ' ἀπαρέσσασθαι ὅτε τις πρότερος χαλεπήνῃ Il. 19,181ff.

zu retten, ab, weil ihm die Gegenforderungen, zu denen die anderen Götter durch ihre Billigung berechtigt wären, zu hoch sind.

Von der Konsensentscheidung mit vertagter Gegenleistung ist der Kompromiss zu trennen,[225] der sich auch bei Homer findet: Antenor verlangt von Paris, Helena und die Güter zurückzugeben. Paris will nur die Güter erstatten und noch etwas drauflegen. Priamos will, dass Paris' Vorschlag den Griechen überbracht wird. Zwar heißt es, dass die Trojaner (inklusive Antenor) auf ihn hören und gehorchen (Il. 7,345–380). Aber dass die Zustimmung in Wirklichkeit bröcklig ist, zeigt sich im Anschluss: Der Herold Idaios, der den Griechen das Kompromissangebot überbringt, wünscht Paris den Tod und behauptet, dass dessen Weigerung, Helena zurückzugeben, dem Willen der Troer widerspreche.[226] Auch bei den Göttern gibt es einen Kompromissvorschlag, der aber nicht befolgt wird. Hera will sich dem von Zeus verhängten Kampfverbot fügen, aber den Achaiern wenigstens durch Rat zur Seite stehen, worauf Zeus nicht eingeht (8,439–484).

Der Kompromiss ist ein Mittelwert, der in der Gegenwart verhaftet ist: jetzt Hälfte Hälfte, so dass keiner ganz zufrieden ist. Der Kompromiss stellt den Konsens zwar insofern her, als alle Beteiligten die Entscheidung tragen (und keiner überstimmt ist wie bei der Mehrheitsentscheidung). Aber der aus dem Nachgeben erwachsende Konsens ist profunder: Der Vorschlag, der am intensivsten vertreten wird, wird voll realisiert. Der Nachgebende hat etwas beim anderen gut, so dass beide gewinnen. Die vertagte Gegenleistung verlangt im Gegensatz zum Kompromiss das wechselseitige Vertrauen und die Kontinuität der Entscheidungsträger (die durch die Dauer der Amtführung gegeben ist, vgl. 1.4.5).

c) Das letzte Wort

Die Redner versuchen, die anderen hinter ihren Vorschlag zu bringen: »Doch auf! folgen wir alle so, wie ich sage«.[227] Die Position, der alle Teilnehmer explizit zustimmen, ist die Entscheidung, mit der die Sitzung endet. In der Versammlung hat Agamemnon oft das letzte Wort, gelegentlich aber auch Nestor und Achill.[228] Agamemnon will in Il. 1,140 Chryseis zu-

225 Wie Flaig 1994, S. 15 fordert.

226 Il. 7,390 ὡς πρὶν ὤφελλ' ἀπολέσθαι. 7,393 κουριδίην δ' ἄλοχον Μενελάου κυδαλίμοιο / οὔ φησιν δώσειν· ἦ μὴν Τρῶές γε κέλονται.

227 Hektor vor der Versammlung (Il. 18,297) und Polydamas im Rat (12,75): ἀλλ' ἄγεθ' ὡς ἂν ἐγὼ εἴπω πειθώμεθα πάντες.

228 Agamemnon: Il. 1,15 ff.; 1,54 ff.; 2,84 ff.; 2,370 ff.; 7,406 ff.; Achill: 19,270 ff.; Nestor: 9,9–79

rückgeben und die Frage des Ausgleichs vertagen. Achill akzeptiert dieses Schlusswort nicht und erzürnt dadurch Agamemnon. Im Rat gibt Agamemnon bisweilen wichtige Vorgaben (2,53 ff.), hat aber nie das letzte resümierende und die Handlung initiierende Wort; das haben immer Nestor und Diomedes.[229] Der Grund für diesen Gegensatz liegt wohl darin, dass Agamemnon sich in der Versammlung als Anführer geriert, wohingegen er im Rat unter Gleichen nichts beweisen muss und offener für Vorschläge ist. Alkinoos und Hektor haben dagegen fast immer das letzte Wort (abgesehen von Polydamas in Il. 12,80).

d) Allgemeine finale Zustimmung

Es wird so lange beraten, bis alle Teilnehmer einem Vorschlag explizit zustimmen. Das Widerspruchsrecht garantiert, dass diese Zustimmung ernst gemeint ist. Insofern liegt kein Scheinkonsens vor, der auf dem Ausbleiben von Protest basiert.[230] Denn ausdrückliche und ehrliche Zustimmung ist etwas anderes als kein Protest.

Die Zustimmung erfolgt in der Regel verbal – einfaches Nicken genügt nicht.[231] Die verbale Zustimmung erfolgt zumeist in einem Satz – kurzes »ja« genügt nicht: z. B. »ja, das hast du richtig gesagt«.[232] Diese Art der Zustimmung ist also konkreter auf einen Vorschlag und eine Person bezogen.

Da, wo die Zustimmung der Teilnehmer nicht erwähnt wird, kann man sie voraussetzen, weil so gut wie nie der Unwille der Teilnehmer erwähnt wird. Außerdem wird in den meisten Fällen von der Zustimmung der Teilnehmer berichtet und zwar durch eine formelhafte Angabe des Erzählers »alle stimmten x zu«. Diese Formelverse ersparen dem Rezipienten lange Einverständniserklärungen in direkter Rede wie in Il. 2,79 ff., wo Nestor Agamemnon beipflichtet. Die Formelverse verwenden ein festes Vokabular des Einverständnisses: einerseits »jemand lobt einen Vorschlag« (ἐπαινεῖν), »ein Vorschlag gefällt jemandem« (ἁνδάνειν), andererseits »jemand hört auf

229 Nestor: Il. 2,53 ff.; 2,404 ff.; 7,323–343; 9,89–181; 10,195 ff.; Diomedes: 9,669–713; 14,27–132.

230 Zum Scheinkonsens vgl. Urfalino 2006 passim und besonders S. 52 ff.

231 LfgrE νεύω B: »*nicken, einen Wink geben* als verbindlicher, sichtbar bekräftigender »besiegelnder« (Rechts-)Gestus bei einer (meist göttlichen) Willensentscheidung (meist ein vorhergehendes Verb des Sprechens begleitend; wenn dieses gelegentlich fehlt, pars pro toto den ganzen Vorgang umfassend).«

232 Die Partikel ναί, die einem »ja« am nächsten kommt, steht nie allein – vgl. LfgrE. Daher zwölfmal bei Homer mit leichten Abwandlungen: ναὶ δὴ ταῦτά γε πάντα, γέρον, κατὰ μοῖραν ἔειπες – »Ja wirklich, dies alles hast du, Alter/Geront, nach Gebühr gesprochen!«

jemanden« (κλύειν), »jemand folgt[233] jemandem« (πείθεσθαι).[234] Bei »loben« handelt es sich offensichtlich um eine Form der expliziten Zustimmung. Aber auch »gefallen«, »hören auf« und »folgen« schließen eine explizite Zustimmung nicht aus, sondern fokussieren den Schritt, der der Zustimmung vorangeht oder auf sie folgt. Außerdem scheint die verschiedene Wortwahl von der Syntax abzuhängen (Objekt der Sache vs. Objekt der Person). Zugrunde liegt also der gleiche Prozess.

Die Zustimmung erfolgt durch die ganze Gruppe: Oft heißt es, dass »alle« zustimmen, was auch da, wo nur von »diesen« o. ä. die Rede ist, vorauszusetzen ist (vgl. Anm. 234). Die Formelverse der Zustimmung finden sich hauptsächlich bei Ratssitzungen (der Achaier und Phäaken). Wo sie bei der Versammlung verwendet werden, beziehen sie sich primär auf die Ratsmitglieder.[235] Das Volk wird seine finale Zustimmung wohl regelmäßig mit Beifall bekundet haben wie in Il. 7,400ff. und 18,310.

Bei den Göttern fehlen die Formeln, die bei den Menschen die allgemeine Zustimmung für einen Vorschlag und das Ende der Sitzung ausdrücken. Trotzdem sind während der Ratssitzung alle Götter gefragt. Zeus stellt als Konsequenz des Zweikampfes zur Beratung, ob man neuen Streit erregen oder, wenn dies allen lieb und genehm sei, Menelaos mit Helena nach Hause fahren und Troja bestehen lassen soll; Hera unterstreicht ihre Ablehnung der zweiten Option mit dem Hinweis, dass einen Frieden nicht alle Götter loben würden.[236] Alle außer Hera, Poseidon und Athena befürworten den

233 Vgl. LfgrE πείθεσθαι B: »hören auf, folgen, gehorchen – letzteres als Übersetzung oft zu stark, da π. größenteils mit Konnotation von Konsens.« Tatsächlich scheint es, dass man in den folgenden Beispielen aus Überzeugung folgt.

234 Alle Könige loben den Vorschlag (ἐπαινεῖν Il. 7,344=9,710); Alkinoos schlägt vor, Odysseus zurückzuführen bzw. ihn zu beschenken; Alle loben seinen Plan (ἐπαινεῖν Od. 7,226=8,398). Nestor spricht ein Wort, das ihnen allen gefällt (ἁνδάνειν 9,173). Alkinoos möchte Odysseus weitere Geschenke überreichen; denen gefällt das Wort (ἁνδάνειν Od. 13,16). Man folgt Agamemnon 2,85 oder Diomedes (πείθεσθαι 14,133). In der Versammlung folgt Agamemnon Nestor (οὐκ ἀπιθεῖν 2,441). Zeus ist Hera nicht ungehorsam (οὐκ ἀπιθεῖν Il. 4,68). Die Ratsmitglieder hören auf Priamos, Nestor oder Achill und folgen (κλύειν, πείθεσθαι Il. 7,379=9,79=23,54).

235 Il. 7,379: Die Ratsmitglieder, die für die Rückgabe der Helena plädiert haben, »hören auf Priamos und folgen« κλύειν, πείθεσθαι. Mit der gleichen Formel wird in Il. 9,79 die Zustimmung der Ratsmitglieder zur Einberufung des Rats ausgedrückt. Genauso können die Ratsmitglieder vom Volk gesondert angeredet werden (vgl. Anm. 215).

236 Il. 4,17 εἰ δ' αὖ πως τόδε πᾶσι φίλον καὶ ἡδὺ γένοιτο ... 29 ἀτὰρ οὔ τοι πάντες ἐπαινέομεν θεοὶ ἄλλοι (= 16,443).

Plan, Hektors Leiche zu stehlen (24,25); Zeus fordert für sein Kampfverbot allgemeine Zustimmung, droht aber gleichzeitig (8,8). Dass Zeus dem Konsens verpflichtet ist, zeigt sich auch daran, dass er sich dem Prinzip der vertagten Gegenleistung unterwirft (Sarpedons Tod; Zerstörung Trojas).

Der individuelle Vorschlag wird durch die allgemeine Zustimmung zur Entscheidung der Gruppe: Achill macht einen Vorschlag und »alle hießen es gut, was er verlangte«; anschließend macht sich Achill an die Ausführung der Entscheidung; »denn gut hießen es die Achaier« (Il. 23,539f.).

e) Zustimmung Rat vs. Versammlung

Der Konsens zwischen König und Ratsmitgliedern unterscheidet sich vom Konsens zwischen Rat und Versammlung. Denn die Versammlung hat kein Rede- und kein differenziertes Widerspruchsrecht. Das Volk äußert sich kollektiv und stimmt den Vorschlägen der Ratsmitglieder durch Zuruf zu oder lehnt sie durch Schweigen ab.[237] Das Volk hat kein formelles Ratifikationsrecht. Trotzdem ist seine Zustimmung wichtig: Die Redner gerieren sich oft als Sprecher der Achaier oder Troer. Besonders Hektor buhlt um die Zustimmung des Volkes (18,250ff.). Vorschläge der Ratsmitglieder und Rückmeldung des Volkes sind verwoben. Das Volk stimmt dem einen Argument oder Redner zu, dem anderen nicht. Die Ratsmitglieder greifen die Stimmung auf: formulieren um, bringen weitere Argumente, appellieren an die Anwesenden, betonen ihre Verdienste und berufen sich auf die Götter. Am Ende steht idealerweise ein Vorschlag, dem alle Ratsmitglieder und der König zustimmen und der vom Volk bejubelt wird: der allgemeine Konsens. Ein schönes Beispiel findet sich im siebten Gesang der Ilias: Diomedes weist das Friedensangebot der Trojaner zurück, die Achaier jubeln ihm zu und Agamemnon schließt sich an (Il. 7,345–420).

f) Konsensprinzip

Das Konsensverfahren ist bereits von Georg Simmel, dem Begründer der formalen Soziologie, beschrieben worden.[238] Obwohl man die Existenz von Konsensentscheidungen bei Homer schon vor langer Zeit bemerkt hat, sind sie erst in jüngster Zeit systematisch untersucht worden.[239] Besonders hervorzuheben ist der Aufsatz von Flaig 1994, der das Verfahren abstrakt beschreibt und zur Interpretation einer Ratssitzung der Götter nutzt (vgl. b).

237 Carlier 1984, S. 185. Schweigen vs. Jubel vgl. Il. 7,398 vs. 403 und Il. 9,29 vs. 50.
238 Vgl. Simmel 1908, S. 186ff. »Exkurs über die Überstimmung«.
239 Schon Fanta 1882, S. 78 sieht ein Konsenselement.

Bisweilen wird ein romantischer Konsensbegriff benutzt, der der jeweiligen Rolle der Akteure – zumal der Ratsmitglieder – nicht gerecht wird.[240] Denn Konsensverfahren bedeutet nicht Gleichberechtigung und Harmonie, wie die Wortgefechte der Ratsmitglieder und die Unterschiede zwischen Versammlung und Rat zeigen.

Das Konsensverfahren vereint Gegensätze: Innerhalb des Rats gibt es eine strenge Hierarchie, die die souveränen Individuen in Machtkämpfen abstecken. Trotzdem fühlt man sich als Gruppe von Gleichen, entscheidet gemeinsam und steht zu den Beschlüssen, auch wenn sie nicht der ursprünglichen Präferenz entsprechen.

Alle Mitglieder einer Gruppe müssen sich am Konsensverfahren beteiligen. Das zeigt sich in der Verurteilung von Spaltern: Nestor verteufelt »die ein oder zwei, die getrennt von den Achaiern beschließen«.[241] Zeus wird von Hera kritisiert, weil er außerhalb des Gremiums beratschlagt hat (Il. 1,531). Andererseits fordert Zeus die Götter auf, die Heimkehr des Odysseus in Abwesenheit von Poseidon zu beschließen, damit dieser, wenn er den Willen der anderen Götter gegen sich habe, von seinem Zorn ablasse.[242] Das hört sich nach Mehrheitsprinzip an, wo ein Einzelner, egal ob er nun anwesend ist oder nicht, sich der Mehrheit beugen muss. Aber es scheint sich um einen Verstoß gegen das Konsensprinzip zu handeln, den der Erzähler bewusst einsetzt (vgl. 1.5.7).

Wie tief der Konsensgedanke bei Homer verwurzelt ist, zeigt sich in folgender Szene:[243] Hektor fordert die Griechen zum Zweikampf. In Agamemnons Helm lost Nestor den Kontrahenten aus. »Und heraus sprang das Los aus dem Helm, das sie auch selbst wollten: das des Aias.« Aias nimmt das Los mit Freuden an; die anderen sind erleichtert, dass sie nicht kämpfen müssen. Selbst der Zufall gehorcht dem Konsens.

Wichtiger als die Zahl derer, die eine Position vertreten, ist bei der homerischen Konsensentscheidung die Persönlichkeit der Befürworter. Außer-

240 Hölkeskamp 1997, S. 13 f. betont Gemeinschaft, Öffentlichkeit und Konsens, ohne die Ratsmitglieder zu erwähnen.

241 Il. 2,346. Andererseits bedauert der Geist des Patroklos, dass er mit Achill nicht mehr abseits von den Gefährten beraten kann (βουλὰς βουλεύειν Il. 23,78). Aber hier geht es nicht um Agamemnons Rat, dem Patroklos nicht angehört, sondern um Achills Kontingent.

242 Od. 1,75 ff. ἀλλ' ἄγεθ' ἡμεῖς οἵδε περιφραζώμεθα πάντες / νόστον, ὅπως ἔλθῃσι· Ποσειδάων δὲ μεθήσει / ὃν χόλον· οὐ μὲν γάρ τι δυνήσεται ἀντία πάντων / ἀθανάτων ἀέκητι θεῶν ἐριδαινέμεν οἶος.

243 Il. 7,182 ff. Ebenfalls aufschlussreich: Apollon schlägt Athena vor, einen Zweikampf zu veranstalten, was sie auch selbst vorhatte (Il. 7,23 ff.). Als die Griechen eine Kampfespause brauchen, bitten die Trojaner darum (Anm. 193).

dem kann die Intensität, mit der ein Vorschlag vertreten wird, entscheidend sein (wie bei der spartanischen Abstimmung nach Lautstärke s. u.). Dadurch kann es vorkommen, dass eine Minderheit, die besonders kämpferisch ist oder hohes Ansehen genießt, die Mehrheit überstimmt. So verhindert Hera den Frieden, der sich aus Menelaos' Sieg im Zweikampf ergeben müsste, und setzt gegen Zeus' Präferenz die Zerstörung Trojas durch (vgl. b).

Bei der Konsensentscheidung kommt es auf die Ehre, die Abkunft, das Alter und den Reichtum der Beteiligten an und darauf, mit welcher Intensität sie ihre Position vertreten (im Gegensatz zur Mehrheitsentscheidung, wo jede Stimme unabhängig von diesen Faktoren dasselbe Gewicht hat).

g) Vor- und Nachteile des Konsensprinzips

Im Gegensatz zur Abstimmung nach Mehrheit oder Lautstärke gibt es bei der Konsensentscheidung keine Verlierer. Dadurch wird der Zusammenhalt der Gruppe gestärkt und die Durchsetzung der Entscheidungen erleichtert. Nach dem Chaos der Heeresprobe schwört Nestor das Heer wieder auf den Kampf ein, indem er an die gemeinsamen Eide (ὅρκια), Verträge (συνθεσίαι), Beschlüsse (βουλαί) und Pläne (μήδεα) erinnert (Il. 2,339ff.). Achill nimmt durch seine Weigerung zu kämpfen alle Achaier in die Verantwortung und gibt sogar explizit allen die Schuld (Il. 16,17), obwohl die Missachtung seiner Ehre von Agamemnon ausgegangen ist. Auch Zeus lässt alle Achaier für Achills Schmähung büßen.

Der Nachteil des Konsensverfahrens liegt in den hohen Zeitkosten: In den Zusammenkünften wird immer nur eine Frage behandelt. Nur die wichtigsten Fragen kommen vor die Versammlung, sonst beschließt der Rat allein. Konsens erfordert eine hohe Homogenität der Gruppe, die durch Training und Sozialisation erreicht werden muss. Je größer die Gruppe, desto weniger homogen ist sie und desto eher muss man nachgeben, ohne dass eine Gegenleistung in Aussicht steht. Dieser Umstand erklärt, warum die engsten Berater selten mehr als zehn Personen zählen (vgl. 1.4.2).

Daher ist Konsens im Rat leichter zu erreichen als in der Versammlung. Dementsprechend kommt es nur in der Versammlung zur Spaltung: Nach dem Fall Trojas will der eine Teil der Griechen abfahren, der andere bleiben (Od. 3,127); der eine Teil der Freier will gegen Odysseus kämpfen, der andere nicht (24,420–465).

h) Souveränität des Königs

Das Konsensprinzip steht in einem Spannungsverhältnis mit der Macht des monarchischen Königs. Schon in der Antike wurde kontrovers diskutiert, ob Agamemnon sich vor niemandem rechtfertigen müsse oder in seinen Entscheidungen von Nestor und dem Rat abhängig sei.[244]

Der König hat das letzte Wort. Die Ratsmitglieder tragen dem König oft die finale Entscheidung an.[245] In mehreren Fällen entscheidet Agamemnon sich gegen die Präferenz der Ratsmitglieder oder des Volkes: Zum Beispiel als er die Rückgabe der Chryseis ablehnt und Achill Briseis wegnimmt (vgl. Anm. 248 und 249). Aber der Alleingang des Königs hat Konsequenzen (Achill verabschiedet sich aus dem Kampf) und ist die Ausnahme. Zumeist ordnet der König seine Macht dem Konsens unter, wie folgendes Beispiel zeigt (14,41 ff.): Agamemnon will abfahren, wofür ihn Odysseus scharf tadelt. Agamemnon nimmt die Kritik an und erklärt, dass er die Abfahrt nicht gegen den Willen der Achaier befehlen werde, und fragt nach besseren Vorschlägen. Diomedes schlägt vor, den Kampf wenigstens moralisch zu unterstützen. Alle (einschließlich Agamemnon) stimmen zu.

Der König ist gehalten, dem besten Rat zu folgen. Nestor erinnert Agamemnon an seine Verantwortung für die von ihm geführten Völker und empfiehlt ihm, auch fremden Rat umzusetzen, wenn er vernünftig ist (Il. 9,74 ff. und 95 ff.); Agamemnon erklärt, er brauche Rat für sich, Menelaos und die Achaier (Il. 10,43); Polydamas kritisiert Hektor, weil er guten Ratschlägen nicht folgt (13,726). Die Fähigkeit, auf guten Rat zu hören, erscheint in später Zeit als aristokratische Tugend.[246]

Zeus setzt sich über die Präferenzen der anderen Götter öfter hinweg als Agamemnon, weil seine Macht absoluter ist. Zeus verweist gern auf seine überlegene Kraft: Er könne es mit allen Göttern zusammen aufnehmen (Il. 8,19 ff. und 451). Zeus' Übermacht wird durch die Spaltung des Rats in troja- und griechenfreundliche Götter potenziert. Zeus beharrt gegen Hera darauf, die Griechen für ihre Zurückweisung von Achill zu bestrafen (1,531). Gegen die griechenfreundlichen Götter verhängt Zeus ein Kampfverbot (8,1–40), schlägt einen Kompromiss aus (vgl. b) und regelt die Auslösung von Hektors Leiche (24,25). Zeus' Alleingänge haben aber bisweilen den gegenteiligen Effekt (vgl. 1.5.7). Andererseits sind während der Rats-

244 D. Chr. 56,10.

245 Agamemnon: Il. 2,344; 9,69 und 101; 23,49 und 157; Alkinoos: Od. 11,345.

246 οὔποτ᾽ ἂν ἐξ ἀγαθοῦ πατρὸς ἔγεντο κακός / πειθόμενος μύθοισι σαόφροσιν· Thgn. 436 f.

sitzung alle Götter gefragt (s. o. allgemeine finale Zustimmung). Außerdem nimmt Zeus Vorschläge der anderen Götter an, die seinen Präferenzen widersprechen, und unterwirft sich dem Prinzip der vertagten Gegenleistung (vgl. b). Als sich Poseidon über den Mauerbau der Achaier beklagt, erlaubt ihm Zeus, die Mauer nach Kriegsende zu zerstören (vgl. Anm. 186).

Die Spannung zwischen Konsens und Souveränität des Königs zeigt sich auch in Hektors Antwort auf Polydamas' Rückzugsforderung: »Keiner der Troer wird dem folgen: denn ich lasse es nicht zu! Doch auf! folgen wir alle, wie ich es sage …« (18,296); oder in Alkinoos' Aussage: »Das Heimgeleit wird die Sache der Männer sein, aller, und am meisten meine, dem die Gewalt ist in dem Volk« (Od. 11,350).

i) Auflösung der Zusammenkunft

Wenn ein Vorschlag die Zustimmung des Königs, der Geronten und des Volks gefunden hat, ist die Versammlung zu Ende, zerstreut sich und macht sich an seine Ausführung. Manchmal wird die Versammlung aktiv von einer Person oder mehreren beendet (λύειν ἀγορήν): So lösen z. B. Achill und Agamemnon die Versammlung durch Aufstehen auf.[247] Carlier 1984, S. 186 mit Anm. 232 stützt sich auf die wenigen Stellen der aktiven Auflösung und schließt: »Le roi – ou l'un des anciens avec son accord tacite – peut mettre fin à l'assemblée à tout moment dès que la poursuite des discussions paraît inutile.« Ruzé 1997, S. 57 stützt sich dagegen auf die zahlreichen Stellen, an denen sich die Teilnehmer einfach zerstreuen: »l'expression *luein agorèn* marque alors que le conflit ouvert n'a pas trouvé une solution.« Das trifft zwar auf Il. 1,304–305 und Od. 2,257, nicht aber auf Il. 2,808 und 19,276 zu. Carlier ist insofern zuzustimmen, als der König die Versammlung aktiv und vorzeitig auflösen kann; Ruzé insofern, als das selten der Fall ist, weil man sich normalerweise einigt. Aber auch dann wird der König wohl ein Zeichen für das Ende gegeben haben. λύειν ἀγορήν kann sich also sowohl auf die abrupte, als auch auf die reguläre Beendigung der Versammlung beziehen.

Auch die Beratung endet, wenn ein Vorschlag die allgemeine Zustimmung gefunden hat, aber die Wendung λύειν βουλήν in Analogie zu λύειν ἀγορήν gibt es nicht – vielleicht, weil der Rat stärker vom Konsens geprägt ist und die Sitzung nach der Beratung nicht unbedingt zu Ende ist. Während die Versammlung mit der Beschlussfassung endet, bleibt der Rat in

247 Il. 1,304 f.; Hektor Il. 2,808; Achill Il. 19,276; Freier Od. 2,257.

zwei Fällen so lange versammelt, bis er über die Ausführung des Beschlusses unterrichtet ist (Il. 9,89 ff. → 9,669 ff. und 10,195 ff. → 532 ff.).

j) Ausführung der Entscheidung

Den in der Versammlung gefassten Beschluss führt bisweilen ein Ratsmitglied aus: Agamemnon bestimmt, dass ein Ratbringer (βουληφόρος) Chryseis zurückführen soll (Anm. 60), was Odysseus ausführt (Il. 1,308 ff. und 442 ff.).

Für die Ausführung des im Rat gefassten Beschlusses gibt es vier Modi: 1. Der König führt den Beschluss aus: Agamemnon führt in die Schlacht (Il. 14,134). 2. Der König und die Ratsmitglieder führen den Beschluss gemeinsam aus: Agamemnon lässt die Musterung ausrufen und die Basilees ordnen das Heer (Il. 2,442 ff.); Gastgeschenke für Odysseus (Od. 13,10 ff.). 3. Die Ratsmitglieder können a) den Beschluss auch allein ausführen: Dolonie durch Diomedes und Odysseus, oder b) die Ausführung nachträglich präzisieren: Nestor instruiert die Gesandtschaft zu Achill. 4. Die Ausführung des Beschlusses wird an Dritte delegiert: z. B. an Dolon oder an die jungen Phäaken, die die Heimführung des Odysseus ins Werk setzen (Od. 8,40).

Resümee

In der Beratung zeichnet sich ab, was jeder Teilnehmer will und wie sehr. Wenn trotz Überzeugungsarbeit gegensätzliche Präferenzen bestehen bleiben, kann eine Entscheidung nur dadurch erreicht werden, dass eine Seite ganz nachgibt oder ein Kompromiss gefunden wird. Der Nachgebende muss darauf vertrauen können, dass er sein Gesicht behält und das Anrecht auf eine äquivalente Gegenleistung erwirbt. Der Kompromiss ist weniger anspruchsvoll und weniger nachhaltig.

Bei der Entscheidungsfindung sind König, Ratsmitglieder und Volk verschieden mächtig: Der König hat das letzte Wort und kann sich gegen alle entscheiden, was die Gemeinschaft aber auf eine schwere Probe stellt. Die Ratsmitglieder müssen in jeder Frage konsultiert werden und genießen ein Vorschlags- und Widerspruchsrecht. Der König ist auf ihren Rat angewiesen. Die Versammlung wird nicht in allen Fragen einberufen und kann sich nur kollektiv und affirmativ äußern. Aber in der Regel wird der Konsens zwischen allen drei Körperschaften angestrebt. Die Beratung kulminiert in einem Vorschlag, den alle mittragen können. Die Position, der alle Teilnehmer explizit zustimmen, ist die Entscheidung, mit der die Sitzung endet.

Die Ratsmitglieder sind an der Umsetzung der Beschlüsse in leitender und ausführender Funktion beteiligt.

1.5.7 Dramatische Spannungen zwischen Konsensprinzip und Entscheidungsgewalt des Königs

Die Handlung der homerischen Epen basiert auf Verwicklungen, die aus den Spannungen zwischen Konsensprinzip und Entscheidungsgewalt des Königs erwachsen.

Die Odyssee hebt mit einem Verstoß gegen das Konsensprinzip an, das verlangt, dass alle an Beratung und Entscheidung beteiligt sein müssen und niemand überstimmt werden kann. Denn die Götter beschließen die Heimkehr des Odysseus ohne Poseidon, damit dieser sich der Mehrheit unterordne (Anm. 242). Aber als Poseidon zurückkehrt, beklagt er sich, dass die Götter seine Abwesenheit ausgenutzt haben, und schickt einen Seesturm, der Odysseus fast das Leben kostet und ihn an der letzten Station seiner Irrfahrt völlig entblößt ankommen lässt (Od. 5,286 ff.). Poseidons Zorn wird erst gestillt, als ihm Zeus (nach dem Prinzip der vertagten Gegenleistung) einen Ausgleich für Odysseus' Heimkehr verspricht (Od. 13,125 ff.).

Zur μῆνις Achills, dem Thema der Ilias, kommt es, weil Agamemnon den Konsens und Achill die Souveränität des Königs missachtet. Als Chryses die Rückgabe seiner Tochter fordert, lehnt Agamemnon ab und zwar gegen die allgemeine Zustimmung, was der Erzähler betont und von Achill später kritisiert wird.[248] Zur Strafe schickt Apollon den Griechen die Pest. Vor der Versammlung deckt Achill daraufhin Agamemnons Schuld auf. Agamemnon ist einsichtig und verspricht, Chryseis für einen Ausgleich zurückzugeben. Dass er auf seiner sofortigen Entschädigung beharrt, erzürnt Achill. Agamemnon will die Frage vertagen, aber Achill ignoriert dessen Schlusswort und droht, mit seinem Kontingent abzufahren. Er ordnet sich nicht der Entscheidungsgewalt des Königs unter, wie Agamemnon beklagt: »Allen will er Weisung geben, denen mancher nicht folgen wird, denke ich!« (Il. 1, 289). Achill antwortet: »Anderen trage dies auf! Mir aber gib keine Weisung, denn nicht mehr werde ich dir gehorchen, denke ich!« (1,295 f.). Daraufhin nimmt Agamemnon Achill Briseis weg – »gegen den Willen Nestors bzw. der Achaier«.[249] Erzürnt zieht Achill sich und sein Kontingent aus dem

248 Ἔνθ' ἄλλοι μὲν πάντες ἐπευφήμησαν Ἀχαιοὶ / αἰδεῖσθαί θ' ἱερῆα καὶ ἀγλαὰ δέχθαι ἄποινα· Il. 1,22 f. = 1,376 f.

249 οὔ τι καθ' ἡμέτερόν γε νόον· μάλα γάρ τοι ἔγωγε Il. 9,108; Shewan 1913, S. 130 hält ἡμέτερον für einen Pluralis maiestatis – anders Ameis/Hentze/Cauer ad locum.

Kampf zurück. Dadurch wird er selbst zu einem König, der seinen Willen anderen aufzwingt, weil seine Myrmidonen ihm in Versammlungen klarmachen, dass sie nicht abreisen, sondern kämpfen wollen.[250]

Die verschieden ausgeprägte Konsensfähigkeit der Achaier und Troer trägt entscheidend zum Erfolg der einen und zur Niederlage der anderen bei. Das erkennt auch Nestor. Denn um den Streit zwischen Achill und Agamemnon zu schlichten, ermahnt er die beiden, sich darauf zu besinnen, dass sie den Troern in der Beratung (und im Kampf) überlegen sind.[251] Nestor sollte Recht behalten. Agamemnon verstößt zwar gegen den Konsens, sieht seine Fehler aber ein und macht sie schließlich wieder gut, indem er Chryses die Tochter und Achill die Sklavin zurückgibt. Auch vom Abzug lässt er sich mehrmals von den Ratsmitgliedern abbringen. Dass Agamemnon gutem Rat nachgeben kann, zeichnet ihn in den Augen der antiken Rezipienten aus.[252] Heute hat man das oft verkannt und darin Führungsschwäche gesehen.[253]

Hektor ist das Gegenteil. Polydamas bringt das Problem auf den Punkt: »Hektor! Nicht zu bewegen bist du, Ratschlägen zu folgen!«[254] Hektor wolle, weil Zeus ihm die Kriegskunst im Übermaß gegeben hat, auch im Rat mehr wissen (Anm. 217). Es ist Hektor nicht vorzuwerfen, dass die Ratssitzung, dessen Einberufung ihm Polydamas im Anschluss empfiehlt, nicht zustande kommt, weil die einen Ratsmitglieder tot und die anderen geflohen sind (Anm. 94), aber grundsätzlich hat Polydamas Recht. Hektor trägt den Kampf bis zu den Schiffen, woran ihn die (Demo-)Geronten bisher ge-

250 Die Soldaten versammeln sich oft, um Achills Zorn zu tadeln, um zu kritisieren, dass er sie gegen ihren Willen zurückhält, und um die drohende Abfahrt zu bedauern: σχέτλιε Πηλέος υἱὲ χόλῳ ἄρα σ' ἔτρεφε μήτηρ, / νηλεές, ὃς παρὰ νηυσὶν ἔχεις ἀέκοντας ἑταίρους· / οἴκαδέ περ σὺν νηυσὶ νεώμεθα ποντοπόροισιν / αὖτις, ἐπεί ῥά τοι ὧδε κακὸς χόλος ἔμπεσε θυμῷ. / ταῦτά μ' ἀγειρόμενοι θάμ' ἐβάζετε ... Il. 16,203 ff.

251 »Ja, freuen wird sich Priamos und des Priamos' Söhne, Und auch die anderen Troer werden sehr froh sein im Mute, Wenn sie über euch dies alles erfahren, wie ihr beide streitet, Die ihr überlegen seid den Danaern im Rat und überlegen im Kampf.« Il. 1,258.

252 Vgl. Anm. 224 und 246.

253 Für Kirk ad 1,225–33 zählt Unentschlossenheit zu Agamemnons persönlichen Schwächen. Taplin sieht darin, dass Agamemnon in Gesang 14 wieder abziehen will und sich davon von Diomedes abbringen lässt, den Tiefpunkt von Feigheit und Inkompetenz (ebd. 1990, S. 74). Im Laufe der Erzählung werde Agamemnons Ehre nie wiederhergestellt (ebd. S. 75).

254 Il. 13,726 Ἕκτορ ἀμήχανός ἐσσι παραρρητοῖσι πιθέσθαι.

hindert hatten (Anm. 196). Dadurch bringt er Achill auf den Plan, der erst Patroklos schickt und dann selbst eingreifen muss. Polydamas erkennt, dass Hektor chancenlos gegen Achill ist, und rät zum Rückzug, aber Hektor verbietet ihm den Mund (18,295). Seine Einsicht kommt erst, als es schon zu spät ist (20,100ff.). Durch sein Ungestüm wird er den Tod finden, den er Polydamas, als dieser ihn früher zügeln wollte, angedroht hatte (12,248ff.).

Es ist bezeichnend, wie verschieden auf beiden Seiten mit den Frauenrauben umgegangen wird. Während Agamemnon zur Rückgabe von Chryseis und Briseis gebracht werden kann, lässt sich Paris nicht zur Rückgabe Helenas bewegen, weil er von Priamos gestützt wird. Während die Achaier Agamemnon zum Nachgeben bewegen können, bietet Paris der trojanischen Friedenspartei[255] einen faulen Kompromiss an, den Priamos so absolut befürwortet, dass die Trojaner ihm folgen, obwohl sie eigentlich für die Rückgabe waren (Anm. 226). Während der Konsens die Griechen eint und stärkt, spaltet und schwächt der Kompromiss die Trojaner.

Ulf sieht in diesen Spannungen zwischen Konsens und Souveränität des Königs einen Konflikt zwischen Jung und Alt: Die Befolgung von Nestors Versöhnungsvorschlages führe die Achaier unter Agamemnons Führung zum Sieg, während die Nichtbefolgung der Defensivstrategie, die die Demogeronten vertreten, die Trojaner unter Hektors Führung in den Untergang führe.[256] Dagegen ist einzuwenden, dass Polydamas, der zu den prominentesten Verfechtern der Defensivstrategie gehört, ein aktiver Kämpfer ist. Außerdem scheitert die Rückgabe Helenas nicht zuletzt an Priamos.

Die Spannungen zwischen König und Konsens bestehen auch bei den Göttern und zeigen sich besonders in Zeus' Kampfverbot: Zeus möchte die Griechen für die Zurücksetzung Achills büßen lassen. Um freie Hand zu bekommen, fordert er im Götterrat halb drohend halb bittend, dass sich die Götter aus dem Kampf um Troja heraushalten (Il. 8,5). Einerseits bittet er um allgemeine Zustimmung, andererseits droht er mit Strafen. Alle Götter schweigen. Ohnmächtig willigt Athena im Namen der anderen griechenfreundlichen Götter ein, sich vom Kampf fernzuhalten. Eigentlich erfordert der Konsens ehrliche, nicht erzwungene Zustimmung. Als Hektor die Griechen in die Flucht geschlagen hat, wollen Hera und Athena ihr Versprechen brechen und in den Kampf eingreifen (8,350). Offensichtlich hat der Zwang die bindende Kraft der Konsensentscheidung untergraben. Athena

255 Antenor (Anm. 81), andere Demogeronten (Anm. 23) und andere Trojaner, die Paris hassen (Il. 3,453).

256 Nestor Il. 9,96ff.; (Demo-)Geronten 15,719; Antenor 7,348; vgl. Ulf 1990, S. 74.

begründet den Bruch des Kampfverbots mit dem Vorwurf, dass Zeus sich für ihre Dienste nicht revanchiert habe. Er hat also gegen die Reziprozität des Nachgebens verstoßen. Noch bevor die beiden Göttinnen eingreifen können, werden sie von Zeus zurückzitiert (8,447). Als er sie von der Warte des Stärkeren aus verspottet, murren sie. Athena schweigt trotzig, weil ihr Widerspruch wohl nicht erwünscht und zwecklos wäre. Von Widerspruchsrecht und -pflicht kann keine Rede sein. Hera willigt im Namen der anderen Götter in das Kampfverbot ein; bittet sich aber aus, die Griechen wenigstens durch Rat unterstützen zu dürfen. Zeus geht auf diesen Kompromissvorschlag nicht ein, prophezeit weitere Verluste der Griechen und erklärt, dass ihm Heras Wut egal sei. Nun schweigt auch Hera trotzig. Zeus wendet seine Augen vom Schlachtfeld ab, weil er nicht glaubt, dass jemand das Kampfverbot brechen wird (13). Aber Poseidon stärkt heimlich den Widerstand der Achaier; auch er fühlt sich an die Zustimmung unter Zwang nicht gebunden. Um Poseidon freie Hand zu geben, lockt Hera Zeus in eine Falle (14,153). Mit Hilfe eines Liebeszaubers versetzt sie ihn in einen tiefen Schlaf. Nun kann Poseidon die Troer in die Flucht schlagen. Als Zeus erwacht, ist er erzürnt und braucht lange, um den status quo ante wiederherzustellen (15). Der Widerstand der griechenfreundlichen Götter, den Zeus durch die Verstöße gegen das Konsensprinzip provoziert, verzögern seinen Plan, Achill durch die Schwächung der Griechen zu stärken, erheblich.

Wenn also ein König die Regeln des Konsenses respektiert, bringt das Erfolg, wenn er dagegen seine Souveränität ausspielt, drohen Rückschläge oder Niederlage. Darin zeigt sich, wie sehr der Konsensgedanke in der homerischen Gesellschaft verwurzelt ist. Die Epen bieten eine Reflexion über das Königtum: Die Ilias zeigt mit Hektor den schlechten König, der sich über die guten Vorschläge seiner Berater hinwegsetzt, und mit Agamemnon den mittleren König, der seine Berater als Korrektiv benutzt. Die Odyssee zeigt mit Alkinoos den besten König, der eigentlich keine Berater bräuchte, sie aber trotzdem in die Entscheidungen einbindet. Schlechte Pläne entwickelt der König selbst. Die Figur des schlechten Ratgebers, der in der späteren Literatur neben den Warner tritt,[257] fehlt in den homerischen Epen.

257 Zum Beispiel Mardonios in Herodots *Historien*.

1.6 Geras: Aufgaben, Belohnung und Stellung

Geras bezeichnet bei Homer die besondere Stellung, Aufgabe oder Belohnung, die eine Person aus der Menge heraushebt.[258] Es kommt besonders den Basilees und Geronten, den Ratsmitgliedern und dem Monarchen zu (was sich oft nicht trennen lässt); wohl ursprünglich den Geronten, da γέρας etymologisch mit γέρων zusammenhängen könnte: »la part d'honneur réservé au γέρων«.[259] Jedenfalls zeigt das geflügelte Wort vom γέρας γερόντων (dazu gleich), dass man diese Etymologie schon in homerischer Zeit herstellte. Der König teilt das γέρας bisweilen zu; grundsätzlich kommt es aber vom Volk, was der Titel »Demogeront« spiegeln könnte. Die Vererbung der Ehrenstellung des Ratsmitglieds vom Vater auf den Sohn ist möglich, erfolgt aber nicht automatisch (vgl. 1.4.5).

Im Folgenden sollen die Bereiche untersucht werden, in denen Stellung, Aufgabe und Belohnung der Ratsmitglieder (bzw. der Basilees und Geronten) kulminieren (auch wenn nicht immer explizit von γέρας gesprochen wird):

a) Beratung

Die primäre Aufgabe der Ratsmitglieder ist, wie in den vorangegangenen Kapiteln erörtert, das Beraten. Nestor hält es für die besondere Aufgabe der Geronten (γέρας γερόντων), »mit Rat und Worten zu ermahnen«, wobei die Ratsmitglieder zumindest mitgedacht sind.[260] Nestor hat nach der Eroberung von Tenedos von den Achaiern eine Sklavin bekommen, weil er im Rat der Beste von allen sei.[261] Vor und nach der Beratung werden die Ratsmitglieder oft beim König auf Kosten des Volkes bewirtet (Anm. 16, 24 und 25) – dazu später.

Um eine Entscheidung, die der Rat allein oder in der Versammlung im Namen der Gemeinschaft getroffen hat, umzusetzen, können die engsten

258 Beim Kriegs- oder Raubzug bezeichnet γέρας einen Beuteteil, der über den normalen, für alle gleichen Anteil hinausgeht und für besondere Leistung für die Gemeinschaft verliehen wird, vgl. LfgrE γέρας, Fanta 1882 53ff. und Carlier 1984, S. 151ff.

259 Vgl. Chantraine γέρας. Dagegen Benveniste, Bd. 2, S. 48f.: »il n'y a rien qui apparente géras privilège à geron vieillard.«

260 Il. 4,323. Nestor stellt die Geronten den Jungen gegenüber.

261 Il. 11,627. Entsprechend bekommt König Alkinoos von den Phäaken eine Frau als γέρας, weil er ihr Herrscher sei (Od. 7,10). Vgl. LfgrE γέρας 1aβ mit weiteren Stellen.

Ratsmitglieder Herolden Befehle erteilen, was Teil ihres γέρας sein könnte: Nestor befiehlt im Rat (mit allgemeiner Zustimmung) zwei Herolden, die Gesandtschaft zu Achill zu begleiten (Il. 9,170); die zwölf Ratgeber des Alkinoos schicken aus der Versammlung »je einen« Herold, um die Gastgeschenke für Odysseus zu holen (Od. 8,400). Ob die Herolde mehr zur Gemeinde oder mehr zum Basileus gehören, ist umstritten, da die Epen kein einheitliches Bild bieten.[262]

b) Gerichtsbarkeit

Die Schildbeschreibung[263] dokumentiert die Gerichtsbarkeit der Geronten (Il. 18,497–509): Auf dem Markt wird Gericht gehalten; Herolde halten das Volk im Zaum, das lautstark Partei ergreift. Es geht um einen Getöteten. Es streiten zwei Männer, wohl derjenige, der den Tod verursacht hat, und ein Angehöriger. Der eine ist bereit, jede Buße zu zahlen, und verkündet das dem Volk, der andere lehnt ab, irgendetwas anzunehmen.[264] Die Geronten, die die Zepter tragen, stehen nacheinander auf und sprechen Recht. Derjenige, der den besten Vorschlag macht, erhält einen Preis in Gold (unklar, von wem zugesprochen)[265].

Die Geronten entscheiden also darüber, welche Strafe angemessen ist: ein Wergeld, wie der Totschläger oder Mörder vorschlägt, oder eine härtere Form der Bestrafung, auf der der Angehörige durch seine Weigerung beharrt: wohl Hinrichtung oder Verbannung. Vielleicht erwägen sie dabei die Art und Schwere des Delikts, ob Vorsatz oder gar Heimtücke im Spiel waren.[266]

---

262 Vgl. LfgrE κῆρυξ. Idaios spricht auf Befehl des Priamos und der anderen Troer (Il. 7,385 ff.). Der Herold, Eurybates, gehört zu den Gefährten des Odysseus (Od. 19,244).

263 Einen guten Überblick zum Stand der Forschung bietet Thür 2007.

264 Il. 18,499 f. ὁ μὲν εὔχετο πάντ᾽ ἀποδοῦναι / δήμῳ πιφαύσκων, ὁ δ᾽ ἀναίνετο μηδὲν ἑλέσθαι. Schadewald übersetzt anders: »Der eine gelobte, dass er alles erstattet habe, und tat es dem Volke dar, der andere leugnete: nichts habe er empfangen.« In diesem Fall geht eine Einigung auf ein Wergeld zwischen beiden Parteien voraus; die Geronten wachen nur über deren Umsetzung. Gegen diese Interpretation spricht die große Leidenschaft des Volkes und die Wahrscheinlichkeit, dass man das Wergeld wohl kaum ohne Zeugen übergeben hätte; vgl. Scheid (in Vorbereitung).

265 Carlier 1991, S. 90 ist für eine übergeordnete Person; dagegen Ulf 1990, S. 171: »Der Demos wird somit in der Schildbeschreibung zur letzten Instanz, die den Einklang des Rechtsanspruchs mit der jedem geläufigen Norm überprüft.« Vgl. auch Hölkeskamp 1997, S. 10 und Fanta 1882, S. 82 ff.

266 Vgl. Scheid (in Vorbereitung).

Das Gerichtsverfahren der Schildbeschreibung erinnert an die Versammlung: Man tagt auf dem Markt (vgl. Anm. 168), Herolde ordnen, die Geronten halten Stäbe, erheben sich und machen Vorschläge, das Volk akklamiert. Wahrscheinlich gilt, dass schwere Rechtsstreitigkeiten wie Mord vor die Gemeinschaft und vor die Geronten gehören[267] (sie sind δήμια wie bestimmte politische Fragen, vgl. 1.5.4 a). So fordert Antimachos die Hinrichtung Agamemnons vor der Versammlung (Il. 11,122–42).

Sind die Geronten, die richten, und die Geronten, die den König beraten, identisch? Diesen Eindruck hatte Euripides, der den trojanischen Demogeronten die Blutgerichtsbarkeit zuschreibt (vgl. Anm. 86). So scheint es auch auf Seiten der Achaier zu stehen: Achill trägt in der Heeresversammlung das Zepter der Rechtspfleger (δικασπόλοι Il. 1,238). Diese Beispiele zeigen, dass dieselbe Person verschiedene Funktionen ausübt.[268] Das suggeriert auch folgende Episode der Leichenspiele: Menelaos fühlt sich von Antilochos betrogen, springt auf, der Herold gibt ihm den Stab und gebietet Ruhe (wie bei Versammlung und Gericht). Menelaos ruft die Anführer und Berater der Argiver auf, zwischen ihnen beiden zu richten.[269]

c) Zepter

Die Ratsmitglieder tragen als Redner und Richter vor dem Volk das Zepter (vgl. 1.5.3) und werden respektvoll als zeptertragende Könige (σκηπτοῦχοι βασιλῆες) angeredet (Il. 2,86 und Od. 8,41). Das Zepter ist Amtsinsignie und Würdezeichen von öffentlichen Ämtern und Funktionen. Getragen wird es von Priestern, Herolden, dem monarchischen König und den anderen Basilees bzw. Geronten.[270] Im Gegensatz zum monarchischen König, der sein kostbares Zepter ständig trägt, tragen die Ratsmitglieder das schlichtere Zepter nur temporär. Es ist nicht Zeichen von dauerhafter Herrschaft, sondern von verliehener Autorität. Die Ratsmitglieder tragen das Zepter der Herolde (Il. 18,505) oder der König kann sein Zepter einem Ratsmitglied überlassen, um ihm seine Macht zu übertragen: So nimmt Odysseus Agamemnons Zepter, um das Volk nach der Heeresprobe zu ordnen (Il. 2,186).

267 Vgl. Ruzé 1997, S. 84–93, die aber die Rolle der Geronten bzw. der Ratsmitglieder vernachlässigt.

268 Pace Ulf; vgl. Anm. 121.

269 Il. 23,573 f. ἀλλ' ἄγετ' Ἀργείων ἡγήτορες ἠδὲ μέδοντες / ἐς μέσον ἀμφοτέροισι δικάσσατε, μὴ δ' ἐπ' ἀρωγῇ – vgl. MacDowell 1978, S. 16 ff.

270 Vgl. jetzt LfgrE σκῆπτρον mit neuerer Literatur; ferner Carlier 1984, S. 190 ff. und Ruzé 1997, S. 50–52.

Die Ratsmitglieder können als Zepterträger also sowohl die Gemeinde als auch den König repräsentieren.

d) Gastfreundschaft[271]

Das Empfangen und Geleiten von Gästen sei Sache der Gebieter (σημάντορες) wie Odysseus (Od. 19,314). Die Gäste des Königs sind gleichzeitig die Gäste der Ratsmitglieder und der Stadt. Daher wendet sich Odysseus in seiner Hikesie und Bitte um Geleit neben Alkinoos und dessen Gattin auch an die Ratsmitglieder (Od. 7,148 f.). Alkinoos plant die Rückführung zusammen mit den Ratsmitgliedern (7,189) und beschließt sie vor dem Volk (8,25). Zusammen mit dem König stellen die Ratsmitglieder auf dessen Aufforderung Gastgeschenke, die sie teils selbst aufbringen und sich teils vom Volk erstatten lassen (8,390 f. und 13,12).[272]

Ein Staatsgast muss nicht beim König, sondern kann auch bei einem Ratsmitglied untergebracht werden. Als Odysseus und Menelaos vor dem Krieg nach Troja kamen, um Helenas Auslieferung zu fordern (3,205 ff.), wurden sie nicht in Priamos' Palast beherbergt, obwohl keine Gefahr bestand, dass sie dort mit Helena oder Paris zusammentreffen würden,[273] sondern beim Demogeronten Antenor. Die Scholien erklären Antenor zum Proxenos der Griechen, eine interessante und nicht unbedingt anachronistische Interpretation.[274] Wahrscheinlich wollte Priamos mit der peinlichen Angelegenheit, die seinen Sohn betraf, nichts zu tun haben. Antenor wiederum war (oder wurde) ein Befürworter der Rückgabe.[275] Antenors Gastfreundschaft hat also auch eine politische und diplomatische Dimension.

---

271 Vgl. BK ad 3,207 mit Einführung und Literatur.

272 Wagner-Hasel 2000, S. 107 f. unterteilt die Gaben bzw. Leistungen, die Odysseus erhält, einerseits in »xeineia«, die aus den Häusern der Basilees stammen (wie Tuche, Chiton, Pharea und Gold), andererseits in »dora«, die aus dem Volk requiriert werden (wie Bronzedinge, Dreifüße und Becken) und vielleicht auch unter den Begriff »dotine« fallen, der das Geleit durch das Volk bezeichnet.

273 Paris bewohnt einen eigenen Palast (Il. 6,313).

274 Sch. Il. 3,261/262. Die ersten Proxeniedekrete stammen aus dem 7. Jh.

275 Antenor bekennt, er habe bei dieser Gelegenheit die dichten Gedanken von Odysseus und Menelaos kennengelernt (Il. 3,208). Sein Respekt für Menelaos und seine Bewunderung des Odysseus wird in der anschließenden Analyse der beiden Redeauftritte deutlich. Später plädiert er für die Rückgabe der Helena (Anm. 81).

e) Diplomatie[276]

Zusammen mit dem König schicken die Ratsmitglieder Gesandtschaften aus, die sie zuweilen leiten:[277] Nestor empfiehlt Agamemnon, eine Gesandtschaft zu Achill zu schicken, die Aias und Odysseus leiten.[278] Agamemnon sucht unter den Boulephoroi, den engsten Ratsmitgliedern, einen Führer für die Mission zu Chryses und wählt Odysseus (Il. 1,144). Als Kind war Odysseus von seinem Vater und den Geronten nach Messenien gesandt worden, um Buße für geraubte Schafe und Hirten zu fordern.[279] Achill hält das Überbringen von Botschaften für ein Vorrecht der Geronten (γέρας γερόντων),[280] womit im Kontext der Bittgesandtschaft die (engen) Ratsmitglieder gemeint sind. Wie ist folgender Fall zu interpretieren? Die Aitoler schicken »Geronten« zu Meleager, um ihn mit Bitten und Geschenken zum Kämpfen zu bewegen.[281] Im Anschluss wird auch König Oineus vorstellig (9,581 ff.). Es ist anzunehmen, dass König und Rat vor bzw. mit dem Volk beschlossen haben, die Geronten (wohl auch Ratsmitglieder) auszuschicken.

Der König kann Gesandtschaften also allein, zusammen mit dem Rat oder mit Rat und Versammlung ausschicken.

f) Opfer, Gebet, Eid und Priesteramt

Der zweite Gesang der Ilias illustriert die Rolle der Ratsmitglieder bei Opfer und Gebet: Als sich Agamemnon anschickt zu opfern, treten die Ratsmitglieder um das Opfertier herum und streuen die Opfergerste (2,410); Agamemnon betet im Kreis der Geronten, Zeus möge ihn am selben Tag Hektor töten und Troja zerstören lassen (2,411 ff.); beim anschließenden Opfer scheinen sie mitzuwirken.[282] Alkinoos gelobt Poseidon ein Besänftigungsopfer, wobei die Anführer und Berater zum Altar gehen und be-

---

276 Wéry 1979 [1967] nähert sich der Arbeitsweise der homerischen Diplomatie über die Unterscheidung von Herold (κῆρυξ) und Gesandten (ἄγγελος) (ebd. S. 21 ff., 27 f. und 41 f.). Die Verbindung der Gesandten mit dem Rat kommt aber zu kurz.

277 Ruzé 1997, S. 84–93 ignoriert die Bedeutung des Rats bei Gesandtschaften.

278 Il. 9,163 ff. Zur untergeordneten Position des Phoinix vgl. Anm. 73.

279 Od. 21,20 τῶν ἕνεκ’ ἐξεσίην πολλὴν ὁδὸν ἦλθεν Ὀδυσσεύς / παιδνὸς ἐών· πρὸ γὰρ ἧκε πατὴρ ἄλλοι τε γέροντες·

280 γέρας γερόντων Il. 9,422.

281 Il. 9,574 ff. … τὸν δὲ λίσσοντο γέροντες / Αἰτωλῶν, πέμπον δὲ θεῶν ἱερῆας ἀρίστους, / ἐξελθεῖν καὶ ἀμῦναι ὑποσχόμενοι μέγα δῶρον·

282 Ein Rind, das Agamemnon opfert (Il. 2,402) vs. mehrere Opfertiere, die »sie« schlachten (2,422).

ten (Od. 13,181); in Alkinoos' Palast leisten die Anführer und Berater Trankspenden für mehrere Götter (Od. 7,136ff.). Auf Hektors Befehl sollen die (Demo)Geronten zu den Göttern beten und Hekatomben versprechen (Anm. 76). Odysseus bringt Apollon (auf Agamemnons Weisung) eine Hekatombe dar (Il. 1,443).

Besonders illustrativ ist das Eidopfer:[283] Priamos wird von den Besten der Troer und der Achaier gerufen, um für den Zweikampf Eidopfer zu schlachten (Il. 3,250f.). Der Demogeront Antenor begleitet ihn unaufgefordert – wie selbstverständlich. Entsprechend steht Odysseus Agamemnon zur Seite. Antenor und Odysseus opfern und schwören vielleicht mit. Denn als Agamemnon und Priamos zum Vertragsschluss schreiten, heißt es, dass die Herolde an den Basilees eine Reinigung vollziehen.[284] Ferner werden die Haare des Opfertiers unter den Besten – mindestens Antenor und Odysseus – verteilt, um die Beteiligten an den von Agamemnon gesprochenen Eid zu binden.[285] Auch eine andere Passage zeigt, dass die Ratsmitglieder am Eid beteiligt sind: In einer schwachen Minute will Hektor den Trojanern den von den Geronten zu leistenden Schwur (γερούσιον ὅρκον) abnehmen, den Achaiern alles zurückzugeben (Il. 22,119). Die Demogeronten erscheinen hier als Repräsentanten des Gemeinwesens.[286] γερούσιος ὅρκος ist ein Terminus technicus, der auf die Institutionalisierung dieses Verfahrens deutet.[287]

Die Ratsmitglieder können also dem König bei Kulthandlungen assistieren und ihn sogar vertreten. Außerdem stellen sie die Priester: Die Geronten, die König Oineus zu Meleager begleiten und von den Aitolern geschickt wurden, sind gleichzeitig die höchsten Priester (θεῶν ἱερῆας ἀρίστους Il. 9,575). Mit »Geronten« sind wohl die Ratsmitglieder gemeint (s. o.). Carlier vermutet, dass die Priesterin Theano durch König und Rat vor der Ver-

283 Zum Eidopfer vgl. BK ad 3,292–302.

284 BK ad Il. 3,269b-270 sieht in den βασιλῆες die Führungsschicht. Dagegen ist Carlier 1984, S. 224, Anm. 379 skeptisch, ob Odysseus und Antenor eingeschlossen sind. Aber die anschließende Beteiligung am Schwur ist klarer (Anm. 285). Wenn die Reinigung hier auch an Odysseus und Antenor vollzogen wird, dann gehören sie auch zu denen, die nach dem Schwur die Trankspende ausgießen (3,296).

285 Die Haare des Schwuropfertiers werden unter den Besten (ἄριστοι) der Achaier und der Troer verteilt (Il. 3,273f.). Dieses Ritual erzeugt eine Verbundenheit zwischen den Opfernden, dem Opfertier und dem Inhalt des Eids (vgl. BK ad locum).

286 LfgrE γερούσιος und Gschnitzer 1991, S. 195. Von Deger-Jalkotzy auf die Demogeronten bezogen (vgl. Anm. 134).

287 Glotz 1928, S. 57 mit Anm. 1.

sammlung bestimmt wurde.[288] Auf Beteiligung des Rats könnte deuten, dass Theano die Frau des Demogeronten Antenor war. Wenn Priester von König und Rat bestimmt werden, könnte das zu einer Besetzung der Priesterämter durch Ratsmitglieder oder ihnen nahestehende Personen führen.

g) Temenos

Zusammen mit dem Volk verleihen die Geronten das Temenos, ein großes Stück Land für besondere Verdienste: So versprechen die von den Aitolern gesandten Geronten Meleager ein Temenos.[289] Wahrscheinlich zählten nicht nur Leistungen im Kampf, sondern auch solche in der Beratung. Denn beide Bereiche gehören zusammen (Anm. 96).

h) Königsmahl

Die Basilees und Geronten, die bei den Achaiern, Phäaken und vielleicht auch bei den Trojanern einen großen Rat bilden, werden oft vom König zum Mahl eingeladen (vgl. 1.4.1). Die engsten Ratsmitglieder der Achaier speisen häufiger, die der Phäaken immer mit dem König.[290] Vom König als erster gerufen zu werden, ist eine besondere Ehre und Verpflichtung (Il. 4,341 ff.). Die Ratsmitglieder dürfen trinken und essen, wann und soviel sie wollen (Il. 4,259 ff.; 4,341 ff.). Dabei sitzen sie auf speziellen Sesseln (θόωκος Il. 8,439–484 vgl. 1.3.2 und θρόνος Od. 7,95 ff.) an Tafeln mit kostbaren Bechern (Od. 15,468). Die Extraportion wird als γέρας verstanden (LfgrE γέρας 1 b). Die Ratsmitglieder trinken einen speziellen Wein, der den Geronten vorbehalten ist (γερούσιος οἶνος Il. 4,259; Od. 13,8). Die Kosten des Mahls werden vom König und vom Volk getragen.[291]

Das Königsmahl ist einerseits Dank für Vergangenes, andererseits Verpflichtung für die Zukunft: Kämpfer werden oft an ihre Teilnahme am Königsmahl erinnert, um von ihnen im Gegenzug besonderen Einsatz zu fordern.[292] Doch die Teilnahme ist gleichzeitig auch Pflicht. Nach Patroklos'

288 Vgl. Carlier 1984, S. 164 mit Anm. 127. Theano wurde von den Troern zur Priesterin gemacht (τὴν γὰρ Τρῶες ἔθηκαν Ἀθηναίης ἱέρειαν Il. 6,300).

289 Il. 9,574; sonst von den Lykiern (Il. 6,194 ff.) oder Troern verliehen (Il. 20,184 f.).

290 Zu den Achaiern vgl. 1.4.1 a. Daneben sind aber auch Mahlzeiten bezeugt, die jeder in seinem Zelt einnimmt (vgl. Carlier 1984, S. 157 mit Anm. 80 und 81). Zu den Phäaken vgl. Anm. 105.

291 Carlier 1984, S. 154 ff.; Ruzé 1997, S. 38 ff. diskutiert die ältere Forschung.

292 Agamemnon gegenüber Idomeneus (Il. 4,259 ff.), Menestheus und Odysseus (Il. 4, 341). Weitere Stellen bei Carlier 1984, S. 155, Anm. 74.

Tod und nach der Versammlung, auf der sich Achill und Agamemnon versöhnt haben, gehen alle zum Frühmahl. Die Geronten versammeln sich bei Achills Zelt und bitten ihn zu essen (Il. 19,303 ff.). Er weigert sich und gelobt, bis zum Abend nichts zu essen, und schickt die Basilees fort. Zeus hat Erbarmen und lässt ihn mit Ambrosia stärken; denn »die anderen gehen zum Mahl, er aber ist ungestärkt und ohne Speise« (Il. 19,345 f.). Achill soll essen, damit er für den Kampf gestärkt ist. Gleichzeitig steht seine Weigerung der Wiedereingliederung in die Gemeinschaft der Basilees und Geronten entgegen. Selbst am Abend, nachdem Achill Hektor getötet und seinen Gefährten gerächt hat, macht er Schwierigkeiten. Die Könige überreden Achill nur mit Mühe, mit zu Agamemnon zu kommen, weil er um Patroklos trauern will (23,35 ff.). Achill kommt schließlich, ist aber unwillig: »Gehorchen wir jetzt dem verhassten Mahl.« Endlich ist die Mahlgemeinschaft wiederhergestellt.

Das gemeinsame Mahl mit dem König ist für das Ratsmitglied also ein großes Privileg, das neben der symbolischen auch eine materielle Dimension hat.

Resümee

Dieser Überblick zeigt, dass den Basilees und Geronten in ihrer Rolle als Ratsmitglieder eine spezielle Ehrenstellung zukommt, die Aufgaben und Belohnung umfasst, was sich unter dem Begriff (γέρας) fassen lässt. Sie werden neben der Beratung auch in der Rechtsprechung, der Gastfreundschaft, der Diplomatie, dem Opfer, dem Gebet und dem Eid aktiv, einzeln oder als Gruppe. Dabei unterstützen sie den König und helfen der Gemeinde. Als Zepterträger können sie den König oder die Gemeinde repräsentieren. Die Nähe zum König bei öffentlichen Anlässen ist eine Auszeichnung. Auslagen werden vom Volk erstattet.[293] König und Gemeinde belohnen die Ratsmitglieder für ihre Dienste durch das gemeinsam finanzierte Mahl. Einzelne Ratsmitglieder können durch einen besonderen Beuteanteil oder Goldpreis geehrt werden. Die Belohnungen durch den König und die Gemeinde bilden für die Ratsmitglieder gleichzeitig eine Verpflichtung.

293 Dagegen sind regelmäßige Abgaben nur am Rande erwähnt, wie Carlier 1984, S. 160 ff. zu Recht betont.

1.7 Die Räte in der homerischen Welt

1.7.1 Unterschiede zwischen Achaiern und Trojanern?

Oft hat man die politischen Verhältnisse der Achaier und der Trojaner – besonders ihre Institutionen – miteinander verglichen. Dabei ist man zu widersprüchlichen Ergebnissen gekommen: Für Sale und Deger-Jalkotzy ist der Rat auf Seiten der Troer mächtiger als bei den Griechen; für Gladstone existiert bei den Troern gar kein Rat. Im Folgenden sollen diese Thesen nacheinander diskutiert und von den erarbeiteten Ergebnissen abgegrenzt werden.

Sale 1994 behandelt in seiner Studie *Politics in the Iliad* ausgiebig die Räte der Achaier und Trojaner und vergleicht beide Gremien. Bevor wir uns mit den einzelnen Argumenten auseinandersetzen, sollen Sales' Kernthesen nachgezeichnet werden:[294] Achaier und Trojaner unterschieden sich in der Staatsform: einerseits Monarchie Agamemnons bzw. der anderen Anführer, andererseits Aristokratie bzw. Oligarchie der Demogeronten. Agamemnon sei zwar gehalten, sich mit seinem Rat zu beraten und auf ihn zu hören, müsse sich aber vor niemandem verantworten und scheine im Feld keinen Rat anzunehmen. Der Rat der Anführer diene Agamemnon nur für diesen Feldzug; zu Hause gebe es keinen institutionalisierten Rat. Dagegen werde Hektor im Kampf von Polydamas beraten und unterstehe den Anweisungen der Demogeronten, die eine alte Institution seien. Priamos sei ein schwacher König, der nicht mehr Macht als die anderen Demogeronten habe und sich dem Konsens beugen müsse. Die wahren Herrscher von Troja seien die Demogeronten, die über die Außenpolitik (Helena) und über die Strategie des Oberkommandierenden (Hektor) entschieden. Die Unterschiede zwischen dem Rat der Achaier und den trojanischen Demogeronten ließen sich in folgenden Begriffspaaren fassen: schwach vs. mächtig, untergeordnet vs. übergeordnet, zwischenstädtisch vs. innerstädtisch, temporär vs. ständig.

Zu den einzelnen Argumenten: Sicherlich ist die Zusammensetzung des Rats der Achaier durch den Feldzug geprägt. Neben dem panachaiischen Rat, den Sale im Auge hat (ebd. 1994, S. 37), gibt es aber den kleinen Rat, dessen Zusammensetzung nicht nur situations- und zweckbestimmt ist. Denn die engsten Ratsmitglieder haben schon vor dem Auszug zusammengearbeitet: So wurde Menelaos, als er nach Troja kam, um Helena zurückzufordern, von Odysseus begleitet; Nestor und Odysseus warben für Agamemnon Verbündete (Il. 11,767). Außerdem stimmt es nicht, dass es kein

294 Einen guten Überblick verschaffen Sales Resümees auf S. 45, 61, 75 und 80.

Anzeichen für einen Rat zu Hause gibt, wie Sale behauptet (ebd. S. 45). Das Heerlager der Kontingente gibt wenig Gelegenheit, einen innerstädtischen Rat zu zeigen. Das tut aber die Schildbeschreibung, die einen gesellschaftlich fest verankerten Rat zeigt. Außerdem gibt es Anzeichen für einen Rat des Peleus.[295] Die Machtverhältnisse auf Seiten der Achaier sehe ich ganz ähnlich wie Sale, aber der Unterschied zwischen Priamos, Hektor und Agamemnon ist nicht so groß, wie er behauptet.[296] Es ist zu bedenken, dass Agamemnon auf sich die Macht vereint, die in Troja auf zwei Personen aufgespalten ist: Priamos hat wegen seines Alters die Führung des Heeres seinem Sohn übergeben wie Laertes dem Odysseus und Peleus dem Achill. Außerdem überzeichnet Sale die Rolle Agamemnons bei der Entscheidungsfindung, dessen Ratsmitglieder ein wichtiges Wort mitzureden haben. Auch der Gegensatz zwischen Hektor und Agamemnon im Schlachtfeld trägt nicht: Auch Agamemnon bekommt strategischen Rat; auch Hektor schlägt Polydamas' Rat in den Wind.

Die Quellenbasis, auf die Sale seine These stützt, ist relativ dünn und strittig: Dass die Rückgabe von Helena anfangs von Antimachos (Anm. 308) und nicht von Priamos verhindert wird, zeugt nicht unbedingt von der Ohnmacht des Königs, wie Sale 1994, S. 76ff. behauptet. Später spricht Priamos in dieser Frage ja ein Machtwort (Anm. 309). Vielleicht ist Priamos vorher zwischen der Liebe zum Sohn und der Verantwortung für das Volk gespalten, so dass ihm Antimachos' Eingriff eine willkommene Möglichkeit bietet, auf ein Machtwort zu verzichten. Darin, dass Hektor den Geronten vorwirft, ihn und das Volk stets vom Angriff auf die Schiffe abgehalten zu haben (Anm. 196), sieht Sale ein Kampfverbot des Rats, das sich gegen Hektor als Herrscher und Anführer richte.[297] Aber vielleicht handelt es sich nicht um ein Verbot, sondern um eine im Konsens getroffene Entscheidung, die Hektor im Nachhinein verteufelt.[298] Auch Il. 6,113 f. ist wohl kein Beweis für den militärischen Oberbefehl der Demogeronten. Denn Hektor

295 Gladstone 1863, S. 415f. »Die einzige Gruppe, die den troischen Demogeronten einigermassen nahe kommt, ist die, wo wir Menoitios (Il. 11,771) und Phönix am Hofe des Peleus sehen; aber wir wissen nicht, ob diese Vereinigung eine permanente war. Phönix war Herrscher der Doloper und konnte also nicht wohl ein stehendes Mitglied am Hofe des Peleus sein; auch wissen wir nicht, ob Phönix und Menoitios Antheil an der Regierung des unmittelbaren Reiches des Peleus hatten.«

296 Sale 1994, S. 60ff. zum Gegensatz Hektor/Agamemnon; S. 76ff. zum Gegensatz Priamos/Agamemnon.

297 Sale 1994, S. 60 und 64.

298 Genauso könnte sich Agamemnon im Falle einer Niederlage beschweren, dass seine Rückzugspläne von den Ratsmitgliedern verhindert wurden.

geht nicht in die Stadt, um sich mit den Demogeronten zu besprechen, wie Sale konstruiert,[299] sondern um ihnen und den Frauen Gebete und Opfer zu befehlen.

Auch Deger-Jalkotzy 1979 hält den Rat der Achaier und den der Trojaner für grundverschieden, geht aber in eine andere Richtung als Sale: Wie der Harem und die Großfamilie des Priamos trage der trojanische Rat orientalische Züge, die die Feindesstadt mit Lokalkolorit versehen sollen (ebd. S. 25) Die Besonderheit des Rats liege darin, dass er die militärischen und politischen Angelegenheiten bestimme (ebd. S. 26 f.), und seine Mitglieder sich durch Reichtum – nicht durch Adel – auszeichneten (ebd. S. 28 f.). Die Quellenbasis, auf die Deger-Jalkotzy ihre These stützt, ist jedoch dünn: Das Beispiel für den militärischen Oberbefehl ist dasselbe wie bei Sale (Anm. 196). Ferner werde in der Versammlung die Diskussion von den Ältesten – nicht von den Heerführern – geführt und die Anführer der Bundesgenossen blieben stumm. Diese Diskrepanz erklärt sich am einfachsten durch den Unterschied zwischen dem Kriegsrat der Achaier und dem Stadtrat der Demogeronten. Außerdem nehmen die Verbündeten an der Versammlung und Hektors Rat teil (Anm. 197). Für die politische Macht führt Deger-Jalkotzy an, dass Antenor als Mitglied des Ältestenrates gemeinsam mit Priamos dem Zweikampf zwischen Menelaos und Paris beiwohnt (ebd. S. 26, Anm. 15). Aber genauso steht es auf Seiten der Achaier: Zur Vereinbarung des Zweikampfes wird Priamos von den Ersten der Troer *und* der Achaier gerufen; Antenor geht Priamos genauso zur Hand wie Odysseus dem Agamemnon (vgl. 1.6 f). Kommen wir zum letzten Argument: »Die δημογέροντες der Trojaner sind nicht als Adlige in dem Sinne, in dem sie die homerischen Epen verstehen, gekennzeichnet. Sie werden daher auch nie mit dem Titel βασιλεύς bedacht. Lediglich ihr Reichtum wird als hervorstechendes Merkmal betont« (ebd. S. 27). Der Reichtum ist in der angegebenen Quelle aber nicht direkt bezeugt (Anm. 134). Wie aussagekräftig ist die Feststellung, dass die Demogeronten in den wenigen Stellen, an denen sie vorkommen, nicht als Basilees bezeichnet werden? Außerdem gibt es eine Passage, in der ein Demogeront wahrscheinlich unter die Basilees gerechnet wird (Anm. 284). Die Diskrepanzen zwischen den Räten der Trojaner und der Achaier sind al-

---

299 Il. 6,113 ff. γέρουσιν / εἴπω βουλευτῇσι καὶ ἡμετέρῃς ἀλόχοισι / δαίμοσιν ἀρήσασθαι, ὑποσχέσθαι δ' ἑκατόμβας. Dazu Sale 1994, S. 60, Anm. 71: »reading εἴπω zeugmatically, ›in order to *speak* to the Elders, the Councilors, and to *tell* our wives to pray to the gods‹.« Gegen das Zeugma spricht, dass sich vor καί kein metrischer Einschnitt befindet. Außerdem ist die religiöse Kompetenz der Geronten nicht abwegig, wie Sale behauptet (vgl. 1.6 f).

so nicht so groß wie behauptet und lassen sich einfacher durch verschiedene Ratstypen erklären.

Auch nach Gladstone 1863, S. 415ff. unterscheiden sich die politischen Institutionen von Griechen und Trojanern grundlegend: Die Zugehörigkeit zu den Demogeronten basiere auf Rang und Alter, während bei den Griechen zusätzlich Weisheit und Tapferkeit erforderlich seien. Die Demogeronten bildeten die troische Regierung; aber nicht als Ratsmitglieder des Königs, sondern als Redner vor der Volksversammlung. Ein Rat existiere nicht. Alles werde von der Volksversammlung allein entschieden, die regelmäßig tage. Die Demogeronten säßen nicht geschlossen wie Ratsmitglieder, sondern verstreut. Kurze, oft polemische Stellungnahmen der Redner führten zur Entscheidung, nicht lebendige Debatten wie bei den Griechen.

Dagegen ist einzuwenden, dass die verschiedene Bedeutung des Alters mit den verschiedenen Ratstypen zusammenzuhängen scheint. Natürlich waren die Heerführer der Achaier nicht zwangsläufig alt, aber möglicherweise die Geronten der Schildbeschreibung und auf Ithaka. Andererseits waren die alten Demogeronten von jungen vielleicht nur wegen des Krieges getrennt (Anm. 96). Dass für die Demogeronten Weisheit und (erwiesene) Tapferkeit weniger wichtig sind, ist falsch (Anm. 127 und 130). Gladstones Konzeption der Demogeronten ist widersprüchlich: Sie bilden eine Gruppe, die auf Verwandtschaft, Rang und Alter basiert, aber nur in der Volksversammlung politisch aktiv wird und dabei verstreut sitzt. Seit Generationen sind die Demogeronten um den König gruppiert wie bei den Achaiern (Anm. 77). Bei der Mauerschau treten sie geschlossen auf, wobei es sich allerdings um ein informelles Treffen handelt, bei dem dann aber auch über Helena geredet wird (Anm. 23). Zugegeben, es wird keine einzige formelle Ratssitzung der Demogeronten geschildert. Aber was für Gladstone auf einen institutionellen Unterschied deutet, scheint eher an der Konzentration der Erzählung auf die Griechen zu liegen. Auch die Versammlungsszenen der Troer sind weniger zahlreich als die der Griechen. Auch »die Boule« der Griechen bereitet nicht jede Versammlung vor. Gewiss sind die Reden in den Versammlungen der Troer knapper (was wieder am Fokus liegen mag), aber keinesfalls polemischer als bei den Griechen. Die Streitkultur ist ähnlich, aber bei den Trojanern ist aus Gründen der Dramatik die Konsensfähigkeit weniger ausgeprägt, was von Polydamas kritisiert wird (1.5.7). Zugegeben, der Titel »Demogeront« wird nur für Troja gebraucht; aber er kann nicht als Argument für die Loslösung vom König angeführt werden, weil auch das Mahl der achaiischen Ratsmitglieder vom Volk kommt (Anm. 20) und die Ratsmitglieder des Alkinoos ihr γέρας vom Volk haben (Anm. 125).

Es ergibt sich: In der Ilias unterscheiden sich der Kriegsrat auf Seiten der Achaier und der Stadtrat auf Seiten der Trojaner primär in ihrer Teilnehmerschaft, sonst ähneln sich beide.

1.7.2 Fazit: Rat – König – Versammlung – Familie

»Im engeren Sinne des Wortes existiert der Rat nicht«, behauptet Ruzé.[300] In diesem Punkt kommt diese Untersuchung zu einem anderen Schluss:

a) Rat und König

Alle Gemeinschaften der homerischen Welt – im Himmel und auf der Erde, bei Griechen und anderen – besitzen einen Rat. In den homerischen Epen gibt es verschiedene Typen von Räten: Stadtrat und Kriegsrat, in denen der gleiche Modus von Beratung und Entscheidung zur Anwendung kommt, die sich aber in der Teilnehmerschaft unterscheiden: einerseits die oft alten Würdenträger einer Stadt, andererseits die zumeist jungen Anführer mehrerer verbündeter Städte. Die Mitgliedschaft basiert nicht auf festen Aufnahmebedingungen (wie Mindestalter oder Größe des Kontingents), sondern auf persönlicher Exzellenz. Das Amt kann vom Vater auf den Sohn übergehen, kommt aber von der Gemeinschaft. Der Rat ist um eine besondere Person gruppiert, die Teil des Gremiums ist – als Primus inter Pares: König der Stadt oder Oberbefehlshaber. Der König kann sich die Teilnehmer nicht aussuchen, dagegen können die Ratsmitglieder ihre Teilnahme aufgeben oder aussetzen.

Der Rat ist eng an den König gebunden und hat einen vertrauten Charakter: Der Rat wird allein vom König einberufen und tagt zumeist bei ihm; gleichzeitig wird oft gespeist. Die Ratsmitglieder üben ihre Kompetenzen zumeist mit dem König zusammen aus. Das bedeutet aber nicht, dass der König den Rat dominiert. Der König konsultiert die Ratsmitglieder in jeder Angelegenheit und beruft den Rat nicht, um einen Entschluss zu verkünden, sondern um ihn zur Diskussion zu stellen. Die Ratsmitglieder können dem König die Einberufung empfehlen, über seine Vorschläge frei diskutieren und neue Themen einbringen. Mit ihren Vorschlägen setzen sie sich oft durch, aber das letzte Wort hat der König.

Der König, der als der oberste Ratgeber des Volks angesehen wird (Il. 9,96 ff.), ist auf die Ratschläge seiner Ratsmitglieder angewiesen, um gu-

300 Weil der Rat nach Ruzé 1997, S. 102 die Versammlung nicht vorbereite bzw. nicht berate S. 99 ff.

te und konsensuale Entscheidungen zu treffen. Dafür belohnt der König sie mit dem Königsmahl, das die Ratsmitglieder vor anderen Basilees bzw. Geronten und dem Volk auszeichnet und ihnen gleichzeitig zusteht. Die Ratsmitglieder und der König stehen in einem do-ut-des-Verhältnis: Ratschlag und Legitimation gegen Einfluss und Ansehen. Der König kann nicht ohne Rat existieren und umgekehrt.[301] Sichere Hinweise darauf, dass sich der Rat vom Königtum löst, gibt es in den homerischen Epen nicht (Anm. 153, 166 und 297).

Der König steht an der Spitze der Basilees;[302] er kann gegen die Ratsmitglieder entscheiden. Die Ratsmitglieder können ihn nur unter Druck setzen, aber nicht gegen ihn entscheiden. Der König trifft Entscheidungen für sich und für das Volk. Er hat die Verantwortung für alle, also muss er entscheiden, wie es für alle am besten ist. Der König wird an seinen Entscheidungen gemessen. Sein Rückhalt schwindet, wenn die Ratsmitglieder und das Volk das Gefühl haben, dass der König ihr Bestes aus den Augen verliert. Die Ratsmitglieder helfen dem König durch ihre Ratschläge, die richtigen Entscheidungen zu finden. Der Alleingang des Königs stellt die Gemeinschaft auf eine schwere Probe. Denn die Ratsmitglieder sind keine Vasallen, wie Achills Weigerung zu kämpfen und zu beraten zeigt. Die Macht des Königs geht also nur so weit, wie ihm die anderen folgen. Natürlich haben die Basilees geschworen, Agamemnon zu folgen, aber nur so lange wie er gut führt.

b) Rat, König und Volk

Die Ratsmitglieder bilden den integralen Bestandteil der öffentlichen Versammlung, so dass man vom Rat in der Versammlung sprechen kann: Sie sitzen geschlossen und privilegiert im Zentrum und führen das Wort. Das Volk wird bisweilen ausgeblendet.

Der Rat des Königs kann manche Dinge, die z. B. Geheimhaltung erfordern, ohne irgendeine Beteiligung der Versammlung entscheiden. Oder der Rat entscheidet und informiert das Volk über seine Beschlüsse. Aber einige Fragen (z. B. Außenkontakte) müssen vor der Versammlung diskutiert werden. Dann können sich die Ratsmitglieder auf einer vorbereitenden Sitzung über ihren Auftritt vor der Volksversammlung absprechen, müssen das aber nicht tun.

301 Ruzé 1997, S. 95. In der einzigen Ratssitzung, die ohne den Herrscher tagt, lässt sich Zeus von Hera vertreten (Il. 15,84–167).

302 Agamemnon ist βασιλεύτατος (Il. 9,69).

Die Ratsmitglieder beraten über Vorschläge, zu denen das Volk per Akklamation oder durch Schweigen Stellung bezieht. Das schwächt oder stärkt einen Vorschlag oder ein Argument. Die Ratsmitglieder versuchen, die Zustimmung des Volkes und ihrer Kollegen zu gewinnen, indem sie Überzeugungsarbeit leisten und ihre eigene Position modifizieren. Die unter den Ratsmitgliedern ausgeprägte Bereitschaft zum Nachgeben und zum Kompromiss ermöglicht im Idealfall, dass die Debatte zu einem Vorschlag führt, dem alle Ratsmitglieder zustimmen, der vom Volk bejubelt wird und so zur kollektiven Entscheidung wird.

In der Realität war die Volksversammlung weniger vom Konsens und der offenen Debatte geprägt als die eher private und ungezwungene Ratssitzung, in deren kleinem und vertrautem Teilnehmerkreis sich der König weniger beweisen musste. Daher setzt sich im Rat häufiger der Vorschlag eines Ratsmitgliedes durch und in der Versammlung häufiger der des Königs. Der Monarch kann eine Entscheidung gegen den Willen des Volkes und der Ratsmitglieder durchsetzen. Andererseits konnte ein Ratsmitglied die Versammlung einberufen, um den König vor dem Volk unter Druck zu setzen.[303] Aber der Konflikt zwischen Ratsmitgliedern und König ist der Ausnahmefall, den die Epen aus dramatischen Gründen hervorheben. Denn der Rat ist von großer Kohärenz geprägt, wie das gemeinsame Auftreten außerhalb von Ratssitzung und Versammlung (z. B. bei Sport- und Kultfesten, vgl. 1.5.1) zur Schau stellt. Die Trennungslinie verläuft also eher zwischen den Mitgliedern des Rats und den anderen Teilnehmern der Versammlung.

Die Kompetenzen der Ratsmitglieder erstreckten sich nicht nur auf die Beratung, sondern auch auf den Kult, die Diplomatie, die Gerichtsbarkeit und die Gastfreundschaft, wobei sie den König und das Volk repräsentieren können und von beiden durch materielle und symbolische Anerkennungen belohnt werden. Ihre Ehrenstellung (γέρας γερόντων) kommt vom Volk und ist neben Belohnung sicherlich auch Verpflichtung. König und Ratsmitglieder als Diener der Gemeinde zu bezeichnen, ginge aber zu weit.[304] Der Rat und der König bilden die Regierung, von der man sich Lenkung durch (öffentliche) Entscheidung erwartet.[305]

303 Achill in Il. 1; in Il. 9 will er vielleicht Odysseus dazu anstiften (Anm. 157).

304 Gschnitzer 1991, S. 196 meint, dass König und Rat im Dienste der Gemeinde stehen. Die Einberufung und Entlassung der Versammlung sei Sache des personifizierten Rechts, Themis.

305 Ruzé 1997, S. 102.

Gleichzeitig nimmt der Rat eine Mittelposition zwischen König und Volk ein: Der Rat kann beide repräsentieren und ist von beiden abhängig und unabhängig, so dass eine Zweckgemeinschaft entsteht. Diese Untersuchung hat gezeigt, dass der Rat im eigentlichen Sinne sehr wohl existiert: Er berät sich, um in erster Linie den König zu beraten, und rät sekundär auch dem Volk, indem er die Versammlung oft vorbereitet und immer prägt.[306] Eher könnte man sagen, dass es keinen Ältestenrat im engeren Sinne gibt, der ausschließlich aus Alten besteht.[307]

c) Machtmissbrauch

Die Macht der Ratsmitglieder (und fehlende Kontrolle?) birgt die Gefahr des Machtmissbrauchs, wie die Verhandlungen über die Rückgabe Helenas zeigen: Menelaos und Odysseus plädieren vor den Trojanern für die Rückgabe Helenas, die von ihrem Auftritt beeindruckt sind (3,205 ff.). Daraufhin besticht Paris Antimachos (nomen est omen), der die Auslieferung Helenas verhindert und in der(selben?) Versammlung Menelaos' Hinrichtung fordert.[308] Zwar setzt sich der zweite Vorschlag nicht durch und Menelaos reist ab, aber ohne Helena. Die Bestechung hat langfristigen Erfolg: Der Rat bleibt vielleicht gespalten (vgl. Anm. 23) und Helena wird auch später nicht ausgeliefert.[309] Ein Beispiel für Nepotismus bietet vielleicht Antenor, der sich dafür stark gemacht haben könnte, dass seine Frau Priesterin wurde (vgl. Anm. 288).

d) Bedeutung der Familie

Folgender Zug des Rats, der bisher nur am Rande behandelt wurde, soll an dieser Stelle ausgeführt werden: die Bedeutung der Familie. Eingangs sei daran erinnert, dass die Ratssitzung regelmäßig von Familienmitgliedern

306 Gschnitzer 1983, S. 157 vergleicht die Leitungsfunktion des homerischen Rats mit späteren Ratsausschüssen.

307 Contra Müller 1844 Abt. 2, S. 87 f. und David 1991, S. 16.

308 Il. 11,123 ff. ὅς ⟨Ἀντίμαχος⟩ ῥα μάλιστα / χρυσὸν Ἀλεξάνδροιο δεδεγμένος ἀγλαὰ δῶρα / οὐκ εἴασχ' Ἑλένην δόμεναι ξανθῷ Μενελάῳ … 141 ff. ὅς ποτ' ἐνὶ Τρώων ἀγορῇ Μενέλαον ἄνωγεν / ἀγγελίην ἐλθόντα σὺν ἀντιθέῳ Ὀδυσῆϊ / αὖθι κατακτεῖναι μηδ' ἐξέμεν ἂψ ἐς Ἀχαιούς.

309 Nach dem verlorenen Zweikampf spricht sich Antenor für die Rückgabe aus (Il. 7,345–380); Paris muss sich persönlich verantworten – kein Wort von Antimachos – und kann die Rückgabe nur durch ein gewisses Entgegenkommen und die Unterstützung des Priamos abwenden.

einberufen wird (vgl. 1.5.2 b). Beziehungen zwischen Brüdern spielen im Rat eine wichtige Rolle: Im Rat des Priamos sitzen alle seine Brüder; mehrere von Hektors Brüdern sitzen in seinem Rat; Menelaos hat ein besonderes Nahverhältnis zu seinem Bruder: Wenn Agamemnon Rat braucht, kommt sein jüngerer Bruder, ohne dass er wie die anderen Ratsmitglieder gerufen werden muss.[310] Der Umstand, dass die Brüder des Königs an dessen Kronrat teilnehmen, führt wohl dazu, dass jene durch Partizipation von Umsturzversuchen abgehalten werden. Außerdem wird so ein jüngerer Bruder darauf vorbereitet, im Falle des Ablebens des Königs dessen Nachfolge anzutreten, wenn dieser keinen Sohn hinterlassen hat, oder die Regentschaft zu übernehmen, wenn dessen Sohn minderjährig ist. Beziehungen zwischen Vätern und Söhnen spielen eine wichtige Rolle: Nestors quasi-Rat besteht nur aus seinen Söhnen (Anm. 150); bei den Trojanern gehört Panthoos zum Rat des Priamos und sein Sohn zu Hektors Rat. An Hektors Rat nehmen Adamas und sein Vater Asios teil; bei den Achaiern befehligt Nestors Sohn Thrasymedes die Wachen – wohl auf Befehl des Rats[311] – und nimmt auf Einladung an einer Ratssitzung teil; Nestors Söhne sollen eine Sitzung einberufen (vgl. 1.5.2 b). Ähnlich verhält es sich auf Ithaka: Laertes und seine Ratsmitglieder schicken den jungen Odysseus auf diplomatische Mission (Anm. 279); Alkinoos' Lieblingssohn ist beim Königsmahl anwesend (Anm. 182). Indem die Jungen den Gesprächen der Erwachsenen lauschen und kleine Aufgaben übernehmen, werden die Söhne auf ihre zukünftige Rolle vorbereitet. Denn der Sitz im Rat wurde oft von den Vätern an die Söhne weitergegeben (vgl. 1.4.5). Das scheinen Telemach und Neoptolemos zu illustrieren (auch wenn wir nicht unterrichtet sind, dass sie an den Beratungen ihrer Väter teilgenommen haben): Denn Telemach beruft in Abwesenheit seines Vaters die Versammlung ein und Neoptolemos übernimmt nach Achills Tod den Ratssitz seines Vaters. Vielleicht war bereits Antenors Vater ein Demogeront (Anm. 80). Durch das Miteinander von Jung und Alt ist der Rat ein Ort des Wissenstransfers und beugt dem Generationskonflikt vor.[312]

---

310 Il. 2,408 f. αὐτόματος δέ οἱ ἦλθε βοὴν ἀγαθὸς Μενέλαος· / ᾔδεε γὰρ κατὰ θυμὸν ἀδελφεὸν ὡς ἐπονεῖτο. Vgl. auch 10,25 ff.

311 Agamemnon zu Menelaos: »Denn die (scil. Thrasymedes und Meriones) haben wir damit betraut« Il. 10,57 ff. Mit »wir« meint Agamemnon sich, den gerade erwähnten Nestor und vielleicht Menelaos.

312 Ruzé 1997, S. 95 stellt fest, dass der Generationskonflikt in Rat und Versammlung durch den Primat des Alters und der gemeinsamen Entscheidung gelöst wird. Dagegen sieht Ulf 1990, S. 78 eine Majorisierung der Jüngeren durch die Alten.

1.8 Historische und kulturelle Einordnung

1.8.1 Mykenische, phönizische oder luwische Wurzeln des achaiischen und trojanischen Rats?

Starke ist der Auffassung, Homer habe die griechische und die anatolisch-luwische Welt gegenübergestellt (ebd. 1997, S. 456f.), wobei die trojanischen Demogeronten in Begriff und Funktion das alte hethitische Amt der »Landsherren« spiegeln (ebd. S. 462f.). Diese Theorie ist von Blum 2001b, S. 46ff. mit guten Gegenargumenten entkräftet worden. Für Sale unterscheiden sich Achaier und Trojaner in der Staatsform: einerseits Monarchie Agamemnons bzw. der anderen Anführer, andererseits Aristokratie bzw. Oligarchie der Demogeronten (vgl. 1.7.1). Zeitlich lasse sich der Rat der Trojaner ins 8. Jh., also die Gegenwart Homers, einordnen, da die Demogeronten den historisch greifbaren Institutionen ähnelten; dagegen spiegele der Rat der Achaier ein idealisiertes und heroisiertes Mykene.[313] Auch Deger-Jalkotzy 1979 hält den Rat der Achaier und den der Trojaner für grundverschieden, geht aber in eine andere Richtung als Sale: Die Ältestenräte der Phönizier hätten als Vorbild für den trojanischen Rat gedient, um die Feindesstadt mit Lokalkolorit zu versehen. Im Gegensatz zu den Achaiern zeichneten sich die trojanischen Ratsmitglieder allein durch Reichtum aus und bestimme ihr Rat alle militärischen und politischen Angelegenheiten (vgl. 1.7.1).

Unsere Untersuchung hat gezeigt, dass die Diskrepanzen zwischen den Räten der Trojaner und der Achaier sich anders erklären und nicht so groß sind wie behauptet. Die Ilias zeigt also nicht unbedingt verschiedene Institutionen aus verschiedenen Epochen oder Kulturen.

1.8.2 Entwicklung zwischen Ilias und Odyssee?

Ruzé 1997 glaubt, der Rat habe sich zwischen Ilias und Odyssee entwickelt. Das macht sie besonders an Od. 6,55ff. fest, worin sie eine Ratssitzung sieht, die außerhalb des Palasts stattfinde und von den Ratsmitgliedern einberufen werde (vgl. Anm. 153). Darin zeige sich die Entwicklung zu einer gewissen Autonomie des Rats: weg vom älteren Rat, der beim König und für den König gehalten werden, hin zu einem jüngeren Rat, der bei der Gemeinde und für die Gemeinde tage. Die betreffende Passage kann aber auch anders interpretiert werden: Es handelt sich nicht um eine Ratssitzung, sondern um einen Rat vor der Versammlung (vgl. 1.5.2 a). Das gleiche gilt für die

---

313 Sale 1994, S. 12, Anm. 8, 17f., 53f.

Zusammenkunft außerhalb des Palasts von Syria, die Ruzé ebenfalls für eine Ratssitzung hält (ebd. S. 46), obwohl vom Volk die Rede ist (Anm. 171).

Ferner sieht Ruzé 1997, S. 86f. eine Entwicklung im Zusammenspiel von Rat und Versammlung. In der Odyssee habe sich die Kompetenz der Versammlung in äußeren und Kriegsangelegenheiten erweitert und präzisiert: Die Versammlung könne nicht mehr nur Richtungsentscheidungen auf Grundlage eines einzelnen Vorschlages treffen, sondern zwischen mehreren Vorschlägen wählen und über die konkrete Umsetzung entscheiden. Diese Entwicklung macht Ruzé an den Zusammenkünften von Odysseus und seinen Gefährten fest. Diese können aber nur bedingt als Versammlungen gelten. Außerdem zeigt die reguläre Versammlung bei den Phäaken, auf der Alkinoos seine Beschlüsse verkündet (Od. 8,1–45), keine Spur von einer Machtverschiebung.

Es scheint also kein fundamentaler Unterschied zwischen den Räten der Ilias und der Odyssee zu bestehen, der sich nicht durch den Kontext oder die verschiedenen Ratstypen erklären ließe.

1.8.3 Einordnung

Über die historischen Wurzeln der Welt der homerischen Epen gibt es verschiedene Theorien, deren Tendenzen Raaflaub treffend herausgearbeitet hat:[314] Einflüsse der Bronzezeit, der Dunklen Jahrhunderte und nichtgriechischer Elemente seien gering. In die Bronzezeit gehörten manche Waffen und der (falsche) Gebrauch der Streitwagen. Nichtgriechisches Element sei Priamos' Familie. Der Trojanische Krieg als panhellenisches Unternehmen passe nicht in die Isolation der Dunklen Jahrhunderte und sei daher entweder eine Überlieferung der Bronzezeit oder wahrscheinlicher ein Spiegel des im 8. Jh. aufkommenden Panhellenismus, der sich in überregionalen Kulten, Spielen und Vereinigungen zeige. Für Raaflaub[315] ist die homerische Gesellschaft zeitgleich oder fast zeitgleich mit dem Dichter: Sie spiegele zumindest ursprünglich die Verhältnisse in Ionien; der panhellenische Anspruch und Erfolg der Epen zeige aber, dass die Themen, Werte und Verhaltensweisen auch anderen Griechen vertraut und wichtig waren. Obwohl der formale Ablauf und der Modus von Beratung und Entscheidung komplex sind, bedürften sie keiner Erklärung. Der Dichter setzt voraus, dass seine

314 Raaflaub 2006, S. 455ff.

315 Raaflaub 1998, S. 177, 183. Ähnlich Osborne 2004, S. 216ff. und Hölkeskamp 2002, S. 298–303.

Zuhörer mit dem Funktionieren von Versammlung und Rat vertraut waren. Raaflaub datiert Homers Schaffen in die erste Hälfte des 7. Jahrhunderts; uns scheint die gängigere Datierung in das ausgehende 8. Jahrhundert wahrscheinlicher.[316] Die Räte der homerischen Epen spiegeln danach die politischen Verhältnisse des frühen oder späten 8. Jh. (je nachdem ob sie gleichzeitig oder fast gleichzeitig mit der Gegenwart des Dichters sind).

Das reiche Vokabular, das die Aufgaben, Belohnung und Ehrenstellung des Rats bezeichnet, belegt die tiefe gesellschaftliche Verwurzelung dieser Institution: die Sonderbedeutung des Plurals γέροντες, γέρας γερόντων, γερούσιος, θόωκος, βουλὴ γερόντων, βουληφόροι, βουλὰς βουλεύειν. Zuerst gab es wohl den Stadtrat und den einfachen Kriegsrat (vgl. 1.4.6). Als mehrere Städte etwas zusammen unternahmen, entstand der zwischenstädtische Kriegsrat. Vielleicht übertrug man das System, das innerhalb einer Stadt zu kollektiven Entscheidungen von König und Würdenträgern führte, auf diesen Kriegsrat, zumal sich Heeres- und Volksversammlung ähneln.

316 Raaflaub 1998, S. 188 mit Anm. 71 mit Literatur. Fowler 2004, S. 225 mit Anm. 22 datiert die Abfassung der Epen um 700, dem sich Osborne 2004, S. 218 mit Anm. 40 anschließt. Latacz setzt Homers Lebens- und Schaffenszeit in die 2. Hälfte des 8. Jh. v. Chr. (DNP Homer mit Literatur).

2 Die spartanische Gerusie

2.1 Einleitung

Generell wird die Erforschung des archaischen und klassischen Sparta durch die komplizierte Quellenlage erschwert. Aus dem archaischen Sparta sind nur zwei zeitgenössische Autoren überliefert, Alkman und Tyrtaios. Alkmans Gedichte bezeugen den Lebensstil der spartanischen Aristokratie; Tyrtaios' Gedichte scheinen die politischen und militärischen Verhältnisse zu spiegeln. Die von Plutarch überlieferte Rhetra dürfte zwar eine Art archaische Verfassung bilden, ist aber in Wortlaut und Bedeutung unsicher. Das Bild, das uns die im 5. Jh. entstehende Geschichtsschreibung von Sparta vermittelt, ist in vielerlei Hinsicht dürftig. Die Menge der Informationen ist (im Vergleich zu Athen) bescheiden. Die Autoren – zumeist Athener – blicken von außen auf Sparta, das durch Abschottung und Geheimnistuerei einer Mythenbildung Vorschub leistete.[317] Diese doppelte Verzerrung bekommt eine weitere Brechung, wenn man den zeitlichen Abstand zwischen Ereignis und Niederschrift in Rechnung stellt. Nur Herodot kann für seine *Historien* noch auf mündliche Traditionen über die archaische Zeit zurückgreifen. Für die Rekonstruktion der spartanischen Frühzeit gab es keine zuverlässigen chronographischen Dokumente. Die Königslisten der beiden spartanischen Dynastien, wie sie Herodot überliefert, sind bis zur Mitte des 6. Jh. problematisch[318] und wurden oft modifiziert, um dem gewandelten Geschichtsbild zu entsprechen.[319] Die Ephorenlisten, die angeblich bis in das Jahr 754/3 zurückgehen, sind wohl ebenfalls bis zur Mitte des 6. Jh. unbrauchbar.[320] Um diese Lücken zu schließen, zieht die Forschung bisweilen hellenistische Ereignisse heran unter der Prämisse, die früheren Zustände ließen sich aus den späteren erschließen. Dabei ist die Vergleichbarkeit von zwei zeitlich getrennten Ereignissen problematisch. Denn der antiken Überzeugung, dass Spartas Verfassung die längste Zeit unverändert

317 Vgl. Ollier 1933–1943.
318 Vgl. Meier 1998, S. 94. Optimistischer ist Kõiv 2003, S. 200.
319 Vgl. Shaw 2003, S. 132 f.
320 Vgl. Thommen 1996, S. 40, Anm. 86.

blieb (Th. 1,18,1), darf man nicht blind folgen.[321] Der Quellenwert muss also im Einzelfall bestimmt werden. Spartanische Inschriften aus der archaischen und klassischen Zeit sind relativ selten. Das wenige ist besonders kostbar, weil es uns einen viel direkteren Einblick als die literarischen Quellen vermittelt.

Die Schwierigkeiten, die mit diesen Zugängen verhaftet sind, betreffen in besonderem Maße die Erforschung der Gerusie, weil es verhältnismäßig wenig Quellen gibt, deren Identifikation durch den Umstand erschwert wird, dass bisweilen andere Termini erscheinen, die die Gerusie umschreiben oder einschließen. In der Ereignisgeschichte, wie sie von Herodot, Thukydides und Xenophon geschrieben worden ist, wird die Gerusie selten oder gar nicht (bei Thukydides) erwähnt und tritt hinter den anderen spartanischen Institutionen zurück.[322] Dieses »Schweigen der Quellen« ist erklärungsbedürftig (Ruzé 1997, S. 138 f. und 238). Andrewes 1966, S. 5 f. schließt daraus auf die Bedeutungslosigkeit der Gerusie in klassischer Zeit. Viele Wissenschaftler widersprechen Andrewes und meinen, dass die Gerusie in Wirklichkeit eine wichtige politische Rolle gespielt hat.[323] Auch Richer 1998, S. 345 kritisiert Andrewes' These und meint, man könne von der Anzahl der Belege nicht auf die Wichtigkeit einer Institution schließen.

In der Tat betont die politische Theorie (inklusive Herodot und Xenophon) die Wichtigkeit und Macht der Gerusie innerhalb der spartanischen Verfassung. Der Bedeutung, die der Gerusie in der Theorie zugeschrieben wird, scheint sie also de facto nicht gerecht zu werden. Woher rührt diese Diskrepanz?

Manche meinen, die Machtfülle der Gerusie werde in der Staatstheorie übertrieben (Anm. 509 und 510). Nach Birgalias 2007, S. 348 wurde die Gerusie in der Praxis zu einer Marionette der Könige. Umgekehrt könnte die Diskrepanz nicht aus einem Fehler der theoretischen Angaben rühren, sondern daraus, dass es wegen der doppelten Verzerrung schwerer war, Informationen über die Beteiligung der Gerusie an konkreten Ereignissen zu bekommen:[324] Wahrscheinlich hatten Nichtspartaner hauptsächlich Kontakt mit denen, die das Heer führten oder Gesandte empfingen – also mit Kö-

321 Richer 1998, S. 363, Anm. 222 sieht eine Entwicklung der institutionellen Praktiken und kritisiert andere Wissenschaftler, die die Unverändertheit der spartanischen Verfassung für gegeben halten.

322 Baltrusch 1998, S. 26: »An ihrer Stellung zwischen Königen und Ephoren liegt es, daß das Bild der gerusia aufs Ganze gesehen etwas farblos ist.«

323 De Ste. Croix 1972, S. 125; Cartledge 1987, S. 130 ff. und David 1991, S. 27.

324 Zum Folgenden vgl. Richer 1998, S. 345 mit Anm. 118.

nigen und Ephoren – oder Teilnehmern der Volksversammlung. Unsere athenischen Historiographen und deren Informanten bekamen über diese Institutionen also leichter Informationen als über die Gerusie, die eher im Hintergrund agierte. Neben der Beschränktheit des Einblicks könnte auch eine Manipulation des Außenbildes[325] für die spärliche Bezeugung von konkreten Fällen ursächlich sein. Hinzukommt, dass sich die antiken Autoren generell eher für Entscheidungen als für das Prozedere interessieren. Auch für den athenischen Rat, der in seiner politischen Kompetenz der Gerusie ähnelte, interessiert sich Thukydides nicht besonders.[326]

Es lassen sich also verschiedene Erklärungen für die geringe Zahl von Quellen und deren Diskrepanz finden. Außerdem ist das Schweigen allenfalls partiell. Oft wird es vorausgesetzt und verhindert, dass man genauer hinsieht; so hält sich bis heute die falsche Behauptung, wir kennten nur einen einzigen Geronten namentlich. Ferner zeigt sich, dass Thukydides zwar nicht die Gerusie, aber mehrmals eine Person erwähnt, die sich als Geront identifizieren lässt.[327] Wenn man die Kompetenzen der Gerusie klar bestimmt, kann man auch Fälle heranziehen, in denen die Gerusie nicht explizit erwähnt wird. Es wird sich zeigen, dass die Kluft zwischen generellen Angaben und einzelnen Fällen nicht so groß ist wie behauptet.

Ein besonders später Autor überliefert uns besonders viel Material zur Gerusie: Plutarch. Sein Interesse speist sich aus zwei Quellen: aus seiner Passion für Sparta, die seine zahlreichen Viten von Spartanern und seine Sammlung ihrer Aussprüche dokumentieren, und aus seinem Hang zur Gerontokratie, mit der er sich in der Schrift *An seni res publica gerenda sit* beschäftigt. Plutarchs Schaffen fällt in das ausgehende erste und beginnende zweite Jahrhundert n. Chr. Er beschreibt also Ereignisse, die Jahrhunderte zurückliegen. Problematisch ist, dass sich viele wichtige Informationen nur bei Plutarch finden,[328] so dass sich diese Angaben nicht kontrollieren lassen. Immerhin weiß man in manchen Fällen, dass Plutarch zuverlässige Quellen benutzt hat wie Aristoteles' verlorene *Verfassung der Spartaner*. Plutarch führt

325 Vielleicht verschleierte man die Aktionen der Gerusie, so dass die geringe Zahl der Quellen auf die Bedeutung der Gerusie (und nicht auf deren Bedeutungslosigkeit) schließen ließe; so Richer 1998, S. 345 in einem Gedankenspiel.

326 Hornblower, Bd. 3, S. 23 und Lévy 2009, S. 390 vergleichen die Nichterwähnung der Gerusie in den *Historien* mit der Vernachlässigung anderer Ratsgremien.

327 Vgl. 2.5.4 Lichas.

328 In seiner Lykurgvita überliefert er die Gründungscharta des Ältestenrats, die sogenannte Rhetra (Plu. Lyc. 6), und beschreibt den Wahlmodus der Geronten (Plu. Lyc. 26).

die Gerusie auch an, wo sie von anderen Quellen im selben Zusammenhang nicht genannt wird.[329] Ob Plutarch als späterer Autor bessere Informationen als ein früherer liefert, muss im Einzelfall geprüft werden.[330]

Wichtige Überlegungen zur Gerusie finden sich in der älteren deutschen Forschung bei Busolt und Kahrstedt und in jüngerer Zeit bei David, Cartledge, Ruzé und Richer. In diesen Arbeiten und generell steht die Gerusie aber nicht im Zentrum. Das Interesse der Spartaforschung richtet sich eher auf die Ephoren oder die Könige und Ephoren (Richer 1998; Luther 2004). Erst vor kurzem ist der erste Aufsatz zur Gerusie erschienen, Birgalias 2007, der zeigt, dass diese Lücke empfunden wird, ohne sie allerdings ganz zu schließen.

Eingangs sollen die verschiedenen Termini und Dialektformen untersucht werden, die die Gerusie und die Geronten bezeichnen. Anschließend werden die Gründungslegende und das Gründungsdokument umrissen und auf ihren historischen Gehalt hin überprüft. Die historische Gerusie wird hinsichtlich Aufnahme, Mitgliedschaft und Verfahren untersucht. Der Analyse der politischen und richterlichen Kompetenzen wird viel Raum gegeben. Die weiteren Kompetenzen werden kurz erörtert, ferner Privilegien und Ansehen der Geronten. Das nächste Kapitel untersucht, wie die Gerusie von der Staatstheorie gesehen wurde und inwieweit sie in der Praxis Institutionen anderer Poleis beeinflusste. In die abschließende Analyse des Verhältnisses von Gerusie, Königtum und Ephoren fließen viele der erzielten Ergebnisse ein. Zuletzt wird die Entwicklung der Gerusie innerhalb der spartanischen Verfassung untersucht.

Der thematische Aufbau dieses Kapitels soll nicht suggerieren, dass jede Eigenschaft für den ganzen behandelten Zeitraum galt. Es gab Entwicklungen, denen dieses Kapitel nachgehen wird. Insgesamt scheinen die Eigenschaften der Gerusie aber seit einem frühen Zeitpunkt bis zum Ende der klassischen Zeit relativ konstant geblieben zu sein, was den gewählten Aufbau rechtfertigt.

---

329 Anm. 371; Anm. 585; Anm. 589 Harmosten.

330 Für einen Fall benutzt Plutarch offensichtlich eine bessere Quelle, die jetzt verloren ist (Anm. 589 Harmosten). Andererseits kann man in einem Fall verfolgen, wie eine erhaltene Quelle von Plutarch rezipiert und verzerrt wird (Anm. 739), was kein gutes Licht auf seine Arbeitsweise wirft.

2.2 Terminologie

Was heute Gerusie genannt wird, erscheint in den antiken Quellen in unterschiedlichen Dialektformen: Xenophon benutzt γεροντία (X. Lac. 10,1), Aristophanes γερωχία (Ar. Lys. 980) und Hesych γερῶα und γερωνία. Die verschiedenen Formen sind am plausibelsten[331] von Pavese 1992, S. 267 f. erklärt worden. Er meint, dass sich aus Aristophanes und Hesych, die mundartliche Lokalform γερωΐα ableiten lasse, bei der das intervokalische Sigma zu einer Aspiration wird. Xenophons γεροντία sei die reguläre dorische Form.

Die Form der attischen Koine ist γερουσία. Die Tatsache, dass die Gerusie in der Rhetra, die ein authentisches spartanisches Dokument zu bilden scheint (s. u. 2.3.3), mit dieser Dialektform bezeichnet wird, ist erklärungsbedürftig. Wahrscheinlich enthielt die Rhetra ursprünglich eine dorische Form, die im Zuge der Zitation oder der Überlieferung an den gängigen Sprachgebrauch angeglichen wurde. Das besonders im Partizip Präsens Aktiv gebrauchte γεροντεύειν »Geront sein« ist nur inschriftlich seit dem 4. Jh. bezeugt (Anm. 460 und 464).

»Geronten« kann die einfachen Mitglieder der Gerusie von den Königen unterscheiden – denn man spricht zumeist von 28, nicht von 30 Geronten (vgl. 2.5.1) – oder alle Mitglieder bezeichnen.[332]

Oft erscheinen Termini, die die Gerusie und die Geronten umschreiben oder einschließen: Als Umschreibung der Institution wird manchmal ἀρχή (γερόντων) und selten βουλή oder συνέδριον benutzt.[333] Als Bezeichnung der Mitglieder erscheint auch ἄρχοντες.[334] Daher kann der Plural ἀρχαί neben anderen Behörden auch die Gerusie und οἱ ἄρχοντες als Sammelbe-

331 Kahrstedt 1922, S. 246, Anm. 4 hält γερωχία für die amtliche Bezeichnung der Institution, die ursprünglich nicht die Ältesten umfasst habe, sondern diejenigen, die Ehrengaben empfangen (γέρας ἔχοντες). Von Fritz 1953, S. 433 f. weist diese Etymologie aus sprachgeschichtlichen Gründen zurück.

332 Zwei Streitfälle über die Thronfolge werden von »Geronten« entschieden (Hdt. 5, 39–40; Paus. 3,6,2), was wohl wie im Pausaniasprozess den unbeteiligten König einschließt.

333 ἀρχή: Aeschin. 1,180/181; Arist. Pol. 1270b20; D. Sch. 20,107. ἀρχὴ γερόντων: Pl. Ep. VIII 354b; Arist. Pol. 1265b38 und 1270b35; Str. 10,4,18 und 22 (= Ephor. Fr. 149); Plu. Lyc. 5; Aeschin. Sch. 1,180. βουλή: Plu. Mulierum virtutes 247b; Sch. Th. 3,52,2 und vielleicht Ion TrGF 19 Fr. 63. συνέδριον: D. S. 16,65,6. Spät θῶκος πρεσβυτέρων vgl. Anm. 349.

334 Phot. Γερουσία.

griff die Geronten einschließen.[335] Außerdem können Wendungen mit τέλος die Gerusie und ihre Mitglieder einschließen.[336] Denn wie schon Kahrstedt 1922, S. 206 gezeigt hat, bestehen die spartanischen τέλη aus Königen, Geronten und Ephoren; sie können das Volk repräsentieren (ebd.) und vielleicht Entscheidungen in seinem Namen treffen, so dass hinter einem Beschluss der Spartaner, Bürger etc. die Geronten stehen können. Wie die Rhetra und spartanische Inschriften zeigen, wurde der spartanische Ältestenrat offiziell als Gerusie bezeichnet und seine Mitglieder als Geronten.

2.3 Gründungslegende und Gründungsdokument

2.3.1 Gründung durch Lykurg

»Die erste und wichtigste von Lykurgs Reformen war die Einsetzung der Gerusie«, so Plutarch in seiner Vita des Gesetzgebers (Plu. Lyc. 5,6). Einhellig führen die antiken Quellen die Gründung des Ältestenrats auf Lykurg zurück, dessen Historizität in der modernen Forschung aber bezweifelt wird. Vor Beschäftigung mit dieser Problematik soll Plutarchs Schilderung rekapituliert werden (Plu. Lyc. 5):

Lykurg sollte zwischen Königen und Volk vermitteln: Das Volk zweifelte am Führungsrecht der Könige, das sich nur auf Name und Ehre gründete. Die Könige sahen in diesem Aufbegehren Hybris. Einer der Könige war Charilaos, dessen Onkel und früherer Vormund Lykurg war. Lykurg beschloss, den Staat umzugestalten (τὰ παρόντα κινεῖν καὶ μεθιστάναι τὴν πολιτείαν Lyc. 5,2). Nachdem ihm das Delphische Orakel die beste Verfassung versprochen hatte, sammelte Lykurg heimlich 30 einflussreiche Bürger aus seinem Freundeskreis. Zum verabredeten Zeitpunkt besetzten die Verschwörer bewaffnet den Markt, »um die Gegner zu erschrecken und einzuschüchtern … Als der Aufruhr (ταραχή Lyc. 5,5) begann, erschrak König Charilaos, als ob das ganze Unternehmen gegen ihn gerichtet sei, und floh in den Tempel der Artemis Chalkioikos. Dann aber ließ er sich durch eidliche Versicherungen überzeugen … und beteiligte sich an dem Unternehmen.«

335 ἀρχαί: Isoc. 12,153; Stob. 4,1,138 (= Ps. Archyt. Fr. 34); οἱ ἄρχοντες: Stob. 4,1,138 (= Ps. Archyt. Fr. 34); zu einem wahrscheinlichen Fall bei Herodot vgl. Anm. 769.

336 Zu den οἱ ἐν τέλει bei Thukydides, die gegen die Volksversammlung stehen vgl. Anm. 756, und bei Xenophon vgl. Anm. 755. Luther 2004, S. 55 f. unterscheidet τὰ τέλη bzw. τὰ οἴκοι τέλη, womit die Kollaboration von Volksversammlung, Ephoren, Geronten und Königen gemeint sei (ebd. Anm. 172), und οἱ ἐν τέλει, das unspezifisch gebraucht werde (ebd. Anm. 173).

Aus den Verschwörern und den Königen soll Lykurg die Gerusie gebildet haben, die Tyrannis und Demokratie die Waage hält.

Plutarchs Darstellung changiert zwischen Putsch und Reform: Lykurg ist auf Gegenwehr gefasst, weil er eine Verfassung anstrebt, die zwischen beiden Fronten steht: einerseits der Bewahrung des monarchischen status quo, andererseits einer demokratischen Revolution. Daher wendet sich die bewaffnete Revolte einerseits gegen das Volk, wie die Besetzung des Markts zeigt, und andererseits gegen die Könige, wie Charilaos' Flucht ins Tempelasyl zeigt. Keine Seite bekommt das, was sie ursprünglich wollte, aber im Nachhinein sind alle zufrieden, weil Lykurg einen Kompromiss gefunden hat. Denn die Gerusie katalysiert tyrannische und demokratische Tendenzen.

Der Detailreichtum dieser erst im 1. Jh. n. verfassten Episode ist verdächtig. Es scheint sich um eine aitiologische Erzählung zu handeln, die erklärt, wie die Macht vom Königtum auf einen Rat überging. Seltsamerweise bleibt offen, warum dieses Gremium, das von tatkräftigen Männern begründet wird, von Anfang an Gerusie heißt und in späterer Zeit aus Greisen besetzt wurde.[337] Immerhin, bereits im 5. Jh. ist bezeugt, dass Lykurg die Gerusie geschaffen[338] und den Königen zur Seite gestellt habe.[339] Auch Details der Geschichte finden sich früher. Plutarch könnte sich von Aristoteles' *Verfassung der Spartaner* inspiriert haben, den er in Lyc. 5,7 zitiert, zumal Aristoteles den Umsturz in der *Politik* ähnlich beschreibt: Nach der Tyrannis des Charilaos sei Sparta zu einer Aristokratie geworden,[340] womit Aristoteles auf die Schaffung der Gerusie durch Lykurg anzuspielen scheint.

Schon in der Antike schwankte Lykurgs Datierung erheblich, wie Plutarch im ersten Kapitel der Biographie vorführt (Lyc. 1). Das hängt einerseits damit zusammen, dass die Listen der beiden Königsgeschlechter, anhand derer Lykurg meistens datiert wurde, wiederholt modifiziert wurden, und andererseits damit, dass Lykurgs Position innerhalb der Listen variiert.[341] Über

337 Vgl. Meyer 1892, S. 272.

338 Hdt. 1,65; Isoc. 12,153; vielleicht auch X. Mem. 4,4,16: Lykurg habe Sparta durch den Gehorsam gegen die Gesetze stark gemacht und generell setzten sich dafür die Gerusien ein.

339 Plu. Lyc. 5, der sich auf Pl. Lg. 692a2 beruft; Cic. rep. 2,50; vgl. Anm. 346 für weitere Quellen.

340 Arist. Pol. 1316a33. Auch stimmen Plutarchs und Aristoteles' Versionen der Gründung des Ephorats überein (vgl. Anm. 346). Dagegen datiert Herodot Lykurgs Reformen in die Zeit früherer Könige und hat eine andere Vorstellung vom Ursprung des Ephorats.

341 Vgl. die knappe Zusammenstellung der Quellen bei Rebenich ad X. Lac. 10,8 und deren ausführliche Diskussion bei Chrimes 1949, S. 329ff.

Verbindungspunkte zu den Olympiadenlisten kann man von relativen zu absoluten Zeitangaben kommen und generationsweise zurückrechnen. Xenophon datiert Lykurg in die Zeit der Herakliden (X. Lac. 10,8; 12. Jh.). Laut Herodot war Lykurg Vormund des Leobotas (Hdt. 1,65; ausgehendes 9. Jh.),[342] laut Plutarch und Aristoteles der Vormund des Charilaos (ausgehendes 8. Jh.).

Wie weit lässt sich die Lykurgtradition über das 5. Jahrhundert zurückverfolgen? Von Alkman und Tyrtaios wird Lykurg nicht erwähnt; er ist erst ab Herodot sicher bezeugt. Aber Plutarch liefert Argumente dafür, dass die Lykurgtradition ältere Wurzeln hat: Er führt einen alten Diskus an, der als Weihgeschenk in Olympia aufbewahrt wurde und den Namen »Lykurg« und den des Iphitos, des legendären Königs von Elis, getragen haben soll.[343] Möglicherweise hat bereits Simonides von Keos, dessen Schaffen in das ausgehende 6. und beginnende 5. Jh. fällt, Lykurg und seine Abkunft erwähnt.[344]

Zweifellos können nicht alle Aspekte der spartanischen Ordnung, die z. B. Xenophon in der *Verfassung der Spartaner* Lykurg zuschreibt, das Werk eines einzigen Gesetzgebers sein.[345] Im Laufe der Zeit hat man viele, auch nachweislich jüngere Regelungen auf Lykurg zurückprojiziert. So war z. B. umstritten, ob das Ephorat eine lykurgische Gründung sei.[346] Aber die Gründung der Gerusie gehört von Anfang an zum unbestrittenen Kern der Lykurgtradition.

---

342 Parker 1993, S. 51, Anm. 48. Ähnlich datiert Thukydides die Einrichtung der spartanischen Verfassung 400 Jahre vor seiner Zeit, freilich ohne den Namen Lykurgs zu erwähnen (Th. 1,18).

343 Plu. Lyc. 1 (= Arist. Fr. 533R); der Diskus wird später von Pausanias beschrieben – allerdings ohne Nennung von Lykurg (Paus. 5,20,1); vgl. Kõiv 2003, S. 161, Anm. 74.

344 Allerdings weist Plu. Lyc. 1 diese Angabe nur einem Simonides zu, ohne dessen Herkunft genauer zu spezifizieren.

345 Thommen 1996, S. 113, 147; Meier 1998, S. 222.

346 Lykurg schafft Gerusie und Ephorat: Hdt. 1,65; Pl. Ep. VIII 354b; Stob. 4,6,23; Pomp. Trog. hist. Iust. 3,3,2; wahrscheinlich X. Lac. 8 und 10 – in der Interpretation von Lipka ad locum. Das Ephorat sei eine spätere Einrichtung durch einen mysteriösen Dritten (Pl. Lg. 692a) oder durch König Theopomp (Arist. Pol. 1313a25–7 und Plu. Lyc. 7). Kleomenes III. rechtfertigt die Abschaffung des Ephorats: Lykurg habe dem Königtum nur die Gerusie zur Seite gestellt (Plu. Agis 31,2). Das Pausaniaspamphlet (Str. 8,5,5) kann wegen des korrupten und kontroversen Texts nicht berücksichtigt werden, obwohl es vielleicht mit Pausanias' Angriff auf das Ephorat zusammenhängt (Arist. Pol. 1301b 19–21). Zur Gründung des Ephorats durch Chilon vgl. 2.5.4.

Es ergibt sich, dass alle Quellen seit dem 5. Jh. darin übereinstimmen, dass die Gerusie von Lykurg gegründet worden ist und das Königtum abgelöst hat. Die Gründung durch Lykurg ist integraler Bestanteil der Lykurgtradition, die wohl in noch frühere Zeiten zurückreicht. Für die Datierung der Einrichtung der Gerusie hilft die Lykurgtradition nur bedingt. Plutarchs ausführliche Darstellung des Umsturzes dürfte bei Aristoteles verlorener *Verfassung der Spartaner* Anleihen genommen haben.

2.3.2 Beteiligung des Arthmiadas

In seiner Beschreibung des Umsturzes bemerkt Plutarch über die Verschwörer: »Derjenige, der am engsten in alle Aktionen Lykurgs eingebunden war und ihm bei der Gesetzgebung half, hieß Arthmiadas«.[347] Diese Bemerkung ist bisher nie gewürdigt worden. Dabei ist bemerkenswert, dass ein Zweiter nicht nur am Umsturz, sondern an allen Aktionen Lykurgs inklusive der Gesetzgebung beteiligt gewesen sein soll, also an der Einrichtung der Gerusie, die im Anschluss als Lykurgs erste und größte Tat beschrieben wird, und an den weiteren Reformen. Hinzu kommt, dass Arthmiadas zu den Verschwörern gehört haben soll, die später die ersten Geronten stellten.[348] Arthmiadas scheint also das Amt, das er mitinitiiert hat, selbst bekleidet und sich als Geront für die weiteren Reformen stark gemacht zu haben.

Die Zusammenarbeit von Lykurg und Gerusie bei der Gesetzgebung ist auch in einer anderen Quelle bezeugt, die zwar spät und polemisch ist, aber zu Unrecht ignoriert wird. In Oinomaos' Orakelkritik heißt es, dass Lykurg von der Gerusie (und seiner Amme) bessere Ratschläge zur Gesetzgebung bekommen habe als aus Delphi.[349] Damit kann weder gemeint sein, dass Lykurg als König von der Gerusie beraten wurde,[350] noch dass Lykurg sich einen Platz in der von ihm eingerichteten Gerusie reservierte.[351] Vielmehr bekam er als Außenstehender Ratschläge von der Gerusie über die Gesetzgebung. Bessere Ratschläge als aus Delphi? Vielleicht ist damit konkret die Einrichtung der Gerusie gemeint, die ja auf ein Orakelspruch zurückgehen

347 Plu. Lyc. 5,4 τὸν δὲ μάλιστα τῶν Λυκούργου ἔργων κοινωνήσαντα πάντων καὶ συμπραγματευσάμενον τὰ περὶ τοὺς νόμους Ἀρθμιάδαν ὀνομάζουσιν.

348 Plu. Lyc. 5,7 und 26,1.

349 Oenom. Fr. 10,55. Mit θῶκος πρεσβυτέρων ist die Gerusie gemeint.

350 Zwar war Lykurg nach Plutarch Lyc. 3 bis zur Geburt des Charilaos König und danach dessen Vormund; aber in dieser Zeit kann er noch keine Gerusie gehabt haben, die er ja erst nach Charilaos' Inthronisation eingerichtet haben soll (Lyc. 5).

351 Das erscheint auch ausgeschlossen, weil er die erste Gerusie aus 30 Freunden bildet und die Geronten vor seiner Abreise schwören lässt.

soll, oder allgemein die beste Verfassung, die Apollon Lykurg versprochen haben soll. Beides deckt sich mit der Arthmiadas-Geschichte.

Offensichtlich spiegeln Oinomaos und Plutarch dieselbe Tradition, dass die Verschwörer und zukünftigen Geronten an der Institutionalisierung der Gerusie und die Gerusie an Lykurgs anschließenden Reformen beteiligt waren. Dazu passt, dass Plutarch im Anschluss ein Dokument anführt, dass die Einrichtung der Gerusie beschreibt und ihre politischen Kompetenzen (nämlich ein Initiativrecht gegenüber der Volksversammlung s. u. 2.7.2) festlegt. Diese Tradition, nach der Lykurg zuerst die Gerusie schuf, um mit ihrer Unterstützung sein Reformwerk durchzuführen, modifiziert die verbreitete Tradition, nach der Lykurg die göttlich sanktionierten Reformen als Autokrat durchsetzte.

2.3.3 Die Rhetra aus Delphi

Die Verbindung der Gerusie-Gründung mit Lykurg untermauert Plutarch, indem er das Orakel zitiert, das Lykurg über die Gerusie eingeholt haben soll, um seine Reform nachträglich zu sanktionieren. Dieser Orakelspruch, der von Plutarch Rhetra und heute oft Große Rhetra genannt wird, ist – wie es den Anschein hat – das Gründungsdokument der Gerusie. Plutarch hat die Rhetra wohl ebenfalls der verlorenen *Verfassung der Spartaner* des Aristoteles entnommen.[352]

Etymologisch geht ῥήτρα auf εἴρω »sagen« zurück.[353] Ausgehend von der Grundbedeutung »Rede« bezeichnet ῥήτρα dann das Resultat des Redens: »Verab*red*ung, Vertrag«.[354] Für Plutarch bedeutet Rhetra im Zusammenhang mit Lykurg ein göttlich sanktioniertes Gesetz.[355] An anderer Stelle verwendet Plutarch den Begriff ohne religiösen oder lykurgischen Kontext in der Bedeutung »Gesetzesvorlage«.[356] Auch in anderen Städten des

352 Plutarch beruft sich in der Vita häufig auf Aristoteles, zumal in den Erklärungen zur Rhetra (Plu. Lyc. 1,1; 5,7; 6,2; 14,1 (= Arist. Pol. 1270a6); 28,1; 28,4; 31,3).

353 Chantraine εἴρω. Vgl. Schulz 2009, S. 334 f., Anm. 5.

354 Diese Bedeutung findet sich schon bei Homer (Od. 14,393) – vgl. LfgrE ῥήτρη.

355 Später nennt er drei weitere Rhetren Lykurgs (Plu. Lyc. 13): 1. gegen geschriebene Gesetze, 2. gegen Luxus und 3. über die Taktik, niemals gegen den gleichen Gegner zweimal zu kämpfen (= Plu. Ages. 26,3). Solche Anordnungen habe Lykurg Rhetren genannt, »weil sie von Gott gesandt und eigentlich Orakelsprüche seien.« (Lyc. 13). Plutarch versucht hier, »Rhetra« etymologisch als Rede eines Gottes zu erklären. Wade-Gery 1958, S. 37 bezweifelt, dass der Begriff »Rhetra« jemals »Orakel« bedeuten konnte.

356 Ein Ephor arbeitet eine Gesetzesvorlage aus, legt sie der Gerusie vor und wirbt für das Vorhaben vor dem Volk (Plu. Agis 5,3; 8,1; 9,1).

dorisch-nordwestgriechischen Raums bezeichnen Rhetren Beschlüsse und Verträge.[357]

Die Rhetra beginnt mit Partizipien; die anschließenden Infinitive, die den Ablauf der Volksversammlung betreffen, sind später zu besprechen (2.7.2):

1. Kultgründung	Διὸς Συλλανίου καὶ Ἀθανᾶς Συλλανίας ἱερὸν ἱδρυσάμενον, »Für Zeus Syllanios und Athena Syllania einen Tempel gebaut habend,
2. Aufteilung der Bürgerschaft	φύλας φυλάξαντα καὶ ὠβὰς ὠβάξαντα, Abteilungen geteilt und Kreise gekreist habend,
3. Einrichtung der Gerusie	τριάκοντα γερουσίαν σὺν ἀρχαγέταις καταστάσαντα, dreißig Mann als Gerusie mit (den) Anführern (= Königen)[358] eingerichtet habend …«

Die Gerusie wird als Verbindung von Königen und Geronten konstituiert, was der seit dem 4. Jh. bezeugten Sichtweise entspricht (Anm. 339).

In der Rhetra selbst werden Lykurg, der das Orakel befragt haben soll, und Apollon, der den Orakelspruch erteilt haben soll, nicht erwähnt. Sprachlich scheint die Rhetra ein dorisches Dokument[359] aus archaischer Zeit[360] zu sein. Die Rhetra entspricht von Syntax[361], Modus und The-

357 Vgl. Schulz 2009, S. 334f., Anm. 6. In Taras, Spartas italischer Kolonie, soll Rhetra Gesetz bedeutet haben (Phot. ῥήτρα).

358 Plu. Lyc. 6, Glosse ad 3 ἀρχαγέται δὲ οἱ βασιλεῖς λέγονται. Ogden 1994, S. 89 nennt ἀρχαγέτας zu Recht den »least controversial term« der Rhetra. Fast alle Forscher folgen Plutarch (ebd. Anm. 31).

359 3. Kolon ἀρχαγέταις.

360 Der Artikel fehlt. Nach Pavese weisen die Termini ἀρχαγέτης und πρεσβυγενής in eine frühe Zeit (ebd. 1992, S. 281). Eine Parallele aus der spartanischen Kolonie, Thera, macht wahrscheinlich, dass ἀρχαγέτης ein altes Appellativ für die spartanischen Könige war (ebd. S. 269).

361 Imperativische Infinitive finden sich häufig in Orakeln (z. B. D. 21,52), aber auch in Beschlüssen. Wade-Gery 1958, S. 37 hält die Rhetra für einen Beschluss der Volksversammlung, der fälschlicherweise Orakel genannt wurde. Wees 1999, S. 22 hält die Rhetra ebenfalls für säkular und politisch. Sein Argument, die Rhetra habe keinen »riddling style« (ebd.), erscheint aber in Anbetracht des zweiten Kolons zweifelhaft.

ma[362] den Sprüchen der Pythia (trotz der Prosaform)[363]. Die Verknüpfung des Delphischen Orakels und der Gesetzgebung ist früh bezeugt.[364] Laut Plutarch soll die Rhetra später um einen Zusatz erweitert worden sein, der ebenfalls von Delphi sanktioniert wurde (Plu. Lyc. 6,5), was das als Beleg zitierte Gedicht des Tyrtaios zu bestätigen scheint (vgl. 2.7.2.2). Wenn man von der Authentizität des Corpus Tyrtaeicum ausgeht und davon, dass der Zusatz dort rezipiert wird, wie es die meisten Forscher zu Recht tun,[365] wird die Existenz der erweiterten Rhetra und ihre Sanktionierung durch Delphi von einer spartanischen Quelle der archaischen Zeit bestätigt.

Bei der Rhetra scheint es sich also tatsächlich um ein spartanisches Gesetz der archaischen Zeit zu handeln, das von Delphi sanktioniert wurde. Zweifel an ihrer Authentizität, die vereinzelt geäußert wurden, sind nicht berechtigt.[366] Die Rhetra gehört in eine Reihe mit den ersten kodifizierten Gesetzen:[367] dem Gesetz des Zaleukos von Lokroi, das in die erste Hälfte des

---

362 Modus (Befehl) und Thema (Kultgründung, Gesetzgebung) hat die Rhetra mit vielen Orakelsprüchen gemein, vgl. Fontenrose 1978, S. 271 und Tabellen VI–A und VII–A. Nur wegen der unsicheren Datierung ordnet er die Rhetra den quasihistorischen Antworten zu.

363 Normalerweise sind die Orakelsprüche der Pythia in Hexametern verfasst. Plutarch bezeugt jedoch, dass es seit ältester Zeit Prosaorakel gegeben hat. Sein Dialog de Pythiae oraculis widmet sich der Frage, ob in der zu römischer Zeit üblichen Prosaform ein Niedergang des Delphischen Orakels abzulesen ist. Das wird mit dem Verweis auf ältere Prosaorakel zurückgewiesen. Als ältesten Beweis führt er die Rhetra an. Plutarch glaubt zeigen zu können, dass schon im 4. Jh. Prosaorakel überwogen, allerdings sind seine Angaben teils uneindeutig teils nicht mehr nachzuprüfen. Immerhin verfügen wir über eine Reihe unabhängiger Beispiele von Prosaorakeln bei anderen Autoren und durch Inschriften. Parke/Wormell 1956, S. 89ff. meint, die Rhetra sei ein Kommentar, der metrischen Orakeln beigelegt wurde, und schließt: »it should be regarded as a more or less close paraphrase of an oracle actually delivered« (ebd. S. 91).

364 Wahrscheinlich sind die Gesetze von Gortyn, die in den Tempel des Apollon Pythios gemeißelt sind, mit Delphi verbunden, vgl. Perlman 2002, S. 197–200. Das Delphische Orakel soll auch Kyrene einen Weg aus der innenpolitischen Krise gezeigt haben (Hdt. 4,159–161). Fontenrose 1978, S. 271: »A code of law approved by Delphi was sometimes viewed as the god's pronouncement.«

365 Das ist die Communis opinio, der wir uns später im Rahmen unserer politischen Interpretation beider Dokumente anschließen werden (s. u. 2.7.2.4) – nach Prüfung der Gegenthese, beide Dokumente hätten nichts miteinander zu tun (Anm. 538) und Tyrtaios' Gedichte gehörten ins 5. Jahrhundert (Anm. 540).

366 Meyer 1892, S. 261–9, dem sich Sealey 1976, S. 74–78 anschließt.

367 Bringmann 1986 [1980], S. 470 hält die Rhetra für das früheste Verfassungsdokument. Van Effenterre und Ruzé haben sie in ihre Sammlung der Nomima der archaischen Zeit aufgenommen (ebd. 1994, S. 256ff.). Hölkeskamp 1999 behandelt

7. Jh. datiert wird, oder dem Gesetz Drakons, der in der zweiten Hälfte des 7. Jh. das erste athenische Gesetz aufgestellt haben soll. Die Rhetra beweist nicht die Gründung durch oder die Verbindung mit Lykurg, verbürgt aber das hohe Alter der Gerusie, ihre Einrichtung durch einen Akt und die Integration der Könige – wichtige Bestandteile der Lykurgtradition, die also einen wahren Kern zu haben scheint. Antike und moderne Theorien über mögliche Vorbilder oder Vorläufer der Gerusie werden im letzten Hauptteil besprochen (3.).

2.4 Aufnahme

»Von den Wettkämpfen der Menschen wird dieser am eifrigsten betrieben«, urteilt Xenophon über die Aufnahme in den Ältestenrat.[368] In Anlehnung daran schreibt Plutarch: »Dies war wahrscheinlich der wichtigste und umkämpfteste Wettkampf unter den Menschen«.[369] Bereits Isokrates hatte den Eifer (σπουδή) der Wahl betont (Isoc. 12,153). Auch andere Quellen vergleichen die Kandidatur um einen Platz im Ältestenrat mit einem Wettkampf und die Aufnahme mit einem Kampfpreis.[370] Wie in jedem Wettkampf gab es bestimmte Disziplinen, in denen sich die Wettbewerber auszeichnen mussten, und Schiedsrichter, die den Sieger bestimmten.

2.4.1 Bedingungen

a) Bürgerrecht

Die Gerusie stand wohl nur den Bürgern offen. Das zeigt die Geschichte der Pelasger, die dagegen protestierten, dass sie, obwohl sie das spartanische Bürgerrecht erhalten hatten, von der Gerusie ausgeschlossen blieben.[371]

Gesetzgeber und Kodifikation in den archaischen Poleis abgesehen von Athen und Sparta.

368 X. Lac. 10: σπουδάζεται οὗτος ὁ ἀγὼν μάλιστα τῶν ἀνθρωπίνων.

369 Plu. Lyc. 26: μέγιστος ἐδόκει τῶν ἐν ἀνθρώποις ἀγώνων οὗτος εἶναι καὶ περιμαχητότατος.

370 D. 20,107 und Arist. Pol. 1270b20 sprechen von ἆθλον τῆς ἀρετῆς.

371 ⟨οἱ Πελασγοὶ⟩ πολιτείας καὶ γάμων τυχόντες, οὐκ ἀξιούμενοι δ' ἀρχείων καὶ βουλῆς, ὑπόνοιαν ἔσχον ὡς ἐπὶ νεωτερισμῷ συνερχόμενοι καὶ διανοούμενοι τὰ καθεστῶτα κινεῖν Plu. Mulierum virtutes 247a–b. Plutarchs Geschichte ähnelt derjenigen der Minyer, die Herodot ohne Gerusie bezeugt (Hdt. 4,146). How/Wells ad locum: »Whether the facts are true or not, they represent fifth-century thought.«

b) Alter

Bereits im Rhetrazusatz und bei Tyrtaios werden die Geronten als »die früher Geborenen« bezeichnet.[372] Lykurg soll das Eintrittsalter reglementiert haben: laut Xenophon am Lebensende, laut Plutarch ab 60 Jahre.[373] Dieses Mindestalter fällt mit dem Ende des Kriegsdienstes zusammen, der laut Xenophon vom 21. bis zum (einschließlich) 60. Lebensjahr dauerte (X. HG 5,4,13).

Gerne wüßten wir, wie groß der Anteil der über 60-Jährigen an der Bevölkerung und der Bürgerschaft war.[374] Annäherungsweise kann dieser Wert bestimmt werden, wenn man eine plausible Sterbetafel zugrunde legt.[375] Danach betrug der Anteil der über 60-Jährigen an der männlichen Bevölkerung 7,75 %. Wie groß war ihr Anteil an der Zahl der Vollbürger? Je nach dem, welche politischen Rechte man zur Voraussetzung der Vollbürgerschaft erklärt, erreichte man diesen Rang mit 20 oder mit 30 Jahren.[376] Der Anteil der über 60-Jährigen an diesen Altersgruppen betrug 13 % bzw. 18 %.

In Griechenland war es üblich, Ämter an feste Mindestalter zu binden. Wann und warum man begann, den Kriegsdienst und Ämter durch feste Altersgrenzen zu regeln, ist unklar. Es ist schwer vorstellbar, dass ein homerischer Basileus nur bis zu einem bestimmten Alter kämpfen durfte. Ursprünglich kämpfte wahrscheinlich jeder, solange er wollte und konnte (im Falle der Basileis) oder konnte und musste (im Falle der einfachen Soldaten). Wahrscheinlich wurde die Dauer des Kriegsdienstes im Zuge der Hoplitenreform vereinheitlicht. Denn der Erfolg der Phalanx basiert auf der Einheit(lichkeit) der Soldaten, die die gleichen Waffen führen, in engen Reihen stehen und einander schützen. Vielleicht wurde das Höchstalter einge-

---

372 Z. 7 τοὺς πρεσβυγενέας vgl. 2.7.2.1; P/D5 in πρεσβυγενεῖς γέροντας vgl. Anm. 542. Das Adjektiv erscheint einmal bei Homer, wo es »erstgeboren« bedeutet (Hom. Il. 11,249).

373 ἐπὶ τῷ τέρματι τοῦ βίου τὴν κρίσιν τῆς γεροντίας προσθείς X. Lac. 10; Nic. Dam. FGrHist 90 Fr. 103z; Par. Vat. 57. ὕστερον δὲ ἀντὶ τοῦ τελευτῶντος ἔταξε καθιστάναι τὸν ἄριστον … τῶν ὑπὲρ ἑξήκοντα ἔτη γεγονότων Plu. Lyc. 26,1.

374 Vgl. David 1991, S. 9–14.

375 Princeton Model South, mortality level 3, zero growth, vgl. Coale/Demeny 1983, S. 449. Auch von Hodkinson 2000 benutzt. Figueira 1986, S. 168, Anm. 10 zur Anwendbarkeit dieses Modells auf die Antike. Das Süd-Modell basiert auf mediterranen Populationen von 1867 bis 1957, in denen die Kindersterblichkeit und der Anteil der über 50-Jährigen relativ hoch war, was der Bevölkerung des klassischen Griechenlands relativ nahe kommt. Anders Ruzé 1997, S. 232 mit Anm. 23.

376 Roussel 1951, S. 141f.: Volksversammlung ab 20; kein Amt vor 30. Literatur bei Rebenich, S. 107, Anm. 57.

führt, damit alle die gleichen Pflichten (zu kämpfen) und Rechte (aufzuhören) haben und die Homogenität der Kampfkraft gewährleistet ist. Die Spartaner waren also auch in dieser Hinsicht Homoioi »Gleiche«, auch wenn das Schlagwort erst später aufkam.[377] Die Hoplitenreform, die in die erste Hälfte des 7. Jahrhunderts gehört (Meier 1998, S. 231 mit Anm. 19), ist die Voraussetzung für die Einführung des Höchstalters für den Kriegsdienst. Das davon abhängige Mindestalter von 60 Jahren für den Eintritt in die Gerusie könnte also schon von Anbeginn bestanden haben, muss es aber nicht.

Das Mindestalter galt nicht für die Könige. Der Altersabstand zwischen Geronten und Königen wurde durch die Thronfolgeregel verschärft, nach der ein Sohn, der nach der Inthronisation seines Vaters geboren wurde, vor einem älteren Bruder Vorrang hatte (Hdt. 7,3,12).

Das physische Alter ist eine Chiffre für mit der Zeit erworbene Qualitäten. So heißt es bei Platon, Lykurg habe die willkürliche Gewalt der Könige mit der besonnenen Kraft des Alters vereint (Pl. Lg. 692a2). Nachdem der Bürger der Gemeinschaft durch seine Körperkraft gedient hatte, konnte er als Geront seine Erfahrung einbringen, die sich aus seinem Lebensalter speiste.

Das Bürgerrecht, das alle Spartiaten von den Nichtbürgern abhob, und das Mindestalter von 60 Jahren, das jeder mit der Zeit erreichen konnte, waren also die Grundvoraussetzungen für die Aufnahme in die Gerusie. Wie steht es mit kompetitiven Aufnahmebedingungen, die nicht jedem Bürger über 60 Jahren zukommen?

In der *Politik* verknüpft Aristoteles die Aufnahmebedingungen für Ämter mit den Staatsformen:[378] Die Bestimmung der Beamten nach der Arete aus allen Bürgern sei aristokratisch, nach Vermögen aus wenigen oligarchisch und ohne Bedingungen aus allen demokratisch. Wie ordnet Aristoteles die Gerusie in dieses Schema ein? Ich werde Aristoteles' Behandlung der Gerusie in einem späteren Kapitel geschlossen erörtern (vgl. 2.11 c), nehme hier aber ein paar Ergebnisse vorweg: Für Aristoteles war die Gerusie primär aristokratisch, weil der Zugang an die ἀρετή geknüpft war. Klarer ist Polybios, für den die Gerontenwahl nach persönlicher Qualität (ἀριστίνδην) ein aristokratisches Element konstituierte, das der Oligarchie entgegenstand (Pol. 6,10). Auch Plutarch identifiziert die ersten Geronten als »die Besten«.[379] Welche Eigenschaften zeichnen diese Besten aus? Nach

377 Meier 2006.

378 Arist. Pol. 1273a25–27; 1292b1; 1293b7; 1299b20–27.

379 Plutarch nennt Lykurgs Verschwörer und erste Geronten τοὺς ἀρίστους und τοὺς πρώτους (Lyc. 5,4).

Aristoteles »persönliche Qualität«, die man in jedem Bürger in unterschiedlichem Maß finden kann.

c) Arete: Verdienst/Leistung

Die Aufnahme in die Gerusie war der Lohn (Anm. 370) für den, der anerkanntermaßen[380] ein vorbildliches Leben geführt hatte. Die Vergangenheit war natürlich Indikator für die Zukunft. Denn die weitgefächerten politischen und juristischen Kompetenzen der Geronten verlangten eine Integrität, die nur die Zeit erweisen konnte.

Die Quellen betonen die Dauer der ausschlaggebenden Zeitspanne: von der Kindheit bis ins Alter[381] und führen als Kriterien ἀρετή[382], καλοκἀγαθία[383] und σωφρωσύνη[384] an. Unter den Guten und Besonnenen werde der Beste und der Besonnenste erlesen.[385] Diese Anforderungen, die auf Lykurg zurückgeführt werden,[386] sind seit dem 4. Jh. bezeugt und werden kanonisch von den Lexikographen übernommen. Die gegenteilige Angabe des Nikolaos von Damaskos, aus der Schmitz folgert, dass allein das Alter zählte, ist zurückzuweisen.[387]

Natürlich war Besonnenheit für ein Amt, das berät und entscheidet, eine Schlüsselkompetenz. Gleichzeitig verkörpern die Geronten mit σωφρωσύνη die oligarchische bzw. aristokratische Qualität par excellence, die schon in der Antike oft mit Sparta verbunden wurde.[388] Was aber ist mit per-

380 κριθέντα Plu. Lyc. 26; ἐμαρτυροῦντο Phot. Γερουσία.

381 μηδὲ ἐν τῷ γήρᾳ ἀμελεῖσθαι τὴν καλοκἀγαθίαν X. Lac. 10; ἐκ παιδὸς εἰς γῆρας Aeschin. 1,180/181; ἀπὸ πρώτης ἡλικίας μέχρι γήρως Phot.

382 X. Lac. 10; Arist. Pol. 1270b20; Plu. Lyc. 26; ἀριστίνδην Pol. 6,10,9.

383 X. Lac. 10; βεβιωκέναι καλῶς Phot.

384 Aeschin. 1,180/181; Pl. Lg. 692a2; Plu. Lyc. 26.

385 ἐν ἀγαθοῖς καὶ σώφροσιν ἄριστον καὶ σωφρονέστατον Plu. Lyc. 26.

386 X. Lac. 10; Plu. Lyc. 26.

387 Nic. Dam. FGrHist 90 Fr. 103z: τοῖς εὖ ἢ κακῶς ζήσασιν. Schmitz 2003, S. 99 unter Berufung auf Jacobys Edition: »Nikolaos von Damaskos vermerkt ausdrücklich, dass die Wahl der Ratsmitglieder … unabhängig davon sei, ob sie gut oder schlecht gelebt haben.« Andere Editoren ändern κακῶς in καλῶς wie Müller (FHG, Bd. 3, S. 485 Fr. 114), der darin Orelli folgt. Da Nikolaos mit seiner Angabe allein steht, ist tatsächlich zu überlegen, ob er oder seine Kopisten sich verlesen oder verschrieben haben (λ und κ sind leicht zu verwechseln) oder ob er die hellenistische Gerusie meint. Schmitzers Zuspitzung (ebd.), dass man in Sparta allein durch Alter Autorität gewann, ist also unzulässig.

388 Vgl. North 1966. Thukydides lobt an der spartanischen und chiischen Verfassung Glück und Maß (ηὐδαιμόνησάν τε ἅμα καὶ ἐσωφρόνησαν Th. 8,24,3).

sönlicher Qualität (ἀρετή) gemeint? Jordan 1990, S. 58 f. sieht darin in erster Linie kriegerische Leistungen. Denn schon Tyrtaios bezeugt, dass Kriegstaten im Alter Ehre bringen,[389] worin Jordan (ebd.) eine Anspielung auf die Gerusie sieht. Besondere Erfahrungen im Krieg befähigten den Geronten, auf diesem Gebiet beratend und entscheidend tätig zu werden. Die erworbene und erwiesene ἀρετή verlieh dem Geronten bei seiner Tätigkeit Autorität. So heißt es von dem Geronten Hetoimaridas, als er vor die Volksversammlung trat, er genieße wegen seiner ἀρετή das Ansehen der Mitbürger (D. S. 11,50). Natürlich waren Anspruch und Wirklichkeit nicht immer deckungsgleich. So nennt Aristoteles zwar die Mitgliedschaft in der Gerusie den Lohn für persönliche Qualität (ἆθλον τῆς ἀρετῆς ἐστιν), kritisiert aber im Anschluss, die Geronten besäßen weder den geeigneten Charakter noch die angemessene Erziehung.[390] Als Beispiel dafür könnte man den Sphodriasprozess anführen, der später zu diskutieren sein wird (vgl. Anm. 817).

Die Geronten mussten sich also durch Besonnenheit und Kriegstaten d. h. durch persönliche Qualität auszeichnen. Das deckt sich mit der Tatsache, dass Aristoteles die Gerusie als eine aristokratische Institution einordnet, in die aus allen Bürgern die Besten gewählt werden.

Heute versteht man unter Aristokratie zumeist »Herrschaft des Adels«. Das ist ein großer Unterschied zur »Herrschaft der Besten«. Denn Adel beruht auf Abkunft, auf die man keinen Einfluss hat, und Besitz, den man ererbt oder erwirbt. Von vornherein kommt nur ein Teil der Bürgerschaft in Frage. Impliziert Aristoteles, dass es für die Gerusie keine weiteren Aufnahmebedingungen als die ἀρετή gab und dass aus allen Bürgern gewählt wurde?

Bei genauerem Hinsehen sind Aristoteles' Konzeption der Aristokratie und seine Einordnung der Gerusie ambivalent. Einerseits kann er der Einordnung der Gerusie als oligarchisch wenig abgewinnen (Anm. 402). Die Schönen und Guten (καλοὶ κἀγαθοί) bzw. Angesehenen (γνώριμοι), die in der Aristokratie die Ämter, also auch die Gerusie, besetzen, müssen laut Aristoteles nicht reich sein; zwar impliziere Reichtum sowohl Bildung als

389 Tyrt. 12 W, 38 ff.; ähnlich Meier 2006, S. 119; Aristoteles kritisiert Spartas einseitige Ausrichtung auf kriegerische Tugenden 1217 1b1; 1324b4; 1333b8; 1338b12. Vgl. bereits Pl. Rep. 549a.

390 Arist. Pol. 1271a1. Aristoteles meint wohl die gemeinsame Erziehung, die nur auf den Krieg abhebt und so einen Großteil der ἀρετή vernachlässigt (Anm. 389). Vielleicht polemisiert er gegen Xenophons Auffassung, dass die Spartaner Dank des Gerontenamts bis ins hohe Alter tugendhaft leben (Lac. Pol. 10,1) und der Gesetzgeber die ἀνδραγαθία der Jugendlichen fördere (Lac. Pol. 4,2).

auch gute Herkunft, aber nicht automatisch Arete.[391] Andererseits bringe gute Herkunft neben Reichtum auch Arete mit sich[392] – Arete ist also erblich.[393] Aristoteles sagt zwar nirgends, dass das Volk keine ἀρετή habe, aber die Adligen bringen sie oft schon mit. ἀρετή kann natürlich durch Erziehung gefördert werden, aber hier haben die Adligen bessere Startbedingungen. Dazu passt, dass Aristoteles einräumt, dass die Gerusie von Clans dominiert wurde (vgl. e). Einmal sagt Aristoteles sogar, die Besetzung der Ämter durch reiche Angesehene (γνώριμοι) sei aristokratisch,[394] was seiner Forderung nach einer Wahl aus allen widerspricht (Anm. 378). Im Folgenden soll geprüft werden, welche Rolle Vermögen und Abkunft für die Aufnahme in die Gerusie spielten:

d) Vermögen

Konnte Vermögen in Sparta überhaupt eine Rolle spielen? Schon Aristoteles hat festgestellt, dass zwischen den Spartiaten große Besitzunterschiede bestanden.[395] Diese Besitzunterschiede scheinen im Widerspruch zum Homoios-Ideal zu stehen, das die Gleichheit der Bürger propagierte. Jedoch stellt Meier fest: »In der neueren Forschung ist mittlerweile kaum noch umstritten, dass selbstverständlich nicht alle Spartaner – in Hinblick auf ihren materiellen Besitz – ›gleich‹ gewesen sind, und zwar weder in archaischer noch in klassischer Zeit«.[396] Stattdessen beziehe sich das Homoios-Ideal auf die Gleichheit im Krieg und Kampf bzw. auf gleiche Leistungsfähigkeit und -bereitschaft aller Spartiaten (ebd. S. 119). Es fragt sich also, welchen Einfluss das Vermögen eines Spartiaten auf seine Chance hatte, einen Platz im Ältestenrat zu bekommen.

Mit Sicherheit kann man sagen, dass viele Geronten reich waren:[397] Ein gutes Beispiel ist Lichas, dessen Reichtum legendär war (Anm. 455). Bered-

391 Aristoteles tadelt andere, die Mischverfassungen, die sich zur Oligarchie neigen, als Aristokratie bezeichnen, nur weil sich Bildung (παιδεία) und hohe Abkunft (εὐγένεια) eher bei den Reichen (εὐπορώτεροι) finden, und kritisiert, wenn man die Reichen mit den Schönen und Guten (καλοὶ κἀγαθοί) und Angesehenen (γνώριμοι) gleichsetzt Pol. 1293b34 ff.

392 Vornehme Abkunft (εὐγένεια) sei nichts anderes als altererbter Reichtum (ἀρχαῖος πλοῦτος) und persönliche Qualität (ἀρετή Pol. 1294a20).

393 Aber nicht immer vollständig (vgl. Pol. 1255a35).

394 Pol. 1309a2. In 1289b33 ist ἀρετή neben Besitz (πλοῦτος) und Herkunft (γένος) ein Unterscheidungsmerkmal für die γνώριμοι, die den Gegensatz zum Volk bilden.

395 Pol. 1270a15 ff.; dazu grundlegend Hodkinson 2000.

396 Meier 2006, S. 114. Zu weiterer Literatur vgl. seine Anm. 14.

397 Vielleicht wird die Rhetra des Epitadeus, die den Transfer von Landbesitz liberalisiert, von den reichen Geronten unterstützt und die Rhetra des Agis IV., die eine Neuverteilung des Landes vorsah, von den Geronten verworfen (s. u. 2.7.5.3 a).

tes Zeugnis legen die Weihgaben von Geronten ab, die natürlich auch der Selbstdarstellung dienten: Es handelt sich um große und eindrucksvolle Objekte: einen Thron, eine Statue und zwei Stelen, die aus wertvollen Materialien wie blauem und weißem Marmor bestehen.[398] Man könnte einwenden, dass diese Geronten vielleicht nicht schon vor ihrer Kandidatur reich waren, sondern erst im Laufe ihrer Amtszeit reich geworden sind. Denn es ist möglich, dass es Antrittsgeschenke gab (vgl. S. 119), und wahrscheinlich, dass den Geronten ein Anteil an der Kriegsbeute gebührte.[399] Außerdem könnte die von Aristoteles kritisierte Bestechlichkeit für Nebeneinkünfte gesorgt haben.[400] Wahrscheinlich war die Mitgliedschaft in der Gerusie einträglich, aber sicherlich waren viele Geronten schon vor ihrem Amtsantritt reich: Schon Lichas' Vater hat Pferde gezüchtet; mit der kostspieligen und langfristigen Proxenie werden Lichas (und wahrscheinlich Etymokles)[401] nicht erst mit 60 begonnen haben.

Es ist also anzunehmen, dass Vermögen ein Faktor war, der die Chance auf einen Platz in der Gerusie erhöhte. Insofern hatte die Gerusie in der Praxis einen oligarchischen Zug, den die Staatstheorie ihr auch häufig zuweist (vgl. 2.11 c). Aber der Zugang war zumindest nicht de lege oligarchisch. Denn Aristoteles kontrastiert Sparta mit Karthago, wo der Zugang zu Ämtern auch an das Vermögen geknüpft war.[402]

Dieser Befund spricht gegen Birgalias' These, dass sich von den Homoioi nur diejenigen zur Wahl stellen durften, die zur »Vermögensklasse der Reichsten« gehörten. Birgalias 2007, S. 345 mit Anm. 44 beruft sich auf Isokrates' Vergleich von Gerusie und Areopag (Isoc. 12,153): Da nach Isokrates die Geronten auf die gleiche Weise bestimmt würden wie die Areopagiten und sich in Athen nur die oberste Vermögensklasse zur Wahl stellen dürfe, gelte das gleiche für Sparta. Aber streng genommen sind Isokrates' Vergleichspunkte nicht die Bedingung für eine Kandidatur, sondern der Eifer der Wahl, sowie der Aufnahmemodus (nicht Los, sondern Wahl) und die Kompetenzen.

---

398 Vgl. 2.5.4 zu Hippansidas (Rücken eines Throns aus Marmor), Aineidas (Stele aus weißem Marmor), -phanes (Fragment einer Stele aus weißem Marmor) und Nikosthenidas (Statue aus blauem Marmor).

399 Vgl. 2.9.

400 Arist. Pol. 1271a3. Angeblich zahlte Perikles den spartanischen Behörden zehn Talente pro Jahr, damit sie einen Angriff verhindern, solange Athen noch nicht bereit war (Plu. Per. 23,2 οἱ ἐν τέλει πάντες). Diese Nachricht wird als unglaubwürdig eingestuft – vgl. Noethlichs 1987, S. 146. Zum Bestechungsversuch des Pausanias vgl. Anm. 711.

401 Vgl. S. 228.

402 Arist. Pol. 1293b16. Anderen Theorien, die die spartanische Gerusie für oligarchisch halten, kann er nicht viel abgewinnen (vgl. Anm. 844).

e) *Abkunft*

Konnte Abkunft für den Adel der archaischen Zeit zumal in Sparta überhaupt eine Rolle spielen? Die jüngere Forschung betont, dass der griechische Adel keinen ständischen Charakter und kaum gentilizische Strukturen gehabt habe.[403] Bringmann 1986 [1975], S. 370 glaubt, »dass ein Geburtsadel, den es ursprünglich in Sparta gegeben haben dürfte, entsprechend dem Gleichheitsprinzip der klassischen spartanischen Staats- und Gesellschaftsordnung als privilegierter Stand beseitigt war.« Andere gehen davon aus, dass die Gleichheit mehr Ideologie als gesellschaftliche Realität war und sich in Sparta Adelsprivilegien – wenigstens de facto – erhalten haben.[404] Darauf deuten auch Hinweise in unseren Quellen.[405] Das spricht dafür, dass der Adel zwar aus der Ideologie verdrängt, nicht aber verschwunden war.

Welche Rolle spielte die Zugehörigkeit zum Adel für die Aufnahme in die Gerusie? Manche Passagen der *Politik* scheinen auf einen Vorrang des Adels zu deuten. Das Beispiel der spartanischen Verfassung regt Aristoteles zu der Überlegung an, dass nur die Verfassung von Dauer sei, in der alle Teile der Stadt (τὰ μέρη τῆς πόλεως) zufrieden seien: die Könige wegen ihrer Ehre, die Schönen und Guten (καλοὶ κἀγαθοί) wegen der Gerusie, weil sie Lohn der Arete ist, und das Volk wegen des Ephorats, weil es aus allen Bürgern besetzt werde (Arist. Pol. 1270b20ff.). Bilden die καλοὶ κἀγαθοί, die zwischen Volk und Königen stehen, die adlige Schicht, aus der sich die die Geronten rekrutieren? An anderer Stelle heißt es, das Volk habe an der Gerusie nicht so Anteil wie am Ephorat (Pol. 1294b29ff.). Liegt das daran, dass die Mitglieder nicht aus dem einfachen Volk stammten?

Zu Recht hat Bringmann darauf hingewiesen, dass diese Deutungen dem modernen Adelsbegriff verhaftet sind. Denn die Angaben lassen sich auch anders interpretieren: Nach Bringmann[406] sind die καλοὶ κἀγαθοί ein Teil des Volkes: nämlich diejenigen, die Klugheit, Mäßigung, politische Erfahrung und Menschenkenntnis verkörpern. Nach Bringmann hatte das Volk

---

403 Stein-Hölkeskamp 1989 und DNP Adel. Ganz ähnlich bei Stahl 2003, S. 133–135 und im ersten Kapitel von Duplouy 2006.

404 Vgl. Nafissi 1991, S. 90. Meier 1998, S. 18ff. bietet einen Überblick über die Kontroverse.

405 Privilegien bezeugt Herodot: Die Familie der Talthybiaden stellte die Herolde (Hdt. 7,134). Das Amt der Herolde war erblich (Hdt. 6,60).

406 Bringmann 1986 [1975], S. 370f.; so schon Hicks 1906, S. 24. Bourriot 1996, S. 133ff. hält die καλοὶ κἀγαθοί, aus denen sich die Geronten rekrutieren, für verdiente Soldaten, auch Perioken, aber das geht zu weit, weil das Bürgerrecht eine Grundvoraussetzung war.

an der Gerusie deswegen weniger Anteil, weil nicht alle über 60 Jahre alt und καλοὶ κἀγαθοί waren.[407] In der Tat wird an anderer Stelle deutlich, dass Aristoteles unter καλοὶ κἀγαθοί nicht nur die reiche Oberschicht versteht (Anm. 391).

Diese Angaben über Zugangsbeschränkungen lassen sich also verschieden deuten. Aber es gibt einen deutlicheren Hinweis für den Vorrang des Adels: Aristoteles nennt die Wahl der Gerusie »dynastisch« (1306a16ff.). Birgalias 2007, S. 346 mit Anm. 55 interpretiert δυναστευτικήν dahingehend, dass es Dynastien von Geronten gab, senatorische Familien durch Tradition.[408] Vielleicht bezeugt eine Inschrift, dass sowohl Nikosthenidas als auch sein gleichnamiger Großvater Geronten waren.[409]

Dass es sich bei diesen Dynastien um Adelskreise handelte, findet in unabhängigen Indizien Bestätigung: Herodot bezeugt in seinem Katalog über die Rechte der spartanischen Könige, dass diese ihr Stimmrecht in Abwesenheit von dem Geronten wahrnehmen lassen konnten, der ihnen am nächsten verwandt war (Hdt. 6,57). Diese Vertretungsklausel impliziert, dass jeder König regelmäßig mehrere Verwandte unter den Geronten hatte. Als Beleg ließe sich anführen, dass der Geront Hetoimaridas als direkter Nachfahre der Herakliden (= Königsfamilien) bezeichnet wird (D. S. 11,50). Ein weiteres Beispiel könnte Chilon sein, der vielleicht ein Geront war (vgl. 2.5.5). Seine Sippe war zumindest von seinen Urenkelinnen an mit den beiden Königshäusern verbunden (Anm. 480). Vielleicht haben die Geronten eine Heiratspolitik betrieben, um die Könige an die Institution zu binden.[410]

Die Geronten stammten also zumindest de facto oft aus Clans, die sich mit den beiden Königshäusern überschnitten, und bildeten Dynastien.

---

407 Bringmann 1986 [1975], S. 372 mit Anm. 51; ähnlich Hicks 1906, S. 24.

408 Ähnlich Lévy 2001, S. 63 und Cartledge 1987, S. 122; dagegen meint Schütrumpf ad locum, dass nur der Wahlmodus gemeint sei.

409 Zum Text von IG V 1 1317 und der möglichen aber nicht besonders wahrscheinlichen Lesart von Kolbe vgl. Anm 464 und 465.

410 König Anaxandrides heiratete die Urenkelin Chilons (Anm. 480) auf Initiative der Geronten (und der Ephoren; vgl. Anm. 589). Für Richer 1998, S. 131 mit Anm. 99, der Chilon für einen Ephoren hält, bestätigt sich darin eine Regel zur Exogamie, die auf Chilon zurückgehe: Laut Diogenes Laertios hat Chilon als erster eingeführt, Ephoren und Könige durch Heirat zu verbinden (πρῶτος εἰσηγήσατο ἐφόρους τοῖς βασιλεῦσι παραζευγνύναι D. L. 1,68,8). Aber παραζευγνύναι bezieht sich normalerweise auf die Ehepartner und nicht auf die Schwiegereltern. Eher ist also die Verbindung der Institutionen gemeint. Außerdem war Chilon erst einmal Geront (vgl. 2.5.5).

Fazit

Woher rührt diese Diskrepanz zwischen formaler Arete-Aufnahmebedingung und faktischer Bedeutung der Vermögenden und Hochwohlgeborenen? Entweder waren Vermögen und Abkunft weiche Aufnahmebedingungen, die (wegen der Hierarchie) respektiert oder durch sanften Druck durchgesetzt wurden (vielleicht durch Beeinflussung der Vorauswahl oder der eigentlichen Wahl – dazu im Anschluss) oder die Spartaner empfanden Vermögen und Abkunft als Teil der Arete (dann erklärt sich der hohe Anteil des Adels als Folge und nicht qua Bedingung).

Die Ambivalenz des Aristoteles und die Diskrepanz zwischen Aufnahmebedingungen und tatsächlichen Geronten scheint die lange Debatte verursacht zu haben, ob die Gerusie ein Volks- oder Adelsrat war.[411] Aus unserer Untersuchung folgt, dass die Gerusie weder das eine noch das andere bzw. beides gleichzeitig war. Denn theoretisch waren für die Aufnahme in die Gerusie Qualitäten entscheidend, die alle Bürgern erlangen konnten (Leistung). Aber in der Realität spielten auch Kriterien eine Rolle, die der Verfügung der Bürger zum Teil oder ganz enthoben waren (Abkunft und Vermögen). Die Tatsache, dass nirgends ein armer Geront von niedriger Abkunft erscheint, könnte ein Hinweis dafür sein, wie wichtig diese Kriterien waren. Hinsichtlich der Ephoren betont Aristoteles dagegen, dass sie oft arm waren, weil sie aus dem gesamten Demos gewählt wurden (Arist. Pol. 1270b9).

Warum sicherten sich die Adligen die Aufnahme nicht durch Bedingungen, die nur sie erfüllen konnten? Der spartanische Adel scheint wie der homerische ein kompetitives Selbstverständnis gehabt zu haben. Jeder musste ständig beweisen, dass er der Beste und seiner Abkunft würdig war. Ein Adliger, der keine Leistung gezeigt hat, hatte wohl keine Chance auf eine

411 Für Busolt 1920–1926, Bd. 2, S. 662 mit Anm. 4 gab es in Sparta zwar Adel, aber ohne staatsrechtliche und staatsgesellschaftliche Vorrechte. Für Kiechle 1963, S. 143 ff. wird die Gerusie anfangs grundsätzlich und später praktisch aus den Adelsgeschlechtern besetzt. Dagegen gab es nach Bringmann im klassischen Sparta keinen Adel und die Gerusie war ein Volksrat, der allein auf Leistung beruhte. Gegen Bringmann argumentiert Welwei 1986 [1979], S. 431 ff., dem sich Thommen 1996, S. 38, Anm. 70 und Meier 1998, S. 188, Anm. 16 anschließen. De Ste. Croix 1972, S. 353–354; Cartledge 1987, S. 122 und Nafissi 1991, S. 110 ff. meinen, dass der Zugang zwar nicht de lege, aber de facto beschränkt war, was ein guter Kompromiss zu sein scheint. Trotzdem finden sich auch heute beide Extreme: Bourriot 1996, S. 133 ff. glaubt, dass allein (militärische) Leistung über die Aufnahme in die Gerusie entschied. Birgalias 2007, S. 346 hält die Gerusie für einen Adelsrat – sogar de lege.

Aufnahme.[412] Dieser Mittelweg gerät mit dem Homoios-Ideal weniger in Konflikt als ein reiner Adelsrat.

Auch wenn die Geronten also vielfach aus der adligen Schicht stammten, sollte man nicht verallgemeinern, dass alle Geronten mit den Königen verwandt waren, wie Birgalias aus dem Abstimmungsergebnis im Pausaniasprozess schließt.[413] Aber sicherlich ist ihm zuzustimmen, dass die Könige versuchten, ihnen gewogene Familienmitglieder in die Gerusie zu lancieren. Das zeigt vielleicht der Sphodriasprozess, wo jeder König eine Gruppe von Geronten auf seiner Seite hatte, es aber auch neutrale Geronten gab (X. HG 5,4,25).

Die Frage der Aufnahmebedingungen ist eng mit der Frage der Gründung und Entwicklung der Gerusie verbunden. Nach Bringmann konstituierte die Rhetra einen Volksrat, wie er im 6. Jahrhundert in vielen Poleis an die Stelle eines Adelsrates trat. Gegen einen reinen Volksrat sprechen aber unsere Ergebnisse. Außerdem ergibt sich dann ein recht spätes Datum für die Rhetra, die von den meisten Forschern wohl zu Recht früher datiert wird. Wahrscheinlicher ist, dass die Gerusie seit der Rhetra ein vom Adel dominierter Rat war, der sich nicht vom Volk abschotten musste, weil er sein Vorrecht auch so durchsetzen konnte oder sein Vorrang anerkannt wurde. Gewiss war die Gerusie später ein Volksrat, aber der Wandel scheint nach der von uns behandelten Zeit eingesetzt zu haben. Die hellenistischen Gerontenlisten dokumentieren einen breiten Zugang. Daher konnte Cicero die Gerusie als consilium publicum bezeichnen (Cic. div. 1,95).

Zusammenfassend lässt sich über die Aufnahmebedingungen sagen: Nur Spartiaten über 60 Jahren konnten sich zur Wahl stellen. Die Kandidaten stammten zumeist aus der Schicht der Adligen. Entscheidend war aber das persönliche Verdienst.

2.4.2 Kandidatur

Die Kandidaten durften sich selbst zur Wahl stellen und mussten nicht vorgeschlagen werden, wie Aristoteles bezeugt, der an dieser Praxis kritisiert,

412 Nafissi 1991, S. 358.

413 Birgalias 2007, S. 347f. Die eine Hälfte der Geronten sei mit Pausanias verwandt und stimme auf Freispruch; die andere Hälfte sei mit Agis verwandt und plädiere auf schuldig. Geronten und Könige seien also verwandt – mit der Einschränkung, dass die Königsfamilien vielleicht nicht immer genug Mitglieder über 60 Jahren hatten, um neue Geronten zu nominieren.

dass so der Ehrgeizigste und nicht der Beste zur Wahl stehe.[414] Die Schärfe der Kritik ist wohl dem polemischen Charakter des Abschnitts geschuldet. Denn die Selbstkandidatur war üblich und förderte das Engagement und die Unabhängigkeit der Kandidaten. Außerdem privilegiert Bestimmung nicht notwendig die Besten. Die Wettkampfmetaphern (s. o.) zeigen, dass die Kandidaten in harter Konkurrenz standen. Insofern ist Davids Vermutung plausibel, die Angst vor der Niederlage habe viele potenzielle Kandidaten abgeschreckt (ebd. 1991, S. 19f.). Vielleicht sorgten die Härte des Wettbewerbs und die Öffentlichkeit der Wahl (dazu im Anschluss) dafür, dass potenzielle weiche Aufnahmebedingungen respektiert wurden.

In Anbetracht der Tatsache, dass auf einen Platz in der Gerusie bis zu 250 potenzielle Kandidaten kamen (vgl. 2.5.3), war eine Vorauswahl wohl dringend erforderlich,[415] zumal das Entscheidungsverfahren der eigentlichen Wahl aufwendig und nur bei kleinen Bewerberzahlen praktikabel war (dazu im Anschluss). Wer die Vorauswahl durchführte, ist unbekannt. Aber vielleicht war sie ein Mittel, um potenzielle weiche Aufnahmebedingungen durchzusetzen, falls sie nicht ohnehin schon respektiert wurden.

2.4.3 Entscheidung

Die Geronten wurden durch Wahl bestimmt[416] und diese Wahl erfolgte durch das Volk.[417] Ob die Geronten ursprünglich von den Königen bestimmt wurden oder ob sich die Mitgliedschaft in der Gerusie automatisch aus der Zugehörigkeit zu den mächtigen und angesehenen Familien ergab,[418] lässt sich nicht mehr ermessen.

Plutarch beschreibt in seiner Vita des Lykurg ausführlich, nach welchem Modus neue Mitglieder in die Gerusie aufgenommen wurden, um verstorbene Geronten zu ersetzen (Plu. Lyc. 26): »Das Volk versammelte sich, und dazu ausgewählte Männer wurden in ein Haus in der Nähe eingeschlossen, wo sie weder etwas sehen noch gesehen werden konnten, sondern nur das

---

414 Arist. Pol. 1271a10–15: τὸ αὐτὸν αἰτεῖσθαι τὸν ἀξιωθησόμενον τῆς ἀρχῆς οὐκ ὀρθῶς ἔχει· δεῖ γὰρ καὶ βουλόμενον καὶ μὴ βουλόμενον ἄρχειν τὸν ἄξιον τῆς ἀρχῆς (Anspielung auf Pl. Rep. 499b5). νῦν δ' ὅπερ καὶ περὶ τὴν ἄλλην πολιτείαν ὁ νομοθέτης φαίνεται ποιῶν· φιλοτίμους γὰρ κατασκευάζων τοὺς πολίτας τούτῳ κέχρηται πρὸς τὴν αἵρεσιν τῶν γερόντων·

415 Mehrere Wahlgänge wären wohl zu langwierig. Birgalias 2007, S. 346 liest die Vorauswahl erstaunlicherweise aus Arist. Pol. 1271a10–11.

416 Im 4. Jh. bezeugt Demosthenes die Wahl D. 20,107 (τις … ἐγκριθῇ). Auch im 1. Jh.: κρίσις Nic. Dam. FGrHist 90 Fr. 103z.

417 Arist. Pol. 1294b29ff.; Plu. Lyc. 26; Pomp. Trog. hist. Iust. 3,3,2.

418 Clauss 1983, S. 127.

Geschrei der Versammelten hörten. Denn durch Zuruf (βοῇ) entschieden sie wie über alles andere so hier über die Bewerber, die nicht alle auf einmal, sondern einzeln nach dem Lose eingeführt und schweigend die Versammlung durchschritten. Die Eingeschlossenen hatten Schreibtafeln und vermerkten darauf bei jedem die Stärke des Geschreis, ohne zu wissen, wem es galt, außer dass es der erste, zweite, dritte oder soundsovielte der Eingeführten war. Bei wem das stärkste Geschrei gewesen war, den riefen sie aus.« Wahrscheinlich hatte jeder Kandidat vorher eine Rede gehalten, um das Volk von seinem Verdienst und seiner Eignung für den Ältestenrat zu überzeugen.

Auch Thukydides bezeugt, dass die Spartaner in einem konkreten Fall und generell durch Zuruf (βοῇ) abstimmten (Thu. 1,87). Herodot überliefert ein weiteres Beispiel für die Abstimmung nach Lautstärke (Hdt. 9,27). Vielleicht klingt diese Abstimmungsform schon in Rhetra und Zusatz an (vgl. Anm. 529). Die Ephoren wurden wohl im gleichen Verfahren wie die Geronten bestimmt. Denn Aristoteles belegt den Wahlmodus der Ephoren und Geronten mit dem gleichen Adjektiv »kindisch« (παιδαριώδης Pol. 1270b28 und 1271a10).[419] Per Lautstärke wählte das Volk also Geronten und Ephoren und entschied über Anträge.

Das Abstimmungsverfahren nach Lautstärke ist in der Forschung höchst umstritten.[420] David 1991, S. 21 meint, dass Aristoteles mit seiner Kritik allein steht, und schließt sich den Forschern an, die das Wahlverfahren loben. Dieses Verfahren misst nicht die numerische Mehrheit, sondern die Intensität der Zustimmung.[421] Weil eine überzeugte Minderheit lauter schreien kann als eine laue Mehrheit, gewinnt nicht immer die numerische Mehrheit. Außerdem schreit jemand mit einer kräftigen Stimme lauter als jemand mit einer schwachen (so dass quasi die Arete entscheidet). Das ist ein fundamentaler Gegensatz zur Mehrheitsentscheidung, wo alle Personen stimmgleich sind.

Die Abstimmung nach Lautstärke hat allerdings folgenden Nachteil: Da die Lautstärke nicht objektiv bestimmt werden konnte und man sich selbst immer am lautesten hört, konnte das Ergebnis vielleicht durch den Schieds-

---

419 So Richer 1998, S. 296 mit Anm. 175, in der er weitere Literatur anführt. Dagegen meint Rahe 1980 389ff., dass die Ephoren nicht vom Volk gewählt wurden.

420 Vgl. die Aufsätze von Rahe 1980 und Flaig 1993. Meier 2000, S. 50 sieht in der Volksversammlung und ihrem Abstimmungsverfahren einen »bequemen Indikator für die Realisierungschancen aristokratischer Interessen.«

421 So schon Hansen 1977, S. 127. Heutzutage wird diese dynamische Abstimmungsform in Fernsehshows benutzt, wobei die Lautstärke mit einem Dezibelmessgerät bzw. Applausometer gemessen wird.

richter manipuliert werden. Vielleicht ist das der Grund, warum Aristoteles das Verfahren der Gerontenwahl kindisch nennt (Pol. 1271a10). Natürlich waren auch Mehrheitsentscheidungen in der Antike nicht exakt. In der athenischen Versammlung wurden die zur Abstimmung erhobenen Hände nicht abgezählt, sondern deren Zahl geschätzt (Hansen 1977). Trotzdem ist festzuhalten, dass die gemessene Grundeinheit bei der Entscheidung nach Lautstärke und nach Mehrheit verschieden ist: einerseits Intensität, andererseits Anzahl (wobei die Intensität auch bei Mehrheitsentscheidungen eine gewisse Rolle spielen kann).[422]

Gegen die Manipulationsgefahr richteten sich bestimmte Maßnahmen, wie die Abschottung der Schiedsrichter und die Auslosung der Reihenfolge der Bewerber. Die Schiedsrichter wurden aber nicht gelost, sondern waren »gewählt«. David 1991, S. 18 vermutet, dass die Schiedsrichter aus Geronten bestanden, so dass zur Gerontenwahl ein Element der Kooptation tritt. Für Cartledge 1987, S. 122 ist der Wahlmodus zwar nicht die Kooptation, aber eine manipulierte dynastische Wahl, was fast auf das gleiche hinauslaufe, wie die Vertretungsklausel zeige. Wenn die Schiedsrichter von der Reihenfolge der Bewerber Kenntnis erhielten, konnten sie den Ermessensspielraum, den die Unmöglichkeit der objektiven Bestimmung der Lautstärke eröffnete, ausnutzen.[423] Außerdem konnte die Stimme der Versammlung wohl durch gedungene Schreihälse dominiert werden. Cartledge 1987, S. 155 hält es für möglich, dass Agesilaos durch Gefälligkeiten die Stimmen von Klienten kaufte, damit sie in der Volksversammlung und bei den Wahlen zur Gerusie in seinem Sinne stimmten (z. B. für seinen Freund Etymokles, vgl. 2.5.4).

Natürlich war es unmöglich, alle Stimmen zu kaufen oder jemanden zum Sieger zu erklären, wenn die Versammlung still geblieben war. Insofern musste der Kandidat Rückhalt im Volk genießen, den er sich verdienen musste. Dadurch wird das Volk zu einem gewissen Korrektiv. Reiche Aspiranten übten sich wohl in Mäßigung, um keinen Anstoß zu erregen. Die Volkswahl der Geronten könnte also ein Grund für die ostentative Bescheidenheit der spartanischen Oberschicht gewesen sein.

Pro Jahr waren durchschnittlich vier Plätze neu zu besetzen (vgl. 2.5.2). Es fragt sich, ob jeder freigewordene Gerontenplatz sofort neu besetzt wurde. In Anbetracht des Aufwands ist es unwahrscheinlich, dass man das Volk

422 Auch Mehrheitsentscheidungen können indirekt die Intensität messen, wenn bei einer kleinen Partei alle Anhänger mobilisiert sind und geschlossen zur Wahl gehen, aber die passive Basis einer großen Partei zu Hause bleibt. Insofern fällt hier die Intensität der Präferenz der Gruppe ins Gewicht – analog zur Intensität der Präferenz des Einzelnen bei der Abstimmung nach Lautstärke.

423 Ähnlich Nafissi 1991, S. 113, Anm. 52.

jedes Mal zu einer Sonderversammlung zusammenrief. Entweder wartete man auf die nächste monatliche[424] Volksversammlung oder auf die jährliche Ephorenwahl, die ja im gleichen Modus erfolgte.

Es ist festzuhalten: Wenn ein Geront verstarb, wählte das Volk das neue Mitglied aus den Kandidaten per Akklamation. Weil sich dieses Verfahren manipulieren lässt, könnte es in letzter Instanz die Durchsetzung potenzieller weicher Aufnahmebedingungen wie Vermögen oder Abkunft erlaubt haben.

2.4.4 Zeremonie nach der Wahl

Die Ehrung des neugewählten Geronten beschreibt Plutarch Lyc. 26,3 ff.: »Er bekränzte sich (στεφανοῦσθαι) und ging (περιῄει) von Tempel zu Tempel. Es folgten ihm viele Jugendliche, die ihn bewunderten (ζηλοῦν) und rühmten, und viele Frauen, die Loblieder auf seine persönliche Qualität (ἀρετή) sangen und ihn um seines Lebens willen glücklich priesen. Jeder Verwandter (ἐπιτήδειος) setzte ihm eine Mahlzeit vor und sprach, die Stadt ehre ihn mit diesem Mahl. War er herum (περιελθὼν δέ), ging er zum Gemeinschaftsmahl (συσσίτιον). Dort ging es im Übrigen wie gewöhnlich zu, nur dass ihm eine zweite Portion vorgesetzt wurde, die er nahm und aufbewahrte. Nach dem Mahl rief er an die Tür des Speisesaals diejenige der wartenden Frauen seines Hauses (οἰκεῖος) herbei, die er am höchsten ehrte, gab ihr die zweite Portion und sprach: die Portion, die er als Ehrenpreis (ἀριστεῖον) bekommen habe, gebe er ihr als solchen, so dass auch sie von den anderen Frauen bewundert (ζηλοῦσθαι) und in einem Festzug geleitet werde (προπέμπεσθαι).«

Diese Feierlichkeiten, die an die Ehrungen von Olympioniken[425] und Kriegshelden erinnern, scheinen einem festen Ritual zu folgen, das sich als Übergangsritus interpretieren lässt:[426] Die *Bekränzung* war ein Sieges- und Ehrenritual,[427] was zu den agonalen Zügen der Gerontenwahl passt. Da diese Bekränzungen normalerweise von anderen vollzogen wurden, sieht Jordan in der Selbstbekränzung ein Zeichen des Selbstbewusstseins. Außerdem vermutet er, dass es sich beim Kranz um ein Amtszeichen handelte.[428]

424 Vgl. Anm. 522.

425 David 1991, S. 18.

426 Der Ablauf lässt sich in die drei charakteristischen Schritte fassen: Trennung – Übergang – Rückkehr (vgl. Gennep 1909). Die Studien zu Überganssriten bei den Spartanern konzentrieren sich auf den Übergang vom Kind zum Mann.

427 Platon hält den Kranz für die höchste Auszeichnung (Pl. Rep. 468a).

428 Jordan 1990, S. 63 f. mit Parallelen.

Der Geront zog in einer *Prozession* von Tempel zu Tempel, wahrscheinlich um jedem der Götter ein Dankesopfer darzubringen. Der Festzug bestand aus vielen jungen Männern und Frauen, die ihm in Liedern die Ehre erwiesen. Indem sie seine persönliche Qualität und sein Leben besangen, erinnerten sie an die Erfüllung der Aufnahmebedingungen. Die Verwandten überreichten ihm mit einer festen Spruchformel eine Mahlzeit, und zwar im Namen der Stadt, nicht im eigenen Interesse, damit nicht der Verdacht des Nepotismus aufkommen sollte.[429]

Danach ging der Geront zum *Syssition*. Das tägliche Gemeinschaftsmahl war der Mittelpunkt der spartanischen Bürgerschaft. Nur die (männlichen) Bürger waren teilnahmeberechtigt und gleichzeitig teilnahmeverpflichtet. Nach der Prozession fügte sich der Geront also wieder in die Reihe der Gleichen ein. Nur ein wichtiges Detail war anders als sonst: Er bekam eine zweite Portion. Der Terminus ἀριστεῖον evoziert die Gertonenwahl, die als Wettkampf der ἀρετή verstanden wurde. Schon den homerischen Ältesten standen Ehrenspeisungen zu. In Sparta bekam normalerweise der König die doppelte Ration, um sie mit einem anderen, den er damit ehren wollte, zu teilen.[430] Daran dass der Geront am Tag seiner Wahl das Privileg des Königs ausüben durfte, zeigt sich, dass ihn der Zugang zur Gerusie auf eine Stufe mit dem König hob. Sonst bekamen in Sparta Kämpfer, die man in einer Wahl zu den besten erkoren hatte, ἀριστεῖα (Hdt. 7,123 f.) und Athleten, die einen Kranz bei den Spielen gewonnen hatten, in der Schlachtreihe einen Ehrenplatz neben dem König (Plu. Quaestiones convivales 639e).

Auszeichnung der Frau: Der Geront gab die ihm erwiesene Ehre weiter, indem er eine Frau seines Hauses mit der zweiten Mahlzeit auszeichnete. Damit leitet er eine Wiederholung ein: Die ausgezeichnete Frau wurde von den anderen Frauen bewundert und in einem Festzug geleitet. Der Tag, der mit der Wahl und der Ehrung eines Mannes begonnen hatte, endete mit der Wahl und der Ehrung einer Frau.

Dieses Ritual markierte Gegensätze, vermittelte aber auch zwischen ihnen. Es ist bemerkenswert, dass an den Ehrungen nicht nur die Vollbürger teilnahmen, sondern auch die Jugendlichen, die noch kein Stimmrecht hatten, und die Frauen, die von allen politischen Ämtern ausgeschlossen waren. Die Geronten vertraten also nicht nur ihren Clan, sondern die Bürgerschaft und sogar die Stadt.

Vielleicht zeigt das von Thukydides bezeugte Helotenmassaker (Th. 4, 80), dass, wer sich diese Ehrungen anmaßte, hart bestraft wurde: Um gefährliche Subjekte unter den Heloten zu identifizieren, versprachen die Spar-

429 Pace Hodkinson 2000, S. 363 f.

430 Hdt. 6,57,1; X. Lac. 15,4.

taner den besten Kämpfern der Heloten die Freiheit. Aus den Anwärtern wurden 2000 ausgewählt. Diese bekränzten sich und hielten eine Prozession. Daraufhin brachten die Spartaner alle um. Jordan vermutet, dass die Heloten sich die Zeremonie der neugewählten Geronten anmaßten und deswegen hingerichtet wurden.[431] Als Parallele führt er (ebd. S. 63 ff.) die Geschichte von den Minyern bzw. Pelasgern an (Anm. 371): Sie hatten das Bürgerrecht bekommen, blieben aber von der Gerusie (Plu.) und dem Königtum (Hdt.) ausgeschlossen. Als sie auf dem Zugang bestanden und mit Revolte drohten, wurden sie zur Hinrichtung eingesperrt, weil sie »Frevelhaftes« verlangten.[432]

Zum strengen Schutz des Zugangs zur Gerusie und der mit der Aufnahme verbundenen Ehrungen passt, dass die Spartaner wegen der Entehrung eines Geronten Krieg führten (vgl. 2.5.4 Lichas). Insofern ist Jordans Theorie erwägenswert, auch wenn sie sich nicht beweisen lässt.

Gab es *Antrittsgeschenke?* An zwei Stellen bezeugt Plutarch, dass Agesilaos jedem neuen Geronten einen Mantel und ein Rind als Ehrenpreis schenkte.[433] An der einen Stelle heißt es, die Ephoren hätten ihn dafür bestraft, weil er Personen der Öffentlichkeit zu seinem persönlichen Besitz mache.[434] An der anderen Stelle wird diese Strafe zwar auch erwähnt, aber nicht im unmittelbaren Zusammenhang mit der Beschenkung der Geronten (Ages. 5,2). War das Antrittsgeschenk des Königs verboten, weil es mit den staatlichen eher symbolischen Ehrungen konkurrierte? Cartledge 1987, S. 154 ist sich sicher, dass Plutarch die Bestrafung des Agesilaos durch die Ephoren fälschlich auf das Antrittsgeschenk bezieht. Er hält den Mantel für die Amtsinsignie der Geronten und führt als Belege eine lakonische Bronze aus dem 6. Jh. an, was aber spekulativ bleibt.[435]

---

431 Jordan 1990, S. 61 ff. Die Zweifel an der Historizität des Helotenmassakers hat Harvey 2004 passim zerstreut. Er hält aber nichts von Jordans Theorie (ebd. S. 202 f.).

432 οἱ Μινύαι ἐξύβρισαν, τῆς τε βασιληίης μεταιτέοντες καὶ ἄλλα ποιεῦντες οὐκ ὅσια. Τοῖσι ὦν Λακεδαιμονίοισι ἔδοξε αὐτοὺς ἀποκτεῖναι Hdt. 4,146,4.

433 Plu. de fraterno amore 482d5; Plu. Ages. 4,3.

434 Plu. de fraterno amore 482d5: τοὺς κοινοὺς ἰδίους κτᾶται.

435 Cartledge 1987, S. 155. Die Statuette des Greises mit Mantel war Teil eines Kessels, zu dem auch die Statuette eines Kriegers gehört. Beide Figuren sind durch die ähnliche Körperhaltung aufeinander bezogen. Entspricht dem jungen Mann als Krieger der alte Mann als Geront? Schon Pindar preist die Ratschläge der Geronten und die Speere der Jungen als eine Besonderheit Spartas (Pi. Fr. 199; Plu. Lyc. 21,4). Fellmann/Scheyhing 1972, S. 96 Nr. 45 halten es dagegen für denkbar, dass die Figuren zu einer Heldenversammlung gehören. Stibbe 2006, S. 134 mit Anm. 83 lässt die Deutung offen.

2.5 Mitgliedschaft

2.5.1 Zahl

Kahrstedt, nach dessen Meinung die Gerusie aus einem Beirat des Königs hervorgegangen ist, behauptet, die Zahl der Geronten habe ursprünglich nach Belieben des Herrschers geschwankt (ebd. 1922, S. 246). Diese These lässt sich weder beweisen noch widerlegen.

Schon die dritte Zeile der Rhetra spricht von der Zahl der Geronten, wobei mit τριάκοντα ⟨ἄνδρας⟩ σὺν ἀρχαγέταις offensichtlich 30 Mann inklusive der beiden Könige gemeint ist. Denn unsere Quellen sprechen einhellig von 28 Geronten.[436] Plutarch bietet für diese krumme Zahl unterschiedliche Erklärungen (Lyc. 5): Nach Aristoteles seien zwei der 30 Mitverschwörer Lykurgs vorzeitig abgesprungen,[437] nach Sphairos habe ihre Zahl von Anfang an 28 betragen. Plutarch selbst meint, Lykurg habe absichtlich 28 Geronten bestellt, damit sich erst durch das Hinzukommen der Könige eine runde Zahl ergebe. Selbstverständlich sind diese und auch moderne Erklärungen spekulativ: Manche Altertumswissenschaftler haben vermutet, dass die Zahl der Geronten ursprünglich 30 betrug und diese Zahl mit den drei dorischen Phylen in Verbindung gebracht, zumal die Phylenaufteilung ein zentrales Thema der Rhetra ist.[438] Andere haben die Zahl 28 mit der Einteilung des spartanischen Heeres in Verbindung gebracht.[439]

Vielleicht erklärt sich die Tatsache, dass die Gerusie rund doppelt so groß war wie mancher homerischer Rat daraus, dass sich zwei Räte zu gleichen Rechten zusammenschlossen: bei der Bildung des Doppekönigtums[440] oder bei der Integration von Amyklai (Anm. 567 und 568).

Die inklusive Zählweise in der Rhetra unterstreicht die Einbindung der Könige. Aber die Könige waren keine Geronten im eigentlichen Sinne (vgl. 2.2). Oft tagte die Gerusie ohne einen oder ohne beide Könige, die ihr Stimmrecht dann aber von einem Geronten wahrnehmen ließen.

Die Größe eines Gremiums prägt das in ihm angewandte Entscheidungsverfahren (und andersherum). Sartori meint, die Obergrenze der Konsens-

---

436 Hdt. 6,57; Pl. Lg. 692a; Paus. 3,5,2; Cic. rep. 2,50; Aeschin. Sch. 1,180; Phot. Γερουσία.

437 Diese Version scheint auch Lex. Patm. 163 zu Grunde zu liegen.

438 Neumann 1906, S. 8 ff.; Ruzé 1997, S. 226; Lévy 2003, S. 30.

439 Busolt 1905, S. 403: Insgesamt gibt es 28 Pentekostyen, vier in jeder der sieben Lochen. Anders Busolt 1920–1926, S. 680 mit Anm. 5: Anlehnung an den Rat von Delphi, der 30 Mitglieder hatte.

440 Zur Entstehung der Dyarchie vgl. Oliva 1971, S. 23–28 und Carlier 1984, S. 306–310.

fähigkeit liege bei ungefähr 30 Personen.[441] Die gerade Zahl 28 eignet sich nicht gut für Mehrheitsentscheidungen, die in der Gerusie üblich waren, weil Patts entstehen können (vgl. 2.6.3 a). Daher hatten viele Gremien eine ungerade Zahl von Mitgliedern: z. B. zählten die athenischen Epheten 51 Mitglieder.

2.5.2 Dauer

Die Mitgliedschaft in der Gerusie war lebenslang (διὰ βίου).[442] Daran kritisiert Aristoteles die Gefahr der Altersdemenz (Arist. Pol. 1270b38). David 1991, S. 23f. führt Aristoteles' Kritik auf dessen niedrige Meinung von Alten und deren Charakter zurück. Aber auch Platon scheint sich jener Gefahr bewusst zu sein.[443]

Die lebenslange Mitgliedschaft war Lohn für lebenslang erwiesene Tugend. David 1991, S. 18 stellt zu Recht fest, dass die Mitgliedschaft auf Lebenszeit die Machtposition der Gerusie garantierte – im Gegensatz zum jährlich wechselnden Ephorat, das zudem nicht iteriert werden durfte.[444] Andererseits barg sie die Gefahr des Machtmissbrauchs.[445]

Es fragt sich, wie lange ein Geront sein Amt im Durchschnitt ausübte. Da die Mitgliedschaft in der Gerusie lebenslang war, entspricht die Dauer der Amtsführung der Restlebenserwartung. Einfachheitshalber wird mit einem Antrittsalter von genau 60 Jahren gerechnet, obwohl man auch noch danach Geront werden konnte. Aber sicherlich waren die Bewerber eher Anfang 60, wenn sie noch keine Wahlniederlagen einzustecken hatten und körperlich und geistig belastbarer waren. Die Restlebenserwartung ist die durchschnittliche Zahl der in einem bestimmten Alter noch zu erwartenden Lebensjahre.[446] Nach der zugrunde gelegten Sterbetafel (Anm. 375) hatte ein 60-Jähriger eine Lebenserwartung von 67,5 Jahren. Die durchschnittliche Dauer der Amtsführung betrug also im Idealfall, dem Amtsantritt mit

441 Sartori 1984, S. 93.

442 Arist. Pol. 1272a36; Plu. Lyc. 26,1 (seit Lykurg) und Ages. 4,2; Pol. 6,45 beruft sich auf Ephoros, Xenophon, Kallisthenes und Platon; vielleicht Thphr. De elig. magistr. a 77.

443 Seinen Gesetzeswächtern setzt er das Höchstalter von 70 Jahren (Pl. Lg. 755a–b).

444 Welwei 2004, S. 204; Richer 1998, S. 304ff.

445 So Hodkinson 2000, S. 361 und Richer 1998, S. 502, der Carlier 1984, S. 315 anführt.

446 Dieses arithmetische Mittel berechnet man, indem man die durchschnittliche Lebensdauer der in jeder Altersgruppe Gestorbenen addiert und anschließend durch die Zahl der Ausgangsgruppe dividiert. Da die Daten bei Coale/Demeny 1983 in Fünf-Jahres-Schritten angegeben werden, nehmen wir an, dass die zwischen 60 und 65 Gestorbenen im Alter von 62,5 verstorben sind usw.

60 Jahren, 7,5 Jahre – im Normalfall wohl etwas weniger. Andererseits war die Lebenserwartung bei der privilegierten Schicht, der die Geronten entstammten, vielleicht ein wenig höher.

Es steht zu vermuten, dass die Mitgliedschaft auf Lebenszeit die Geschlossenheit der Gerusie erhöhte; je länger die Verweildauer der Mitglieder, desto homogener das Meinungsbild eines Gremiums. Aber eine durchschnittliche Verweildauer von 7,5 Jahren kann nicht erklären, warum es unter Kleomenes und Agesilaos Phasen gab, in denen die Geronten die Politik der Könige über mehrere Jahrzehnte unterstützt haben (vgl. 2.12.1). Ebenso wichtig wie die gemeinsame Zeit im Ältestenrat war wohl die gemeinsame Zeit vor dem Ältestenrat. Denn die Geronten (und Könige) stammten aus derselben Schicht, in der bestimmte Positionen vorherrschten.

Ferner fragt es sich, wie oft durchschnittlich Plätze frei wurden. Wenn jeder der 28 Plätze durchschnittlich 7,5 Jahre lang besetzt war, wurden pro Jahr durchschnittlich vier Plätze (3,73) frei – also nur einer weniger als beim Ephorat.

2.5.3 Exklusivität

Das Verhältnis der jährlich freiwerdenden Plätze (deren Zahl sich aus der Gesamtzahl der Plätze und der durchschnittlichen Dauer der Amtsführung berechnet; vgl. 2.5.2) zur Zahl der potenziellen Kandidaten beeinflussst die Exklusivität der Gerusie. Um die potenziellen Kandidaten zu quantifizieren, benötigt man die Zahl der Bürger und ein Modell für die Entwicklung dieser Gruppe in Form einer Sterbetafel (Anm. 375).

Für verschiedene Epochen sind Angaben zur Zahl der Spartiaten bezeugt.[447] Am Feldzug von 479, der in der Schlacht von Plataiai kulminierte, nahmen 5 000 Spartiaten teil (Hdt. 9,10,1; 9,11,3; 9,28,2), die als »die Jungmannschaft« (ἡ νεότης) bezeichnet werden (Hdt. 9,12,2), womit die 20 bis 49-jährigen Vollbürger gemeint sind, wie Figueira 1986, S. 167 ff. überzeugend dargelegt hat. Mit Hilfe dieser Zahl und unserer Sterbetafel lässt sich die Größe der Gesamtpopulation (11 812 Personen) und der anderen Altersklassen errechnen. Für die über 20-Jährigen ergeben sich knapp 7 000 Mann (58 % der Gesamtpopulation), was nicht allzu weit von der wohl etwas übertriebenen Zahl von 8 000 waffenfähigen Spartiaten entfernt liegt, die der spartanische König Demaratos dem Xerxes nennt (Hdt. 7,234,2). Für die über 60-Jährigen ergeben sich 915 Personen (7,75 %).

447 Übersichen bei De Ste. Croix 1972, S. 331 ff. und Cawkwell 1983 passim.

Auf jeden der vier (3,73) jährlich freiwerdenden Plätze in der Gerusie kamen am Ende der Perserkriege also 245 potenzielle Kandidaten, wenn man den von Herodot gelieferten Zahlen und unserem Modell Glauben schenken darf. Auf jeden der fünf jährlich freiwerdenden Ephoratsplätze kamen zeitgleich etwa 1 000 Personen, da der Bevölkerungsanteil der über 30-Jährigen circa 43 % beträgt. Wenn die Iteration verboten war (Anm. 444), sind aus dieser Zahl natürlich die ehemaligen Ephoren auszuscheiden. Insofern war es für die jeweilige Zielgruppe bedeutend schwerer Ephor als Geront zu werden, wenn man von den Aufnahmebedingungen absieht. Dieses Ergebnis überrascht, da die Ephoren wegen der Annuität als volksnah und die Geronten wegen der lebenslangen Mitgliedschaft als exklusiv gelten.

Bekanntermaßen litt Sparta zunehmend an einem Mangel an Vollbürgern (Oliganthropie)[448]. Die Zahl der 5 000 Spartiaten im Alter von 20 bis 49 sank im Laufe des Peloponnesischen Krieges auf die Hälfte und nach der Schlacht bei Leuktra auf weniger als ein Fünftel, wie Figueira 1986 auf Grund der demographischen Daten errechnet hat. Am Ende der klassischen Epoche kamen auf einen freiwerdenden Platz in der Gerusie also nur noch 50 potenzielle Kandidaten.

Wie viele von diesen 245 bzw. 50 potenziellen Kandidaten tatsächlich kandidierten, lässt sich nicht sagen. Aber selbst wenn die Zahl wesentlich unter 50 lag, scheint es einen ausreichend großen Pool von Bewerbern gegeben zu haben, um den Besten nach den dargelegten Kriterien auszulesen (vgl. 2.4.1).

2.5.4 Legendäre und historische Mitglieder

Zu den ersten Geronten soll Lykurg seine Mitverschwörer gemacht haben (Anm. 348). Hermippos von Smyrna, der im 3. Jh. lebte, soll eine Liste mit den Namen von 20 dieser 30 Geronten der ersten Generation angeführt haben (Plu. Lyc. 5). Vielleicht gab es wie bei den Ephoren und Königen eine Gerontenliste, die bis auf die ersten Amtsträger zurückging. Erhalten sind solche Gerontenlisten aber erst aus dem Hellenismus.

Auch wenn wir nicht nur einen Geronten namentlich kennen, wie bisweilen behauptet,[449] gibt es doch nur wenige Geronten, die wir mit Namen kennen. Die Anonymität scheint daher zu rühren, dass sich die Gerusie als

448 Dieses Phänomen hat bereits Aristoteles mit dem Terminus ὀλιγανθρωπία beschrieben (Anm. 395).

449 Lipka, S. 183 hält Hetoimaridas für den einzigen namentlich bekannten Geronten – wohl in Anlehnung an Clauss 1983, S. 128. Clauss wird für diese Angabe bereits von

Einheit verstand, mit einer Stimme sprach und eher im Hintergrund agierte. Nur in Ausnahmefällen wird ein Geront namentlich erwähnt: z. B. wenn er vor die Volksversammlung trat. Die 15 Personen, die in zwei zwischen Athen und Sparta geschlossenen Verträgen bezeugt sind (vgl. Anm. 823), werden hier nicht berücksichtigt, da ihre Identifikation als Geronten spekulativ ist.

Im Folgenden sollen alle Personen vorgestellt werden, die von unseren Quellen als Geronten bezeichnet oder von der Forschung als solche identifiziert werden.

Arthmiadas, 8. Jh.

Arthmiadas war angeblich Geront der ersten Stunde (Plu. Lyc. 5,4; vgl. 2.3.2).

Chilon, 6. Jh.

Chilon soll zu den sieben Weisen gehört haben, die zuerst bei Platon erscheinen (Prot. 343a). Pausanias berichtet, dass es in Sparta ein dem Chilon geweihtes Heroon gab (3,16,4). Möglicherweise gehört eine spartanische Inschrift, auf der [...]ΙΛΟΝ ([Ch]ilon?) zu lesen ist, zu diesem Heiligtum.[450] Zahlreiche Quellen aus verschiedenen Epochen berichten von Chilons Leben und Taten – allerdings ist unsicher, ob es sich immer um dieselbe Person handelt, welches Amt diese Person bekleidete und welchen historischen Gehalt diese Angaben haben. Vielleicht war er Geront und zwischenzeitlich Ephor oder wurde zumindest so imaginiert (vgl. 2.5.5).

Die Angabe, nach der Chilon das Ephorat eingeführt habe (D. L. 1,68), erscheint unter der Prämisse, dass er Geront war, besonders interessant. Schuf Chilon das Ephorat als Geront und bekleidete das neugeschaffene Amt selbst? Dass ein Geront das Ephorat geschaffen haben soll, ist nicht abwegig. Denn nach einer verbreiteteren Version wurde das Ephorat durch Theopomp geschaffen, der als König ebenfalls der Gerusie angehörte. Allerdings fällt Theopomps Initiative in die Zeit des ersten Messenischen Krieges und liegt damit viel früher als Chilon (vgl. 2.7.2.5). Nicht zuletzt wegen des späten Datums ist die Gründung des Ephorats durch Chilon zurückzuweisen.[451]

David 1991, S. 129, Anm. 94 kritisiert, der als weitere Geronten Etymokles und Lichas nennt.

450 Cartledge 1979, S. 139.

451 Andere Gründe bei Richer 1998, S. 177ff.

Theasides? 5. Jh.

Im Jahr 488 wurde Leotychides von den Aigineten verklagt, denen er Geiseln abgezwungen hatte (Hdt. 6,85). Der Gerichtshof, der wohl aus Geronten und Ephoren bestand (vgl. S. 169), entschied, Leotychides als Sühne für die Geiseln an Aigina auszuliefern. Aber Theasides, ein angesehener Spartiat (Θεασίδης ὁ Λεωπρέπεος, ἐὼν ἐν Σπάρτῃ ἀνὴρ δόκιμος), hielt die Aigineten, die Leotychides abführen wollten, zurück: Zwar hätten die Spartiaten jetzt erlaubt, den König abzuführen, aber wenn sie das tatsächlich täten, könnten die Spartanern ihnen das später übelnehmen. Vielleicht drohte Theasides mit dem Ermessensspielraum der Gerusie, Entscheidungen zurückzunehmen (vgl. 2.7.4.5). Die Aigineten verzichteten darauf, Leotychides abzuführen, trafen aber die Übereinkunft, dass er sich in Athen für die Auslieferung der Geiseln einsetzen solle. Warum protestierte Theasides gegen die Umsetzung der Entscheidung, wenn er dem Königsgericht angehört hatte? Vielleicht gehörte er zu den Geronten, die in der Abstimmung unterlegen waren. Durch seine Drohung änderte er die Disposition der Ankläger und führte einen Kompromiss herbei. Bereits Wüst 1935, S. 15 hat Theasides für einen Geronten gehalten.

Hetoimaridas, 5. Jh.

Weil Athen nach den Perserkriegen zur unumschränkten Seemacht avancierte, waren fast alle spartanischen Bürger für einen Krieg gegen Athen – auch die Gerusie, die in dieser Frage tagte. Da trat der Geront Hetoimaridas auf und stimmte wider Erwarten Gerusie und Volk um (D. S. 11,50,5–7). Manche Forscher halten diese nur von Diodor bezeugte Episode für historisch. Andere glauben, dass sie in die Zeit vor dem Peloponnesischen Krieg gehört (vgl. S. 201).

Lichas, 5. Jh.

Lichas' Familie, die möglicherweise Vebindungen nach Samos und zum kyrenischen Königshaus hatte,[452] war sehr reich: Sein Vater hatte einen Rennstall unterhalten und zweimal in Olympia im Wagenrennen gesiegt. Diese aristokratische Tradition führte Lichas fort: Sein Gespann gewann bei den Olympischen Spielen im Jahr 420. Vater und Sohn weihten in Olympia Statuen (Paus. 6,2,2). Im Jahr 420 schlossen die Eleer wegen einer (strittigen) Verletzung des olympischen Friedens die Spartaner nicht nur von den

452 Hornblower 2004, S. 278 ff.

Olympischen Spielen aus, sondern ließen den Spartaner Lichas auspeitschen, als er seinen Wagenlenker bekränzen wollte (Th. 5,49; X. HG 3,2,21 und Paus. 6,2,2). Bei dieser Gelegenheit bezeichnet Xenophon Lichas als ἄνδρα γέροντα, was von vielen Wissenschaftlern als Funktionsbezeichnung »Geront« verstanden wird.[453] Ein sicheres Zeichen dafür, dass er zu diesem Zeitpunkt kein Privat-, sondern ein Staatsmann war, ist die Tatsache, dass die Spartaner 20 Jahre später einen Feldzug gegen Elis unter anderem damit begründeten, für die Demütigung des Lichas bei den Olympischen Spielen Rache nehmen zu wollen (X. HG 3,2,21; Paus. 6,2,2). Lichas war also spätestens ab 420 Mitglied der Gerusie und über 60 Jahre alt. Im Jahr 397 war Lichas vielleicht Archont von Thasos.[454] Den Tod des Lichas in Milet erwähnt Thukydides ohne genaue Zeitangabe (Th. 8,84,5). Lichas war ein wichtiger Diplomat (vgl. 2.8 d), der dafür bekannt war, dass er bei den Gymnopädien die ausländischen Gäste bewirtete. Sein Reichtum und seine Freigiebigkeit waren so herausragend, dass sie zum Vergleichspunkt für große Athener wie Sokrates und Kimon wurden, die ihn darin (wie sollte es aus athenischer Perspektive auch anders sein) noch übertroffen haben sollen.[455]

Lakratidas? Ende 5. Jh.

Vielleicht war der Ephor Lakratidas gleichzeitig Geront (Anm. 483).

Skiraphidas oder Phlogidas? Ende 5. Jh.

Eine Person, für die Plutarch zwei Namen überliefert, Skiraphidas oder Phlogidas, setzte sich für das Verbot von privatem Geldbesitz ein (Lys. 16–17). Manches spricht dafür, dass sich dieses Gesetzgebungsverfahren vor der

---

453 X. HG 3,2,21. David 1991, S. 129, Anm. 94 und Hornblower 2000, S. 216 schließen daraus auf Lichas' Mitgliedschaft in der Gerusie; auch Cartledge 1984, S. 99 unter Verweis auf Xenophons Sprachgebrauch. Dagegen wollen Pouilloux/Salviat 1983, S. 383 und 388 in ἀνὴρ γέρων keinen Geronten oder »vieillard«, sondern einen »homme d'age« zwischen 40 und 45 Jahren sehen, was dem Sprachgebrauch widerspricht (vgl. Anm. 472). Ihre These des Archontats des Lichas im Jahre 397 erfordert die Spätdatierung.

454 Pouilloux/Salviat 1983 identifizieren einen Lichas, Sohn des Arkesilaos, der auf einer thasischen Inschrift von 397 erscheint (SEG 28 408), mit dem Spartaner Lichas. Gegen diese Identifikation äußert Cartledge 1984, S. 99 Bedenken, ohne sie zurückzuweisen: Zum Beispiel müsste Lichas, wenn er im Jahre 420 ein γέρων oder ein Mitglied der Gerusie war, im Jahre 397 mindestens 83 Jahre alt gewesen sein.

455 X. Mem. 1,2,61 und Plu. Cim. 10,6.

Gerusie abspielte und die Protagonisten Geronten oder Ephoren waren (vgl. S. 198 und Anm. 748).

Hippansidas, Ende 5./Anfang 4. Jh.

Ein Weihgeschenk aus dem Heiligtum der Athena bezeugt als Spender den Geronten Hippansidas.[456]

Etymokles, 4. Jh.

Etymokles, der Freund des Agesilaos (Plu. Ages. 25,8), war sicherlich ein Geront[457]. Er befand sich mit einer Gesandtschaft in Athen, als Sphodrias im Jahr 378 den Piräus angriff. Die Gesandten wurden interniert und erst freigelassen, als sie ihre Unwissenheit beschworen und versicherten, »sie wüssten gut, dass die Athener bald erfahren würden, dass Sphodrias von der Stadt zum Tode verurteilt wurde«.[458] Vielleicht ist Etymokles schon hier als Geront gezeichnet, der über juristische Kompetenzen verfügt. Beim anschließenden Prozess gegen Sphodrias ist das eindeutig. Denn die Freunde des Sphodrias befürchteten, dass Etymokles und die anderen Anhänger des Agesilaos Sphodrias »hinrichten lassen werden«,[459] was die Gerichtsbarkeit der Gerusie erfordert. Etymokles war ein wichtiger Diplomat (vgl. 2.8 d).

Aineidas, Mitte 4. Jh.

Eine Weihgabe an Athena bezeugt als Spender den Geronten Aineidas.[460] Der Name erscheint ein zweites Mal: Im Vorwort eines Volksbeschlusses aus Lokroi Epizephyrioi im dorischen Unteritalien erscheint Aineas, Sohn des Aineidas. Dieser gehört zu den Prodikoi, die den Probouloi zur Seite standen.[461] Das Corpus, dem die Inschrift entstammt, wird zwischen 350 und 250 datiert, so dass es sich um denselben Aineidas und seinen Sohn handeln könnte, der nach Lokroi ausgewandert ist.

456 Ausführliche Diskussion bei Kourinou-Pikoula 1992–1998 (= SEG 46 400).
457 Vgl. De Ste. Croix 1972 S. 134; Cartledge 1987, S. 136, 157 und David 1991, S. 128.
458 X. HG 5,4,23 Σφοδρίαν γὰρ εὖ εἰδέναι ἔφασαν ὅτι ἀπολωλότα πεύσοιντο ὑπὸ τῆς πόλεως.
459 X. HG 5,4,32 Ὑμεῖς ... πάντες οἱ Ἀγησιλάου φίλοι ἀποκτενεῖτε τὸν Σφοδρίαν.
460 Ἀνάθημα τοῦ γεροντεύοντος Αἰνηΐδα στὴν Ἀθηνᾶ. Zur Datierung vgl. SEG 11 654 und Kourinou-Pikoula 1992–1998, S. 265.
461 Vgl. De Franciscis 1972 Tafel 16,2 und S. 137 zu den Prodikoi.

Prothoos? 4. Jh.

Prothoos, der sich gegen eine Konfrontation mit Theben aussprach, war sicherlich ein Beamter, vielleicht ein Geront (X. HG 6,4,2–3; vgl. 2.7.5.4 a).

-phanes, Ende 4. Jh.

Eine Weihgabe an den delphischen Apollon bezeugt einen Geronten, dessen Name auf -phanes endet (IG V 1 221). Ist es Zufall, dass ein Geront ausgerechnet den Gott ehrte, dessen Orakelspruch die Gründung der Gerusie sanktioniert hatte? Kourinou-Pikoula 1992–1998, S. 265 datiert diese Inschrift in das 4. Jh.[462]

Nikosthenidas, Ende 4.– Ende 3. Jh.

Eine Inschrift in blauem Marmor auf einer Weihgabe an Pasiphae bezeugt einen gewissen Nikosthenidas, der Geront und vielleicht Ephor war (vgl. 2.5.5 mit Anm. 464).

Derkyllidas? 3. Jh.

Als Pyrrhos im Jahr 272 Sparta bedrohte, trat laut Stobaios der Geront Derkyllidas vor die Volksversammlung und weckte den Widerstand (Stob. 3,7,61; vgl. S. 203). Plutarch erwähnt in diesem Zusammenhang zwar eine Beratung in der Gerusie, aber keinen Derkyllidas (Plu. Pyrrh. 27,4,4). In der Suda erscheint Derkyllidas als spartanischer König und auch sonst als Heerführer. Ob Derkyllidas also wirklich ein Geront war, wie Stobaios behauptet, ist unsicher.

Mandrokleidas und Agesilaos? 3. Jh.

Im Jahr 242 warben beide zusammen mit König Agis vor der Volksversammlung für dessen Rhetra (Plu. Agis 9). Nach Jones 1966, S. 167 mit Anm. 16 waren sie vielleicht Geronten, weil sie zu den vorher erwähnten Älteren (πρεσβύτεροι) zählten, zumal Agesilaos Agis' Onkel war (Agis 6). Mandrokleidas war vielleicht gleichzeitig Ephor (vgl. 2.5.5).

---

462 Da weder IG, noch SGDI, noch Tods Katalog des spartanischen Museums ein Datum angeben und die Inschrift in Bradfords Prosopographie erscheint, die nach Alexander beginnt, habe ich mich bei Frau Kourinou nach ihren Datierungskriterien erkundigt. Sie teilt mir freundlicherweise mit, dass die Buchstabenformen (besonders Sigma, Omega und Omikron) eine Datierung im späten 4. Jh. nahelegen.

Gyridas, 3. Jh.

Im Jahr 220 überzeugte der Geront Gyridas die Volksversammlung, gegen ein Bündnis mit den Aitolern zu stimmen, und musste dafür mit seinem Leben bezahlen (Pol. 4,34–35; vgl. S. 204).

2.5.5 Kumulation

Konnte ein Geront gleichzeitig Ephor sein oder war Ämterkumulation wegen des möglichen Interessenkonflikts ausgeschlossen? Leider bieten die Quellen wenig Aufschluss. Nur zwei Beispiele werden in der Forschung kontrovers diskutiert: der legendäre Chilon und Nikosthenidas, der auf einer Weihinschrift des späten vierten oder dritten Jahrhunderts erscheint. Richer erwägt, dass Chilon und Nikosthenidas beide Ämter gleichzeitig ausübten.[463]

Richer übersetzt die *Nikosthenidas* betreffende Inschrift wie folgt: »Nikosthenidas (d. J.) hat als Geront der Pasiphae (diese Statue des Nikosthenidas d. Ä.) geweiht – selbst und sein Großvater Nikosthenidas (d. Ä.) –, nachdem die Göttin dem Andrias, der zusammen (mit Nikosthenidas d. J.) Ephor war, geboten hatte, (die Statue des) Nikosthenidas (d. Ä.) im Heiligtum zu restaurieren«.[464] Nach Richer war Nikosthenidas d. J. Geront und Ephor. Sein Ephoratskollege Andrias wurde von Pasiphae aufgefordert, für die Restaurierung der Statue des Nikosthenidas d. Ä. zu sorgen, die jener vor Jahren der Göttin geweiht hatte. Diese Aktion brachte Andrias und Nikosthenidas d. J. näher und erlaubte es letzterem, sich in eine Linie mit seinem verstorbenen[465] Großvater zu stellen oder ihn zu rehabilitieren. Großvater und Enkel erscheinen nun beide als Weihgeber.

---

463 Richer 1998, S. 128: »cette appartenance à la gérousie fut probablement antérieure à l'exercice de l'éphorie« und S. 200: »Il n'est pas impossible que Nicosthénidas le Jeune ait été géronte et en même temps éphore, comme indique le précédent fourni par Chilon.«

464 Richer 1998, S. 199: Νικοσθενίδας τᾶι Παhιφᾶι / γεροντεύων ἀνέσηκε / αὐτός τε καὶ ḥο τῶ πατρὸς π- / ατὴρ Νικοσθενίδας· προβειπ- /άhας τᾶ⟨ς⟩ σιῶ ποτ' Ἀνδρίαν συ- / νεφορεύοντα ἀνιστάμεν / Νικοσθενίδαν ἐ[ν] τῶ⟨ι⟩ ἱερῶι ... IG V 1 1317. Dorisch ἁ σιά und ποτί entsprechen ἡ θεά und πρός.

465 Denn Nikosthenidas d. J. war mindestens 60, wenn das Mindestalter noch immer galt, und sein Vater und Urgroßvater längst verstorben, wenn sie erst mit 30 Vater geworden waren, wie es in Sparta üblich gewesen zu sein scheint (vgl. Lipka ad Lac. Pol. 1,6). Diese Überlegung spricht gegen die Lesart von Kolbe (Inscriptiones Graecae ad locum), nach der Enkel und Großvater gleichzeitig Geronten waren. Dagegen spricht auch die Wortstellung: nicht γεροντεύων αὐτός τε καὶ ḥο τῶ πατρὸς πατήρ, sondern ἀνέσηκε αὐτός τε καί ...

Wie Richer 1998, S. 201 selbst betont, ist die Zeit zwischen der Erteilung des Gebots an Andrias und dessen Ausführung durch Nikosthenidas d.J. unbestimmt, so dass offen bleibt, ob Nikosthenidas d.J. beide Ämter gleichzeitig innehatte. Aber dass sich Nikosthenidas als Geront an die Begebenheit während seines Ephorats zurückerinnerte, scheint weniger wahrscheinlich. Denn man sollte annehmen, dass dem Gebot der Göttin unverzüglich entsprochen wurde. Aber Richers Interpretation ist nicht die einzig mögliche. Verschiedene Deutungen erwachsen aus der Unklarheit der Inschrift: Welcher Nikosthenidas ist welcher?[466] Ist Andrias ein Eigenname oder das Substantiv »Statue« (ἀνδριάς)[467]? Bei den Akkusativen ist unklar, welcher Subjekts- und welcher Objektsakkusativ ist.[468] ἀνιστάναι lässt sich verschieden deuten.[469] Die von Richer 1998, S. 200 zitierten Forscher Chrimes, Blumenthal und Bradford meinen zwar auch, dass Nikosthenidas d.J. Geront war, halten aber Nikosthenidas d. Ä. für den Ephoren und Kollegen des Andrias.

In Anbetracht dieser Bedenken kann man Richers Interpretation der Inschrift, nach der Nikosthenidas gleichzeitig Geront und Ephor war, nur für eine Möglichkeit halten.

Der Weise *Chilon* erscheint in den meisten Quellen als Ephor, aber auch als Geront: Diogenes Laertios beruft sich in der Einleitung seines Chilonkapitels auf hellenistische Gelehrte, die Chilon für einen Ephoren, den ersten Ephoren und sogar für den Gründer des Ephorats halten (D. L. 1,68). Den wahrscheinlichsten[470] Zeitpunkt seines Ephorats gibt Sosikrates an, nämlich die 56. Olympiade (556–553), das Archontat des Euthydemos (555). Am Ende des Kapitels berichtet Diogenes Laertios, dass Chilon schon während der 52. Olympiade (572–69) und zur Blütezeit des Fabeldichters Aisop γέρων war (D. L. 1,72) – also vier Olympiaden vor dem Ephorat. Der nächste Satz berichtet von Chilons Tod. γέρων scheint im Falle von Chilon ebenso wie ἀκμή im Falle von Aisop ein Lebensalter zu bezeichnen.[471] Chilon war al-

466 Nach Blumenthal gibt es sogar drei Personen, die auf den gleichen Namen hören – vgl. Richer (ebd.).

467 Gegen diese These von Forster wendet Richer (ebd.) ein, dass der Akkusativ normalerweise ἀνδριάντα lautet.

468 Bei Richer ist Ἀνδρίαν Subjektsakkusativ und Νικοσθενίδαν Objektsakkusativ; bei Chrimes 1949, S. 140f. umgekehrt: Nikosthenidas soll eine Statue des Andrias weihen.

469 »Restaurieren« nur bei Richer (ebd.); sonst wird eine neue Statue geweiht.

470 Stibbe 1985, S. 7, Anm. 2 mit weiterer Literatur.

471 Es wäre verführerisch, die Angabe des Diogenes Laertios oder seiner Quelle auf den Eintritt in die Gerusie zu beziehen. Dagegen spricht aber D. L. 6,79,9, wo γέρων

so während der 52. Olympiade über 60,[472] zur Zeit seines Ephorats über 74 Jahre alt.

Aber in einer älteren Quelle über Chilon wird γέρων eindeutig im Sinne des Amtes gebraucht. Alkidamas bezeugt (von Aristoteles zitiert), dass Chilon ein Geront war.[473] Diese Angabe wird weitgehend ignoriert oder abgetan.[474] Liegt vielleicht eine Verwechslung der Personen oder Ämter vor?

Aristoteles führt das Zitat als Beispiel für die Induktion an: »Alle Menschen ehren die Weisen, denn selbst die Spartaner ehrten Chilon und machten ihn zum Geronten, obwohl sie Bildung fernstehen.« Der Kontext zeigt, dass Chilon, der Weise, gemeint ist und keine Verwechslung der Ämter vorliegt. Denn das ehrenvollste Amt in Sparta war die auf Lebenszeit verliehene Mitgliedschaft in der Gerusie und nicht das im Turnus wechselnde Ephorat. Über den Zusammenhang, dem die Passage entnommen ist, kann man nur spekulieren.[475] Die induktiven Beispiele, die Alkidamas anführt, sollen die Allgemeingültigkeit der These »alle ehren die Weisen« untermauern. Das funktioniert nur, wenn der Rezipient von der Richtigkeit des Beispiels überzeugt ist. Die Meinung, dass die Spartaner Chilon zum Geronten machten, scheint also in der Zeit des Alkidamas, dem frühen 4. Jahrhundert,[476] verbreitet gewesen zu sein. Aristoteles, der ein exzellenter Kenner Spartas war, hätte Alkidamas' Angabe über Chilon wohl nicht zitiert, wenn er nicht selbst davon überzeugt gewesen wäre.

---

bestimmt ein Lebensalter bezeichnet. In den chronologischen Tafeln, die D. L. benutzt hat, dienen γέρων und ἀκμή also zur Bezeichnung eines Lebensalters.

472 γέρων ist man ab 60, vgl. Gnilka 1983, S. 996f.; so auch D. L. 8,10.

473 καὶ ὡς Ἀλκιδάμας, ὅτι πάντες τοὺς σοφοὺς τιμῶσιν· … Λακεδαιμόνιοι Χίλωνα ⟨τετιμήκασι⟩ καὶ τῶν γερόντων ἐποίησαν ἥκιστα φιλόλογοι ὄντες, καὶ Ἰταλιῶται Πυθαγόραν … Arist. Rh. 1398b14= Alcid. Fr. 10A.

474 Arist. Rh. 1398b14 wird weder in den einschlägigen Aufsätzen und Lexikonartikeln über Chilon erwähnt (Luther 2002; DNP Chilon; Niese 1899) noch in den Aristoteleskommentaren (Rapp). Von Thommen 1996, S. 78, Anm. 21 wird die Angabe zwar erwähnt, aber nicht diskutiert. Nach Stibbe 1985, S. 9 mit Anm. 12 habe Chilon kein Amt außer dem Ephorat bekleidet; die Tradition über seine Mitgliedschaft in der Gerusie sei isoliert. Diese Position kritisiert Nafissi 1991, S. 130, Anm. 130 und meint zu Recht, dass die Nachricht mehr Aufmerksamkeit verdiene.

475 Vgl. Muir, S. 87: »Avezzù prints this quotation … under the heading Book of Nature but there is no justification for this, and, if anything, guesswork might locate them in a prologue to the Mouseion.« Dass Alkidamas eine Verteidigungsrede der von Sparta abgefallenen Messener geschrieben hat, die wohl nach Spartas Niederlage bei Leuktra und der Befreiung Messeniens (370–369) entstanden ist, legt nahe, dass er sich mit Sparta auskannte.

476 Zu Leben und Werk des Alkidamas vgl. Mariß, S. 15ff.

Alkidamas' Angabe über des Weisen Chilons Mitgliedschaft in der Gerusie ist also ernst zu nehmen und schon im frühen 4. Jh. verbreitet. Dagegen ist die Tradition von Chilons Ephorat erst ab dem 2. Jh. greifbar[477] – also zwei Jahrhunderte später. Ist eine, keine oder sind beide Angaben korrekt?

Während Stibbe 1985 von der Historizität von Chilons Ephorat überzeugt ist, ist Luther skeptisch: Chilons Ephorat beruhe auf einer späteren Tradition, die sich aus den Legenden um die Sieben Weisen speise, und erkläre sich vielleicht als Analogie zu Solons Archontat (ebd. 2002, S. 8). Richer vermutet, dass Chilon erst Geront und später Ephor wurde und dann beide Ämter gleichzeitig ausübte.[478] Auch Nafissi 1991, S. 139 meint, dass Chilon gleichzeitig Ephor und Geront war.

Uns erscheinen die Tradition über Chilons Mitgliedschaft in der Gerusie, die seit dem 4. Jh. bezeugt ist, und seine Datierung in das frühe 6. Jh. glaubhaft, zumal beides zu Herodots Angaben aus dem 5. Jh. passt: Bei den Olympischen Spielen soll Chilon den Vater des späteren athenischen Tyrannen Peisistratos getroffen haben (Hdt. 1,59). Die Historizität dieser Episode sei dahingestellt. Trotzdem kann der zeitliche Rahmen den Tatsachen entsprechen: Peisistratos wurde vor 600 geboren, so dass sein Vater in die Generation von Chilon gehören könnte. Denn wenn Chilon, wie Diogenes Laertios bezeugt, in der 52. Olympiade (ca. 572–69) 60 Jahre alt war, dann wäre er um 630 geboren.[479]

Der Stammbaum von Chilons Familie, der sich aus Herodot rekonstruieren lässt, ist eng mit den beiden Königshäusern verbunden:[480] Die Eurypontiden Leotychides und Demaratos waren mit einer Urenkelin Chilons

477 Apollodor von Athen (D. L. 1,68 = FGrHist 244 Fr. 335c), Pamphila (FHG, Bd. 3, S. 520), Sosikrates (FHG, Bd. 4, S. 502) und Papyrus FGrHist 105 Fr. 1.

478 Vgl. Anm. 463. Tigerstedt 1965–1978, Bd. 1, S. 371, Anm. 508 erwägt, dass Chilon erst Ephor und später Geront war, was der Chronologie von D. L. widerspricht.

479 Gegen diese Datierung scheint im ersten Moment Hdt. 7,235 zu sprechen: Der Spartanerkönig Demaratos erwähnt auf dem Zug des Xerxes im Jahr 480 eine Prophezeiung Chilons, die aber aus früherer Zeit stammt, wie der Zusatz verdeutlicht, Chilon habe in seinem Ausspruch Xerxes' Feldzug nicht vorausgesehen.

480 Hdt. 6,65 berichtet von einem Demarmenos, der einen Sohn Chilon hat, den man für einen Nachfahren des großen Chilon hält; vgl. Luther 2002, S. 4 mit Anm. 48 und Scott ad locum. Dessen Tochter ist erst mit Leotychides, dann mit Demaratos verheiratet. Hdt. 5,39–41 berichtet von einem Demarmenos, der einen Sohn Prinetidas hat. Prinetidas' Tochter war mit Anaxandrides verheiratet. Man geht nun davon aus, dass es in den beiden Passagen um denselben Demarmenos geht und er seinen Sohn nach dessen Großvater Chilon nannte, wie es in Griechenland Sitte war. Chronologisch passt das zusammen; vgl. Poralla, ergänzend Stibbe 1985, S. 211 mit Anm. 26 und Richer 1998, S. 130.

verheiratet; der Agiade Anaxandrides war mit einer anderen Urenkelin Chilons verheiratet. Vielleicht stand dann schon ihr Urgroßvater dem Königshaus nahe. Diese Verwandtschaft mit den Königshäusern würde zu einem Geronten passen, wie die Vertretungsklausel belegt (vgl. 2.4.1 e).

Auch spätere Quellen spiegeln vielleicht die Tradition von Chilons Mitgliedschaft in der Gerusie: Bei Diogenes Laertios heißt es, Chilon habe von sich gesagt, als er schon alt (γηραιόν) war, dass er sich in seinem Leben keiner Unrechtmäßigkeit bewusst sei.[481] Hinter dieser Angabe könnte das gängige Aufnahmekriterium stecken, dass Geronten das ganze Leben gut gelebt haben müssen (vgl. 2.4.1 c). Außerdem erscheint Chilon als Richter (D. L. 1,71) und als Politiker (Ael. VH 3,17), was zu einem Geronten (oder Ephoren) passen würde.

Kritias, der Onkel Platons, zitiert ein Distichon, das Chilon zugeschrieben wird.[482] Das Wort eines Geronten passt sehr gut in den Mund des Kritias, der ein großer Freund der spartanischen Verfassung (X. HG 2,3,34) und einer der 30 Tyrannen war – ein Gremium, das vielleicht die spartanische Gerusie zum Vorbild hatte (vgl. 2.11 b).

Die Datierung des Weisen Chilon durch Diogenes Laertios passt also zu den Angaben Herodots. Chilon trägt in der Überlieferung seit dem 5. Jahrhundert Züge eines Geronten: Er scheint aus der Oberschicht zu stammen, könnte mit dem Königshaus verwandt sein und wurde von einem der 30 zitiert – das alles unterstützt die von Aristoteles zitierte Angabe, er sei Geront gewesen. Vielleicht war er später auch Ephor. Es ist aber auffällig, dass nirgendwo beides bezeugt ist, sondern in der Überlieferung das eine Amt das andere ablöst.

Vielleicht gibt es außer Chilon und Nikosthenidas noch weitere Beispiele, die bisher übersehen wurden: Als Agesilaos eine umstürzlerische Rede des verstorbenen Lysander verlesen wollte, wurde er davon abgehalten – von einem Geronten (so Plutarch) bzw. dem Ephoren *Lakratidas* (so Ephoros und ebenfalls Plutarch).[483] Falls Plutarchs sich nicht widerspricht und keine Verwechslung der Ämter vorliegt, könnte Lakratidas beide Ämter be-

---

481 D. L. 1,71: φασὶ δ' αὐτόν ποτε γηραιὸν ἤδη ὄντα εἰπεῖν ὡς οὐδὲν συνειδείη ἄνομον ἑαυτῷ ἐν τῷ βίῳ.

482 Kritias B7. Die Zuweisung des Distichons, das bei Diogenes Laertios 1,41 namenlos überliefert wird, an Chilon und Kritias legt ein Scholion zu Euripides Hippolytos nahe: ἑνὸς τῶν ἑπτὰ σοφῶν ἐστιν ἀπόφθεγμα τὸ μηδὲν ἄγαν, ὅπερ Χίλωνι ἀνατιθέασιν, ὡς Κριτίας … Sch. E. Hipp. 264.

483 Bei Plu. Ages. 20,3 und Plu. Apophthegmata Laconica 212c durch einen Geronten, dagegen bei Ephor. Fr. 207 (= Plu. Lys. 30) und Plu. Apophthegmata Laconica 229f. durch den Ephoren Lakratidas.

kleidet haben. Ein weiterer Kandidat für Kumulation könnte *Mandrokleidas* gewesen sein, den Jones 1966 für einen möglichen Geronten hält (vgl. 2.5.4). Denn jener warb für die Rhetra des Agis und wurde zusammen mit dem Initiatoren der Rhetra, dem Ephoren Lysander, von den Ephoren des nächsten Jahres zur Rechenschaft gezogen (Plu. Agis 12). Wenn es sich dabei um eine Überprüfung der alten Amtsträger handelte, waren beide Ephoren. Auch *Pleistolas*, den Thukydides im Zusammenhang mit zwei Verträgen erwähnt (Anm. 824), könnte beide Ämter gleichzeitig ausgeübt haben.

Diese Beispiele geben keine Sicherheit, zeigen aber tendenziell, dass Kumulation existierte oder den Autoren zumindest möglich erschien. Die Abwesenheit von Gewaltenteilung, die ohnehin ein modernes Konzept ist, würde die Macht der Gerusie erheblich steigern: Jemand könnte als Ephor Anklage erheben und als Geront verurteilen. Allerdings wird diese Möglichkeit dadurch abgeschwächt, dass es jährlich fünf Ephoren gab und die Iteration wohl verboten war (vgl. Anm. 444).

2.6 Verfahren

2.6.1 Einberufung

Es ist weder genau bekannt, von wem, noch wo oder wann die Gerusie einberufen wurde. Kahrstedt und Hooker meinen, die Gerusie sei ursprünglich von den Königen und in historischer Zeit von den Ephoren einberufen worden, die dieses Recht usurpiert hätten.[484]

Wurde die Gerusie, wie sie die Rhetra konstituiert, von den Königen einberufen? Wohl nicht ausschließlich, denn auch wenn beide abwesend waren, mussten dringende Entscheidungen gefällt werden. Erst im Jahr 506 wurde gesetzlich verboten, dass beide Könige gleichzeitig zu Felde zogen (Hdt. 6,57,5). Es gab also bestimmt eine Phase, in der die Gerusie aus eigenem Antrieb zusammentreten konnte.

Als Beleg für die Einberufung durch die Ephoren führt Kahrstedt (ebd.) die Beratungen über Anaxandrides' Thronfolge an, die die Ephoren erst allein und dann mit den Geronten zusammen führten (Anm. 589). Als weiteren Beleg nennt er die »kleine Volksversammlung«, zu der die Ephoren die Geronten beriefen (vgl. 2.7.6). Ferner wurden die Geronten im (irregulären) Prozess gegen Agis von den Ephoren geholt, um ein Todesurteil zu erreichen (Anm. 589). Aber aus diesen Fällen folgt nicht, dass die Ephoren die Gerusie generell einberiefen. Denn die kleine Volksversammlung ist ein

484 Kahrstedt 1922, S. 215, 227, 241 und 247; Hooker 1980, S. 121.

Sonderfall, in der die Ephoren die nomophylaktischen Kompetenzen der Gerusie brauchten. Bei Anaxandrides und Agis benötigten die Ephoren die richterliche Kompetenz der Geronten.

Es lässt sich also nur sagen, dass die Ephoren die Geronten hinzuzogen, wenn sie sie brauchten. Natürlich erhoben die Ephoren Anklage und führten die Prozesse vor der Gerusie (2.7.4.2 a) und unterbreiteten den Geronten Gesetzesvorhaben zur Vorberatung (2.7.5.3 b). Aber dass die Geronten richterlich (Entscheidung) oder politisch (Probouleusis) auf Initiative der Ephoren aktiv wurden, heißt noch nicht, dass die Ephoren die Gerusie persönlich einberiefen und die Themen der Beratung und Entscheidung nur von den Ephoren kamen. Denn es gibt auch Sitzungen ohne Hinweis auf eine Beteiligung der Ephoren (2.7.5.6). Insofern muss offenbleiben, ob es wie bei der Volksversammlung feste Sitzungstage gegeben hat oder die Gerusie nur bei Bedarf tagte. Aber sicherlich wurde nicht jede Sitzung von den Ephoren einberufen.

Die Volksversammlung, an der die Geronten teilnahmen, tagte an einem festen, aber unbekannten Ort.[485] Wo die Gerusie allein tagte, ist ungewiss. Im 2. Jh. n. Chr. liegt das Rathaus der Geronten auf dem Marktplatz (Paus. 3,11,2). Vielleicht lag der Versammlungsort dort schon im 4. Jh. v. Chr. Denn das könnte erklären, warum Kinadon die Geronten, Könige und Ephoren zusammen auf dem Marktplatz sah (X. HG 3,3,5).

2.6.2 Ablauf

In Kriegszeiten tagte die Gerusie mit nur einem König, wenn der andere König das spartanische Heer zu Felde führte. Vor 506 hat die Gerusie sogar bisweilen ganz ohne Könige getagt (vgl. 2.6.1). Die Vertretungsklausel beweist, dass die Abwesenheit der Könige nicht selten war. Folgende Beispiele für Entscheidungen in Abwesenheit eines Königs oder beider Könige lassen sich finden: Als Pyrrhos Sparta angriff, beriet sich die Gerusie ohne König Areus, der nach Kreta gezogen war (Plu. Pyrrh. 17); den Königsprozess gegen Leotychides im Jahr 488 entschieden Ephoren und Geronten wohl allein, weil der andere König Kleomenes gerade verstorben war (Hdt. 6,85). Man könnte vermuten, dass der König, der häufiger zu Hause blieb, ein besseres Verhältnis zur Gerusie hatte, aber das Gegenteil trifft auf Demaratos und Kleomenes zu, von denen letzterer von der Gerusie begünstigt wurde, obwohl er fast jeden Feldzug führte (vgl. 2.12.1).

---

485 Zwischen Babyka und Knakion (Plu. Lyc. 6).

In Anbetracht der häufigen Abwesenheit der Könige (und der Bedeutung von persönlicher Autorität) erscheint Kahrstedts Vermutung, diese wären die formalen Vorsitzenden des Rats gewesen, nicht zwingend, aber unbedingt wahrscheinlicher als die Behauptung von Birgalias, dass die Ephoren den Vorsitz innehatten.[486]

In das Prozesswesen gibt es einen gewissen Einblick. Die von der Gerusie geführten Kapitalprozesse dauerten mehrere Tage.[487] In Athen wurde dagegen innerhalb eines Tages entschieden. Beides hat sein Für und Wider. In Sparta konnte die längere Prozessdauer eine Entscheidung ermöglichen, die besser abgewogen war, weil mehr Zeit für die Beratung zur Verfügung stand und Beweismittel und Zeugen leichter beigebracht werden konnten. Andererseits barg die längere Zeit die Gefahr, dass die Unabhängigkeit der Entscheidung durch Einflussnahme beeinträchtigt wurde,[488] wie im Fall des Sphodrias geschehen (Anm. 817).

Der Prozess des Sphodrias ist der einzige Fall, aus dem sich der Ablauf eines Prozesses ansatzweise rekonstruieren lässt:[489] Es scheint eine Eröffnungssitzung gegeben zu haben, auf der die Ephoren Anklage erhoben und die Geronten gruppenweise Position bezogen; in der anschließenden Beratungsphase wurde unter vier Augen und in kleinen Gruppen verhandelt, um Überzeugungsarbeit zu leisten und Mehrheiten zu bilden; die ganze Gerusie kam erst wieder an dem Tag zusammen, der für die Abstimmung festgesetzt war.[490] Auch bei der Beratung über ein Gesetzesvorhaben konnte es mehrere Sitzungen geben, wie die Verhandlungen über die Rhetra des Agis zeigen (vgl. S. 196).

Wie die homerischen Geronten sprechen die Mitglieder der Gerusie in der Reihenfolge ihres Alters (κατὰ τάξιν τῆς ἡλικίας Hom. Sch. Il. 18,506). Vor der Volksversammlung sprechen zuerst Könige und Geronten und dann die Ephoren (vgl. 2.7.2.3).

---

486 Kahrstedt 1922, S. 247; Birgalias 2007, S. 348.

487 Plu. Apophthegmata Laconica 217a13. Vgl. auch Pl. Ap. 37a; Th. 1,132 und auch Anm. 490.

488 So David 1991, S. 29.

489 Vgl. Schulz (in Vorbereitung). Hodkinson 2007, S. 62 folgt Shipley 1998, S. 296, der Xenophons Informationen zum Prozess für unvollständig und oberflächlich hält.

490 X. HG 5,4,24 οἱ δ' ἔφοροι ἀνεκάλεσάν τε τὸν Σφοδρίαν καὶ ὑπῆγον θανάτου … 25 … οἱ μὲν οὖν τοῦ Κλεομβότου φίλοι, ἅτε ἑταῖροι ὄντες τῷ Σφοδρίᾳ, ἀπολυτικῶς αὐτοῦ εἶχον, τὸν δέ γε Ἀγησίλαον καὶ τοὺς ἐκείνου φίλους ἐφοβοῦντο, καὶ τοὺς διὰ μέσου δέ· An den folgenden Tagen gibt es Gespräche vom König mit Geronten und von Geronten untereinander (ebd. 26–32). Plu. Ages. 25,4 τῆς κρίσεως ἐγγὺς οὔσης.

2.6.3 Entscheidung

a) Prinzip der Entscheidung

Im Gegensatz zur Volksversammlung, in der per Lautstärke entschieden wurde (vgl. 2.4.3), zählte im spartanischen Ältestenrat die Mehrheit. Hier wollte jeder das gleiche Recht haben. Beim Volk war das offenbar nicht so wichtig. Nach Cartledge 1987, S. 122 f. ermöglichte das Abschätzen der Lautstärke die Manipulation der Volksversammlung – im Gegensatz zum Zählen der Stimmen in der Gerusie. Die Mehrheitsentscheidung erfordert die Gleichheit der Stimmberechtigten: in der Demokratie aller Bürger – in der Aristokratie nur der Elite. Die Mehrheitsentscheidung polarisiert und ist eindeutiger zu fällen als die Abstimmung nach Lautstärke, die die Intensität misst. Auch die Ephoren trafen Mehrheitsentscheidungen.[491]

Für das Königsgericht, das aus Königen, Geronten und Ephoren bestand, ist ebenfalls die Mehrheitsentscheidung bezeugt: Um 494 wurde König Kleomenes mit großer Mehrheit freigesprochen (ἀπέφυγε πολλόν Hdt. 6,82). Im Falle des Pausanias wurde sogar das genaue Abstimmungsergebnis bekannt: 14 Geronten und der andere König plädierten auf schuldig; der Rest sprach ihn frei.[492]

Auch für die Probouleusis sind Mehrheitsentscheidungen bezeugt: Die Rhetra des Agis wurde in der Vorberatung mit einer Stimme Mehrheit verworfen (Plu. Agis 11,1). Vielleicht belegt auch Dionysios von Halikarnass diesen Abstimmungsmodus: Romulus habe den Senat mit ähnlichen Rechten wie die spartanische Gerusie ausgestattet, und zwar entscheide der Senat per Stimmstein und Mehrheit über den Vorschlag, den der König eingebracht habe.[493]

Vielleicht zeigt der Fall der Rhetra des Agis, dass nur dann per Mehrheit abgestimmt wurde, wenn frühere Versuche, sich auf eine Gesetzesvorlage zu einigen, gescheitert waren (vgl. S. 196). Denn prinzipiell eignet sich der spartanische Ältestenrat durch seine überschaubare Größe und die Homogenität der Mitglieder für Konsensentscheidungen (Anm. 441). Außerdem stört die gerade Zahl von 30 Mitgliedern bei Mehrheitsentscheidungen, da

491 Vgl. Richer 1998, S. 380 ff.; nach Luther 2004, S. 50 mit Anm. 162 nur in Fragen der Exekutive.

492 Paus. 3,5,2: τέσσαρες μὲν δὴ καὶ δέκα τῶν γερόντων, ἐπὶ δὲ αὐτοῖς Ἆγις ὁ τῆς ἑτέρας οἰκίας βασιλεύς, ἀδικεῖν τὸν Παυσανίαν κατέγνωσαν· τὸ δὲ ἄλλο ἀπέγνω δικαστήριον. Auch Lukian bezeugt in einer späten und vagen Anspielung das gemeinsame Abstimmen von Königen, Geronten und Ephoren (Luc. Harm. 3,3).

493 D. H. 2,14: ψῆφον ἐπιφέρειν, καὶ ὅ τι ἂν δόξῃ τοῖς πλείοσι τοῦτο νικᾶν.

Patts entstehen können. Auch bei Abwesenheit eines Königs entstand keine ungerade Zahl von Stimmen, da er sein Stimmrecht von einem Geronten wahrnehmen ließ. Vielleicht gab es in der Gerusie eine allmähliche Entwicklung von der Konsens- zur Mehrheitsentscheidung.

b) Offene oder geheime Abstimmung?

Im Prozess gegen Pausanias erfolgte die Abstimmung offen: 14 Geronten und der andere König plädierten auf schuldig; der Rest sprach ihn frei (Anm. 492). Auch in der Vorberatung politischer Fragen wurde wohl offen abgestimmt. Denn Anonymität ist in einem kleinen Gremium von Vertrauten, das auf Zusammenhalt und persönlicher Autorität gründet, schwer vorstellbar. Auf das späte Zeugnis des Dionysios von Halikarnass, dass mit dem Stimmstein, also geheim, abgestimmt wurde (Anm. 493), kann man wohl nicht viel geben. Im Ältestenrat wurde also offen, vielleicht durch Handheben, abgestimmt.

c) Stimmgewichtung

Schon in der Antike war umstritten, ob die Stimme eines Königs das gleiche Gewicht wie die eines Geronten hatte oder doppelt so viel zählte. Thukydides bezeugt, dass seine Zeitgenossen von einer Doppelstimme ausgingen, und möchte durch dieses Beispiel ihre Unwissenheit entlarven, weil die Könige in Wirklichkeit eine einfache Stimme hätten (Th. 1,20). Die Scholien glauben, dass Thukydides an dieser Stelle gegen seinen Vorgänger Herodot polemisiert. Aber Herodots Zeugnis, dass die Stimmen der Könige bei Abwesenheit an die ihnen nächstverwandten Geronten fielen, so dass diese zusätzlich zu der eigenen über zwei weitere Stimmen verfügten (Hdt. 6,57,25), ist doppeldeutig: Bestehen die drei Stimmen des Geronten a) aus der eigenen plus der des einen und der des anderen Königs oder b) aus der eigenen plus den beiden Stimmen eines Königs? Im ersten Fall wären Geronten und Könige stimmgleich, im zweiten Fall hätte jeder König eine Doppelstimme. Carlier meint, dass Herodot von der Doppelstimme der Könige ausgeht.[494] Denn es sei unwahrscheinlich, dass man einen Geronten finden könnte, der gleichzeitig mit beiden Königen am nächsten verwandt ist. Daher vertrete je ein Verwandter einen König. Dagegen meinen Scott und How/Wells ad locum, dass Herodot von einer einzigen Stimme ausgeht und Thukydides ihn missversteht.

494 Carlier 1984, S. 271 f. wie schon Kahrstedt 1922, S. 247.

Welcher Meinung Herodot war, muss also offen bleiben; aber zweifellos hatte Thukydides, wenn er sich nicht blamieren wollte, seinen Angriff auf die landläufige Meinung durch gründliche Nachforschungen abgesichert. Auch Platon spricht von der Stimmgleichheit von Geronten und Königen (δύναμις ἰσόψηφος) und meint, dass das bereits von Lykurg so festgesetzt worden sei.[495] Insofern gehen wir von einer einfachen Stimme aus, auch wenn die Ansicht der Doppelstimme verbreitet war und sich bis in römische Zeit hielt.[496] Vielleicht hat man von anderen Vorrechten der Könige, die wie die doppelte Portion beim Gemeinschaftsmahl einen doppelten Wert der Könige implizieren,[497] fälschlich auf die Stimmgewichtung in der Gerusie geschlossen.

2.7 Richterliche und politische Kompetenzen

2.7.1 Machtfülle oder Machtlosigkeit?

Über Jahrhunderte sahen die Alten die Gerusie als mächtigste Institution Spartas an. Nach Isokrates stand die Gerusie seit Lykurg allen Angelegenheiten vor.[498] Aischines nennt die Gerusie die mächtigste Behörde.[499] Laut Demosthenes war sie »Despot der Menge« und »Herr über den Staat«.[500] Aristoteles nennt die Geronten »Herren wichtiger Entscheidungen«.[501] Laut Polybios bzw. Ephoros wurden alle Angelegenheiten Spartas durch die und mit den Geronten angegangen.[502] Nach Diodor ähnelte die Verfassung von

495 Pl. Lg. 692a2. Diese Ansicht übernimmt Plutarch (Plu. Lyc. 5,6). Hammond 1967, S. 59, Anm. 46 meint dass ἰσόψηφος (generell und) an dieser Stelle nicht individuell, sondern kollektiv zu verstehen sei: »oi gerontes as a group are equal in voting power with the Kings as a pair; it is immaterial that their numbers are 28 and 2.« Aber in den bezeugten Fällen kam es eher vor, dass die Könige in verschiedenen Lagern standen oder (wie im Königsprozess) allein abstimmten. Besaß ein einzelner König dann 14 Stimmen? Das wird durch das Abstimmungsergebnis im Pausaniasprozess ausgeschlossen (Anm. 492). Wenn es hingegen auf das gemeinsame Abstimmen der beiden Könige ankäme, würde ein abwesender König seine Stimme nicht von einem Geronten, sondern von seinem Kollegen wahrnehmen lassen.

496 Noch Luc. Harm. 3,3 geht von der Doppelstimme aus.

497 Zur doppelten Portion vgl. Anm. 430; vgl. ferner Hdt. 7,103.

498 ἐπιστατεῖν ἅπασι τοῖς πράγμασιν Isoc. 12,153.

499 ἀρχὴ μεγίστη Aeschin. 1,180/181.

500 δεσπότης τῶν πολλῶν ... κύριος τῆς πολιτείας D. 20,107.

501 κύριοι κρίσεων μεγάλων Arist. Pol. 1270b38.

502 γέροντες ..., δι᾽ ὧν καὶ μεθ᾽ ὧν πάντα χειρίζεται τὰ κατὰ τὴν πολιτείαν Ephor. Fr. 148 (= Pol. 6,45).

Patara, in der eine Gerusie dem Ganzen vorstand, derjenigen Spartas.[503] Cicero sagt von den Geronten, dass sie das mächtigste Amt führten.[504] Nach Dionysios von Halikarnass hatte die Gerusie die Macht über das Gemeinwesen,[505] nach Plutarch die ganze Macht im Staat[506] und nach Pausanias war sie die mächtigste Institution Spartas.[507] Ein Scholion assoziiert mit »derselben Verfassung«, die nach Thukydides' Bekunden seit 400 Jahren in Kraft war, nur die oligarchische Gerusie.[508]

Der Wert (einzelner) dieser allgemeinen Angaben zur Machtfülle der Geronten ist oft in Frage gestellt worden: Tigerstedt glaubt,[509] dass Polybios und Plutarch die Macht der Gerusie überschätzen und ihre Sichtweise eine Neuheit gewesen sei, die von der tatsächlichen Macht des römischen Senats beeinflusst sei. Tigerstedt ignoriert, dass die Tradition von der Machtfülle der Gerusie bis weit ins vierte Jahrhundert zurückreicht. Das tut Ruzé zwar nicht, tut diese Texte aber als sehr ungenau und zweifellos dem »mirage spartiate« geschuldet ab;[510] außerdem zeugten sie eher von einer exekutiven und judikativen Kompetenz, ohne die Rolle der Gerusie in der Beratung jemals zu erwähnen. Im Rahmen dieser Untersuchung wird sich dagegen zeigen, dass sich neben exekutiven und judikativen auch bedeutende politische und deliberative Kompetenzen der Gerusie abzeichnen, die die allgemeinen Quellen zur Machtfülle bestätigen.

Viele Wissenschaftler scheinen die antiken Zeugnisse zur Machtfülle der Gerusie ganz zu ignorieren: Nach Link 1994, S. 112 f. konnten zwar einzelne Geronten einen bedeutenden Einfluss ausüben, als ganzes sei die Gerusie aber recht bedeutungslos gewesen.[511] Hooker 1980, S. 121 f. sieht in der Gerusie ein Relikt, das nur der Form halber bewahrt wurde, als das Ephorat zum wichtigeren Rat geworden war. In der Tat verschob sich in den Quellen der römischen Zeit die Wahrnehmung der Machtverhältnisse, so dass das Ephorat erst neben[512] die Gerusie und schließlich vor[513] sie trat. Die-

503 προιστάναι τῶν ὅλων D. S. 17,104.

504 qui amplissimum magistratum gerunt Cic. Cato 20.

505 τῶν κοινῶν τὸ κράτος D. H. 2,14.

506 τὸ σύμπαν κράτος ἐν τῇ πολιτείᾳ Plu. Lyc. 26.

507 συνέδριον κυριώτατον τῆς πολιτείας Paus. 3,11,2.

508 τῇ αὐτῇ πολιτείᾳ· τῇ ὀλιγαρχίᾳ, τῇ γερουσίᾳ Th. Sch. 1,18,1.

509 Tigerstedt 1965–1978, Bd. 2, S. 125, 128 f. und 240. Dem widerspricht David 1991, S. 25. Delcourt 2005, S. 183 mit Anm. 258 folgt Tigerstedt.

510 Ruzé 1997, S. 139 mit Anm. 30.

511 Ähnlich Link 2008, S. 21 f. und 26.

512 τῶν ἐφόρων ἦν τότε καὶ τῶν γερόντων τὸ μέγιστον ἐν τῇ πολιτείᾳ κράτος Plu. Ages. 4,2.

513 Γερουσία· ἡ μεγίστη ἀρχὴ παρὰ Λακεδαιμονίοις μετὰ τοὺς ἐφόρους Lex. Patm. 163; Phot.

ser Wandel könnte sich als Rückprojektion erklären, da das zeitgenössische Ephorat mehr von seiner alten Vorrangstellung bewahrt hatte als die Gerusie.[514] Nur eine Minderheit der Forscher ist von der Machtfülle der Gerusie überzeugt. Doch langsam scheint ein Umdenken einzusetzen.[515] Cartledge 2001, S. 84 meint, die Gerusie werde sowohl in der Antike als auch heute durchweg unterschätzt.

Im Folgenden sollen die Kompetenzen der Gerusie geprüft werden. Sind die antiken Angaben zur allgemeinen Machtfülle der Gerusie gerechtfertigt? Wir beginnen in der Frühzeit.

2.7.2 Rhetra, Zusatz und Tyrtaios

In der Rhetra, bei der es sich tatsächlich um ein spartanisches Gesetz der archaischen Zeit zu handeln scheint (vgl. 2.3.3), wird nicht nur Name, Zusammensetzung und Größe der Gerusie festgesetzt, sondern auch ihre politische Kompetenz gegenüber der Volksversammlung. Mit der Rhetra verbindet Plutarch im sechsten Kapitel seiner Lykurgvita zwei weitere Dokumente: einen Zusatz, den die spartanischen Könige Theopomp und Polydoros der Rhetra später angefügt haben sollen und der die politischen Kompetenzen der Gerusie erweitert; und ein Gedicht des Tyrtaios, das die Annahme des Zusatzes durch die Stadt spiegeln soll.[516]

Rhetra und Zusatz habe ich bereits an anderer Stelle ediert und interpretiert, wobei ich den sehr strittigen und korrupten Text der Rhetra durch zwei neue Konjekturen zu heilen versucht habe.[517] Die 6. Zeile der Rhetra wurde zumeist so wiederhergestellt, dass sie dem Volk Allmacht zuspricht, obwohl das für eine archaische Polis und besonders für Sparta erstaunlich ist, zumal Plutarch bezeugt, dass »Lykurg ein Orakel über die Gerusie (nämlich die Rhetra), einholte, weil sie ihm so sehr am Herzen lag« (Plu. Lyc. 6,1). Gemäß der neuen Konjektur wird nicht dem Volk Allmacht, sondern den Anträgen, die von der Gerusie eingebracht und vom Volk ratifiziert werden, bindende Kraft zugesprochen. Waren die meisten Forscher bisher gezwungen, Rhetra und Zusatz als Einheit zu betrachten, um die angebliche All-

514 Cartledge/Spawforth 1989, S. 135.

515 Nach Lévy 2003, S. 207 mit Anm. 101 dürfe die politische Macht der Gerusie nicht über-, aber auch nicht unterschätzt werden, wie er es früher getan habe.

516 Tyrt. Fr. 1bP bzw. Fr. 14P (= Fr. 4W).

517 Schulz 2009: In Zeile 4 ψαφίσασθαι statt ἀφίστασθαι und in Zeile 6 γνώμᾳ statt †γαμω. Den dort vorgebrachten Argumenten sei nur folgendes hinzugefügt: In IG IX 1² 3 609 wird zwischen Antragstellung und Abstimmung mit ähnlichen Termini unterschieden: »wer eine (Land)aufteilung vorschlägt oder zur Abstimmung bringt« – hόστις δὲ δαιθμὸν ἐνφέροι ἒ ψᾶφον διαφέροι.

macht des Volkes in der Rhetra durch das Vetorecht im Zusatz abzuschwächen, kann nun an der überlieferten Trennung festgehalten werden. Ohnehin scheint der Zusatz eine andere Struktur,[518] einen anderen Modus[519] und eine jüngere Sprache zu haben,[520] wenngleich sie auch alt und dorisch ist.[521]

Nach einer Rekapitulation des erarbeiteten Texts und der vorgelegten Interpretation von Rhetra und Zusatz soll das Gedicht des Tyrtaios ediert, interpretiert und mit Rhetra und Zusatz in Beziehung gesetzt werden. Abschließend sollen alle drei Dokumente in den historischen und institutionellen Kontext eingeordnet werden.

2.7.2.1 Text und Interpretation von Rhetra und Zusatz

Die ersten beiden Zeilen der Rhetra, die eine Kultgründung und die Aufteilung der Bürgerschaft behandeln (vgl. 2.3.3), können an dieser Stelle wegbleiben.

3. Einrichtung der Gerusie	»… nachdem man dreißig Mann als Gerusie mit (den) Anführern (= Königen) eingerichtet hat,
4. Einrichtung der Versammlung	ὥρας ἐξ ὥρας ἀπελλάζειν μεταξὺ Βαβύκας τε καὶ Κνακιῶνος, soll man von Zeit zu Zeit (= regelmäßig)[522] Apella (= Volksversammlung)[523] halten zwischen Babyka und Knakion.
5. Verfahren der Versammlung	οὕτως ⟨γνώμας⟩ εἰσφέρειν τε καὶ ψαφίσασθαι. So soll man (Anträge) einbringen und (über sie) abstimmen.
6. Verfahren der Versammlung	γνώμᾳ δ' ἀναγορίαν ἦμεν καὶ κράτος. Der Antrag bekommt Zuspruch und bindende Kraft.«

518 Die Struktur des Zusatzes ist durch sein hypothetisches Satzgefüge erheblich komplexer. Die Protasis ist mit 23 Buchstaben erheblich kürzer als die Kola der Rhetra. Vgl. Schulz 2009, S. 334 f., Anm. 50.

519 Die im Zusatz genannten Kompetenzen werden explizit einzelnen Körperschaften zugewiesen.

520 Im Gegensatz zur Rhetra erscheint im Zusatz der Artikel (ὁ/τοὺς). Vgl. Schulz 2009, S. 334 f., Anm. 51.

521 7. αἰ, δᾶμος, ἀρχαγέτας. Nach Pavese 1992 weist der Terminus ἀποστατῆρ in eine frühe Zeit (ebd. S. 281). Vgl. Schulz 2009, S. 334 f., Anm. 2 und 3.

522 Vielleicht ursprünglich jährlich (vgl. Lévy 2003, S. 31), später sicherlich monatlich (vgl. Treu 1941, S. 26; Oliva 1971, S. 92; Thommen 1996, S. 39 und Meier 1998, S. 201 mit Anm. 101).

523 Plu. Lyc. 6, Glosse ad 4 τὸ δὲ ἀπελλάζειν ἐκκλησιάζειν.

7. Zusatz: Vetorecht der Gerusie	Αἰ δὲ σκολιὰν ⟨γνώμαν⟩ ὁ δᾶμος ἔροιτο, τοὺς πρεσβυγενέας καὶ ἀρχαγέτας ἀποστατῆρας ἦμεν. »Wenn das Volk einen schiefen (Antrag) spricht (= ratifiziert), sollen die früher Geborenen (= Geronten) und Anführer (= Könige) Ablehner sein.«

Rhetra und Zusatz regeln das Zusammenspiel der Körperschaften bei der Entscheidungsfindung. Diese Lesart steht den Interpretationen nahe, die Dreher 2006 als formalistische und anachronistische Vorstellungen geißelt. Aber die Rhetra fügt sich nahtlos in die Regelungsfreudigkeit der frühesten Gesetzesinschriften (vgl. Van Effenterre/Ruzé 1994). Die Ratsmitglieder machen Vorschläge (⟨γνώμας⟩ εἰσφέρειν) und die Volksversammlung stimmt darüber ab (⟨γνώμας⟩ ψαφίσασθαι) und zwar per Lautstärke (γνώμη ἀναγορία ἐστί). Der Vorschlag, der auf diese Weise ratifiziert wird, bekommt bindende Kraft (γνώμη κράτος ἐστί). Vielleicht impliziert ⟨γνώμας⟩ εἰσφέρειν, dass die Gerusie vorab über die einzubringenden Anträge beriet, also probouleutische Funktion hatte.

Nach Plutarch geht es im Zusatz um ein Veto[524] der Gerusie für den Fall, dass das Volk »einen schiefen (Antrag) spricht«. Er deutet die Protasis des Zusatzes dahingehend, dass das Volk die Anträge der Gerusie mit der Zeit veränderte bzw. verfälschte.[525] Das irritiert, weil die spartanische Volksversammlung von Plutarch[526] (bezüglich der Rhetra) und von dessen Quelle Aristoteles[527] (generell) auf ein Ratifikationsrecht beschränkt wird und ihr

524 Plu. Lyc. 6, Glosse ad 7 μὴ κυροῦν ... καὶ διαλύειν τὸν δῆμον ... »nicht bestätigen ... und das Volk auflösen.«

525 Plu. Lyc. 6, Glosse ad 7 ... ὡς ⟨τὸν δῆμον⟩ ἐκτρέποντα καὶ μεταποιοῦντα τὴν γνώμην παρὰ τὸ βέλτιστον, »weil das Volk den Antrag vom Besten abwendet und verändert.«

526 Plu. Lyc. 6, Glosse ad 6 τοῦ δὲ πλήθους ἀθροισθέντος εἰπεῖν μὲν οὐδενὶ γνώμην τῶν ἄλλων ἐφεῖτο, τὴν δ᾽ ὑπὸ τῶν γερόντων καὶ τῶν βασιλέων προτεθεῖσαν ἐπικρῖναι κύριος ἦν ὁ δῆμος. »Wenn das Volk versammelt war, war es zwar keinem der anderen gestattet, einen Antrag einzubringen, aber über den von Geronten und Königen vorgelegten Antrag zu entscheiden, war das Volk mächtig.«

527 Arist. Pol. 1272a10–12 zu den Ähnlichkeiten zwischen kretischer und spartanischer Verfassung: ἐκκλησίας δὲ μετέχουσι πάντες, κυρία δ᾽ οὐδενός ἐστιν ἀλλ᾽ ἢ συνεπιψηφίσαι τὰ δόξαντα τοῖς γέρουσι καὶ τοῖς κόσμοις. »Die Volksversammlung, an der alle teilnehmen, hat keine andere Kompetenz, als die Anträge der Geronten oder Kosmen in einer Abstimmung zu bestätigen.« In der Übersetzung von συνεπιψηφίσαι folgen wir Schütrumpf ad locum, der diesen Passus aber nur auf Kreta bezieht, weil die spartanischen Könige fehlten. Der Terminus »Geronten«

letzterer ein Widerspruchsrecht sogar explizit abspricht.[528] Eher bedeutet »einen Antrag sprechen« also »einen Antrag ratifizieren«. Denn ἔροιτο korrespondiert mit ἀναγορία der vorangegangenen Zeile, das die Abstimmung nach Lautstärke bezeichnet.[529] Aber wie kommt es dazu, dass das Volk einen schiefen Antrag ratifiziert?

Lévy 2003, S. 34 hat vorgeschlagen, den schiefen Antrag auf die Initiative der Ephoren zurückzuführen.[530] Denn spätestens in klassischer Zeit hatten sie das Recht, Anträge in die Volksversammlung einzubringen.[531] Eine Passage bei Herodot zeigt darüber hinaus, dass die Ephoren schon Mitte des 6. Jh. dem Volk raten konnten – zumindest in Verbindung mit der Gerusie.[532] Wie weitere Episoden bei Herodot, die ins 6. Jh. gehören, und die ritualisierten Amtshandlungen der Ephoren nahelegen, reichen die Wurzeln des Ephorats aber über die Mitte des 6. Jh. hinaus.[533] Außerdem soll das Ephorat (nach einer Version) von demselben Theopomp eingeführt worden sein, der den Rhetrazusatz initiiert hat (vgl. Anm. 346). Es erscheint denkbar, dass eine Reform, die das Monopol der Gerusie zur Initiative brach, ihr als letzte Sicherheit ein Widerspruchsrecht verlieh. Deshalb ist anzunehmen, dass der Zusatz gegen die Initiative der Ephoren gerichtet war, indem er der Gerusie ein Widerspruchsrecht verlieh:[534] »Wenn das Volk einen

---

kann aber auch die Könige einschließen – vgl. 2.2. Daher folgen wir der von Schütrumpf verworfenen Interpretation von Andrewes 1966, S. 2: Die Volksversammlung hat nur das Recht, die Vorschläge der Geronten (in Kreta und Sparta) und der Kosmen (in Kreta) zu ratifizieren. Vielleicht entsprach dieser Passus demjenigen der verlorenen *Verfassung der Spartaner,* die Plutarchs direkte Quelle ist (vgl. Anm. 359).

528 Arist. Pol. 1273a9: ἃ δ' ἂν εἰσφέρωσιν οὗτοι, οὐ διακοῦσαι μόνον ἀποδιδόασι τῷ δήμῳ τὰ δόξαντα τοῖς ἄρχουσιν, ἀλλὰ κύριοι κρίνειν εἰσὶ καὶ τῷ βουλομένῳ τοῖς εἰσφερομένοις ἀντειπεῖν ἔξεστιν, ὅπερ ἐν ταῖς ἑτέραις πολιτείαις οὐκ ἔστιν. »Sie (Könige und Geronten in Karthago) legen das, was die Herrscher beschlossen haben, dem Volk nicht nur zur Kenntnis vor, sondern sie (die Bürger) haben das Recht zu entscheiden und jeder kann den Anträgen widersprechen, was es in den anderen Verfassungen (= Sparta und Kreta) nicht gibt.« Der Relativsatz bezieht sich offensichtlich nur auf das letzte Kolon; vgl. Lévy 2003, S. 213 f. Wade-Gerys Umstellung des Texts ist inakzeptabel (ebd. 1958, S. 52). Vielleicht klingt diese Einschränkung der Volksversammlung schon in συνεπιψηφίσαι »in einer Abstimmung bestätigen« an; vgl. Anm. 527.

529 Nafissi 1991, S. 75, Anm. 181.

530 Ähnlich Luther 2004, S. 47.

531 Zum Beispiel der Ephor Sthenlaidas in der Debatte über die Kriegserklärung an Athen (S. 206).

532 Vgl. Anm. 589 Anaxandrides.

533 Link 2000, S. 1–19.

534 So auch Lévy 2003, S. 34 und Luther 2004, S. 138. Vgl. auch Richer 1998, S. 345, Anm. 119 mit weiterer Literatur.

schiefen Antrag (der Ephoren) ratifiziert, sollen ihn die Geronten und Könige ablehnen«. Dieser Zusatz wurde nötig, weil das εἰσφέρειν der Rhetra nicht mehr nur auf die Gerusie bezogen wurde.

Leider sagen unsere spärlichen Quellen nur wenig über die Widerspruchspraxis. Es kommen zwei Fälle in Betracht, die häufig diskutiert werden: 1. Der Geront Hetoimaridas brachte die Volksversammlung davon ab, Athen den Krieg zu erklären. 2. Die Gerusie lehnte die Rhetra des Agis ab, von der ein Ephor das Volk begeistert hatte. In beiden Fällen tagte die Gerusie zeitlich vor der Volksversammlung, ohne zu einer Entscheidung zu kommen. Das lässt Raum, dass Dritte Vorschläge vor das Volk bringen. Anschließend beriet die Gerusie über die Entscheidung oder Willensäußerung des Volkes. Sie war nicht genehm. Die Ablehnung, deren Modus der Zusatz nicht spezifiziert, erfolgte im Falle des Hetoimaridas durch einen überzeugenden Gegenvorschlag der Gerusie und im Falle des Agis durch eine Abstimmung der Geronten in der Vor- (bzw. Nach)beratung.[535] Später werden beide Fälle eingehender zu untersuchen und die Bedeutung des Widerspruchsrechts zu präzisieren sein (S. 196 und 201; 2.7.5.5).

Der Zusatz gab der Gerusie offenbar ein Vetorecht gegen Entscheidungen oder Willensäußerungen des Volkes, die in den Augen der Geronten falsch waren. De facto scheint die Gerusie jedoch nur selten von ihrem Vetorecht Gebrauch gemacht zu haben. In der Praxis war es schwer, den erklärten Willen der Mehrheit zu ignorieren. Daher war ihr Widerspruch wohl meistens konstruktiv (Hetoimaridas: neue Versammlung und Gegenvorschlag) und selten destruktiv wie im Falle des Agis (Verweigerung des Probouleuma, was zu Bürgerkrieg führte).

Der Zusatz, der der Rhetra wohl später angefügt worden ist, sicherte den politischen Einfluss des Adels, der durch die Einrichtung oder den Aufstieg des Ephorats gefährdet war. Das Initiativrecht der Gerusie wurde geschützt, indem ihr ein Vetorecht verliehen wurde. Zu Recht sehen Cartledge und Nafissi in der probouleutischen Funktion der Gerusie, die aus Initiativ- und Vetorecht bestand, einen Grundpfeiler ihrer politischen Macht.[536]

535 Plutarch Agis 11 meint, dass die Gerusie die Rhetra gestützt auf ihr *Vor*beratungsrecht ablehnte. Wenn die Versammlung noch nicht offiziell entschieden hatte, war dies die zweite Vorberatung. Denn die erste führte zu keinem Ergebnis (Plu. Agis 9).

536 Cartledge 1987, S. 17, 121 und 125; Nafissi 1991, S. 109f.

2.7.2.2 Plutarchs und Diodors Tyrtaios

Plutarch zitiert Tyrtaios, um die Annahme des Zusatzes durch die Stadt zu belegen (Plu. Lyc. 6,5). Es stellt sich die Frage, inwiefern das Gedicht den Zusatz belegt und ob der Beleg mit unserer Interpretation konform geht. Denn man hat Plutarch vorgeworfen, das Zitat erfülle seinen Zweck nicht,[537] und sogar behauptet, Rhetra und Tyrtaios hätten nichts miteinander zu tun.[538] Verkompliziert wird die Frage dadurch, dass Diodor eine längere Version des Gedichts überliefert (D. S. 7,12,6), deren Authentizität bisweilen bestritten worden ist.[539] Außerdem ist die Authentizität des gesamten Corpus Tyrtaeicum in Frage gestellt worden.[540]

Zur Anschaulichkeit sollen Text und Übersetzung einer kombinierten Version beider Gedichte vorweggenommen werden, auch wenn sie Resultat der anschließenden Interpretation ist. Dabei werden die Verse den beiden Autoren P(lutarch) und D(iodor) zugewiesen. Die beiden verschiedenen (aber kombinierbaren)[541] Einleitungsdistichen, die die Befragung des Delphischen Orakels und die Erteilung des Orakelspruchs behandeln, können hier vernachlässigt werden. Der Spruch beginnt:

P/D3 ἄρχειν μὲν βουλῆς θεοτιμήτους βασιλῆας,
»Mit der Beratung beginnen sollen die gottgeehrten Könige,

P/D4 οἷσι μέλει Σπάρτης ἱμερόεσσα πόλις,
denen am Herzen liegt die liebliche Stadt Sparta,

537 Hölscher 1986, S. 417.

538 Van Wees 1999 und 2002; dagegen Meier 2002 und Link 2003. Luther 2004, S. 59ff. hat Van Wees' These wieder aufgenommen.

539 Treu 1941, S. 36; Wade-Gery 1958, S. 59ff.; Prato, S. 67ff.

540 Schwartz 1899, S. 466 hält alle Gedichte für eine athenische Fälschung des 5. Jh.; auch Luther 2004, S. 59ff. erwägt eine Datierung der Gedichte ins 5. Jh.

541 Hölscher 1986, S. 419; Meier 1998, S. 90; Van Wees 1999, S. 8; bereits Hammond 1950, S. 49, aber ohne eine Reihenfolge anzugeben. Im ursprünglichen Gedicht umfasste die Einleitung also zwei Distichen. Bei Diodor fehlt der Anfang, und Plutarch lässt den zweiten Teil der Einleitung weg, weil es ihm nur um die Orakelbefrager, Theopomp und Polydoros, geht. Die Kürzung von Zitaten entspricht Plutarchs und Aristoteles' Praxis. Van Wees 1999, S. 8 führt als Beispiel Solons Elegie 11W an, die Plutarch in Sol. 30. zitiert. Hölscher 1986, S. 419 weist auf Aristoteles' Zitat von Hes. Th. 116–120 hin und meint damit wohl Arist. Metaph. 984b. Die Häufung der Epitheta in Diodors Einleitung, die das Distichon nach Prato, S. 67–69 als Fälschung entlarve, ist zwar auffällig, aber nicht singulär: vgl. Tyrt. 2W, 12–13f. und Hom. Od. 12,448f.

P/D5	πρεσβυγενεῖς τε γέροντας· ἔπειτα δὲ δημότας ἄνδρας und die früher geborenen[542] Geronten. Dann sollen gemeine Männer,
P/D6	εὐθείαις ῥήτραις ἀνταπαμειβομένους indem sie mit[543] geraden Rhetren (= Beschlussvorlagen) antworten,
D7	μυθεῖσθαί τε τὰ καλὰ καὶ ἔρδειν πάντα δίκαια, das Schöne sagen und alles Gerechte tun
D8	μηδέ τι βουλεύειν τῆιδε πόλει [ἄδικον]. und unserer Stadt nichts (Ungerechtes) raten.
D9	δήμου τε πλήθει νίκην καὶ κάρτος ἕπεσθαι. Der Menge des Volkes soll Sieg und Macht folgen.«
D10	Φοῖβος γὰρ περὶ τῶν ὧδ' ἀνέφηνε πόλει. Denn Phoibos hat es so der Stadt verkündet.

P/D5 πρεσβυγενεῖς D. S. : πρεσβύτας Plu.
P/D6 εὐθείαις ῥήτραις Plu. : εὐθείης ῥήτρας D. S.
D7 δὲ Dindorf : τε D. S.
D8 μηδέ τι βουλεύειν Bach : μηδ' ἐπιβουλεύειν Dindorf : μηδέ τι ἐπιβουλεύειν D. S.
D8 ἄδικον : σκολιόν Bach : lacuna D. S.
Es sind nur Konjekturen und Varianten aufgeführt, die im Folgenden wegen ihrer Bedeutung diskutiert werden. Im Wesentlichen stimmt unser Text mit demjenigen von West überein (4 W).

Diodors Tyrtaios scheint eine vollständigere Version zu sein,[544] da sie Plutarchs elliptischen Text fortsetzt: »dass einerseits Könige und Geronten ἄρχειν … βουλῆς, dass andererseits gemeine Männer …«.[545] Plutarchs Text bricht an der Stelle ab, wo man nach »andererseits gemeine Männer« ein wei-

542 D5 πρεσβυγενεῖς wird von den meisten Philologen P5 πρεσβύτας vorgezogen, wegen seiner Nähe zum Rhetrazusatz. Außerdem wird es durch eine Parallele gestützt, die Pavese 1992, S. 268 anführt, in der Plutarch – offensichtlich in Bezug auf die Formulierung von Tyrtaios bzw. Zusatz – von πρεσβυγενέας spricht (Plu. an seni res publica gerenda sit 789e).

543 Über die Kasusfunktion herrscht Dissens. Entweder handelt es sich um ein Dativobjekt oder einen instrumentalen Dativ, wobei letztere Konstruktion häufiger ist (LSJ). Die Variante εὐθείης ῥήτρας wird zu Recht verworfen.

544 So auch Bringmann 1986 [1975], S. 360 ff.; Hölscher 1986 passim; Pavese 1992, S. 279; Thommen 1996, S. 36 ff.; Meier 1998, S. 245; Van Wees 1999, S. 7 ff.

545 μέν … τε | δέ schließt zwei Glieder zusammen, die anschließend einem dritten Glied gegenübergestellt werden; vgl. Denniston, S. 374, Anm. 2.

teres Kolon mit einem neuen Infinitiv erwarten würde, zumal sich ἄρχειν »herrschen/anfangen« logisch nur schlecht auf alle drei Körperschaften beziehen kann. Bei Diodor folgen drei Infinitive, die mit δημότας ἄνδρας einen AcI bilden, der den AcI in Versen P/D3–5 kontrastiert: »dass einerseits Könige und Geronten mit der Beratung anfangen,[546] dass andererseits gemeine Männer μυθεῖσθαί τε[547] … καὶ ἔρδειν … μηδέ τι ἐπιβουλεύειν«. Obwohl das die nächstliegende Lösung ist, sind andere Subjektsakkusative auf die drei Infinitive bezogen worden.[548] Wir schließen uns den Forschern an, die δημότας ἄνδρας als Subjektsakkusativ der drei folgenden Infinitive verstehen.[549]

---

546 Die Grundbedeutung von ἄρχειν τινός ist »erster sein in etwas«. Je nach Zusammenhang kann es dann »anfangen mit« oder »herrschen über« bedeuten. Das Substantiv βουλή kann »Beratung«, ihr Resultat »Ratschlag, Beschluss« und das Gremium »Ratsversammlung« bezeichnen (LSJ). Der Terminus βουλή ist aber für die Bezeichnung des spartanischen Ältestenrats ungebräuchlich (vgl. 2.2). Das spricht gegen die Übersetzung von ἄρχειν »über den Rat herrschen« und für die gängigere Übersetzung »mit der Beratung anfangen«. »Anfangen«: Hammond 1967, S. 47; Bringmann 1986 [1975], S. 360, Anm. 17; Hölscher 1986, S. 417; Van Wees 1999, S. 9; Link 2000, S. 21; Lévy 2003, S. 24; »Herrschen«: Thommen 1996, S. 33; Meier 1998, S. 191.

547 Das δέ der Handschriften wird fast durchgängig in τε geändert, weil die Infinitive sonst in der Luft hängen. Meier 1998, S. 190 hält δέ und erklärt die Infinitive als Einschub des Dichters, was aber nicht überzeugt (Anm. 548). Thommen 1996, S. 36f. setzt zwar δέ, trägt dem entstehenden Einschnitt aber nicht Rechnung (Anm. 548).

548 Bringmann 1986 [1975], S. 360f. geht dem Problem aus dem Weg, indem er die Verse P/D5–6 athetiert, so dass sich alle Infinitive auf die Könige in Vers P/D3 beziehen lassen. Trotzdem begründet er die Kombination von Plutarchs und Diodors Versionen damit, dass nach P/D5–6 noch etwas kommen müsse. – Hölscher 1986, S. 417f., der schon am Anfang von P/D5 ein neues Kolon beginnen lässt, nimmt πρεσβυγενεῖς γέροντας und δημότας ἄνδρας zusammen als Subjektsakkusative der folgenden Infinitive. Aber die Verbindung durch ἔπειτα δέ ist rau, wie er selbst einräumen muss. – Thommen 1996, S. 36f. bezieht alle drei Subjektsakkusative (Könige, Geronten und gemeine Männer) auf ἄρχειν, was schwierig erscheint (»herrschen« alle drei zusammen?), und bezieht auf die drei bei Diodor folgenden Infinitive nur Könige und Geronten und unterschlägt dabei die gemeinen Männer. – Meier 1998, S. 190f. hat einen unkonventionellen Vorschlag gemacht. Auch er nimmt zu ἄρχειν alle drei Subjektsakkusative. Mit Vers P/D6 sei das Orakel zu Ende und die drei neuen Infinitive in D7–8 seien eine Erläuterung des Dichters. In seiner Übersetzung verdeutlicht er das durch den Einschub: »Das aber bedeutet«. Im griechischen Text sind die Infinitive als Apposition aber unkenntlich. Meier führt keine Parallele dafür an, dass sich ein Grieche je so ausgedrückt hätte. Außerdem ist Meier gezwungen, Vers D9, der offensichtlich das Orakel fortsetzt, zusammen mit D10 zu streichen (vgl. Anm. 553).

549 So auch Van Wees 1999, S. 7 und Link 2000, S. 22ff. Lévy 2003, S. 26 bezieht δημότας ἄνδρας zwar auf die beiden Infinitive des Hexameters, glaubt aber, dass

Der Hexameter D7 lautet: »dass (gemeine Männer) das Schöne sagen und alles Gerechte tun«. Der durch μηδέ eingeleitete Pentameter D8 bildet dazu offensichtlich einen Gegensatz. Die Interpretation wird durch eine Korruptel erschwert. Die erste Pentameterhälfte ist metrisch verderbt, die zweite unvollständig. Für die Heilung des korrupten μηδέ τι ἐπι, das nicht ins Metrum passt und sich als Dittographie erklären lässt, gibt es zwei Vorschläge: μηδ' ἐπιβουλεύειν oder μηδέ τι βουλεύειν. Da ἐπιβουλεύειν in der Bedeutung »etwas gegen jemanden im Schilde führen«, die es hier haben müsste, wohl erst im Attischen des 5. Jh. belegt ist,[550] zieht die Mehrzahl der Editoren die zweite Möglichkeit vor und ergänzt die Lücke in Anlehnung an den Zusatz durch [σκολιόν]: »und dass (gemeine Männer) der Stadt nicht (schief) raten«. Dagegen spricht, dass Plutarch den Vers sicherlich zitiert hätte, wenn der Bezug zum Zusatz so eng gewesen wäre, wie Van Wees zu Recht einwendet.[551] Alternativ könnte man z. B. [ἄδικον] ergänzen.

Das letzte Distichon setzt den Orakelspruch im Hexameter D9 mit einem neuen AcI fort. »Sieg und Macht« werden δήμου πλήθει zugesprochen. Die »Menge des Volkes« ist wohl eine Umschreibung der Volksversammlung.[552] Prato hält den Vers für metrisch suspekt, weil der Hexameter mit vier Spondeen beginnt, Meier übernimmt das Argument und streicht diesen Vers (zusammen mit dem Pentameter).[553] Aber die metrische Besonderheit scheint in Anbetracht der wenigen Tyrtaiosverse, die uns überliefert sind, nicht hinreichend, um den Vers als Interpolation zu erweisen. Bei Tyrtaios' Vorbild Homer gibt es sogar Hexameter, die mit fünf Spondeen beginnen.[554]

Wir halten Diodors Text nicht für eine Fälschung, weil die zusätzlichen Verse D7–10 Plutarchs elliptischen Text zu zwanglos fortsetzen. Die sprachlichen und stilistischen Einwände überzeugen nicht, zumal von Tyrtaios wenig erhalten und das Erhaltene recht heterogen ist.

βουλεύειν im Pentameter eher zur Gerusie passe (ebd. Anm. 35). Ein Subjektswechsel innerhalb des Distichons ist aber unwahrscheinlich.

550 LSJ nimmt Tyrtaios als ersten Beleg für diese Bedeutung. Dagegen protestiert zu Recht Hammond 1950, S. 48, Anm. 33.

551 Van Wees 1999, S. 10. Sein eigener Vorschlag (ebd. S. 12), in der Lücke einen neuen Satz beginnen zu lassen, scheitert daran, dass Satzbeginn an dieser Stelle so gut wie ausgeschlossen ist und dass seine Vorschläge ὥσθ' ἅμα/ ἀλλ' αἰεί nicht ins Metrum passen. In jedem Fall ist D8 eine Ermahnung, der Stadt nicht zu schaden.

552 Lévy 2003, S. 24. Nicht »Mehrheit des Volkes« wie Hammond 1950, S. 48; Hölscher 1986, S. 418 und Pavese 1992, S. 275ff. übersetzen. Meier 1998, S. 246, Anm. 21 kritisiert diese Übersetzung mit dem Hinweis, dass das Mehrheitsdenken erst im 5. Jh. aufkomme. Außerdem zählt in der spartanischen Abstimmung nach Lautstärke nicht die Mehrheit; vgl. 2.4.3.

553 Prato, S. 70; Meier 1998, S. 245, Anm. 14.

554 Zum Beispiel Hom. Il. 14,468 οὔδει πλῆντ' ἤ περ κνῆμαι καὶ γοῦνα πεσόντος.

2.7.2.3 Interpretation von Tyrtaios

Die Verse P/D5-D8 lauten: »Indem gemeine Männer mit geraden Rhetren antworten, sollen sie das Schöne sagen, alles Gerechte tun und der Stadt nichts Ungerechtes raten«. Mit den δημόται ἄνδρες ist nach der Communis opinio das Volk gemeint. Aber das ist sehr unwahrscheinlich, wenn man Diodors Ergänzung ganz akzeptiert und den Text nach der syntaktisch nächstliegenden Form interpretiert. Man kann sich zwar noch vorstellen, dass mit εὐθείαις ῥήτραις ἀνταπαμειβομένους die Ratifikation durch das Volk gemeint ist, μυθεῖσθαί τε τὰ καλά die Ratifikation positiv wertet und vielleicht ἔρδειν πάντα δίκαια das spätere Handeln gemäß dem Gesetz meint. Aber τι βουλεύειν lässt sich in keinem Fall auf das Volk beziehen, weil es in Sparta kein allgemeines Rederecht gab.[555] Man hat daher vorgeschlagen, hinter den δημόται ἄνδρες die Ephoren zu sehen.[556] Denn diese hatten spätestens seit der Mitte des 6. Jh. eine Beratungskompetenz (vgl. Anm. 532). In späterer Zeit bezeichnet Rhetra eine Beschlussvorlage, die ein Ephor ausarbeitet, der Gerusie vorlegt und dem Volk empfiehlt (vgl. Anm. 356). Der Terminus »Männer des Volkes« passt auf die Ephoren insofern, als sie als Vertreter des ganzen Volkes empfunden wurden, wie die rituelle Kriegserklärung an die Heloten, die die Ephoren im Namen aller Spartaner aussprachen, beweist.[557] Die Ephoren bilden zusammen mit den Geronten die mysteriöse »kleine *Volks*versammlung«.[558] Außerdem wurde das Ephorat für eine demokratische Institution gehalten, weil es dem ganzen Volk offenstand.[559] Daraus ergibt sich in Tyrtaios' Gedicht ein neuer Ablauf des Geschehens:

Könige und Geronten dürfen der Volksversammlung als erste Anträge unterbreiten (ἄρχειν βουλῆς), bevor die Reihe an den Ephoren ist (ἔπειτα δέ).[560] Die Ephoren sollen mit geraden Beschlussvorlagen antworten. Antwort (ἀνταπαμειβομένους) unterstreicht die Nachzeitigkeit und impliziert

555 Vgl. 2.7.5.2.

556 Richer 1998, S. 99–102 mit Anm. 43; Link 2000, S. 19–30. Nafissi 1991, S. 56ff. vermutet, die δημόται ἄνδρες seien schon in der Antike mit den Ephoren identifiziert worden.

557 So DNP Ephoroi über Plu. Lyc. 28,4.

558 Zu der singulär bei Xenophon bezeugten μικρὰ ἐκκλησία vgl. 2.7.6.

559 Nach Arist. Pol. 1265b 38ff. halten viele die Ephoren für das demokratische Element der spartanischen Verfassung, weil sie aus dem Volk stammen: δημοκρατεῖσθαι δὲ κατὰ τὴν τῶν ἐφόρων ἀρχὴν διὰ τὸ ἐκ τοῦ δήμου εἶναι τοὺς ἐφόρους. Zu seiner eigenen Meinung, die in ähnliche Richtung geht vgl. 2.4.1 e).

560 Ein Beispiel dafür ist die von Thukydides bezeugte Debatte über eine Kriegserklärung an Athen (Th. 1,79), bei der König Archidamos vor dem Ephor Sthenelaidas spricht.

ein gemeinsames Vorgehen, wie es oft zwischen Ephoren und Geronten bezeugt ist. Das Partizip ἀνταπαμειβομένους, das modal »indem sie« zu verstehen ist, bildet die Grundlage für die drei Infinitive: Indem die Ephoren (auf den guten Beginn der Beratung durch die Gerusie) gerade antworten, handeln sie richtig und raten der Stadt nichts Ungerechtes. Ihr Beraten soll also mit der Gerusie abgestimmt sein und ihrem Urteil entsprechen. Der Hexameter D9 scheint die Ratifikation durch die Volksversammlung auszudrücken. Der Pentameter D10 bildet eine Schlussklausel aus auktorialer Perspektive.

Tyrtaios' Gedicht hat einen aristokratischen Tenor, weil das Verantwortungsbewusstsein der Könige für die Stadt außer Frage steht (Verse P/D3–4). Schaden droht der Stadt nur von Seiten der Ephoren, wenn sie sich gegen die Gerusie wenden. Dieses Szenario liegt auch dem Rhetrazusatz zugrunde.

2.7.2.4 Verhältnis von Rhetra, Zusatz und Tyrtaios

Solange die Rhetra alleine stand, war klar, dass mit ⟨γνώμας⟩ εἰσφέρειν die Mitglieder der Gerusie gemeint waren. Nach Anfügung des Zusatzes und dem Aufstieg des Ephorats wird ihr Primat von Tyrtaios durch ἄρχειν βουλῆς päzisiert. Plutarch nimmt an, dass der Zusatz der Gerusie ein Vetorecht gegen die Modifikation ihrer Anträge durch das Volk gab und sieht das durch Tyrtaios belegt. Genau genommen ist die Gefahr, auf die der Zusatz reagiert, nicht die Modifikation der Anträge der Gerusie durch das Volk, sondern die Ratifikation (ἔροιτο) eines schiefen Gegenvorschlags der Ephoren (σκολιὰν ⟨γνώμαν⟩). Auch bei Tyrtaios droht diese Gefahr (βουλεύειν [ἄδικον]), aber so weit soll es erst gar nicht kommen: Denn die Ephoren sollen gerade Rhetren/Beschlussvorlagen (εὐθείαις ῥήτραις) machen. Das Initiativrecht der Ephoren ist im Zusatz implizit und bei Tyrtaios explizit. Die Gerusie entscheidet, ob ein Antrag gerade oder schief und ungerecht ist. Zwar ist das Vetorecht des Zusatzes bei Tyrtaios nicht expliziert, aber die Ephoren werden eng an die Gerusie gebunden. Die Machtverhältnisse von Zusatz und Tyrtaios sind also durchaus kompatibel.

Im Zusatz geht es um das Verhältnis von Gerusie und Volksversammlung und indirekt um die Ephoren. Bei Tyrtaios geht es um das Verhältnis von Gerusie und Ephoren und indirekt um die Volksversammlung. Das sind zwei verschiedene Perspektiven, die aber im Kern die gleiche Situation beschreiben.

Zum Verhältnis von Tyrtaios und Zusatz ist zusammenfassend festzuhalten, dass beide Dokumente viele Ähnlichkeiten haben: die kompatiblen Machtverhältnisse, der aristokratische Tenor, eine ähnliche Terminologie[561] und möglicherweise die Verbindung mit Theopomp und Polydoros.[562] Die Unterschiede sind auf die verschiedenen Perspektiven zurückzuführen. Tyrtaios könnte sein Gedicht also durchaus an den Rhetrazusatz angelehnt haben.

Die meisten Forscher sind der Auffassung, dass Tyrtaios' Gedicht auf die Rhetra und/oder den Zusatz Bezug nimmt, auch wenn die Parallelen auf verschiedenen Rekonstruktionen und Interpretationen des Textes beruhen.[563] Einige Altertumswissenschaftler sind jedoch der Meinung, Tyrtaios rezipiere primär die Rhetra,[564] was Plutarchs Zeugnis widerspricht, der durch das Tyrtaioszitat die Annahme des Zusatzes belegen will. Dagegen machen die von uns aufgezeigten Parallelen deutlich, dass das Gedicht sehr wohl, wie Plutarch meint, den Zusatz (und die Rhetra) spiegelt. Die Ansicht, das Gedicht des Tyrtaios und die Rhetra bzw. der Zusatz hätten nichts miteinander zu tun, ist daher entschieden zurückzuweisen.

2.7.2.5 Versuch einer historischen Einordnung

Im Zentrum der Rhetra steht der Ältestenrat, dessen Name, Zusammensetzung, Größe und Kompetenz festgesetzt wird. Die zweite Körperschaft, die konstituiert wurde, ist die Volksversammlung, die unter einem besonderen Namen, an einem festen Ort und in einem festen Intervall tagte. Das Verhältnis zwischen beiden Gremien wird geregelt: Die Gerusie übte das Initiativrecht aus (und konnte sich vorab über Vorschläge abstimmen). Das

561 Zwar heißen die Könige im Zusatz ἀρχαγέτας und bei Tyrtaios βασιλῆας (Vers P/D3), aber die Kompetenz dieser βασιλῆας ist ἄρχειν. Die seltene Bezeichnung für die Geronten πρεσβυγενεῖς ist wohl gleich (vgl. Anm. 542). σκολιάν im Zusatz wird von εὐθείαις (Vers P/D6) kontrastiert. ἔροιτο korrespondiert mit ῥήτραις (Vers P/D6).

562 Plutarch behauptet, der Zusatz sei der Rhetra von Theopomp und Polydoros angefügt worden. Sein Einleitungsdistichon beginnt Φοίβου ἀκούσαντες … ἔνεικαν. Das impliziert ein Subjekt im Plural Maskulinum. Das könnten durchaus die beiden spartanischen Könige sein, wie Prato, S. 70 und Kõiv 2003, S. 204 annehmen, aber auch »die Spartaner«, »die Herakliden« o. ä.

563 Treu 1941, S. 32 nennt Tyrtaios eine poetische Wendung der Rhetra; Wade-Gery 1958, S. 59; Bringmann 1986 [1975], S. 357; Hölscher 1986, S. 419; Pavese 1992 passim; Thommen 1996, S. 36; Meier 2000, S. 49; Lévy 2003, S. 25 f.; Kõiv 2003, S. 188.

564 Zum Beispiel Wade-Gery 1958, S. 55 f.

Volk hatte das Recht, die Anträge der Geronten zu ratifizieren. Die Abstimmung erfolgte per Akklamation. Der Vorschlag, der auf diese Weise ratifiziert wurde, war für die Gemeinschaft bindend.

Der Zusatz, der der Rhetra über 130 Jahre später von Theopomp und Polydoros angefügt worden sein soll, stammt sicherlich aus späterer Zeit als die Rhetra. Die Volksversammlung konnte nun Entschlüsse fassen, die der Gerusie zuwiderliefen. Diese Gefahr entstand wohl am ehesten aus dem Aufstieg des Ephorats. Die Ephoren hatten als Volksvertreter das Initiativrecht gewonnen. Der Zusatz war die aristokratische Gegenreaktion. Die Gerusie erhielt ein Vetorecht gegen die Ratifikation von Anträgen der Ephoren durch das Volk, die sie nicht billigte. Im Gegensatz zu Rat und Volksversammlung, die homerische Pendants haben, war das Ephorat eine neue Einrichtung. Es soll von demselben Theopomp eingeführt worden sein, der nach der Überlieferung den Rhetrazusatz initiiert hat. Es erscheint glaubhaft, dass eine Reform, die das Monopol der Gerusie zur Initiative brach, ihr als letzte Sicherheit ein Veto verlieh. Die Einräumung des Mitspracherechts war sicherlich schmerzlich, aber ein weiser Schritt, der eine komplette Entmachtung der Aristokratie auf lange Zeit verhindern und den Fortbestand der Gerusie sichern sollte.

Das Gedicht des Tyrtaios rezipiert die Rhetra mit angefügtem Zusatz. Die Machtverhältnisse sind kompatibel: Die Geronten bringen Anträge ein, bevor die Reihe an den Ephoren ist. Es liegt im Ermessen der Gerusie, ob sie einen fremden Antrag für gerade hält oder für schief d. h. zum Schaden der Stadt. Im letzteren Fall interveniert die Gerusie als Schützer des Rechts. Die Gerusie übt also eine Art Nomophylakie aus (s. u. 2.7.3). Tyrtaios beschwört das gute Miteinander.

Die sprachliche und inhaltliche Untersuchung von Rhetra und Zusatz erlaubt den Schluss, dass es sich wahrscheinlich um authentische Dokumente der archaischen Zeit handelt, wobei die Rhetra älter als der Zusatz ist. Tyrtaios' Bezugnahme auf Rhetra und Zusatz gibt einen Terminus ante quem. Den Rahmen für eine grobe zeitliche Einordnung der drei Dokumente bilden die Messenischen Kriege und die Regierungszeit Theopomps, deren Datierung freilich umstritten ist.[565]

Der Zusatz ist der Rhetra später von Theopomp und Polydoros angefügt worden. Die Rhetra selbst ist älter – wenn auch nicht unbedingt 130 Jahre – und datiert vor den (von Theopomp geführten) ersten Messenischen

565 Wir folgen Parker 1991 und 1993.

Krieg (ca. 690–670).[566] Parker und andere[567] verbinden die Rhetra mit der Eroberung von Amyklai im späten 8. Jh. Nicht nur die Bevölkerung und das Land,[568] sondern auch die entmachtete Elite musste integriert werden, wofür die Gerusie ein geeignetes Mittel war. Sicherlich erzeugten auch die zahlreichen äußeren Konflikte des 8. Jh. mit Argos und Messenien[569] einen Druck zur inneren Einigung. Diese Datierung entspricht der spätesten antiken Einordnung Lykurgs und seiner Reformen durch Plutarch und Aristoteles (S. 98). Die Rhetra war, wie der Terminus besagt, vielleicht ursprünglich eine mündliche Vereinbarung. Während des Kampfes oder nach dem Sieg über Messenien forderte das Volk zum Ausgleich für seinen Beitrag mehr Mitbestimmung. Theopomp gründete das Ephorat als Volksvertretung und gab ihm ein Initiativrecht. Da ihre Initiative mit der der Gerusie konkurrierte, bekam die Gerusie ein Vetorecht, das in einem Zusatz zur Rhetra festgeschrieben wurde. Das Ephorat datiert in den ersten Messenischen Krieg oder in die Nachkriegszeit.[570] Rhetra und Zusatz betreffen zeitgenössische Entwicklungen.[571] Tyrtaios, der im zweiten Messenischen Krieg (ca. 635–625 bis 610–600) bzw. zwei Generationen nach Theopomp gelebt haben soll,[572]

566 Parker 1990, S. 41, Anm. 100 und 1993, S. 50 hält die Einordnung der Rhetra vor den ersten Messenischen Krieg für die Communis opinio; Kõiv 2003, S. 210 setzt die Rhetra ins 8. Jh. Parkers Daten des ersten Messenischen Krieges stehen im Widerspruch zu der Tradition, dass die Gründung Tarents, die man auf das Jahr 702 setzt, nach dem Krieg erfolgte. Meier 1998, S. 137ff. zieht diese Tradition in berechtigte Zweifel und datiert die Gründung um 660/650.

567 Kiechle 1963, S. 151: »Daß die Rhetra mit diesem Ereignis (scil. der Einverleibung Amyklais) in Verbindung steht, ist sehr wahrscheinlich«, Oliva 1971, S. 97f.: »the rhetra was the expression of the synoikism«; Parker 1993, S. 49ff. und Kõiv 2003, S. 210ff. liefern neue Argumente für Kiechles Position.

568 Die (Neu-)Ordnung der Phylen und Oben in der 2. Zeile der Rhetra bedeutet eine personale und vielleicht lokale Einteilung der Bürgerschaft – vgl. Kiechle 1963, S. 123ff. und Oliva 1971, S. 96: »the old tribal division of the people was combined with a new territorial division; the number of members of the gerousia was fixed, probably in accordance with both these principles of division, thus changing the composition of the gerousia.«

569 Meier 1998, S. 74f. datiert die Konflikte mit Asine und Helos, in die auch Argos verwickelt sei, um 715. Zu den Vorstufen des ersten Messenischen Krieges vgl. Meier 1998, S. 72 mit Anm. 14.

570 So auch Richer 1998, S. 108ff.; Link 2000, S. 31ff.

571 Anders Nafissi 2009, S. 127: »The rhetra is a retrospective construction inserted into an intentional elaboration of a past that was largely accepted by Spartan society.« Der dort angekündigte und mittlerweile erschienene Aufsatz Nafissi 2010 konnte leider nicht mehr im Detail ausgewertet werden.

572 Die Datierung basiert auf der Kombination zweier Gedichte (2P, 4P = 5W): 2P bezeugt, dass Messenien unter Theompomp erobert wurde; 4P, dass die πάτρες ἡμετέρων πατέρων gegen Messenien gekämpft haben.

versuchte die inneren Spannungen auszugleichen, indem er an die Ordnung von Rhetra und Zusatz erinnerte.

Die Bedeutung, die der Gerusie in Rhetra, Zusatz und Tyrtaios' Gedicht zukommt, ist vielleicht der Ausgangspunkt für die Zeugnisse seit der klassischen Zeit, die die Gerusie für die mächtigste Institution Spartas halten (vgl. 2.7.1).

2.7.3 Nomophylakie

Um in Oligarchien die Bürger an der Entscheidungsfindung zu beteiligen, ohne ihnen die Änderung der Verfassung zu ermöglichen, kann man nach Aristoteles eine Körperschaft einrichten (genannt Probouloi oder Nomophylakes), die über alle Angelegenheiten berät, bevor sie der Volksversammlung vorgelegt werden (Pol. 1298b27). Laut Aristoteles war das Amt der Nomophylakes eine aristokratische Institution (1323a). Vielleicht denkt Aristoteles dabei an die Gerusie, der er wohl eine probouleutische Funktion zuspricht (vgl. 2.7.5.1) und die er als aristokratische Institution sieht (vgl. 2.11 c). Nach Xenophon (Oec. 9,14) wählen die Bürger Nomophylakes, damit sie denjenigen, der gemäß den Gesetzen handelt, loben und denjenigen, der gegen sie verstößt, bestrafen. Nomophylakie umfasst hier also auch eine Strafgerichtsbarkeit.

Da die spartanische Gerusie sowohl eine richterliche als auch eine probouleutische Kompetenz hatte, wie sich im Anschluss ergeben wird (vgl. 2.7.4 und 2.7.5), kann man ihr die Nomophylakie zuschreiben, was die jüngere Forschung auch tut, ohne allerdings darauf hinzuweisen, dass dies bereits die Alten getan haben:[573] Platon bringt die spartanischen Geronten unmittelbar mit den Gesetzeswächtern in Verbindung, die er in Syrakus einsetzen will (Pl. Ep. VIII 354b und 356d). Xenophons Sokrates hält es für richtig, dass die Gerusien – allen voran wohl die spartanische – die Bürger zu Gehorsam gegenüber den Gesetzen bzw. zu Eintracht anhalten.[574] Pompeius Trogus erklärt, dass die Gerusie seit Lykurg eine Custodia legum ausübe (lat. für Nomophylakie; Pomp. Trog. hist. Iust. 3,3,2). Als die Geronten den

573 Cartledge 1987, S. 123f. meint, dass die Gerusie die Nomophylakie innehatte wie der Areopag, ohne Argumente und Stellen zu liefern. Nafissi 1991, S. 364 beruft sich auf Cartledge. Fälschlich Morrow 1960, S. 199f., Anm. 108 »Apart from Aristotle's assertion, we have no evidence of nomophylakes acting in a probouleutic capacity.«

574 Vgl. X. Mem. 4,4,16: Lykurg habe Sparta durch Gehorsam gegen die Gesetze (τὸ πείθεσθαι τοῖς νόμοις) stark gemacht. Generell seien die Beamten (ἄρχοντες) die Besten, die die Bürger am meisten zum Gehorsam gegen die Gesetze anhalten. Deshalb sei Einmütigkeit (ὁμόνοια), die Gerusien und Adlige (οἱ ἄριστοι) einfordern, für die Städte das Wichtigste.

Reformen des Kleomenes III. ablehnend gegenüberstanden, ersetzte dieser jene kurzerhand durch Patronomoi »Hüter der altererbten Ordnung«.[575] Dieses Amt sollte wohl die Aufgabe übernehmen, der die Gerusie in Kleomenes' Augen nicht mehr gerecht wurde – nämlich die altererbten Gesetze zu schützen. »Patronomoi« war offensichtlich ein neuer (Kampf-)Begriff. Die Nomophylakie, die nach Pompeius Trogus auf Lykurg zurückging, war vielleicht schon im Rhetrazusatz angelegt, wo die Gerusie entscheidet, ob ein Antrag gerade oder schief ist und der Stadt schadet, wie Tyrtaios das ausdrückt.[576] Laut Polybios hatte Lykurg den Geronten folgende Rolle zugedacht (Pol. 6,10,9f.): »Sie sollten sich alle immer für das Gerechte einsetzen, so dass jeweils die Partei, die wegen ihres Traditionsbewusstseins (διὰ τὸ τοῖς ἔθεσιν ἐμμένειν) ins Hintertreffen geriet, durch die Unterstützung der Geronten mehr Einfluss und Gewicht bekam.«

Dass der Ältestenrat die Nomophylakie innehatte, passt zum gerontokratischen Charakter der spartanischen Gesellschaft: Bis zum Alter von 30 Jahren sollte man die Agora meiden (Plu. Lyc. 25,1); ein junger Mann dürfe die Gesetze nicht kritisieren, alle sollten vielmehr mit einer Stimme erklären, dass alles gut angeordnet sei. Nur ein Greis dürfe sich vor einem Amtsträger oder einem Altersgenossen, aber nicht in Gegenwart eines jungen Menschen kritisch zu einem Gesetz äußern (Plat. Lg. 634d–e).

Allerdings ist ungewiss, ob die Begriffe »Nomophylakia« und »Nomophylakes« in Sparta für die Geronten und ihre Kompetenz seit alters verwendet wurden. In römischer Zeit gibt es neben der Gerusie Nomophylakes, deren Entstehungszeit aber im Dunkeln liegt.[577]

Im Jahr 371 scheint die Gerusie ihre Nomophylakie auf Agesilaos übertragen zu haben:[578] Da man die zahlreichen Fahnenflüchtigen von Leuktra brauchte und nicht bestrafen wollte, wurde Agesilaos zum Nomotheten gewählt (Plu. Ages. 30,4; Comp. Ages. Pomp. 2,3; Apophthegmata Regum et Imperatorum 191c; Apophthegmata Laconia 214b). Früher und später hat

575 Paus. 2,9,1: τὸ κράτος τῆς γερουσίας καταλύσας πατρονόμους τῷ λόγῳ κατέστησεν ἀντ' αὐτῶν. Der Wechsel von Singular und Plural ist eine constructio ad sensum. Dagegen glauben einige Forscher, dass die Patronomoi die Ephoren ersetzen sollten (Shimron 1964, S. 233 Anm. 1 und DNP Patronomos). Zwar greift Kleomenes nach Plutarchs Darstellung vor allem das Ephorat an (Plu. Cleom. 8–10), die Patronomoi werden in diesem Zusammenhang aber nicht erwähnt.

576 Bringmann 1986 [1975], S. 365.

577 Cartledge/Spawforth 1989, S. 136.

578 So Cartledge 1987, S. 179 und David 1991, S. 34: »Such powers involving a probouleuma concerned with nomophylakia could have been entrusted to him (Agesilaos) only by those who possessed them – the gerontes and ephors.«

man ein solches Dilemma gelöst, indem man die Atimie verhängte und später wieder aufhob (Sphakteria, Megalopolis, vgl. S. 167f.). Aber diesen Weg ging man in diesem Fall nicht, vielleicht weil die Delinquenten zu zahlreich waren und man sich unter dem Schock der Katastrophe eine grundlegende Reform wünschte, die aber ausblieb.[579]

Die antiken Angaben zur allgemeinen Machtfülle der Gerusie (vgl. 2.7.1) erscheinen also gerechtfertigt, weil die Gerusie politische und richterliche Kompetenzen hatte, die sich unter dem Begriff »Nomophylakie« zusammenfassen lassen.

2.7.4 Gerichtsbarkeit

Eingangs sollen die Quellen gesichtet werden: Wer sagt wann was über die richterlichen Kompetenzen der Gerusie? Da die Gerusie ihre richterlichen Kompetenzen nicht losgelöst, sondern im Gefüge der anderen spartanischen Institutionen ausübte, sollen im zweiten Schritt die Zuständigkeiten der Institutionen voneinander abgegrenzt werden: arbeiteten sie zusammen oder gegeneinander? Ergänzten sich ihre Kompetenzen oder konkurrierten sie? Nachdem die Gerichtsbarkeit der Gerusie klar abgegrenzt ist, soll sie eingehend und systematisch untersucht werden.

2.7.4.1 Quellen

Zahlreiche Quellen bezeugen die Gerichtsbarkeit der Gerusie: Einerseits werden ihre richterlichen Kompetenzen generell formuliert (a), andererseits werden konkrete Fälle geschildert (b).

a) Aristoteles bezeugt, dass die spartanischen Geronten über Tötungsdelikte richteten.[580] Die meisten Quellen gehen nicht vom Delikt, sondern von der Strafe aus und bezeugen, dass die Gerusie für Fälle zuständig war, auf die die Todesstrafe stand.[581] Isokrates dachte wohl an diese Blutgerichtsbarkeit, als er die spartanische Gerusie mit dem athenischen Areopag verglich (Isoc.

579 Agesilaos ließ das bestehende Recht unangetastet und setzte die Gesetze für den Tag der Schlacht rückwirkend aus. Plutarch lobt Agesilaos' Vorgehen, der vielleicht eher eine Chance vertat (Plu. Ages. 30,4).

580 δικάζουσι … τὰς φονικάς Arist. Pol. 1275b10.

581 κύριοι τοῦ περὶ τῆς ψυχῆς ἀγῶνος X. Lac. 10; κύριος θανάτου Plu. Lyc. 26; τὰς περὶ θανάτου δίκας … κρίνουσι Plu. Apophthegmata Laconica 217a13. Wohl auch Aristoteles vgl. Anm. 583.

12,153). Vereinzelt werden auch andere Strafen genannt: Atimie, der Entzug der Bürgerrechte[582], und wahrscheinlich Verbannung[583]. In allen diesen Fällen wird die Entscheidungskompetenz der Gerusie betont.[584]

Die von der Gerusie entschiedenen Kapitalprozesse dauerten – im Gegensatz zu Athen – mehrere Tage; bei der Auslegung des Gesetzes hatten die Geronten einen großen Ermessensspielraum, so dass ein Freispruch nur unter Vorbehalt erfolgte, weil die Gerusie in derselben Sache ein neues Urteil fällen konnte.[585] In Athen durfte eine freigesprochene Person nicht wegen desselben Vergehens noch einmal belangt werden.[586] Vielleicht hatte Aristoteles diesen Ermessensspielraum im Auge, wenn er die Gerusie dafür kritisierte, dass sie nicht nach Vorschriften, sondern nach Gutdünken waltete.[587]

Der Bericht über den Pausaniasprozess im Jahre 403 enthält die Angabe, dass das Gericht, das über spartanische Könige entschied, aus den Geronten, den Ephoren und dem anderen König bestand.[588] Der Personenkreis, der der Gerichtsbarkeit der Gerusie unterlag, umfasste also auch die Könige.

b) In fünf Prozessen ist die Gerichtsbarkeit der Geronten explizit belegt: einmal für die archaische, zweimal für die klassische und zweimal für die hellenistische Zeit, wobei alle Quellen aus späterer Zeit stammen.[589] In drei

582 κύριος ἀτιμίας Plu. Lyc. 26.

583 Sparta sei insofern oligarchisch, als wenige Personen über Todesstrafe und Verbannung entscheiden – ὀλίγους εἶναι κυρίους θανάτου καὶ φυγῆς Arist. Pol. 1294b29ff., was David 1991, S. 28 und MacDowell 1986, S. 127 auf die Gerusie beziehen, weil Aristoteles die Geronten vorher als den oligarchischen Teil der Verfassung identifiziere (Arist. Pol. 1265b37–8).

584 δικάζειν τι, κρίνειν τι, κύριος τινός, Rebenich übersetzt κύριοι τοῦ περὶ τῆς ψυχῆς ἀγῶνος in X. Lac. 10 mit »leiten«. Die Leitung hatten aber eher die Ephoren.

585 Plu. Apophthegmata Laconica 217a13 über die Zeit des Anaxandrides (2. Hälfte des 6. Jh.). Auch Thphr. De elig. magistr. erwähnt für Sparta die Prozessdauer über mehrere Tage (a44ff.) und die Möglichkeit, einen Freigesprochenen wieder vor Gericht zu ziehen und zu verurteilen (a69ff.), allerdings ohne die Gerusie explizit zu nennen. Zur unterschiedlichen Prozessdauer in Athen und wohl Sparta vgl. Pl. Ap. 37a.

586 MacDowell 1986, S. 143 verweist auf D. 20,147; 24,45.

587 τὸ μὴ κατὰ γράμματα ἄρχειν ἀλλ᾽ αὐτογνώμονας ἐπισφαλές Arist. Pol. 1272a36.

588 βασιλεῖ δὲ τῷ Λακεδαιμονίων δικαστήριον ἐκάθιζον οἵ τε ὀνομαζόμενοι γέροντες, ὀκτὼ καὶ εἴκοσιν ὄντες ἀριθμόν, καὶ ἡ τῶν ἐφόρων ἀρχή, σὺν δὲ αὐτοῖς καὶ ὁ τῆς οἰκίας βασιλεὺς τῆς ἑτέρας Paus. 3,5,2. David 1985 bezweifelt die Grundsätzlichkeit dieser Angabe zu Unrecht vgl. S. 168.

589 Anaxandrides, 2. Hälfte des 6. Jh.: König Anaxandrides ist in seiner Ehe kinderlos. Die Ephoren legen ihm nahe, seine Frau zu verstoßen und neu zu heiraten, um die Thronfolge zu sichern. Als Anaxandrides sich weigert, beraten sich Ephoren

Prozessen aus klassischer Zeit, die vom Zeitgenossen Xenophon bezeugt sind, gibt es zudem Hinweise, die eine Beteiligung der Gerusie wahrscheinlich machen.[590]

Diese Fälle decken sich mit den Kompetenzen, die der Gerusie generell zugeschrieben werden, und ergänzen sie: In den meisten Prozessen geht es

---

und Geronten und schlagen Anaxandrides vor, eine neue Frau zu nehmen, ohne die alte zu verstoßen. Gleichzeitig drohen sie mit härteren Beschlüssen der Spartiaten (Hdt. 5,39–40). In Pausanias' Version, die sich auf Herodot stützt, fehlen die Geronten (Paus. 3,3,9). – Pausanias (1. Prozess), 403: König Pausanias muss sich wegen seines vorzeitigen Rückzugs aus Athen vor Gericht verantworten, das aus den Geronten, den Ephoren und dem anderen König besteht. Die eine Hälfte der Geronten plädiert zusammen mit Agis auf schuldig, aber die andere Hälfte spricht Pausanias mit den Stimmen der Ephoren frei (Paus. 3,5,2). – Harmosten von Theben, 379/8: Weil sie die Besetzung von Theben nicht halten können, werden die drei Harmosten von der Gerusie verurteilt: eine Geldstrafe und zwei Todesstrafen (Plu. de genio Socratis 598f5). An einer anderen Stelle erwähnt Plutarch die Gerusie im selben Zusammenhang nicht (Plu. Pel. 13,3), ebenso wenig Xenophon, der darüber hinaus nur von einem Harmosten spricht, der zum Tode verurteilt wird (X. HG 5,4,10–13). Die Informationen in Plu. de genio Socratis verdienen den Vorzug, weil sie am detailliertesten sind. Denn neben der Gerusie werden die Namen der verurteilten Harmosten angeführt. – Areus/Kleonymos, 309: Um die Nachfolge des Kleomenes II. streiten sein Sohn Areus und sein Bruder Kleonymos. Die Gerusie entscheidet zugunsten des jungen Areus (Paus. 3,6,2). – Agis IV., 243/42: Wegen seiner Amtsführung verhaften die Ephoren König Agis und berufen die gleichgesinnten Geronten ein, weil über ihn gerichtet werden soll. Auch Leonidas, der andere König, findet sich ein. Agis wird zum Tode verurteilt und die Strafe sofort vollstreckt (Plu. Agis 19).

590 Leotychides III./Agesilaos II., 400: Nach dem Tod des Agis II. streiten sein Sohn Leotychides und sein Bruder Agesilaos um die Nachfolge. Die Polis bzw. die Besten wählen Agesilaos (κρίνασα ἡ πόλις … ὑπὸ τῶν ἀρίστων κριθέντα X. Ages. 1,5). Mit den ἄριστοι sind bestimmt die Geronten gemeint, die die ἀρετή verkörpern (vgl. Anm. 382). Xenophon erwähnt in diesem Zusammenhang nur ἡ πόλις (X. HG 3,3,4); Pausanias spricht von den Spartanern (Paus. 3,8,8ff.). Cartledge und De Ste. Croix gehen von einer Entscheidung der Gerusie aus; David immerhin von ihrer Beteiligung (vgl. S. 173). – Pausanias (2. Prozess), 395/4: Im Krieg gegen Theben konnte Pausanias die spartanische Niederlage und den Tod des Lysander nicht verhindern. Deswegen und weil er in 403 das athenische Volk geschont hat, wird Pausanias zum Tode verurteilt (X. HG 3,5,17–25; D. S. 14,81,2–3; Plu. Lys. 28,3–29,4; 30,1). Die Vermutung liegt nahe, dass bei der Wiederauflage des Prozesses von 403 das gleiche Gremium entschied: die Geronten, die Ephoren und der andere König (Anm. 588). – Sphodrias, 378: Der Harmost Sphodrias, der ohne Order und ohne Erfolg den Piräus angegriffen hatte, wird von den Ephoren auf Leben und Tod angeklagt (X. HG 5,4,20–33; D. S. 15,29). Diodor bezeichnet den Gerichtshof als συνέδριον, womit er an anderer Stelle eindeutig die Gerusie bezeichnet (D. S. 16,65,6). Die Mehrzahl der Forscher glaubt, dass die Gerusie über Sphodrias

um Leben oder Tod.[591] Neben der Todesstrafe verhängt die Gerusie auch eine hohe Geldstrafe oder das Exil.[592] Die Prozesse dauern bisweilen mehrere Tage.[593] Zahlreiche Beispiele illustrieren den großen Ermessensspielraum der Gerusie, der selbst die Umwandlung eines Freispruchs in ein Todesurteil und den Freispruch eines Schuldigen ermöglicht.[594] Es zeigt sich, dass die Geronten (und die Ephoren) den König nicht nur wegen seiner Amtsführung verurteilen,[595] sondern im Zweifelsfall auch über die Thronfolge entscheiden.[596] Auch Beamte werden für ihre Amtsführung zur Rechenschaft gezogen.[597] Die Anklage kann mehrere Anklagepunkte umfassen.[598] Allerdings findet sich kein Beispiel für ein Tötungsdelikt oder für die Verurteilung eines einfachen Spartiaten, worauf sich die generelle Blutgerichtsbarkeit erstrecken könnte. Dieser Umstand könnte daher rühren, dass einfache Spartiaten von den Quellen seltener erwähnt werden.

Neben den Fällen, in denen die Beteiligung der Gerusie sicher oder wahrscheinlich ist, gibt es eine Vielzahl von ähnlichen Prozessen, in denen aber kein entscheidendes Gremium oder nur Sammelbegriffe wie Stadt und Behörden genannt werden, die die Geronten freilich einschließen können (vgl. 2.2). Um in solchen Fällen die Rolle der Gerusie besser zu ermessen, soll im Folgenden versucht werden, ihre richterliche Kompetenz von der Gerichtsbarkeit anderer Institutionen abzugrenzen. Es ist zu klären, wo die

gerichtet hat (De Ste. Croix 1972, S. 134ff.; Cartledge 1987, S. 136f. und 157; anders Richer 1998, S. 429).

591 Harmost(en) von Theben, Agis IV., zweiter Prozess gegen Pausanias, Sphodrias.

592 Zwei Harmosten von Theben werden mit dem Tod bestraft, einer mit einer hohen Geldstrafe. Letzterer verlässt die Peloponnes, was auf Verbannung deuten könnte (Plu. de genio Socratis 598f5); dagegen spricht X. HG 5,4,10–13 nur von einem Harmosten, der zum Tode verurteilt wird.

593 Hdt. 5,39–40 bezeugt zwei zeitlich getrennte Beratungen über Anaxandrides. Über Sphodrias wird mehrere Tage lang verhandelt (X. HG 5,4,20–33).

594 Pausanias wird zum Tode verurteilt, weil er gerade gegen Theben verloren hat und früher Athen verschont hatte (X. HG 3,5,17–25), wovon man ihn damals freigesprochen hatte (Paus. 3,5,2). Sphodrias wird (von der Gerusie) freigesprochen, obwohl seine Schuld offenkundig war und seine Abwesenheit einem Geständnis gleichkam. Viele sollen die Ungerechtigkeit dieses Urteils für beispiellos gehalten haben (X. HG 5,4,20–33).

595 In beiden Prozessen gegen Pausanias und bei Agis IV.

596 Nachfolge des Anaxandrides, des Agis (Leotychides III./Agesilaos II.) und des Kleomenes II. (Areus/Kleonymos).

597 Die Harmosten von Theben, weil sie die Besatzung nicht halten konnten (Plu. de genio Socratis 598f5), und Sphodrias, weil er ohne Befehl den Piräus angriff (X. HG 5,4,20–33).

598 Wie im zweiten Pausaniasprozess vgl. Anm. 590.

Gerusie allein oder zusammen mit einer anderen Institution entscheidet, und wo sie nicht entscheidet, obwohl man das denken könnte.

2.7.4.2 Abgrenzung der Entscheidungskompetenz von Gerusie, Ephoren, Königen und Volksversammlung

Aristoteles bezeugt, dass in Sparta über Rechtsfälle die jeweils zuständige Vereinigung entschied – nicht die Volksversammlung: die Ephoren über private Vereinbarungen, die Geronten über Tötungsdelikte und andere Behörden über andere Fälle.[599] Diese Abgrenzung der Entscheidungskompetenzen ist unvollständig und rätselhaft. So ist unklar, wen Aristoteles mit den anderen Behörden meint.[600] Tötungsdelikte und private Vereinbarungen sind nur ein sehr kleiner Teil der bezeugten Vergehen. Welche Vereinigungen in den anderen Rechtsfällen zuständig waren, bleibt offen. Es wird sich zeigen, dass sich in manchen Rechtsfällen nicht einfach ermitteln lässt, wer die entscheidende Vereinigung ist. Außerdem scheint die entscheidende Vereinigung nicht immer wie in Aristoteles' Beispielen eine einzelne Institution gewesen zu sein, sondern es scheint zusammengesetzte Entscheidungsgremien gegeben zu haben.

Im Folgenden soll die richterliche Entscheidungsgewalt von Ephorat, Königtum und Volksversammlung (die manche entgegen Aristoteles anführen) in den Bereichen untersucht werden, in denen sie mit derjenigen der Gerusie zu konkurrieren scheint oder beide Institutionen zusammen entscheiden. Dabei soll die einschlägige Literatur diskutiert werden. Hervorzuheben sind besonders der Aufsatz von David 1985, dem Richer 1998 in vielen Punkten folgt, und die Monographien von Kahrstedt 1922 und von MacDowell 1986, dessen gründlicher Untersuchung wir uns größtenteils anschließen.

a) Ephorat

Zur Gerichtsbarkeit der Ephoren sagt Xenophon, die Ephoren hätten das Recht, jeden zu bestrafen, sofort Bußgeld zu erheben und Amtsträger während der Amtszeit abzusetzen, zu inhaftieren oder auf Leben und Tod an-

599 ⟨ἐν⟩ ἐνίαις γὰρ ⟨πολιτείαις⟩ οὐκ ἔστι δῆμος, οὐδ' ἐκκλησίαν νομίζουσιν ἀλλὰ συγκλήτους, καὶ τὰς δίκας δικάζουσι κατὰ μέρος, οἷον ἐν Λακεδαίμονι τὰς τῶν συμβολαίων δικάζει τῶν ἐφόρων ἄλλος ἄλλας, οἱ δὲ γέροντες τὰς φονικάς, ἑτέρα δ' ἴσως ἀρχή τις ἑτέρας Pol. 1275b10.

600 Vgl. Kahrstedt 1922, S. 219.

zuklagen.[601] Wie verträgt sich das mit der Gerichtsbarkeit der Gerusie, die Kapitalprozesse entschied (Anm. 584) und hohe Bußgelder verhängte (Anm. 592)? Xenophon kann nur meinen, dass die Ephoren über geringere Strafen wie kleine Bußgelder selbständig entscheiden konnten und bei der höchsten Strafe zwar die Anklage erhoben, aber nicht selbst das Urteil fällten.

Der Bericht über den Pausaniasprozess im Jahr 403 enthält die Angabe, dass das Gericht, das über Könige entschied, aus den Geronten, den Ephoren und dem anderen König bestand (Anm. 588). Dieses Königsgericht hatte also 34 Mitglieder (28 Geronten + 5 Ephoren + 1 König).[602] Es lassen sich weitere Beispiele finden, denen eine gemeinsame Entscheidung von Ephoren und Geronten über einen König zugrunde liegen könnte – nicht nur über dessen Rechenschaft wie bei Pausanias, sondern auch über die Thronfolge.[603]

War die Beteiligung der Ephoren auf das Königsgericht beschränkt oder erstreckte sie sich auch auf andere Entscheidungen der Gerusie? Wir folgen MacDowells Auffassung, dass nicht alle Gerichtshöfe die Ephoren einschlossen.[604] Denn Pausanias' Formulierung betont die Besonderheit des Königsgerichtshofes. Die Ephoren nahmen wohl deshalb teil, weil die Kontrolle der Könige zu ihren traditionellen Aufgaben gehörte. Die Gegenthese von Richer, Ephoren und Geronten hätten generell zusammen geurteilt, über-

---

601 X. Lac. 8,4: ἔφοροι οὖν ἱκανοὶ μέν εἰσι ζημιοῦν ὃν ἂν βούλωνται, κύριοι δ' ἐκπράττειν παραχρῆμα, κύριοι δὲ καὶ ἄρχοντας μεταξὺ [καὶ] καταπαῦσαι καὶ εἶρξαί γε καὶ περὶ τῆς ψυχῆς εἰς ἀγῶνα καταστῆσαι.

602 Nicht 33 Mitglieder, wie Kennell 1992, S. 201 behauptet. Als Parallele führt er die »kleine Versammlung« an, die Xenophon bezeugt (X. HG 3,3,8), wo aber nur von Ephoren und Geronten die Rede ist. Die Mitgliederzahl 33 ist zwar falsch, aber für seine These der Verkleinerung der Gerusie in römischer Zeit notwendig: Die Zahl der Geronten sei auf 23 reduziert worden, damit der Rat auch nach der Aufnahme der 5 Nomophylakes noch 33 Mitglieder zählte, wie die frühere kleine Versammlung.

603 Zu Anaxandrides und Agis IV. vgl. Anm. 589. Lukian erwähnt das gemeinsame Abstimmen von Königen, Ephoren und Geronten (Luc. Harm. 3,3). Vielleicht bezieht sich diese Angabe auf das Königsgericht. Allerdings scheint die Quelle unzuverlässig zu sein, weil die Doppelstimme der Könige falsch ist. Als weiteres Beispiel führt Richer 1998, S. 425 mit Anm. 233 den Thronstreit zwischen Kleonymos und Areus an, den die Gerusie zugunsten des letzteren entscheidet (unsere Anm. 589). Die Ephoren hätten mitentschieden, weil im Anschluss erwähnt wird, dass sie dem unterlegenen Kleonymos zur Besänftigung Ehren verliehen (Paus. 3,6,3). Dass sie deswegen auch an der Entscheidung beteiligt waren, ist jedoch Spekulation.

604 MacDowell 1986, S. 128; Cartledge 1987, S. 137 über den Sphodriasprozess: »Xenophon says nothing about the Ephors, and it is possible that they did not sit with the Gerousia in capital trials involving commoners.«

zeugt nicht.[605] Bei der Verurteilung des Klearchos, die er als Beleg anführt, wird das Urteil von »den Behörden« gefällt.[606] Außerdem war er ein Harmost, für deren Verurteilung in anderen Fällen die Gerusie zuständig war. Als weiteres Beispiel führt Richer die Kinadonverschwörung an,[607] obwohl nur von der Befragung durch die Ephoren, aber nicht von ihrer Entscheidung die Rede ist.[608] Die Geronten teilten sich ihre Entscheidungskompetenz also nur im Falle des Königsgerichts mit den Ephoren. Dabei kam der Gerusie das größere Gewicht zu, weil ihren 28 Stimmen nur fünf Stimmen der Ephoren gegenüberstanden.[609]

Isokrates bezeugt, dass die Ephoren ohne ordentliche Verurteilung von den Periöken so viele töten durften, wie sie wollten.[610] Die Ephoren besaßen also eine Blutgerichtsbarkeit über Minderberechtigte, von der Spartiaten aber ausgenommen waren. Denn Spartiaten stand ein ordentlicher Prozess zu.[611] Diese Abgrenzung der Kompetenzen ist strittig. Nach Kahrstedt 1922, S. 323 waren die Geronten nur für Mord und solche Fälle zuständig, auf die die Atimie stand. Die Ephoren hätten die anderen Zivil- und Kriminalprozesse an sich gezogen, wie die Prozesse wegen privaten Geldbesitzes und die in Anekdoten belegten Todesurteile durch Ephoren bezeugten. Diese These widerspricht den zahlreichen Quellen, die der Gerusie die Zuständigkeit für Kapitalprozesse uneingeschränkt zuschreiben (vgl. Anm. 581). Kahrstedt beruft sich auf folgende Fälle:

Gylippos, 404 Dem Polemarchen Gylippos, der Geld von Lysanders Kriegsbeute veruntreut hatte, wurde der Prozess gemacht: Bei Athenaios heißt es, Gylippos habe sich zu Tode gehungert, weil er von den Ephoren verurteilt

605 Richer 1998, S. 438f. und Link 2008, S. 22, Anm. 83.

606 X. An. 2,6: τὰ ἐν Σπάρτῃ τέλη. Richer 1998, S. 439, Anm. 47.

607 Richer 1998, S. 441.

608 Außerdem könnte die Beteiligung der Ephoren damit zusammenhängen, dass sich die Verschwörung auf das einfache Volk richtete, wie Ruzé 1997, S. 223 vermutet.

609 Meier 2000, S. 65 mit Anm. 71 überzeichnet die Macht der Ephoren: In den Richtern über Kleomenes (494) und Leotychidas (476) müsse man die Ephoren sehen oder zumindest ein Gremium, das von ihnen dominiert war.

610 Isoc. 12,181: ἔξεστι τοῖς ἐφόροις ἀκρίτους ἀποκτεῖναι τοσούτους ὁπόσους ἂν βουληθῶσιν· Isokrates prangert in diesem Abschnitt die Unterdrückung der Periöken durch die Spartiaten an.

611 Kein Spartiat wurde ohne Gerichtsurteil hingerichtet, bevor diese Regel von Agesilaos gebrochen wurde (Plu. Ages. 32,4). In Sparta war es Tradition, nur auf Grund unumstößlicher Beweise über einen Spartiaten einen unheilbaren Beschluss zu fassen (Th. 1,132).

bzw. angeklagt worden war (καταγνωσθέντα).[612] Das Verb ist doppeldeutig: Kahrstedt scheint von der ersten Bedeutung auszugehen, wohingegen Wirth der zweiten den Vorzug gibt (ad locum). Diodor ist deutlicher: Überführt von den Ephoren wurde Gylippos zum Tode verurteilt – von wem, ist nicht gesagt.[613] Bei Plutarch spielten die Ephoren beim Zustandekommen des Gesetzes, das als Reaktion auf Gylippos den privaten Geldbesitz unter Todesstrafe stellt, eine gewisse Rolle, aber wahrscheinlich auch die Gerusie (vgl. 2.7.5.3 a). Über die Richter des Gylippos sagt Plutarch jedoch nichts.[614] Sollte Gylippos trotzdem von den Ephoren allein verurteilt worden sein, könnte das damit zusammenhängen, dass er kein echter Spartiat war.[615]

Thorax, 403 Die Ephoren verhafteten den Spartiaten Thorax, in dessen Haus man Geld gefunden hatte, und richteten ihn hin.[616] MacDowell 1986, S. 128 vermutet, dass diese Formulierung eine verkürzte Version für »die Ephoren ließen ihn von der Gerusie verurteilen« ist, was möglich erscheint.

Thektamenes Ein gewisser Thektamenes nahm das von den Ephoren verhängte Todesurteil gelassen hin.[617] MacDowell wendet ein, dass unklar sei, ob es sich um spartanische Ephoren handelte (ebd.). Dafür scheint aber die Tatsache zu sprechen, dass die Passage den Apophthegmata Laconica entstammt. Aber selbst wenn es um Sparta geht, bleibt unklar, ob es sich bei

612 Athen. 6,24,11–15: Γύλιππον ... ἀποθανεῖν ἀποκαρτερήσαντα λόγος, καταγνωσθέντα ὑπὸ τῶν ἐφόρων ὡς νοσφισάμενον ἐκ τοῦ Λυσανδρείου χρήματος.

613 D. S. 13,106,9: διὰ τῆς ἐπιγραφῆς γνωσθεὶς ὑπὸ τῶν ἐφόρων, ἔφυγε καὶ κατεδικάσθη θανάτῳ. Dank der geheimen Aufzeichnung der Summe von den Ephoren entlarvt, musste Gylippos in die Verbannung gehen und wurde zum Tode verurteilt. Athenaios scheint γνωσθεὶς ὑπὸ τῶν ἐφόρων ... κατεδικάσθη zu καταγνωσθέντα ὑπὸ τῶν ἐφόρων zusammengezogen und dabei den Sinn entstellt zu haben.

614 Plu. lib. educ. 10c.

615 Gylippos soll ein Mothax gewesen sein (Ael. VH 12,43): der Sohn eines Spartiaten und einer Helotin und damit von Geburt kein Vollbürger. Dass Gylippos das Amt eines Harmosten bekleidete, könnte aber ein Hinweis sein, dass er den Status eines Spartiaten erlangt hatte (Anm. 664).

616 Plu. Lys. 19,4: οἱ ἔφοροι ... Θώρακα λαβόντες ἀργύριον ἰδίᾳ κεκτημένον ἀπέκτειναν.

617 Plu. Apophthegmata Laconica 221 f.: Θηκταμένης, καταγνόντων αὐτοῦ θάνατον τῶν ἐφόρων, ἀπῄει μειδιῶν. Hier lässt sich die Bedeutung von καταγιγνώσκω eindeutiger bestimmen. Mit Gen. der Person und Akk. der Strafe bedeutet es »verurteilen« (LSJ).

dem Verurteilten um einen Spartiaten handelte oder um einen Minderberechtigten, für den in der Tat die Ephoren zuständig waren.

Kahrstedts Fälle lassen also nicht den Schluss zu, dass die Ephoren neben der Gerusie eine Blutgerichtsbarkeit über Spartiaten ausübten. Die Ephoren konnten zwar Minderberechtigte hinrichten, über Spartiaten aber nur leichte Strafen verhängen. Die Gerusie hatte die alleinige Blutgerichtsbarkeit über Spartiaten (abgesehen vom Königsgericht), was auch als Communis opinio gelten kann.[618] Da einfache Vergehen häufiger sind als schwere Verbrechen, hatten es die Ephoren sicherlich mit mehr Fällen zu tun, zumal wenn man ihre Gerichtsbarkeit über Minderberechtigte hinzunimmt.[619] Aber die Ephoren entschieden im Gegensatz zu den Geronten schnell und situativ.

b) Königtum

Wo die Gerusie zuständig war, stimmten die Könige als Mitglieder mit ab,[620] im Königsgericht natürlich nur ein König.

»Allein Recht sprechen sollen die Könige nur in folgenden Angelegenheiten: bei Streitigkeiten wegen einer Erbtochter, wer ein Anrecht haben soll, falls der Vater sie nicht testamentarisch verlobt hat, und in Sachen der öffentlichen Wege« (Hdt. 6,57). Zusätzlich haben die Könige auf den von ihnen geführten Feldzügen eine außerordentliche Blutgerichtsbarkeit gehabt, die aber nicht mit der Blutgerichtsbarkeit der Gerusie daheim konkurrierte.[621] Dem scheint das Beispiel aus dem Jahr 369 zu widersprechen, als Agesilaos 200 Spartiaten, die einen Umsturz planten, zwar nach Rücksprache mit den Ephoren, aber ohne Prozess hinrichten ließ.[622] Nach Plutarchs Bekunden war Agesilaos' Aktion jedoch ohne Präzedenzfall und nur durch den Notfall zu rechtfertigen. Denkbar ist auch, dass sich Agesilaos auf die Sondervollmachten stützte, die ihm die Gerusie nach der Katastrophe von Leuktra verliehen hatte (s. o. 2.7.3).

618 So MacDowell 1986, S. 127; David 1991, S. 28 mit Anm. 72; Lipka, S. 181.

619 So auch MacDowell 1986, S. 154.

620 König Agesilaos stimmt im Sphodriasprozess mit ab (X. HG 5,4,26: εὐμενῆ … εἰς τὴν κρίσιν, 30 σῶσαι … καταγιγνώσκων, 31 ἀπέλυσας, 32 ἀποκτιννύναι).

621 MacDowell 1986, S. 124ff. Vgl. Aristoteles über die Kompetenzen des Königs: κτεῖναι γὰρ οὐ κύριος, εἰ μὴ ἕνεκα δειλίας Arist. Pol. 1285a.

622 Plu. Ages. 32,4; Shipley ad locum geht in der Frage der Historizität einen Mittelweg: Zwar sei die Zahl übertrieben, aber die Episode historisch.

Nur wegen Feigheit konnte der König auf einem Feldzug die Todesstrafe anordnen, die sonst die Gerusie verhängte, der er freilich angehörte.

c) Volksversammlung

Die Rolle der Volksversammlung wird unterschiedlich beurteilt. Nach Kahrstedt konnten Atimieprozesse von der Volksversammlung entschieden werden. Im Falle der Königsprozesse spricht ihr David eine Entscheidungskompetenz zu, einerseits wenn ein König zur Rechenschaft gezogen wurde (David 1985),[623] andererseits wenn die Thronfolge strittig war (David 1991). Dagegen kommen für MacDowell 1986, S. 134f. allenfalls zwei Ausnahmefälle in Betracht, sonst gebe es keinen Hinweis auf ein Gerichtverfahren durch die Volksversammlung. Viele sprechen der Volksversammlung jegliche Gerichtsbarkeit ab.[624]

Wie kommt es zu so verschiedenen Auffassungen? Einerseits ist die Zuständigkeit der Gerusie für den Königsprozess generell und in konkreten Fällen bezeugt.[625] Zudem bezeugt Aristoteles explizit, dass in Sparta über Rechtssachen nicht die Volksversammlung entschied, sondern Ephoren, Geronten und andere Behörden.[626] Andererseits werden viele Entscheidungen einfach den Spartanern, den Spartiaten oder der Stadt zugewiesen, was manche als Verweis auf die Volksversammlung werten.

Um in diesen Fragen zu einer Entscheidung zu kommen, sollen die Thesen von Kahrstedt zum Atimieprozess und von David zu den Königsprozessen (Rechenschaft und Thronfolge) als Ausgangspunkt dienen:

Atimieprozess

Nach Kahrstedt 1922, S. 45 trat die Atimie niemals automatisch ein, sondern bedurfte ausdrücklicher Verhängung, entweder durch einen Spruch der Gerusie oder durch Volksbeschluss. Im letzteren Fall könne die Entscheidung vom Volk wieder aufgehoben werden. Kahrstedts These versucht, die generelle Angabe, die Gerusie entscheide über die Atimie (vgl. Anm. 582), mit einzelnen Prozessen zu harmonisieren, in denen er die Volksversammlung für den Entscheidungsträger hält. Kahrstedt führt folgende Fälle an:

623 So bereits Kahrstedt 1922, S. 206.

624 De Ste. Croix 1972, S. 133; Cartledge 2000, S. 21; Thommen 2003, S. 68.

625 Vgl. Anm. 588, 595 und 596.

626 Vgl. Anm. 599.

Sphakteria, 421 Die Gefangenen von Sphakteria waren nach Sparta zurückgekehrt. Die Lakedaimonier (οἱ Λακεδαιμόνιοι) fürchteten, die Zurückgekehrten könnten – in der Sorge, dass ihnen das Unglück, in Gefangenschaft geraten zu sein, als Verschuldung angerechnet werde, und dass sie deshalb eine Zurücksetzung erfahren könnten – ihren Einfluss zu Umsturzplänen benutzen (einige waren schon wieder in Amt und Würden), wenn sie im Besitz ihrer vollen bürgerlichen Rechte blieben. Um dies zu verhindern, entzogen sie ihnen die wichtigsten Bürgerrechte. Später wurde ihre Atimie allmählich aufgehoben (Th. 5,34,2).

Kahrstedts Zuschreibung kann nicht gefolgt werden, weil die Verhängung und Aufhebung der Atimie keinem bestimmten Gremium zugeschrieben werden.

Megalopolis, 314 Gesandte aus Akragas kamen nach Sparta, um einen Kommandanten zu finden. Akrotatos, der Sohn von König Kleomenes, bot sich an, weil er in der Bürgerschaft schlecht angesehen war. Denn als die Lakedaimonier (οἱ Λακεδαιμόνιοι) die Atimie der Fahnenflüchtigen der Schlacht von Megalopolis aufhoben, hatte er als einziger dem Antrag (δόγμα) widersprochen. Dadurch hatte er Anstoß bei denen erregt, die unter den Gesetzen (νόμοι) zu leiden hatten (D. S. 19,70,5). Auch hier ist nur von der Aufhebung der Atimie die Rede. Allerdings deutet der Einspruch gegen einen Antrag auf die Volksversammlung.

Es sei an dieser Stelle dahingestellt, ob Begriffe wie »die Lakedaimonier« und »die Spartaner« immer die Volksversammlung meinen, aber die Beteiligung der Volksversammlung bei der Aufhebung der Atimie im Jahre 314 ist offenkundig. Kahrstedts Vorschlag, dass die Atimie entweder von der Volksversammlung oder der Gerusie verhängt werden konnte, befriedigt dennoch nicht. Eher sollte man zwischen Verhängung und Aufhebung unterscheiden. Die beiden Amnestien hoben das geltende Atimiegesetz[627] für alle Teilnehmer einer bestimmten Schlacht per Dekret auf. Da die Volksversammlung Gesetze ratifizierte, mussten diese Amnestien selbstverständlich die Volksversammlung passieren. Vielleicht reichte die Gerusie in diesen Fällen ein entsprechendes Probouleuma ein (vgl. 2.7.5). Aber für die Anwendung des regulären Atimiegesetzes war wohl, wie Plutarch zu meinen scheint (vgl. Anm. 582), die Gerusie zuständig, und zwar nicht nur bei Gruppen, sondern wahrscheinlich auch bei Einzelpersonen:

627 Statt über die Fahnenflüchtigen von Leuktra die gesetzlich vorgeschriebene Atimie zu verhängen (τὰς ἐκ τῶν νόμων ἀτιμίας Plu. Ages. 30,2), wird Agesilaos wohl mit dem Segen der Gerusie zum Nomotheten gewählt (2.7.3).

Polemarchen, 418 Nach der Schlacht bei Mantineia wurden zwei Polemarchen der Feigheit für schuldig befunden und gingen ins Exil (Th. 5,72,1). Vielleicht entschied die Gerusie, dass der Tatbestand der Feigheit erfüllt war, und verhängte die Atimie. Statt rechtlos unter ihren ehemaligen Standesgenossen zu leben, zogen es die Polemarchen vor zu fliehen.

Königsprozess: Rechenschaft

Nach David 1985, S. 132 hat normalerweise die Volksversammlung den König zur Rechenschaft gezogen und nur ausnahmsweise ihre Kompetenz auf die Ephoren und Geronten übertragen. Davids Argumentation zerfällt in zwei Teile. Zuerst wird Pausanias' Angabe über die generelle Zusammensetzung des Königsgerichts (δικαστήριον aus den Geronten, den Ephoren und dem anderen König; Anm. 588) in Zweifel gezogen. Anschließend werden eine Reihe von Prozessen angeführt, die angeblich von der Volksversammlung selbst oder in ihrem Auftrag entschieden wurden.

Nach David 1985, S. 133 f. ist Pausanias' Quelle für den Pausaniasprozess Ephoros, der sich wiederum auf das sogenannte Pausaniaspamphlet stütze. Darin habe sich dieser gegen seine Gegner verteidigt, indem er auf seinen Freispruch verwiesen habe. Weil sich das Pamphlet an spartanische Leser gerichtet habe, werde es kaum die Zusammensetzung des Gerichtshofs erklärt haben. Der konkrete Fall könne stimmen, aber Ephoros oder Pausanias generalisierten ihn in unzulässiger Weise. Weil weder Ephoros noch das Pausaniaspamphlet überliefert sind,[628] ist das von David rekonstruierte Abhängigkeitsverhältnis der Quellen zu spekulativ, als dass es die Angabe über die Zusammensetzung des Königsgerichts in Frage stellen könnte.

Einen Gerichthof, der von der Volksversammlung eingesetzt sei, sieht David in den beiden Prozessen gegen Leotychides II. am Werk (ebd. 1985, S. 137). Beim ersten Mal (ca. 488) beriefen die Lakedaimonier (Λακεδαιμόνιοι) einen Gerichtshof (δικαστήριον) und verurteilten Leotychides. Beim zweiten Mal (ca. 476) wurde er vor einen Gerichtshof (δικαστήριον) gestellt und aus Sparta verbannt.[629] Nach David habe die Volksversammlung, die mit »Lakedaimonier« gemeint sei, ihre Gerichtsbarkeit auf einen Gerichts-

628 Auch Cartledge 2000, S. 15 vermutet, dass sich Pausanias auf Ephoros stützt, hält aber die *Hellenika Oxyrhynchia* für dessen Quelle. Dagegen ist Meadows 1995, S. 104 grundsätzlich skeptisch, ob sich die Quellen von Paus. 3,5,1–3,5,2 ermitteln lassen.

629 Hdt. 6,85,1 Λακεδαιμόνιοι δὲ δικαστήριον συναγαγόντες ἔγνωσαν περιυβρίσθαι Αἰγινήτας ὑπὸ Λευτυχίδεω ..., Hdt. 6,72,2 ἔφυγε ἐκ Σπάρτης ὑπὸ δικαστήριον ὑπαχθείς.

hof übertragen. Genauso sei der besagte Gerichtshof des Pausaniasprozesses von der Volksversammlung eingesetzt worden.

Verbirgt sich hinter den »Lakedaimoniern« in Hdt. 6,85,1 wirklich die Volksversammlung? MacDowell 1986, S. 133 f. interpretiert den ersten Prozess gegen Leotychides anders: Es handele sich um einen Gerichtshof aus Geronten, Ephoren und anderem König, der im Namen des Staates agiere. Wahrscheinlich waren es diese 34, die den Fall entschieden, und die Ephoren, die das Gericht einberiefen.[630]

Diese Meinungsverschiedenheit führt zu der Grundfrage, ob die Sammelbegriffe »Lakedaimonier«, »Spartiaten«, etc. allein für die Ephoren und die Gerusie gebraucht werden konnten. MacDowell ist davon überzeugt: Der Begriff »Lakedaimonier« beziehe sich in Hdt. 6,85,1 auf verschiedene Körperschaften. Die Begriffe »die Lakedaimonier« oder »die Spartiaten« könnten einfach »den jeweiligen Gerichtshof« meinen.[631] Daher gebe es keinen Anhaltpunkt dafür, dass die Versammlung jemals Fälle entschied.

Um in dieser Frage zu einer Entscheidung zu kommen, sollen die Fälle durchgegangen werden, die nach David von der Volksversammlung selbst entschieden wurden, weil seine These zum großen Teil auf der Terminologie, aber auch auf unabhängigen Argumenten beruht. Die Reihenfolge der Fälle orientiert sich an David 1985.

Leonidas II., 235 Leonidas wurde »von den Bürgern« die Verbannung auferlegt.[632] Nach David 1985, S. 132 f. ist die herkömmliche Betrachtungsweise des Pausaniasprozesses, der im selben Kapitel geschildert wird, damit inkompatibel: einerseits Verurteilung durch Bürger bei Leonidas, andererseits Verurteilung durch Ephoren und Gerusie bei Pausanias. Der Widerspruch erkläre sich dadurch, dass die Volksversammlung, die mit »Bürger« gemeint sei, bei Leonidas von einer Entscheidungsgewalt Gebrauch gemacht habe und bei Pausanias von einem Überweisungsrecht (s. o.). Der Unterschied kann aber genauso gut auf den zeitlichen Abstand der Ereignisse zurückgeführt (403 vs. 235) oder durch die Gegenthese erklärt werden, dass diese

630 Ähnliche Positionen referiert Richer 1998, S. 412 mit Anm. 150, denen Thommen 1996, S. 71 und Luther 2004, S. 118 hinzuzufügen wären. Selbst meint Richer aber (ebd. S. 422 mit Anm. 205), die Volksversammlung fungiere allein als Gerichtshof. Scott ad Hdt. 6,85,1: »Λακεδαιμόνιοι συναγαγόντες and ὑπὸ τῶν πολιητέων … ὀργῇ χρεώμενοι point to a debate in the assembly; at the least, a verdict of the assembly.«

631 Dieser Überlegung von MacDowell 1986, S. 133 f. folgt Scott ad Hdt. 6,66,1. Ähnlich De Ste. Croix – vgl. Anm. 644.

632 Paus. 3,6,8: ἐπιβαλόντων οἱ φυγὴν τῶν πολιτῶν.

Formulierung eine Entscheidung des Königsgerichts im Namen der Bürger meint.

Agis IV., 243/42 (vgl. Anm. 589) Im Prozess gegen Agis forderten seine Mutter und Großmutter einen öffentlichen Prozess,[633] was nach David 1985, S. 134f. einen Prozess durch die Volksversammlung meint. Auch dieser Fall ist erst spät bezeugt. Genau genommen ist nicht von Verhör und Entscheidung *durch* die Bürger die Rede, sondern *unter* (ἐν) ihnen, was eher auf die Anwesenheit als auf die Entscheidungsgewalt des Volkes hinzudeuten scheint. MacDowell 1986, S. 135 meint, der Ruf nach einem öffentlichen Prozess widerspreche der spartanischen Tradition.

Anaxandrides, 2. Hälfte 6. Jh. (vgl. Anm. 589) Im Prozess gegen Anaxandrides drohten Ephoren und Geronten mit härteren Beschlüssen der Spartiaten (Hdt. 5,39–40), weil sie selbst keine Kompetenz hätten, wie David 1985, S. 136f. meint.[634] Würden sich Ephoren und Geronten als die Spartiaten bezeichnen? Wir schließen uns den Wissenschaftlern an, die das für möglich halten.[635] Allenfalls könnte es sich bei den härteren Beschlüssen der Spartiaten um ein Gesetz handeln, das Ephoren und Geronten von der Volksversammlung ratifizieren ließen.

Kleomenes, 494 Kleomenes führte für seinen Rückzug von Argos religiöse Gründe an, überzeugte die Spartiaten und wurde mit großer Mehrheit freigesprochen (Hdt. 6,82). David 1985, S. 136f. sieht in den Spartiatai die Volksversammlung. Richer 1998, S. 412 bringt weitere Argumente: Die finale Entscheidung habe beim Volk gelegen, weil Kleomenes vor Geronten und Ephoren anders argumentiert hätte, für das Volk aber ein religiöser Vorwand ausreichend gewesen sei. Diese Unterscheidung ist spekulativ, weil sich auch die Ephoren mit solchen Gründen zufrieden gegeben haben.[636]

633 Plu. Agis. 19 λόγου καὶ κρίσεως τυχεῖν ἐν τοῖς πολίταις.

634 Gemäßigter Richer 1998, S. 353, der ein Probouleuma der Geronten und Ephoren voraussetzt. MacDowell 1986, S. 83 behandelt den Fall nur im Rahmen der Eheschließung.

635 Scott ad Hdt. 6,66,1: »this (the Spartiates) could mean in a court or in assembly.« Dagegen, dass mit »Spartiaten« die Geronten und Ephoren gemeint sind, die den Gerichtshof bilden, spricht sich Richer 1998, S. 353 mit Anm. 170 aus, die Andrewes, Carlier und Ruzé anführt.

636 Lysander wird von den Ephoren freigelassen, weil er ein Opfer nachholen will, das er dem Ammon vor der Belagerung von Amphytai versprochen hatte, was viele für einen Vorwand hielten (Plu. Lys. 20).

Außerdem hatten hinter dem Rückzug wohl taktische Erwägungen gestanden, wie Welwei 2004, S. 117 vermutet. Scott ad 6,82,1 erscheint es am wahrscheinlichsten, dass die Ephoren den Fall an die Gerusie überwiesen. Viele Forscher meinen, dass Ephoren und Gerusie entschieden.[637]

Demaratos, 491 Für den Plan, seinen Kollegen Demaratos vom Thron zu stürzen, gewann Kleomenes Leotychides (den späteren II.), der aus demselben Königshaus wie jener stammte. Leotychides verklagte Demaratos, leistet einen Eid und führte Zeugen dafür auf, dass Demaratos kein rechtmäßiger Thronerbe sei. Die Spartiaten konnten sich nicht einigen und entschieden auf Betreiben des Kleomenes, die Frage der Pythia vorzulegen. Die Pythia urteilte, von Kleomenes beeinflusst, Demaratos sei kein rechtmäßiger Sohn des früheren Königs. Daraufhin wurde Leotychides König.[638] David 1985, S. 136f. sieht in den Spartiatai die Volksversammlung. Auch unabhängig von der Frage der Terminologie ist dieser Fall der Gerusie abgesprochen worden. Selbst MacDowell 1986, S. 135 meint: »the quarrels and the failure to reach a verdict do not sound like the proceedings of the senate.« Die Frage der Nachfolge sei wohl von den Ephoren an die Versammlung weitergeleitet worden. Es handele sich aber nicht wirklich um einen Prozess. Dagegen betont Scott ad Hdt. 6,66,1 zu Recht, dass die Geronten nicht immer einig waren, der Fall sehr kontrovers war und die Absetzung eines Königs wohl göttliche Sanktion erforderte. De Ste. Croix und Luther vermuten, dass die Ephoren und die Gerusie entschieden haben.[639]

Agis II., 418 Die Lakedaimonier machten Agis Vorwürfe, weil er, statt mit Argos zu kämpfen, einen Vertrag abgeschlossen hatte. Als weitere schlechte Nachrichten eintrafen, erwogen sie, sein Haus einzureißen oder eine hohe Geldstrafe zu verhängen. Aber Agis konnte sie erweichen, ihm eine letzte Chance zu geben. Sie verzichteten auf die Strafen, erließen aber ein Gesetz, dass er künftig von einem Beirat überwacht werden sollte (Th. 5,63). David 1985, S. 137f. argumentiert, dass das Agens der ganzen Passage – inklusive Prozess – die Volksversammlung sein müsse, da das Subjekt durchgängig die Lakedaimonier seien und ein Gesetz verabschiedet werde. Auch Richer 1998, S. 412 spricht die Entscheidung dem Volk zu, weil die Armee,

637 Cartledge 2001, S. 64; Thommen 2003, S. 68 und Luther 2004, S. 115.

638 Hdt. 6,65ff. Dieser Prozess passt nicht in die Reihe der von David 1985 angeführten Fälle. Denn man stellt nicht Demaratos' Amtsführung in Frage, sondern die Rechtmäßigkeit seines Amtsantritts. Eher sollte David den Fall in 1991 anführen, was er aber nicht tut.

639 De Ste. Croix 1972, S. 351 und Luther 2004, S. 117.

wie Thukydides betont, gegen den Rückzug war. Dagegen meint MacDowell 1986, S. 134, dass sich der Begriff »Lakedaimonier« an dieser Stelle auf verschiedene Körperschaften beziehen könne. Außerdem ist gegen David einzuwenden, dass die Anklage im Affekt natürlich nicht von der Gerusie ausging, weil diese nie Kläger war. Gegen Richer ist einzuwenden: Dass das Volk gegen den Rückzug war, heißt noch lange nicht, dass es auch entschieden hat. Entweder waren auch die Geronten dagegen oder sie griffen eine Stimmung auf. Es scheint also eher, dass Agis bei oder von den Ephoren angeklagt wurde und die Gerusie und Ephoren in ihrem Urteil einen Kompromiss herbeiführten.[640]

Kleombrotos, 371 König Kleombrotos wurde von seinen Freunden vor der Schlacht bei Leuktra geraten, die Thebaner anzugreifen, damit er von der Stadt nicht das Schlimmste erleiden müsse (ὑπὸ τῆς πόλεως τὰ ἔσχατα παθεῖν X. HG 6,4,5). David 1985, S. 139f. sieht in dieser Formulierung eine Entscheidung der Politen. Dagegen ist einzuwenden, dass Kleombrotos nach Anfrage bei »den Behörden« (οἱ ἐν τέλει 6,4,2), was die Gerusie mindestens einschließt, nach Böotien einmarschiert war. Es wäre also nicht verwunderlich, wenn sich Kleombrotos im Falle eines Abzugs den Zorn der Gerusie zugezogen hätte. Im Gegensatz zu David wertet Cartledge 1987, S. 123 diese Stelle als Beleg für die Macht der Gerusie über den König und den außenpolitischen Kurs.

Königsprozess: Thronfolge

Seine These zum Rechenschaftsprozess weitet David 1991 auf die Entscheidung über die Thronfolge aus: Geronten und Ephoren hätten ein Probouleuma in die Volksversammlung eingereicht, die final entschieden habe. Ausgangspunkt ist der Thronstreit zwischen Kleonymos und Areus.

Areus/Kleonymos, 309 (vgl. Anm. 589) Areus und Kleonymos stritten um die Nachfolge des Kleomenes II. Die Gerusie entschied zugunsten des jungen Areus (Paus. 3,6,2). Zwar heißt es, dass der Streit von der Gerusie entschieden wurde, aber diese Angabe ist nach David unvollständig. Denn daraus, dass Plutarch in Pyrrh. 26,17 sagt, dass der unterlegene Kleonymos allen Bürgern zürnte, zieht David 1991, S. 32 den heiklen Schluss, dass neben der Gerusie auch die Volksversammlung zuständig gewesen sei.

640 Cartledge 1987, S. 130 setzt ein Königsgericht mit Ephoren und Probouleuma der Gerusie voraus.

Leotychides III./Agesilaos II., 400 (vgl. Anm. 590) Die Polis bzw. die Besten wählten Agesilaos zum neuen König (κρίνασα ἡ πόλις … ὑπὸ τῶν ἀρίστων κριθέντα X. Ages. 1,5). An anderer Stelle erwähnt Xenophon im gleichen Zusammenhang nur die Polis.[641] David 1991, S. 32 mit Anm. 87 meint, dass mit »die Polis« nicht nur die Gerusie gemeint sei. Er gesteht ihr aber eine wichtige Rolle bei der Entscheidung zu, weil der Terminus »Aristoi« die Geronten meine. Die Volksversammlung habe das Probouleuma der Gerusie ratifiziert. Auch MacDowell 1986, S. 134 stößt sich an der Formulierung »die Polis«: »it seems unlikely that Xenophon would call the senate *the city*.« Die Frage der Nachfolge sei wohl von den Ephoren an die Versammlung weitergeleitet worden. Es handele sich um einen Ausnahmefall und keinen wirklichen Prozess. Dagegen akzeptiert De Ste. Croix 1972, S. 351, dass hier mit »Stadt« die Gerusie gemeint ist. Ähnlich Cartledge 1987, S. 111 zur Entscheidungsgewalt über diesen Thronanspruch: »it was pretty clearly not the Assembly … The likeliest supposition is that it was the same body as that which acted as a court of law in the trials of kings.« Dieser Annahme schließen wir uns an. Alternativ könnte es bei der Ernennung eines Königs eine Akklamation durch die Heeresversammlung gegeben haben, nachdem der Kandidat schon feststand, wie Cartlege vermutet (ebd.).

Kleomenes/Dorieus, um 520 Nach Anaxandrides' Tod machten die Lakedaimonier seinen ältesten Sohn Kleomenes zum König. Dorieus, der jüngere Sohn aus erster Ehe, war verärgert und wanderte aus (Hdt. 5,42). Mit den Lakedaimoniern könne nicht allein die Gerusie gemeint sein, wie David 1991, S. 32 argumentiert.

Kritik an Davids Thesen

Davids These, dass Geronten und Ephoren ein Probouleuma in die Volksversammlung zur Entscheidung über den Thronstreit einreichten, lässt sich nicht erhärten. Seine beiden Beispiele hängen großenteils an der vagen Terminologie. Ihnen steht das eindeutige Zeugnis gegenüber, dass der Thronstreit von Kleonymos und Areus von der Gerusie entschieden wurde. Selbst wenn die Volksversammlung ein Probouleuma ratifiziert hätte, käme der Gerusie das größte Gewicht zu. Denn ohne ihre Stimmenmehrheit kam kein Probouleuma zustande.

Davids ältere These, die Volksversammlung habe den König zur Rechenschaft gezogen und nur ausnahmsweise ihre Kompetenz auf die Ephoren

641 X. HG 3,3,4. David 1985, S. 139, Anm. 30 erwähnt diesen Fall nur am Rande.

und Geronten übertragen, ist unklar (es bleibt offen, wann die Volksversammlung welchen Weg einschlug) und lässt sich nicht hinreichend belegen. Außerdem wird nur ein einziges Beispiel als expliziter Beleg für eine Autorisierung eines Gerichts durch die Volksversammlung angeführt.[642] Dieser Fall und die Belege, die David für die Verurteilung eines Königs durch die Volksversammlung anführt, hängen an Sammelbegriffen (die wenigen von der Terminologie unabhängigen Argumente überzeugen nicht) wie Spartiaten, Lakedaimonier, Bürger oder Stadt. David 1985, S. 139f. räumt ein, dass andere Spartiaten von der Gerusie gerichtet wurden. Aber auch normale Spartiaten werden von den »Lakedaimoniern« mit dem Äußersten bestraft.[643] Wenn der Terminus hier die Gerusie meinen kann, warum nicht auch beim Königsgericht? Nirgendwo heißt es, dass ein Königsprozess von Ekklesia, Apella, Volk oder Menge entschieden wurde. In den Königsprozessen, in denen eine entscheidende Körperschaft genannt wird, sind es die Gerusie und das Ephorat (vgl. Anm. 589). Dieser Befund deckt sich mit Pausanias' Angabe zur Zusammensetzung des Königsgerichts, deren Allgemeingültigkeit David ohne stichhaltigen Argumente in Zweifel zieht, und passt zu der ignorierten Aristoteles-Passage, die der Volksversammlung jede Gerichtsbarkeit ab- und den Geronten die für einen Rechenschaftsprozess nötige Blutgerichtsbarkeit zuspricht.

Die Begriffe »Spartaner«, »Bürger« oder »Stadt« deuten im Falle des Königsprozesses also nicht auf eine Entscheidung der Volksversammlung,[644] sondern darauf, dass das Königsgericht, das aus den Geronten, den Ephoren und dem anderen König bestand, die Bürgerschaft repräsentierte.[645] Das erklärt, warum Plutarch bei der Verurteilung der thebanischen Harmosten einmal die Gerusie und einmal die Spartaner nennt.[646]

Von einem Entscheidungs-, Überweisungs-, oder Ratifikationsrecht der Volksversammlung kann also keine Rede sein, wie einige Forscher bereits angenommen haben (Anm. 624). Trotzdem ist nicht grundsätzlich auszuschließen, dass das Volk innerhalb des Prozesswesens eine gewisse Rolle spielte oder einen informellen Einfluss hatte. Vielleicht gab es bei der Ernennung eines Königs eine Akklamation durch die Volksversammlung, nach-

642 Vgl. Anm. 629.

643 Die »Lakedaimonier« verbannten den Spartiaten Lichas (Hdt. 1,67–68).

644 So De Ste. Croix 1972, S. 133: »There is no reason to suppose that a judgment took place in the Assembly merely because we are told that the decision was taken by ›the Spartans‹ … or ›the citizens‹ … ⟨or⟩ ›by the city‹.« Vgl. auch Anm. 631.

645 Vielleicht deutet auch der Terminus »kleine Volksversammlung« darauf hin, dass Geronten und Ephoren das Volk repräsentieren konnten (vgl. 2.7.6).

646 Plu. de genio Socratis 598f5 vs. Pel. 13,3; vgl. Anm. 589.

dem der Kandidat schon feststand. Sicherlich gab es während der langen Tagungszeit der Gerusie Syssitien und Volksversammlungen, die Einfluss auf die Entscheidungsträger ausüben konnten. Andererseits konnten die Geronten das Meinungsbild sondieren und ihrerseits beeinflussen. In den meisten Fällen wird sich ein Konsens herausgebildet haben, so dass zu Recht von einer Entscheidung der Spartaner gesprochen werden kann.[647] Vielleicht waren manche Sitzungen des Gerichts öffentlich, was erklären würde, warum Stimmungen und Abstimmungsergebnisse nach außen drangen, warum der Regent Pausanias von jedem Beliebigen befragt werden konnte (Anm. 696) oder warum im Agisprozess ein Verfahren vor dem Volk gefordert wurde (Anm. 633). Vielleicht tagte man auf dem Marktplatz (vgl. 2.6.1). Selbst wenn das Volk manchmal anwesend war, hatte es kein Entscheidungsrecht.[648]

Cartledge 2000, S. 21 kommt zum gleichen Ergebnis: »The Spartan damos, or citizen body as a whole, was not formally involved or consulted at all at any stage of the proceedings – though public opinion could have been determined (that is, both discovered and formed) through informal channels such as the common messes. For … there was no popular judiciary in Sparta, and the Spartan Assembly, which was essentially a warrior assembly, was never … either invited or inclined to play the rôle of a lawcourt«.

Fazit

Die richterlichen Kompetenzen der Gerusie lassen sich wie folgt von denen der anderen Körperschaften abgrenzen: Die Gerusie verhängte schwere Strafen: hohe Geldstrafen, Exil, Atimie (u. a. bei Feigheit) und Tod (u. a. bei privatem Geldbesitz). Ihre Gerichtsbarkeit erstreckte sich auf alle Spartiaten, inklusive Beamte und Könige. Die Könige stimmten als Mitglieder der Gerusie mit ab (beim Königsgericht natürlich nur einer von beiden) und verfügten nur auf Feldzügen über eine unabhängige, aber situationsgebundene Gerichtsbarkeit. Die Ephoren entschieden nur im Falle des Königsgerichts mit; sonst war ihre Gerichtsbarkeit bei Spartiaten auf geringere Strafen beschränkt. Für die Entscheidungen der Ephoren war Schnelligkeit charakteristisch, für die Urteilsfindung der Geronten besonnene Langsamkeit. Die Volksversammlung besaß keine Gerichtsbarkeit, aber vielleicht konnte die

647 MacDowell 1986, S. 154: »The Spartan legal system was established by a small and close-knit community of Spartiates among whom there was little or no dissent. The consensus prevailed until the late fifth century.«

648 Der Prozess gegen Sphodrias, der freilich kein König, sondern ein Beamter war, zeigt, dass die Gerusie gegen die Präferenz des Volks entscheiden konnte.

öffentliche Meinung die Entscheidungsträger beeinflussen, zumal wenn der Prozess öffentlich war. Ohne Ephoren oder Dritte gab es keinen Prozess, ohne Geronten keine schweren Strafen.

Da nun geklärt ist, für welche Vergehen und Strafen in welchem Personenkreis die Gerusie zuständig war, kann man auch in Prozessen, in denen die Gerusie nicht ausdrücklich genannt wird, auf ihre Beteiligung schließen. Dadurch lässt sich das Bild ihrer Gerichtsbarkeit, das aus den Fällen erwächst, in denen die Gerusie explizit oder in Umschreibung genannt wird (Anm. 589 und 590), ergänzen. Das soll im Folgenden unternommen werden. Dabei geht es nicht darum, möglichst viele Prozesse zu erfassen,[649] sondern durch die Prüfung von Musterfällen ein möglichst umfassendes Bild der richterlichen Kompetenzen der Gerusie zu entwerfen. Wir wollen ihre Gerichtsbarkeit in folgende Gebiete unterteilen: Strafprozess, Königsprozess/Rechenschaft und Königsprozess/Thronfolge. Doch zuvor soll kurz erörtert werden, wie ein Prozess zustande kam.

2.7.4.3 Das Verfahren vor Prozessbeginn

Der Erhebung der Anklage, die den Beginn der von der Gerusie (mit) entschiedenen Prozesse markiert, gingen mehrere Vorstufen voraus,[650] in denen die Ephoren eine wichtige, aber nicht die allein bestimmende Rolle spielten.

Am Anfang stand ein Verdacht der Ephoren, die aus eigener Initiative Ermittlungen aufnehmen konnten,[651] oder eine Anzeige (bzw. Anklage)[652] bei den Ephoren, die daraufhin die Ermittlung aufnahmen.[653] Die Ephoren erhoben Anklage, luden vor Gericht und beantragten eine Strafe.[654] Ihre Anklage erfolgte, wie Plutarch suggeriert, in schriftlicher Form[655] und enthielt

649 Ruzé 1997, S. 177ff. liefert eine Tabelle mit 24 Fällen.

650 Im Gegensatz zu Athen, wo die Voruntersuchung (anakrisis) Teil des Prozesses war; vgl. Maffi 2006, S. 71.

651 So Richer 1998, S. 438ff.; z. B. der Ephor Lysander gegen König Leonidas (Plu. Agis 11).

652 Kleomenes I: νοστήσαντα δέ μιν ὑπῆγον (anklagen bei) οἱ ἐχθροὶ ὑπὸ τοὺς ἐφόρους Hdt. 6,82.

653 Jemand zeigt Kinadon bei den Ephoren an (καταγορεύει τις πρὸς τοὺς ἐφόρους); diese befragen den Denunzianten (ὁ εἰσαγγείλας X. HG 3,3,5ff.).

654 Xenophon bezeugt, das »vor Gericht ziehen« allgemein als Recht der Ephoren (X. Lac. 8,4 εἰς ἀγῶνα καταστῆσαι). Sphodrias: X. HG 5,4,24 οἱ δ' ἔφοροι ἀνεκάλεσάν τε τὸν Σφοδρίαν καὶ ὑπῆγον θανάτου (auf Leben und Tod anklagen).

655 Plu. Lys. 30,1: κρίσιν προγράψαι θανατικήν – »to give written notice of a capital trial« wie MacDowell 1986, S. 140 übersetzt.

konkrete Vorwürfe.[656] MacDowell 1986, S. 127 vermutet, dass die Ephoren entscheiden konnten, einen Fall vor die Gerusie zu bringen, wenn das Vergehen so schwer war, dass es Strafen erforderte, die nur die Gerusie verhängen konnte. Diesen Vorgang spiegeln wohl die Fälle des Anaxandrides, Kinadon und Agis.[657] Ein Fragment des Theophrast bezeugt wahrscheinlich die Regel, dass die Ephoren nach der Ermittlung die Geronten hinzuzogen.[658] Vom Anfangsverdacht bis zur Erhebung der Anklage konnte alles bei den Ephoren liegen, musste es aber nicht: Wie gesagt können Dritte bei den Ephoren Anzeige erstatten. Und vielleicht hatten die Ephoren eine Pflicht, dem nachzugehen und, wenn der Anzeiger darauf bestand, Anklage zu erheben. Denn im Pausaniasprozess stimmten alle Ephoren für Freispruch (Anm. 589). Wahrscheinlich war die Anklage ohne ihre Initiative und gegen ihr Interesse zustande gekommen. Außerdem konnten sich die anderen, die auf schuldig plädierten, wohl kaum auf die Beweise der Ephoren stützen. Vielleicht war unabhängig ermittelt worden. Das ist in einem Fall bezeugt: Nach Theophrast soll König Kleomenes selbst gegen einen gewissen Kleolas ermittelt haben.[659] Vielleicht konnten Dritte neben den Ephoren als Ankläger auftreten wie die Aigineten bei Leotychides[660] und die Athener bei Sphodrias, die aber wieder nach Hause geschickt wurden.[661]

---

656 Die Anklage gegen Pausanias (2. Prozess) umfasst mehrere Punkte vgl. Anm. 692.

657 Anaxandrides, 2. Hälfte des 6. Jh.: Die Ephoren legen Anaxandrides nahe, seine Frau zu verstoßen und neu zu heiraten. Als Anaxandrides sich weigert, beraten sich Ephoren und Geronten und drohen Anaxandrides (Hdt. 5,39–40). – Kinadonverschwörung, 399: Nachdem sich die Ephoren vom Ausmaß der Kinadonverschwörung überzeugt haben, ziehen sie die Geronten hinzu (X. HG 3,3,8; vgl. 2.7.6). – Agis IV., 243/232: Die Ephoren rufen einen Teil der Geronten, um Agis abzuurteilen (Plu. Agis 19).

658 Keaney 1974 hat gezeigt, dass es in Thphr. De elig. magistr. Fragment a nicht um die Beamtenwahl, sondern um Kapitalprozesse geht. In Zeile 20ff. (τοιγὰρ σκυτάλῃ ἀνακρίνουσιν οὕτως καὶ ἀνακρίναντες ἐκκαλοῦσιν τῇ ὥρᾳ τοὺς ἄλλους) seien die Ephoren das Subjekt und »die anderen« die Geronten (Keaney ebd. S. 191). Dem folgen MacDowell 1986, S. 138 und Richer 1998, S. 441. Anders Maffi 2006, S. 67f.

659 Thphr. De elig. magistr. a26ff. ⟨ἀνακρίνειν⟩ ὃ καὶ Κλεομένης ἐποίησεν. Zur Interpretation vgl. MacDowell 1986, S. 139. In Athen bezeichnet ἀνάκρισις die Befragung der Streitparteien durch einen Beamten vor Prozessbeginn.

660 Leotychides: Αἰγινῆται ἔπεμπον ἐς Σπάρτην ἀγγέλους καταβωσομένους Λευτυχίδεω ... Hdt. 6,85; nach Maffi 2006, S. 69 treten die Aigineten als Ankläger auf; in jedem Fall bleiben sie im Gegensatz zu den Athenern den Prozess über in Sparta.

661 Sphodrias: ἐκ δὲ τούτου κατήγοροι (Ankläger) μὲν ἐπέμφθησαν εἰς Σπάρτην ἐξ Ἀθηνῶν, εὗρον δὲ κατηγορίας μηδὲν ἐπὶ τὸν Σφοδρίαν δεομένους τοὺς ἄρχοντας, ἀλλὰ θανάτου κρίσιν αὐτῷ προειρηκότας Plut. Ages. 24,6. Mit den Beamten, die

Die Gerusie brauchte also ein Mandat, um aktiv zu werden. Zumeist führten die Ephoren die Ermittlung und erhoben Anklage, aber auch Dritte, so dass auch gegen den Willen der Ephoren ein Prozess zustande kommen konnte.

2.7.4.4 Strafprozess

Spartiaten hatten das Recht auf einen ordentlichen Strafprozess, der sich Zeit nahm und sein Urteil auf sichere Beweise stützte (vgl. Anm. 611). Die Gerusie fungierte als Strafgerichtshof, wie zwei Fälle, in denen die Gerusie explizit und in Umschreibung erscheint, bezeugen.[662] Im Folgenden sollen sechs weitere Prozesse einbezogen werden, die von keinem anderen Gremium als der Gerusie entschieden worden sein können, auch wenn ihre Beteiligung weder genannt noch angedeutet ist.[663]

Personenkreis und Vergehen

Die Gerusie war für die Verurteilung von Beamten zuständig. Dies belegen die Fälle von verurteilten Harmosten, die von den Ephoren eingesetzte Beamte der Polis und selbstverständlich Spartiaten waren.[664] Ihre Aufgabe war es, Poleis und Gebiete, die zum Verwaltungsbereich Lakedaimons gehörten, mit einer Truppe zu schützen und im Sinne Spartas zu lenken. Die Gerichtsbarkeit über Spartiaten ohne Amt ist in keinem Beispiel bezeugt, lässt sich aber aus der allgemeinen Blutgerichtsbarkeit ableiten (Anm. 581).

Nach Aristoteles war die Gerusie für Tötungsdelikte zuständig (hierzu Anm. 580). Allerdings ist dies in keinem Fall explizit bezeugt. Ohnehin sind nur spärliche Informationen zu Tötungsfällen in Sparta verfügbar. Allenfalls

---

keine Klage mehr benötigen, weil sie bereits die Todesstrafe beantragt haben, sind die Ephoren gemeint, wie X. HG 5,4,24 belegt (Anm. 654).

662 Harmosten von Theben, 379/8 (vgl. Anm. 589); Sphodrias, der Harmost von Thespiai 378 (vgl. Anm. 590).

663 421: Prozess gegen die Spartiaten von Sphakteria Th. 5,34,2 (vgl. S. 167). – 418: Prozess gegen zwei Polemarchen Th. 5,72,1 (vgl. S. 168). – 404: Prozess gegen den Polemarchen Gylippos D. S. 13,106,8–9; Plu. Lys. 16–17,1; Athen. 6,233 f–4 a (vgl. S. 163). – um 403: Prozess gegen den Harmosten Thorax Plu. Lys. 19 (vgl. S. 164). – um 403: Prozess gegen den Kommandanten Klearchos X. An. 2,6.– 399: Prozess gegen den Harmosten Thibron X. HG 3,1,8 f.– 382: Prozess gegen den Polemarchen Phoibidas Plu. Pel. 6,1. – 371: Kein Prozess gegen die Fahnenflüchtigen von Leuktra Plu. Ages. 30,4 (vgl. Anm. 579).

664 Zur Harmostie vgl. Bockisch 1965, S. 212, Anm. 6 und S. 227 ff. Bockisch erwähnt die Rolle der Gerusie gegenüber den Harmosten nicht.

könnte man Drakontios anführen, der als Kind aus Sparta fliehen bzw. ins Exil gehen musste (φεύγειν), weil er aus Versehen einen anderen Knaben mit einem Schwerthieb getötet hatte (X. An. 4,8,25).

Im Jahr 404 wurde ein neuer Straftatbestand eingeführt: Die Empörung über die Veruntreuung der Kriegsbeute durch Gylippos führte zur Verabschiedung eines neuen Gesetzes, das den privaten Geldbesitz bei Todesstrafe verbot (vgl. S. 198).

Weitere Tatbestände lassen sich aus den Gründen rekonstruieren, für die man angeklagt oder verurteilt werden konnte: Die Feiglinge von Sphakteria wurden verurteilt, weil man fürchtete, sie könnten auf Umsturz sinnen.[665] Thibron wurde angeklagt, weil er dem Heer erlaubt hatte, die Freunde auszuplündern.[666] Weil sie die Besetzung von Theben nicht hatten halten können, wurden die Harmosten von der Gerusie verurteilt. Sphodrias wurde angeklagt, weil er sich zum Schaden Spartas zu einem unbefohlenen und erfolglosen Angriff auf Athen hatte bestechen lassen.[667] Klearchos wurde wegen Ungehorsams verurteilt.[668]

Es zeigt sich, dass die Geronten Beamte wegen unregelmäßiger Amtsführung verurteilten, die in Ungehorsam, militärischem Versagen, Schädigung der Stadt, Amtsmissbrauch und Bestechlichkeit bestehen konnte. Außerdem wurde die Gerusie aktiv, wenn Umsturz drohte; ferner bei privatem Geldbesitz und Feigheit.

Verfahren

Aus dem Sphodriasprozess lässt sich das Verfahren ansatzweise rekonstruieren (2.6.2 und Anm. 489). Die Tatsache, dass im Sphodriasprozess nach außen drang, welche Fronten mit welchen Präferenzen innerhalb der Gerusie bestanden (X. HG 5,4,25), zeigt eine gewisse Offenheit des Verfahrens.

Die Kapitalprozesse vor der Gerusie dauerten mehrere Tage (Anm. 585). Plutarch lässt König Anaxandrides die Länge damit begründen, dass man das Urteil nicht ändern könne.[669] In der Tat ist dort, wo von unheilbaren bzw. extremen Strafen die Rede ist, die von der Gerusie verhängte Todesstrafe gemeint (vgl. Anm. 698).

665 νεωτερίζειν Th. 5,34,2.

666 κατηγόρουν γὰρ αὐτοῦ οἱ σύμμαχοι ὡς ἐφείη ἁρπάζειν τῷ στρατεύματι τοὺς φίλους X. HG 3,1,8 f.

667 ἐχρηματίσατο ἐπὶ κακῷ τῆς πόλεως X. HG 5,4,30.

668 ἐθανατώθη ... ὡς ἀπειθῶν X. An. 2,6,4.

669 Plu. Apophthegmata Laconica 217a13: ὅτι περὶ θανάτου τοῖς διαμαρτάνουσιν οὐκ ἔστι μεταβουλεύσασθαι.

MacDowell 1986, S. 143 glaubt, dass nicht die Beweisaufnahme mehrere Tage dauerte, sondern dass sich das Gericht vertagte, wenn die Todesstrafe vorgeschlagen war, damit die Geronten Gelegenheit hatten, den Fall zu diskutieren und den Angeklagten weiter zu befragen, wenn sie die Angelegenheit überdacht hatten.

Ein Angeklagter, gegen den die Todesstrafe beantragt war, konnte es vorziehen, nicht zum Prozess zu erscheinen, wenn er glaubte, dass die Gerusie dem Antrag folgen würde. Die Abwesenheit des Angeklagten kam einem Geständnis gleich und führte in der Regel zur Verhängung der Höchststrafe.[670]

Strafmaß

Die Gerusie verhängte die Todesstrafe über Spartiaten (vgl. Anm. 581 und 618). Gylippos und Thorax wurden wegen privaten Geldbesitzes zum Tode verurteilt (vgl. S. 163). Entsprach die Gerusie dem Antrag auf Todesstrafe und sprach den Angeklagten schuldig, wurde das Urteil vollstreckt,[671] sofern sich der Angeklagte der Hinrichtung nicht durch Flucht entzog;[672] die Gerusie musste dem Antrag auf Todesstrafe natürlich nicht entsprechen und konnte den Angeklagten auch freisprechen.[673]

Das Exil war nicht nur eine Möglichkeit, der Todesstrafe zu entgehen, sondern auch eine eigene Strafform. Denn Aristoteles schreibt die Entscheidungsgewalt über die Verbannung wohl der Gerusie zu (vgl. Anm. 583). Als Beispiel ließe sich der Spartiat Lichas anführen, den die Spartaner verbannt haben sollen (διώκειν).[674] Wo nur von Exil die Rede ist, bleibt unklar, ob es verhängt oder selbstgewählt ist, um einer anderen Strafe zu entkommen.[675]

---

670 Athenaios führt die Todesstrafe des Gylippos darauf zurück, dass er nicht zum Prozess erschien (Athen. 6,24,11–15). Sphodrias erscheint zu seinem Prozess nicht, weil er sich fürchtet (φοβούμενος X. HG 5,4,24; Plu. Ages. 24,6). Dass er trotzdem (καίπερ) freigesprochen wird, ist unerhört.

671 Zwei Harmosten von Theben werden von der Gerusie zum Tode verurteilt und hingerichtet: οἱ γέροντες … Ἑρμιππίδαν δὲ καὶ Ἄρκεσον ἀπέκτειναν Plu. de genio Socratis 598f5; οἱ δὲ Σπαρτιᾶται … Ἡριππίδαν μὲν καὶ Ἄρκεσον ἀπέκτειναν κρίναντες Plu. Pel. 13,3.

672 Nachdem Gylippos der Veruntreuung überführt ist, verlässt er Sparta (Plu. Lys. 17: μετέστησεν ἑαυτὸν ἐκ Λακεδαίμονος); Diodor präzisiert, dass Gylippos zum Tode verurteilt die Flucht ergriff (D. S. 13,106,9: ἔφυγε καὶ κατεδικάσθη θανάτῳ). Auch Athenaios spricht von Todesstrafe (Athen. 6,24,11–15).

673 Die Ephoren beantragen gegen Sphodrias die Todesstrafe. Wider Erwarten wird er (wohl von der Gerusie) freigesprochen (X. HG 5,4,20–33).

674 Hdt. 1,67–68, vgl. Anm. 643.

675 Nach seiner Verurteilung flieht Thibron bzw. geht ins Exil (ζημιωθεὶς ἔφυγε X. HG 3,1,8f.).

Plutarch bezeugt, dass die Gerusie die Atimie verhängte (Anm. 582). Auf die Feigheit im Krieg stand die Atimie per Gesetz (Anm. 627). Dieses Gesetz wurde von der Gerusie auf Gruppen und einzelne Delinquenten angewandt, konnte aber von der Volksversammlung für eine bestimmte Schlacht ausgesetzt werden (vgl. S. 166). Für den Verurteilten bedeutete Atimie den Ausschluss von Ämtern und Geldgeschäften und hatte Herabsetzungen zur Folge.[676] Ferner wurde mit Atimie bestraft, wer versagte, die Agoge zu absolvieren und seinen Beitrag zu den Syssitien zu leisten.[677] Ob sich Plutarchs generelle Angabe auch auf diese Fälle erstreckt, muss offenbleiben. Die Atimoi blieben in Sparta wohnen oder wählten freiwillig das Exil.[678]

Allein die Gerusie konnte hohe Geldstrafen über Spartiaten verhängen (vgl. S. 161). Phoibidas sollte 100 000 Drachmen (fast 17 Talente) zahlen.[679] Einer der Harmosten von Theben wurde von der Gerusie mit einer hohen Geldstrafe belegt und verließ die Peloponnes.[680] MacDowell 1986, S. 149f. meint, dass oft unbezahlbare Bußgelder verhängt wurden, um den Angeklagten ins Exil zu zwingen, weil auf Nichtbezahlung der Tod stehe (vgl. 2.7.4.5).

Nur für einzelne Delikte lag das Strafmaß fest wie die Todesstrafe auf privaten Geldbesitz und die Atimie bei Feigheit; sonst lag das Strafmaß wohl im Ermessen der Gerusie.[681]

Ermessensspielraum

Aristoteles bezeugt, dass die Gerusie nicht nach Vorschriften, sondern nach Gutdünken entschied (Anm. 587). Das könnte mit dem Umstand zusammenhängen, dass es in Sparta weniger geschriebene als ungeschriebene Ge-

---

676 Die Atimoi von Sphakteria dürfen keine Ämter bekleiden, nichts kaufen oder verkaufen (Th. 5,34,2). Den Fahnenflüchtigen von Leuktra droht der Ausschluss von Ämtern, Kennzeichnung und Erniedrigung. Außerdem hat der Entehrte Probleme, seine Kinder zu verheiraten (Plu. Ages. 30).

677 So MacDowell 1986, S. 42ff. Nach Kahrstedt 1922, S. 45 steht die Atimie auch auf Kriegsgefangenschaft, Verlassen eines Königs im Gefecht, Flucht vom Schlachtfeld und Schildverlust.

678 Wohl die beiden Polemarchen in 418; vgl. S. 168.

679 Plu. Pel. 6,1,1 Λακεδαιμόνιοι Φοιβίδαν μὲν ἀφείλοντο τῆς ἀρχῆς καὶ δέκα δραχμῶν μυριάσιν ἐζημίωσαν.

680 τοῦτον … χρήμασιν οὐκ ὀλίγοις ἐζημίωσαν τῶν Λακεδαιμονίων οἱ γέροντες Plu. de genio Socratis 598f5; ὁ δὲ τρίτος Λυσανορίδας χρήμασι πολλοῖς ζημιωθεὶς αὑτὸν ἐκ τῆς Πελοποννήσου μετέστησε Plu. Pel. 13,3.

681 MacDowell 1986, S. 144 geht also zu weit: »weather the death penalty was required by law for any offence, or was imposed when the judges considered it appropriate, is not known.«

setze gab,[682] die wohl dehnbarer waren. Die Gerusie waltete also über die Einhaltung der geschriebenen und der ungeschriebenen Gesetze. Dieser Ermessensspielraum lässt sich nicht nur an der Festsetzung des Strafmaßes, sondern auch an der Beurteilung der Schuld festmachen:

Sphodrias wurde von der Gerusie freigesprochen, obwohl seine Schuld offenkundig war und seine Abwesenheit einem Geständnis gleichkam. Agesilaos, der der Gerusie angehörte, relativierte Sphodrias' Schuld, indem er auf dessen (bis zu diesem Zeitpunkt) vorbildliches Leben verwies (X. HG 5, 4,32). Xenophon bezeugt, dass viele die Ungerechtigkeit dieses Urteils für beispiellos in Sparta hielten.[683] Die Gerusie konnte also ein offensichtliches Vergehen relativieren. Ferner ermöglichte der Ermessensspielraum die Aufhebung eines Urteils. So wurde die Atimie der Spartiaten, die auf Sphakteria kapituliert hatten, Schritt für Schritt aufgehoben (Th. 5,34,2). Die Gerusie scheint damit ihr eigenes Urteil aufgehoben zu haben.

(Un-)Abhängigkeit

Der Sphodriasprozess zeigt, dass der König die Geronten zu einer Gefälligkeitsentscheidung bewegen konnte. Denn die mit Agesilaos befreundeten Geronten schlossen sich dem von ihm vertretenen Freispruch an, obwohl sie anfangs für einen Schuldspruch waren (X. HG 5,4,25–32). Der Polemarch Phoibidas, der Theben unauthorisiert erobert hatte, wurde erst verurteilt und dann von Agesilaos »gerettet«, womit wohl die Aufhebung seines Urteils durch die mit Agesilaos befreundeten Geronten gemeint ist.[684]

2.7.4.5 Königsprozess: Rechenschaft

Der König wurde von einem Gerichtshof zur Rechenschaft gezogen,[685] der aus den Geronten, den Ephoren und dem anderen König bestand (vgl. S. 168ff.). Zusätzlich zu den drei sicheren bzw. höchstwahrscheinlichen Fällen[686] sollen acht weitere Fälle einbezogen werden, die von keinem anderen Gremium als dem Königsgericht entschieden worden sein können.[687]

682 Lykurg soll die Niederschrift sogar verboten haben (Plu. Lyc. 13), was zwar zu weit geht, aber einen wahren Kern hat; vgl. MacDowell 1986, S. 5.

683 πολλοῖς ἔδοξεν αὕτη δὴ ἀδικώτατα ἐν Λακεδαίμονι ⟨ἡ⟩ δίκη κριθῆναι X. HG 5,4,24.

684 Hodkinson 2007, S. 51ff. über Plu. Ages. 23,7.

685 ηὐθύνθη Th. 1,95,5.

686 Pausanias, 403; Agis IV., 243/42 – vgl. Anm. 589; Pausanias (2. Prozess), 395/4 – vgl. Anm. 590.

687 Um 494: Prozess gegen Kleomenes Hdt. 6,82 (vgl. S. 170). – 488: Erster Prozess gegen Leotychides II. Hdt. 6,85. – 478: Erster Prozess gegen Pausanias (Regent)

Personenkreis und Vergehen

Es ist anzunehmen, dass das Königsgericht auch für Regenten wie Pausanias zuständig war. Die Straftatbestände lassen sich aus den Gründen rekonstruieren, für die man angeklagt oder verurteilt werden konnte:

Kleomenes wurde vorgeworfen, er habe sich dazu bestechen lassen, Argos nicht einzunehmen, obwohl es ohne großen Einsatz möglich gewesen wäre.[688] Der Regent Pausanias wurde einzelner Vergehen gegen diesen oder jenen schuldig gesprochen, aber vom Hauptverdacht, dem Medismos, freigesprochen.[689] Pleistoanax befehligte ein spartanisches Heer, das die athenischen Truppen während der Erhebung Euboias binden sollte. Er kehrte aber nach einem kurzen Vorstoß zurück und wurde in Sparta wegen des durch Perikles' Geschenke veranlassten Rückzugs verurteilt.[690] Weil Agis II. statt mit Argos zu kämpfen einen Vertrag abgeschlossen hatte, wurde ihm in Sparta der Prozess gemacht.[691] Die Anklage gegen König Pausanias im Jahr 395/4 umfasste drei Punkte:[692] 1. dass er durch seine Verspätung Lysanders Tod verschuldet habe; 2. dass er zur Bergung der Toten einen Vergleich eingegangen sei statt zu kämpfen; 3. dass er im Jahr 403 das athenische Volk, das er in seiner Gewalt hatte, geschont habe. Agis IV. musste sich wegen der von ihm angestrebten Reformen, die als Umsturz eingestuft wurden, verantworten.[693]

Th. 1,94–95 und 128. – 476: Zweiter Prozess gegen Leotychides II. Hdt. 6,72. – 471: Zweiter Prozess gegen Pausanias (Regent) Th. 1,128–136. – 446: Prozess gegen Pleistoanax Th. 1,114,1–2; 2,21,1; 5,16,3 (vgl. Welwei 2004, S. 187). – 418: Prozess gegen Agis II. Th. 5,63 (vgl. S. 171). – 371: Kleombrotos X. HG 6,4,5 (vgl. S. 172).

688 Hdt. 6,82 ὑπῆγον οἱ ἐχθροὶ ὑπὸ τοὺς ἐφόρους, φάμενοί μιν δωροδοκήσαντα οὐκ ἑλεῖν τὸ Ἄργος, παρεὸν εὐπετέως μιν ἑλεῖν.

689 Th. 1,95,5 τῶν μὲν ἰδίᾳ πρός τινα ἀδικημάτων ηὐθύνθη, τὰ δὲ μέγιστα ἀπολύεται μὴ ἀδικεῖν· κατηγορεῖτο δὲ αὐτοῦ οὐχ ἥκιστα μηδισμός.

690 Th. 5,16,3 φεύγοντα ... διὰ τὴν ἐκ τῆς Ἀττικῆς ποτὲ μετὰ δώρων δοκήσεως ἀναχώρησιν.

691 Th. 5,63 Ἆγιν ἐν μεγάλῃ αἰτίᾳ εἶχον οὐ χειρωσάμενον σφίσιν Ἄργος, παρασχὸν καλῶς ὡς οὔπω πρότερον αὐτοὶ ἐνόμιζον.

692 X. HG 3,5,25 κατηγορουμένου δ' αὐτοῦ καὶ ὅτι ὑστερήσειεν εἰς Ἁλίαρτον τοῦ Λυσάνδρου, συνθέμενος εἰς τὴν αὐτὴν ἡμέραν παρέσεσθαι, καὶ ὅτι ὑποσπόνδους ἀλλ' οὐ μάχῃ ἐπειρᾶτο τοὺς νεκροὺς ἀναιρεῖσθαι, καὶ ὅτι τὸν δῆμον τῶν Ἀθηναίων λαβὼν ἐν τῷ Πειραιεῖ ἀνῆκε.

693 Plu. Agis 7,8: König Leonidas beschuldigt seinen Kollegen Agis gegenüber den Behörden (τοῖς ἄρχουσι), die Reichen enteignen zu wollen und nach der Tyrannis zu streben. Wahrscheinlich sind mit den Behörden die Geronten und Ephoren gemeint, die später tatsächlich Gericht über Agis halten: Plu. Agis 19,3 »ἄγω σε« εἶπεν »ἐπὶ τοὺς ἐφόρους ὦ Ἆγι, λόγον ὑφέξοντα τῶν πεπολιτευμένων«. 19,5 οἱ δ' ἔφοροι ... τῶν γερόντων ... μεταπεμψάμενοι τοὺς ταὐτὰ βουλομένους ... ἐκέλευον ὑπὲρ τῶν πεπραγμένων ἀπολογεῖσθαι.

Die Könige rechtfertigen sich also vor dem Königsgericht für den Gebrauch ihrer politischen und militärischen Kompetenzen: Initiativrecht und Oberbefehl. In der Rechenschaftspflicht ähneln sie den Beamten. Strafbar waren Vergehen gegen Einzelne, Medismos, Bestechlichkeit, Umsturzpläne, Fehlentscheidungen (Rückzug, Vertragsabschluss) und Unterlassung (Angriff, pünktliche Hilfe). Die Anklage konnte verschiedene Anklagepunkte enthalten, über die einzeln geurteilt wurde. Neue Anklagen konnten durch alte Vorwürfe ergänzt werden,[694] selbst wenn man davon früher freigesprochen worden war, wie das gerade diskutierte Beispiel des Königs Pausanias zeigt.

Verfahren

Auch für das Königsgericht gilt: Der Angeklagte konnte dem Prozess fernbleiben, wenn er die Verhängung des Todesurteils für wahrscheinlich hielt. Dadurch verringerte er seine Chance auf einen Freispruch, da die Abwesenheit wie gesagt einem Schuldeingeständnis gleichkam und fast automatisch zur Verhängung der Höchststrafe führte. So wurde König Pausanias »nicht zuletzt wegen seiner Abwesenheit« zum Tode verurteilt und floh.[695]

Der Angeklagte konnte sich verteidigen wie Kleomenes, der religiöse Gründe für seinen Rückzug von Argos anführte, oder Agis II., der um eine letzte Chance bat, oder Agis IV., der sein Programm rechtfertigte.

Das Gericht tagte öffentlich und nur ausnahmsweise im Gefängnis. Denn als Agis IV. im Gefängnis abgeurteilt werden sollte, forderten seine Angehörigen einen öffentlichen Prozess (Plu. Agis 19). Dagegen erreichte der Regent Pausanias, dass man ihn aus dem Gefängnis ließ, um sich dem Gericht stellen zu können (Th. 1,131). Dieser Prozess bietet weiteren Aufschluss: Pausanias ließ sich von »jedem Beliebigen« befragen.[696] MacDowell meint, dass normalerweise die Geronten den Angeklagten befragten.[697] Seine Person wurde einer umfassenden Prüfung unterzogen (ἀνεσκόπουν), wobei

694 König Kleombrotos wird von seinen Freunden vor Leuktra geraten (371), die Thebaner anzugreifen, damit er von der Stadt nicht das Schlimmste erleiden muß, weil man ihm dann seine früheren Misserfolge gegen Theben vorhalten werde. Seine Gegner meinen, dass sich nun zeigen werde, ob er ein Thebanerfreund sei, wie man immer sagen höre (X. HG 6,4,5).

695 395/4: X. HG 3,5,25 καὶ πρὸς τούτοις οὐ παρόντος ἐν τῇ δίκῃ, θάνατος αὐτοῦ κατεγνώσθη.

696 καθίστησιν ἑαυτὸν ἐς κρίσιν τοῖς βουλομένοις περὶ αὐτὸν ἐλέγχειν Th. 1,131.

697 MacDowell 1986, S. 141. Agis IV. wird während des (unregelmäßigen) Prozesses von den Ephoren befragt (Plu. Agis 19).

viele Indizien für verschiedene Vergehen angeführt wurden. Aber der Nachweis der Schuld war nicht leicht und erfolgte erst, als die Ephoren Pausanias durch einen Trick ein Geständnis entlockten. Der Prozess hat sich offensichtlich über mehrere Tage hingezogen, ohne dass ein Urteil fiel. Die Abstimmung erfolgte offen und nach dem Mehrheitsprinzip (vgl. 2.6.3).

Strafmaß

Das Königsgericht konnte einen König zum Tode verurteilen.[698] Das verhängte Todesurteil wurde vollstreckt,[699] falls der König nicht fliehen konnte.[700]

Das Bußgeld war auch im Königsprozess eine gängige Strafe: Agis II. wurde fast zu 100 000 Drachmen verurteilt.[701] Die Höhe der Geldstrafe entspricht derjenigen des Phoibidas (Anm. 679), was auf einen festen Bußgeldsatz hinweisen könnte. Auch Pleistoanax wurde mit einem hohen Bußgeld bestraft. Weil er es nicht bezahlen konnte, verließ er Lakedaimon und ging ins Exil.[702] Es sieht so aus, als hätte auf das Nichtbezahlen einer Geldstrafe die Verbannung gestanden. MacDowell 1986, S. 148 ff. geht noch einen Schritt weiter: Pleistoanax sei geflohen, weil auf das Nichtbezahlen die Todesstrafe gestanden habe.

Pleistoanax und Pausanias, die nach der Verhängung eines Bußgeldes bzw. der Todesstrafe flohen, wählten das Exil, um der eigentlichen Strafe zu entgehen. In anderen Fällen ist unklar, ob das Exil verhängt oder selbst-

698 Dem Regenten Pausanias droht eine unheilbare (ἀνήκεστον) Strafe (Th. 1,132,5). Classen/Steup ad locum sieht darin die Todesstrafe. Kleombrotos droht im Falle eines Rückzugs von der Stadt das Schlimmste (τὰ ἔσχατα X. HG 6,4,5), womit nach Cartledge 1987, S. 123 ein Kapitalprozess vor der Gerusie gemeint ist (vgl. S. 172). Dass in beiden Fällen die Todesstrafe gemeint ist, zeigt das Beispiel des Agis, dessen Befürchtung, er müsse das Schlimmste erleiden (τὰ ἔσχατα) sich darin erfüllt (Plu. Agis 19,8).

699 Agis wird zum Tode verurteilt (θάνατον αὐτοῦ κατεψηφίσαντο Plu. Agis 19,8). Die Strafe wurde sofort vollstreckt.

700 395/4: Pausanias wird (von der Gerusie) zum Tode verurteilt und flieht nach Tegea (X. HG 3,5,17–25; D. S. 14,81,2–3; Plu. Lys. 30,1).

701 Im Prozess gegen Agis II. erwägt man eine hohe Geldstrafe und die Einebnung seines Hauses (τήν τε οἰκίαν αὐτοῦ κατασκάψαι καὶ δέκα μυριάσι δραχμῶν ζημιῶσαι Th. 5,63,2 f.), sieht aber davon ab.

702 446, Plu. Per. 22,3: οἱ Λακεδαιμόνιοι τὸν μὲν βασιλέα χρήμασιν ἐζημίωσαν, ὧν τὸ πλῆθος οὐκ ἔχων ἐκτεῖσαι μετέστησεν ἑαυτὸν ἐκ Λακεδαίμονος. Th. 5,16,3 φεύγοντα αὐτὸν ἐς Λύκαιον.

gewählt war.[703] In jedem Fall konnte die Verbannung dadurch verschärft werden, dass man das Haus des Exilanten einebnete, um die Permanenz der Strafe zu unterstreichen.[704] Schickte oder zwang das Königsgericht einen König ins Exil, kam das einer Absetzung gleich,[705] dem Entzug der königlichen Vorrechte (τιμαί), sprich der Atimie.

Neben diesen konventionellen Strafen, über die die Gerusie als Strafgerichtshof auch ohne die Ephoren verfügte, konnte das Königsgericht auch neue Wege gehen. Leotychides wurde von den Aigineten vor Gericht gezogen, weil er sie gezwungen hatte, Athen Geiseln zu stellen, die jene nicht mehr zurückgeben wollten. Man erklärte Leotychides für schuldig und entschied, ihn als Sühne für die Geiseln an Aigina auszuliefern.[706] Hier wurde eine spezielle Strafform für ein spezielles Verbrechen gefunden.[707]

Außerdem konnte das Königsgericht sein Urteil mit einer Gesetzesinitiative verbinden, die die Strafe beinhaltete: Weil Agis II. statt mit Argos zu kämpfen einen Vertrag abgeschlossen hatte, wurde ihm in Sparta der Prozess gemacht. Man erwog konventionelle Strafen (vgl. Anm. 701). Agis erweichte das Königsgericht, von diesen Strafen abzusehen und ihm eine letzte Chance zu geben. Daraufhin verzichteten die Spartaner auf Strafen und erließen ein Gesetz, dass ihn fortan zehn Spartiaten als Beirat ins Feld begleiten sollten.[708] Der Beirat sollte sicherstellen, dass Agis nicht noch einmal Entscheidungen treffen könnte, die dem Interesse der Stadt zuwider liefen. Auch in diesem Fall wurde eine zum Vergehen passende Strafform geschaffen.

Zeigt sich in den Sonderstrafen, die im Königsprozess im Gegensatz zum Strafprozess verhängt wurden, eine Zweiklassenjustiz? Darauf gibt es auch

703 Hdt. 6,72 über Leotychides ἔφυγε ἐκ Σπάρτης ὑπὸ δικαστήριον ὑπαχθείς, καὶ τὰ οἰκία οἱ κατεσκάφη· ἔφυγε δὲ ἐς Τεγέην … Eindeutig ist der späte Fall des Leonidas II. – vgl. Anm. 632.

704 Bei Agis II. und Leotychides – vgl. Anm. 701 und 703.

705 Carlier 1984, S. 276f., Anm. 216 und S. 295 meint, dass Leotychides in 476 und Pleistoanax in 446 und Pausanias in 395 in Folge der Prozesse abgesetzt wurden.

706 488: Λακεδαιμόνιοι … ἔγνωσαν περιυβρίσθαι Αἰγινήτας ὑπὸ Λευτυχίδεω, καί μιν κατέκριναν ἔκδοτον ἄγεσθαι ἐς Αἴγιναν ἀντὶ τῶν ἐν Ἀθήνῃσι ἐχομένων ἀνδρῶν Hdt. 6,85.

707 So MacDowell 1986, S. 148.

708 Th. 5,63,2f. ὁ δὲ παρῃτεῖτο μηδὲν τούτων δρᾶν· ἔργῳ γὰρ ἀγαθῷ ῥύσεσθαι τὰς αἰτίας στρατευσάμενος, ἢ τότε ποιεῖν αὐτοὺς ὅτι βούλονται. οἱ δὲ τὴν μὲν ζημίαν καὶ τὴν κατασκαφὴν ἐπέσχον, νόμον δὲ ἔθεντο ἐν τῷ παρόντι, ὃς οὔπω πρότερον ἐγένετο αὐτοῖς· δέκα γὰρ ἄνδρας Σπαρτιατῶν προσείλοντο αὐτῷ ξυμβούλους, ἄνευ ὧν μὴ κύριον εἶναι ἀπάγειν στρατιὰν ἐκ τῆς πόλεως. Zur Gesetzesinitiative vgl. S. 198.

andere Hinweise: Wegen des Rückzugs auf Perikles' Bestechung hin wurde König Pleistoanax, der Entscheidungsträger, mit einer (freilich unbezahlbaren) Geldstrafe belegt, sein Berater Kleandridas dagegen mit der Todesstrafe.[709] Vielleicht wurden Könige milder bestraft als einfache Spartiaten, aber die eigentliche Trennungslinie verläuft zu den Minderberechtigten, denen ganz andere Strafen drohten.[710]

Ermessensspielraum

Die auf spezielle Vergehen zugeschnittenen Strafen illustrieren den Ermessensspielraum des Königsgerichts (s. o. Agis II. und Leotychides). Außerdem konnte das Königsgericht seine Urteile ändern, was auch für die Gerusie allein charakteristisch ist (Anm. 585): So wurde Pausanias im Jahr 395/4 verurteilt, weil er gerade im Krieg gegen Theben versagt und im Jahr 403 Athen verschont hatte, wovon er in einem früheren Prozess freigesprochen worden war. Wie den Freispruch konnte das Königsgericht wohl auch den Schuldspruch aufheben: Pleistoanax wurde im Jahr 446 wegen Bestechung durch Perikles verurteilt und ging ins Exil. Im Jahr 427 erreichte Pleistoanax widerrechtlich seine Rückkehr, indem er die Orakel der Pythia manipulierte (Th. 5,16). Er wurde feierlich nach Sparta zurückgeführt und wieder inthronisiert. Seine Rückführung wurde vielleicht dadurch möglich, dass ihn die Gerusie begnadigt hatte.

(Un-)Abhängigkeit

Vielleicht waren einige Mitglieder des Königsgerichts käuflich, wie der Fall des Regenten Pausanias zeigt, der sich im Glauben, die gegen ihn erhobenen Vorwürfe durch Geld zerstreuen zu können, dem Gericht stellte.[711] Seine Rechnung ging zwar nicht auf, aber vielleicht lässt sich durch Bestechung erklären, warum Pausanias im vorherigen Prozess freigesprochen worden war, obwohl der Vorwurf des Medismos als erwiesen gegolten hatte (Th. 1,95).

Vielleicht war für das Zustandekommen eines Königsgerichts nicht unerheblich, welches Verhältnis der König zu den Geronten hatte (vgl. 2.12.1 a. E.).

709 Plu. Per. 22,3.

710 Kinadon und seine Komplizen wurden an den Pranger gestellt und mit Peitschenhieben und Stichen durch die Stadt getrieben (X. HG 3,3,8).

711 χρήμασι διαλύσειν τὴν διαβολήν Th. 1,131.

2.7.4.6 Königsprozess: Thronfolge

Das Königsgericht entschied auch im Thronstreit (vgl. S. 172ff.). Zusätzlich zu den drei sicheren und höchstwahrscheinlichen Fällen,[712] kann ein weiterer Fall einbezogen werden, der in Anbetracht der Zuständigkeiten wohl von dem gleichen Gremium entschieden wurde.[713]

Personenkreis und Vergehen

Wenn die normalen Regeln der Thronfolge nicht griffen,[714] entschied das Königsgericht, wer von mehreren Anwärtern Anspruch auf einen offenen Thron hatte. So erhielt Agesilaos II. den Vorzug vor seinem Neffen Leotychides III. und Areus vor seinem Onkel Kleonymos. Im Ausnahmefall entschied das Königsgericht über die Rechtmäßigkeit einer bereits vollzogenen Thronfolge. So musste Demaratos den Thron der Eurypontiden für Leotychides II. räumen. Außerdem wurden Geronten und Ephoren aktiv, um den Fortbestand eines Königsgeschlechts zu sichern, wenn ein König keine männlichen Nachkommen hatte: so als die Thronfolge des Anaxandrides durch dessen Kinderlosigkeit gefährdet war.

Verfahren

Wie der Prozess gegen Anaxandrides bezeugt, der aus zwei zeitlich getrennten Beratungen bestand (Hdt. 5,39–40), konnte das Verfahren mehrere Tage dauern. Im Königsprozess konnten Zeugen gehört werden, wie der Prozess gegen Demaratos zeigt.[715]

Urteil

Die Ephoren und Geronten konnten den König durch harte Strafen oder weiche Auflagen dazu bewegen, die Thronfolge zu sichern. Den ersten Vorschlag, seine kinderlose Frau zu verstoßen und neu zu heiraten, lehnte Anaxandrides ab. Erst als Ephoren und Geronten mit härteren Beschlüssen

712 Anaxandrides, 2. Hälfte des 6. Jh.; Areus/Kleonymos, 309 – vgl. Anm. 589; Leotychides III./Agesilaos II., 400 – vgl. Anm. 590.

713 Leotychides II./Demaratos, 491 – vgl. S. 171.

714 Zu den Regeln der Thronfolge vgl. Carlier 1984, S. 240ff.

715 Um die unrechtmäßige Geburt des Demaratos zu beweisen, führt Leotychides II. die damaligen Ephoren als Zeugen auf (ὁ Λευτυχίδης … τοὺς ἐφόρους μάρτυρας παρεχόμενος Hdt. 6,65).

der Spartiaten drohten, akzeptierte er den Kompromissvorschlag, eine neue Frau zu nehmen, ohne die alte zu verstoßen.

Das Urteil, dass Leotychides III. kein rechtmäßiger Sohn sei, kostete ihn nicht nur den Thron, sondern auch sein Erbe (Plu. Ages. 4). Demaratos wurde des Königtums enthoben und legte sich selbst die Verbannung auf.[716]

Ermessensspielraum

Das Königsgericht konnte neue Fakten, die ein gefälltes Urteil in Frage stellten, ignorieren. Denn obwohl die Unregelmäßigkeiten bei Demaratos' Absetzung aufflogen (Bestechung der Pythia, Hdt. 6,66), wurde die Entscheidung nicht revidiert.

(Un-)Abhängigkeit

Der Kompromiss, der das Ringen um Anaxandrides' Thronfolge beendete, zeigt, dass ein ausgewogenes Machtverhältnis zwischen dem König und den Richtern bestand.

Vielleicht ließ sich das Königsgericht in seiner Entscheidung über die Thronfolge durch Dritte beeinflussen. So soll Lysander auf die Inthronisation seines Jugendfreundes Agesilaos einen großen Einfluss gehabt haben.[717]

2.7.5 Politische Kompetenz

Welchen Einfluss hatte die Gerusie auf politische Entscheidungen? In jedem Fall hatte der Ältestenrat durch seine Gerichtsbarkeit eine indirekte, retrospektive Macht.[718] Denn für eine Entscheidung, die in den Augen der Geronten falsch war, konnte ein Entscheidungsträger im Extremfall den Kopf verlieren. Daneben scheint die Gerusie aber auch einen direkten Einfluss auf das politische Entscheidungsverfahren gehabt zu haben.

Hinweise geben zahlreiche Quellen, die diese Kompetenzen allgemein und in konkreten Fällen bezeugen. Die Interpretation dieser Quellen ist aber schwierig und hat zu einer Kontroverse über das Zusammenspiel der Körperschaften geführt: Wer entschied worüber und wie?

---

716 Δημάρητος … ἐστερημένος … τῆς ἐν Σπάρτῃ βασιληίης καὶ φυγὴν ἐπιβαλὼν ἑωυτῷ ἐκ Λακεδαίμονος Hdt. 7,3.

717 X. HG 3,3,1 ff.; Plu. Lys. 22; Plu. Ages. 3. Cartledge 1987, S. 354 meint, Lysander habe die Gerusie zu dieser Entscheidung überredet.

718 So De Ste. Croix 1972, S. 131 f. und Cartledge 1987, S. 17, 123 und 2000, S. 16, der als Beispiel den Prozess gegen Kleombrotos anführt – vgl. Anm. 698.

Als Kompetenzen der Gerusie gegenüber der Volksversammlung werden Probouleusis, Initiativrecht und Vetorecht angeführt.[719] Nach De Ste. Croix 1972, S. 124 f. beziehen sich Probouleusis und Vetorecht aber nur auf die Gesetzgebung und nicht auf die Außenpolitik. Andere meinen, dass die Gerusie keinen nennenswerten Einfluss hatte. Denn die Gerusie tritt bisweilen hinter anderen Institutionen zurück. So urteilt Ruzé, die Rolle der Gerusie in der Beratung werde nirgends deutlich, weil die Gerusie in den dürftigen Angaben zur Probouleusis im Schatten des Ephorats stehe. Schon wegen ihres hohen Alters hätten die Geronten in Kriegszeiten weniger zu sagen, weil sie nicht mehr selbst kämpften.[720] Zu Recht hat Richer diese These verworfen. Dafür meint er, dass die Ephoren probouleutische Funktion hatten.[721] Die unterschiedlichen Auffassungen beruhen wie bei der Gerichtsbarkeit auch darauf, dass die Entscheidungsträger oft mit Sammeltermini bezeichnet werden, die sich unterschiedlich deuten lassen. Das Zusammenspiel von Gerusie, Ephoren und Volksversammlung bei der politischen Entscheidungsfindung ist nicht leicht zu entschlüsseln und daher in viele verschiedene Modelle gefasst worden.[722] Strittig ist ferner, ob sich die Rolle der Gerusie im Laufe der Zeit verändert hat oder gleich geblieben ist. Ruzé und Richer sehen im 4. Jh. eine Bedeutungssteigerung der Gerusie auf Kosten der Volksversammlung, was Luther ablehnt.[723]

Da sich keine Communis opinio abzeichnet, sollen die politischen Kompetenzen der Gerusie von den Quellen ausgehend neu untersucht werden. Nach der Untersuchung des Rederechts vor der Volksversammlung sollen die Gesetzgebung und innen- und außenpolitische Entscheidungen getrennt voneinander untersucht und das Verfahren rekonstruiert werden. Abschließend werden auch solche Fälle ins Auge gefasst, die ohne die Volksversammlung entschieden wurden, um die Zuständigkeiten der Körperschaften voneinander umfassend abzugrenzen. Auf dieser Grundlage wird die Frage der Entwicklung der Machtverhältnisse später vertieft werden (vgl. 2.13).

---

719 Cartledge 1987, S. 17,121 und 125; Nafissi 1991, S. 109 f.

720 Ruzé 1997, S. 139 und 147 (kritisiert von Richer 1998, S. 346 mit Anm. 124).

721 Richer 1998, S. 340; desgleichen Hooker 1980, S. 121 f.

722 Eine Übersicht über die verschiedenen Modelle bietet Luther 2004, S. 49, Anm. 158.

723 Ruzé 1991, S. 29 vermutet, dass die Gerusie vom Niedergang Spartas, der sich in Bedeutungsverlust und Bevölkerungsschwund manifestierte, profitierte und in der Stadt an Bedeutung gewann. Ähnlich argumentiert Richer 1998, S. 361 ff. Dagegen protestiert Luther 2004, S. 47, Anm. 153.

2.7.5.1 Quellen

Einerseits werden die politischen Kompetenzen der Gerusie generell formuliert (a), andererseits werden konkrete Fälle geschildert (b).

a) Rhetra und Zusatz gaben der Gerusie ein Initiativ- und ein Widerspruchssrecht, wie Tyrtaios bestätigt (vgl. 2.7.2.1). Pindar lobt die Ratschläge der Alten (Anm. 435). Ein Fragment aus einer attischen Tragödie des 5. Jh. bezeugt vielleicht, dass in Sparta im Kriegsfall der Rat die Befehle gegeben habe.[724] Laut Aristoteles nahmen alle Bürger an der Volksversammlung teil, deren einzige Kompetenz darin bestand, die Vorschläge bzw. Beschlüsse der Geronten in einer Abstimmung zu bestätigen.[725] Aristoteles stellt das Initiativrecht der Gerusie also dem Ratifikationsrecht des Volkes gegenüber. Auch Plutarch bezeugt in seinen Erklärungen zur Rhetra wohl in Anlehnung an Aristoteles diese Kompetenzverteilung.[726] Aristoteles' Formulierung (τὰ δόξαντα τοῖς γέρουσι) impliziert vielleicht, Plutarchs Formulierung (τὴν δ' ὑπὸ τῶν γερόντων καὶ τῶν βασιλέων προτεθεῖσαν ⟨γνώμην⟩) wahrscheinlich, dass sich die Geronten über die Vorschläge, die sie dem Volk vorlegten, vorher abgestimmt hatten. An anderer Stelle sagt Plutarch ausdrücklich, dass die Gerusie probouleutische Funktion hatte, d. h. vor der Volksversammlung über die ihr vorzulegenden Anträge beriet.[727]

Aristoteles bezeugt ferner, dass die spartanische Volksversammlung den Vorschlägen nicht widersprechen konnte, also kein eigenes Initiativrecht be-

724 Kritolaos (bei Sextus Empiricus) gibt mehrere Beispiele, um die Ablehnung der Rhetorik in Sparta zu belegen. Das letzte Beispiel ähnelt der Geschichte, die Herodot von den Samiern erzählt (s. u. 2.7.5.6), nur mit Chiern. Dieser Hergang habe Ion (wohl den Tragiker von Chios) zu dem Ausspruch bewegt: οὐ γὰρ λόγοις Λάκαινα πυργοῦται πόλις, / ἀλλ' εὖτ' ἂν Ἄρης νεοχμὸς ἐμπέσῃ στρατῷ, / βουλὴ μὲν ἄρχει, χεὶρ δ' ἐπεξεργάζεται (Ion TrGF 19 Fr. 63). Das kommentiert Kritolaos: ἅτε βουλευομένων μὲν τὰ κράτιστα, στυγούντων δὲ τὴν ῥητορικήν. Ruzé bezieht βουλή auf die Gerusie (ebd. 1997, S. 129, 139 mit Anm 31 und S. 229, Anm. 15), was terminologisch möglich ist (vgl. Anm. 333). Ruzé ebd., S. 139 Anm. 31 beruft sich aber fälschlich auf Redfield 1978, S. 154, der βουλή mit »counsel«, nicht etwa mit »council« übersetzt. Ollier 1933–1943, Bd. 1, S. 148 benutzt »reflexion«. Auch die antiken Interpretationen gehen in diese Richtung, wie Kritolaos' Kommentar und die Zitierung des dritten Verses in den Homerkommentaren zeigen, vgl. Eust. 2,433 (ad Il. 7,161 ff.).

725 Vgl. Anm. 527.

726 Vgl. Anm. 526.

727 Plu. Agis 11: τοὺς γέροντας, οἷς τὸ κράτος ἦν ἐν τῷ προβουλεύειν …

saß.[728] Dagegen verfügten die Ephoren seit dem Rhetrazusatz ebenfalls über ein Initiativrecht.

Die politische Macht der Gerusie lässt sich vielleicht auch daran ablesen, dass sie von vielen Quellen als die mächtigste Institution Spartas bezeichnet wird (vgl. 2.7.1). Außerdem wurde der Gerusie die Nomophylakie zugeschrieben, was probouleutische Funktion einschließt (vgl. 2.7.3).

b) Schon an der Gesetzgebung Lykurgs sollen der Geront Arthmiadas und die Gerusie beteiligt gewesen sein (vgl. 2.3.2); genaueres ist leider nicht bekannt. In fünf Fällen ist die politische Macht der Geronten explizit belegt: einmal zu Beginn und einmal am Ende der klassischen Epoche und dreimal in hellenistischer Zeit, wobei nur eine Quelle zeitgenössisch ist.[729] Die Fälle von Pyrrhos und Derkyllidas haben bisher nur wenig Beachtung gefunden. In weiteren fünf Fällen aus klassischer Zeit und einem Fall aus archaischer Zeit, gibt es deutliche Hinweise, die eine Beteiligung der Gerusie wahrscheinlich machen.[730]

Diese Fälle decken sich mit den Kompetenzen, die der Gerusie generell zugeschrieben werden, und ergänzen sie: In mindestens vier Fällen trat ein Geront vor die Volksversammlung, um einen Vorschlag zu machen; er übte also ein Initiativrecht aus.[731] In mindestens zwei Fällen ist eine vorbereitende Sitzung der Gerusie bezeugt.[732] In drei Fällen traf die Gerusie eine Entscheidung, ohne dass von der Volksversammlung die Rede ist.[733]

728 Arist. Pol. 1273a6: Im Gegensatz zu Sparta und Kreta kann in der karthagischen Volksversammlung jeder Bürger den Vorschlägen der Behörden widersprechen – vgl. Anm. 528.

729 475/74: Hetoimaridas D. S. 11,50,5–7 (s. u. 2.7.5.4 a). – 348: Anekdote über einen Geronten Aeschin. 1,180/181. Plutarch schreibt diese Geschichte mehrmals ab, bis am Ende kein Geront, sondern ein Ephor agiert (vgl. Anm. 739 und 2.7.5.2). – 272: Pyrrhos Plu. Pyrrh. 26f.; Plu. Apophthegmata Laconica 219f.; Stob. 3,7,61 (s. u. 2.7.5.4 a). – 243/42: Rhetra des Agis IV. Plu. Agis 8–11 (s. u. unten 2.7.5.3 a). – 220: Gyridas Pol. 4,34–35 (s. u. 2.7.5.4 a).

730 525/4: Samier Hdt. 3,46,1 (s. u. 2.7.5.6). – 418: Prozess gegen Agis II. Th. 5,63 (s. u. 2.7.5.3 a). – 404: Geldverbot Plu. Lys. 17 (zur Rolle der Gerusie s. u. 2.7.5.3 a) – nach 404: Rhetra des Epitadeus Plu. Agis 5,3–5. Siehe unten 2.7.5.3 a). – 379: Phleius X. HG 5,3,23–5 (s. u. 2.7.5.6). – 371: Prothoos X. HG 6,4,2 (s. u. 2.7.5.4 a; zu seiner Identität vgl. 2.5.4).

731 D. S. 11,50,5–7; Aeschin. 1,180/181; Stob. 3,7,61; Pol. 4,34–35; vielleicht Prothoos X. HG 6,4,2. Es gibt also nicht nur zwei Fälle, wie Ruzé 1997, S. 143 ff. behauptet.

732 D. S. 11,50,5–7; Plu. Agis 8–11. Vielleicht bei der Rhetra des Epitadeus Plu. Agis 5,3–5, beim Geldverbot Plu. Lys. 17 und Phleius X. HG 5,3,23–5.

733 Pyrrhos Plu. Pyrrh. 26; Samier Hdt. 3,46,1; Phleius X. HG 5,3,23–5.

Drei Episoden lassen vielleicht indirekt auf eine Entscheidungskompetenz der Gerusie schließen: Um 368 empfingen die Geronten eine militärische Nachricht; um 350 gebührte ihnen ein Anteil an der Kriegsbeute; um 265 beschworen sie ein Bündnis mit Athen.[734] Da sich auch andere Erklärungen für die Beteiligung der Gerusie finden ließen, sollen diese Episoden nicht weiter berücksichtigt werden.

In den gesichteten Fällen geht es um Gesetzgebung (viermal), militärische sowie innen- und außenpolitische Entscheidungen (zweimal Angriff, Erteilung einer Verhandlungsvollmacht, Verteidigungsstrategie, Rückführung von Flüchtlingen, Bündnis).

2.7.5.2 Rederecht in der Volksversammlung

Obwohl Auftritte von Geronten vor der Volksversammlung bezeugt sind (vgl. Anm. 731) und das Volk laut Aristoteles den Vorschlägen der Gerusie weder widersprechen noch eigene Vorschläge machen konnte (Anm. 527 und 528), haben sich manche Forscher für offene Debatten ausgesprochen und der Gerusie sogar das Rederecht abgesprochen. Im Folgenden soll diese Kontroverse aufgearbeitet werden, weil das Rederecht, zumal wenn es limitiert war, ein wichtiger Machtfaktor der Gerusie wäre.

Andrewes 1966 argumentiert für offene Debatten, an denen sich jeder beteiligen konnte. Dem widerspricht De Ste. Croix 1972, S. 128ff. mit dem Hinweis, dass fast alle von Andrewes angeführten Reden von auswärtigen Gesandten gehalten worden sind. Viele Wissenschaftler haben sich dieser Kritik an Andrewes angeschlossen.[735] Denn abgesehen von den Gesandten waren fast alle Redner vor der Volksversammlung Ephoren, Könige (vgl. Carlier 1984, S. 280) oder Geronten (vgl. Anm. 731). Konnten neben den Amtsträgern auch einfache Bürger ihre Stimme erheben? Beispiele gibt es

734 368: Als Archidamos' verlustloser Sieg in Sparta verkündet wird, weinen alle: König Agesilaos (sein Vater), Geronten und Ephoren (X. HG 7,1,32). – 356–346: Die Messenier werfen den Spartanern frevlerische Habgier vor: Während des dritten Heiligen Krieges hätten sich die Könige und die anderen Angesehenen persönlich und die Behörde der Ephoren und die Gerusie offiziell an Apollons Gütern bereichert (Paus. 4,5,4). – 265 ca.: Athenischer Volksbeschluss über ein Bündnis mit Sparta, das auf athenischer Seite von den Strategen, dem Rat der 500, den Archonten, Phylarchen, Taxiarchen und Hipparchen beschworen werden soll; auf spartanischer Seite von den Königen, Ephoren und Geronten (IG II^2 687 Zeilen 84–92). Beschwören ist natürlich nicht gleich entscheiden. Die Entsprechung mit der athenischen Seite legt aber nahe, dass diejenigen schwören sollen, die für das Zustandekommen und die Durchsetzung der Entscheidung verantwortlich sind.

735 Cartledge 1987, S. 130ff.; David 1991, S. 28 mit Anm. 65 und Richer 1998, S. 345f.

nicht viele und, wenn der Status eines Redners nicht spezifiziert ist, heißt das noch lange nicht, dass er kein Beamter war.[736] So scheint es anlässlich der Kriegserklärung gegen Athen zwar neben König und Ephor auch andere Redner gegeben zu haben, über deren Identität man aber nur spekulieren kann (Th. 1,79).

Die Frage des Rederechts soll anhand eines Falles vertieft werden, in dem die Kontroverse zu kulminieren scheint: die Anekdote, die Aischines in seiner Rede gegen Timarchos anführt.[737] Die Anekdote ist für und gegen ein allgemeines Rederecht und sogar gegen ein Rederecht der Geronten angeführt worden: Als ein Mann, der schlecht (ἀνδρὸς βεβιωκότος αἰσχρῶς), aber redegewandt war, die Volksversammlung beinahe überredet hatte, seinen Vorschlag zu ratifizieren, erhob ein Geront, der sein ganzes Leben vernünftig gelebt hatte, Einspruch: Er tadelte die Spartaner; ein ordentlicher Soldat solle die gleichen Vorschläge, so gut er könne, wiederholen, damit die Volksversammlung über den Vorschlag eines gestandenen Mannes abstimme und die Rede von Feiglingen und Schlechten nicht an ihre Ohren dringe (τῶν ἀποδεδειλιακότων καὶ πονηρῶν ἀνθρώπων). Was folgt aus dieser Geschichte?

Ruzé 1997, S. 161 meint, dass der Geront den zweiten Redner aufforderte, weil er die Vorschläge nicht selbst wiederholen durfte. Dieser abwegigen These, die gegen zahlreiche Gegenbeispiele steht, hat zu Recht Richer 1998, S. 352, Anm. 164 widersprochen. Aber wie Ruzé meint auch Richer, dass diese Geschichte ein allgemeines Rederecht illustriere.[738] Denn zwei Spartiaten, die keine Amtsträger sind, sprächen vor der Volksversammlung.

Was hat der Geront[739] am ersten Redner auszusetzen? Er wendet sich nicht gegen die Vorschläge, sondern gegen die Person,[740] weil sie schlecht ist (αἰσχρός) und zu den Feiglingen und Schlechten gehört (τῶν ἀποδεδειλιακότων καὶ πονηρῶν ἀνθρώπων). Wenn πονηρός hier eine soziale Konnotation hat (LSJ πονηρός III 3), könnte der Geront dagegen protes-

736 So kritisiert Flaig 2005, S. 332 Ruzé 1997, S. 159.

737 Aeschin. 1,180/181; De Ste. Croix 1972, S. 128, Anm. 102 nennt die Anekdote »silly«.

738 Richer 1998, S. 358; Ruzé 1997, S. 161.

739 Bei Plutarch wird der erste Redner vom Volk abgewiesen, woraufhin die Ephoren einen Geronten als zweiten Redner auslosen (praecepta gerendae rei publicae 801c 3); oder er wird von den Archonten zurechtgewiesen, womit sowohl die Ephoren als auch die Geronten gemeint sein könnten (de recta ratione audiendi 41b). Plutarch entfernt sich immer weiter vom Original.

740 So bereits Gell. 18,3,8. Anders Luther 2004, S. 47, Anm. 154.

tieren, dass ein »einfacher« Bürger das Wort erhebt. Dagegen spricht, dass der Geront nicht zu Anfang eingreift, sondern erst als der Redner geendet hat. Nach Richer 1998, S. 357f. erregte der erste Redner deshalb Anstoß, weil er als Feigling vom allgemeinen Rederecht ausgeschlossen sei. Denn ἀποδεδειλιακότων entspreche dem Terminus technicus der Zitterer (τρέσαντες), die das Bürgerrecht verwirkt haben. Insofern würde der Geront nur auf ein bestehendes individuelles Redeverbot pochen. Aber eher scheint es sich um ein Urteil aus der Kompetenz des Geronten heraus zu handeln. Der Geront, der sein ganzes Leben vernünftig gelebt hat (τῶν ἐκ παιδὸς εἰς γῆρας σωφρόνων), steht im Gegensatz zum ersten Redner, der schlecht gelebt hat (βεβιωκότος αἰσχρῶς). Dass ein schlechter Mensch gute Vorschläge macht, passt nicht ins aristokratische Weltbild, das bereits die Ilias illustriert: Ein schlechter Mensch macht schlechte Vorschläge wie Thersites; ein guter Mensch gute wie Odysseus. Daher wies der Geront die guten Vorschläge des schlechten einem guten Menschen zu. Der Geront erscheint also als Moderator, der das Rederecht erteilen und entziehen kann.

Wie es dazu kam, dass der erste Redner überhaupt sprechen durfte, obwohl er ein einfacher Bürger war, verrät die Quelle zugegebenermaßen nicht. Vielleicht haben die Geronten diesen überzeugenden Redner sprechen lassen und erst im letzten Moment gestoppt, weil sie der gleichen Meinung waren, von der sie selbst oder ein schlechter Redner aus dem Volk die Versammlung nicht so leicht überzeugt hätten.

Vor diesem Hintergrund ist die Plutarchstelle zu interpretieren, in der ein Ephor die Volksversammlung einberuft und zusammen mit König Agis und zwei Freunden für ein Vorhaben wirbt (Plu. Agis 9). Die beiden Spartiaten machten wohl nicht von einem Rederecht Gebrauch, sondern wurden von Ephor und König vorgelassen, so dass sie mit deren Erlaubnis vor dem Volk sprachen.[741]

Wir folgen der Einschätzung zahlreicher Wissenschaftler, dass in Sparta nur Könige, Geronten und Ephoren das Rederecht genossen und Dritte nur auf Aufforderung sprechen durften,[742] was sich mit der bei Aristoteles bezeugten Beschränkung des Rederechts deckt.[743] Was in Sparta der Hierarchie und der Tradition geschuldet war, basierte in Athen unter den 400 Oligarchen auf Einschüchterung (Th. 8,66): »Die Volksversammlung beriet

741 Vielleicht waren Agesilaos und Mandrokleidas auch Beamte (vgl. 2.5.4).

742 De Ste. Croix 1972, S. 128; Carlier 1984, S. 281, Anm. 238 und Cartledge 1987, S. 129.

743 Ruzé 1991, S. 27f. behauptet, Aristoteles habe sich geirrt. Wade-Gery versucht den Aristotelestext willkürlich umzustellen (vgl. Anm. 528).

nur über das, was den Vereinigten gut erschien; auch die Sprecher waren nur ihre Leute, und was zu sagen sei, hatten sie im voraus vorbedacht. Es widersprach auch keiner mehr von den anderen aus Angst.«

2.7.5.3 Gesetzgebung

a) Fälle

Im Folgenden sollen der einzige sichere Fall und die drei wahrscheinlichen Fälle diskutiert werden (Anm. 729 und 730), um den institutionellen Ablauf der Gesetzgebung zu rekonstruieren und die Rolle der Gerusie in der Entscheidungsfindung zu bestimmen.

1. Rhetra des Agis IV., Plu. Agis 6ff. – um 243/42

Quelle: Diese Episode überliefert Plutarch wohl in Anlehnung an Phylarch.[744]

Zusammenfassung: König Agis IV. brachte mithilfe eines gewogenen Ephors eine Gesetzesvorlage (ῥήτρα Plu. Agis 6) über Schuldenerlass, Landverteilung und Erweiterung der Bürgerschaft vor die Gerusie. Als sie sich nicht einigen konnte (τῶν γερόντων εἰς ταὐτὸ ταῖς γνώμαις οὐ συμφερομένων Agis 9), berief der Ephor die Volksversammlung (ἐκκλησίαν συνάγειν ebd.) und warb zusammen mit zwei Freunden und Agis für das Vorhaben. Das Volk war begeistert. König Leonidas protestierte mit Verweis auf die lykurgische Ordnung, verlor aber das Wortduell mit Agis. Daraufhin folgte das Volk Agis (τῷ Ἄγιδι τὸ πλῆθος ἐπηκολούθησεν Agis 11), aber die Reichen beknieten Leonidas und die Geronten, denen die Vorberatung oblag, bis der Gesetzesantrag mit einer Stimme Mehrheit verworfen wurde.

Interpretation: Selbst der König konnte ohne die Ephoren keinen Gesetzesvorschlag in die Gerusie einbringen. Auf der Volksversammlung sprachen sich die Könige, der Ephor und Dritte – vielleicht die Geronten (Anm. 741) – für und gegen das Vorhaben aus. Ist eine formelle Entscheidung der Volksversammlung gefallen, bevor die Gerusie interveniert (a), oder nicht (b)? Die Terminologie ist nicht eindeutig.

Ad a) Indem der Ephor die Volksversammlung einberief, bevor sich die Gerusie geeinigt hatte, prellte er sie um ihr Probouleuma. Trotzdem konnte oder musste die Gerusie im Nachhinein ihr Urteil über den Antrag abgeben. Eine zweite Sitzung der Gerusie wurde einberufen. Die Gerusie stellte sich

744 Vgl. Richer 1998, S. 349, Anm. 146.

gegen den einen König, das Volk und die Ephoren und verweigerte ihr nachträgliches Einverständnis, so dass die Entscheidung der Versammlung ungültig wurde. Wenn die Ephoren die Versammlung einberiefen, bevor die Gerusie entschieden hatte, wurde das Probouleuma der Gerusie zu einem Vetorecht.

Contra a) Dagegen steht, dass Plutarch nicht den Eindruck erweckt, als hätte der Ephor unrechtmäßig gehandelt. Außerdem macht es keinen Sinn, von Vorberatung zu sprechen, nachdem die Entscheidung gefallen ist. Auch in der Hetoimaridas-Episode (s. u.) scheint das gleichzeitige Beraten von Versammlung und Gerusie nicht ungewöhnlich. Daher schließen wir uns den zahlreichen Wissenschaftlern an, die sich gegen eine formelle Entscheidung des Volkes aussprechen.[745] In jedem Fall konnte keine finale Entscheidung ohne Probouleuma der Gerusie fallen, auch wenn es Anträge von anderer Seite gab.

Ad b) Der Ephor brachte einen Gesetzesantrag in die Gerusie ein. Wenn sie sich einigen konnte, verabschiedete sie sofort ein Probouleuma. Wenn sie sich nicht einigen konnte, berief der Ephor die Volksversammlung ein, vielleicht um auf die Gerusie Druck auszuüben, wie Richer 1998, S. 349f. vermutet. Die Volksversammlung erklärte ihren Willen, ohne formal entscheiden zu dürfen. Die Geronten bekamen dadurch einen Leitfaden. Natürlich war es für die Gerusie schwierig, sich dem erklärten Willen der Volksversammlung zu widersetzen, was die Fraktion der Geronten stärkte, die gleicher Meinung wie das Volk war. Es gab also zwei Typen von Versammlung: beratende und beratende/entscheidende Versammlung.[746]

Warum stimmten die Geronten erst beim zweiten Treffen ab? Weil wieder kein Konsens gefunden werden konnte, aber diesmal eine Entscheidung fallen musste, wurde per Mehrheit abgestimmt. Wie wurde die Gesetzesvorlage verworfen? Überzeugte die Gerusie die Versammlung wie im Falle des Hetoimaridas (s. u.)? Das ist nicht gesagt und in Anbetracht der Entschiedenheit des Volkes und des anschließenden Bürgerkrieges unwahrscheinlich. Die Gerusie stellte sich gegen den einen König, das Volk und die Ephoren und verweigerte ihr Probouleuma, so dass die Versammlung nicht entscheiden konnte. Probouleusis wird wieder zu Veto.

Auch Nafissi 1991, S. 364 sieht in dieser Episode ein Probouleuma und ein Vetorecht der Gerusie bezeugt, ohne jedoch klar zu differenzieren. Luther

745 De Ste. Croix 1972, S. 127, Anm. 99; MacDowell 1986, S. 7; Ruzé 1997, S. 153; Richer 1998, S. 350; Luther 2004, S. 48; zögernd Nafissi 1991, S. 364.

746 Im Gegensatz zu Luther also keine Versammlung, die nur entscheidet – vgl. Anm. 764.

2004, S. 47 hält die Agis-Episode für das einzige klare Beispiel für ein Interzessionsrecht der Gerusie.

2. Prozess gegen Agis II., Th. 5,63–418

Zusammenfassung: Weil Agis II. statt mit Argos zu kämpfen einen Vertrag abgeschlossen hatte, wurde ihm in Sparta vom Königsgericht der Prozess gemacht (vgl. S. 171 und Anm. 708). Statt harter Strafen, wurde ein Gesetz (νόμος) verabschiedet, dass ihn fortan zehn Spartiaten als Beirat ins Feld begleiten sollen.

Institutioneller Ablauf: Das Urteil wurde mit einer Gesetzesinitiative verbunden, deren Verwirklichung vorausgesetzt wurde. Die Vermutung liegt nahe, dass für die Gesetzgebung die gleichen Personen wie für das Königsgericht verantwortlich waren: Geronten, Könige und Ephoren. Es liegt also eine Verquickung von richterlicher und politischer Kompetenz der Gerusie vor. Nicht nur an der Initiative, sondern auch an der Umsetzung des Gesetzes könnte die Gerusie beteiligt gewesen sein. Denn vielleicht befand sich unter den Beratern ein Geront.[747] Ein Gesetz war nötig, weil der Oberbefehl, der dem König zustand, eingeschränkt wurde.

3. Geldverbot, Plu. Lys. 16–17 – um 404

Zusammenfassung: Lysander sandte Gylippos mit der Kriegsbeute nach Sparta. Gylippos zweigte mehrere Talente ab. Als die Veruntreuung auffiel, tadelten die Verständigsten der Spartiaten Lysander und forderten die Ephoren auf, die Stadt von Gold- und Silbergeld zu reinigen. Die Ephoren brachten einen Antrag ein (προὔθεσαν γνώμην). Eine Person, für die Plutarch zwei Namen überliefert, Skiraphidas oder Phlogidas, setzte sich für ein Totalverbot ein. Als Lysanders Freunde protestierten, beschloss man (ἔδοξεν) einen Kompromiss: Öffentlich ist Geld erlaubt, privat bei Todesstrafe verboten. Der Erfolg hielt sich in Grenzen, weil man zwar die Furcht und das Gesetz als Wächter einsetzte (τὸν φόβον ἐπέστησαν φύλακα καὶ τὸν νόμον), damit das Geld nicht in die Privathäuser komme, aber der zur Schau gestellte Reichtum die Seelen weiterhin korrumpieren konnte. Gylippos musste fliehen (lib. educ. 10c).

747 Als Agis auf der folgenden Kampagne eine Schlacht zur Unzeit schlagen will, rät ihm einer der Älteren davon ab (τῶν πρεσβυτέρων τις Th. 5,65,2), woraufhin sich Agis eilig zurückzieht. Kagan 1981, S. 114 vermutet in dem weisen Alten ein Mitglied der Gerusie und einen der zehn Berater.

Institutioneller Ablauf: Gylippos wurde von den Ephoren angeklagt und wohl von der Gerusie verurteilt (S. 163). Auch in diesem Fall ist ihr Urteil mit einer Gesetzesinitiative verbunden. Auf Beteiligung der Gerusie am Gesetzgebungsverfahren deutet hier, dass ihre Mitglieder sicherlich zu den »Verständigsten der Spartiaten« (οἱ φρονιμώτατοι τῶν Σπαρτιατῶν) gehörten;[748] denn die Geronten verkörperten den Verstand (φρήν vgl. Anm. 384). Außerdem konnte die Todesstrafe nur von der Gerusie verhängt werden. »Das Gesetz als Wächter einsetzen« konnte niemand besser als die Geronten, die die Gesetzeswächter waren (vgl. 2.7.3). Die Funktion von Skiraphidas oder Phlogidas ist unsicher. Gehörte er zu den Verständigsten der Spartiaten oder zu den Ephoren? Poralla hält ihn für einen Ephoren. Es erscheint aber wahrscheinlicher, dass Skiraphidas oder Phlogidas, der sich für ein Totalverbot einsetzte, zu den Hardlinern der Gerusie gehörte, die Gylippos zum Tode verurteilt und die Gesetzesinitiative angestoßen hatten.

Einige Geronten baten also die Ephoren, den Geldbesitz einzudämmen. Die Ephoren brachten einen Gesetzesentwurf in die Gerusie ein (γνώμη = ῥήτρα). Ein Geront schlug vor, Geld komplett zu verbieten. Auf Druck der Freunde des Lysander modifizierte die Gerusie ihre Position. Entweder beschloss die Gerusie allein oder legte ein entsprechendes Probouleuma der Versammlung vor.

4. Rhetra des Epitadeus, Plu. Agis 5, 3–5 – nach 404

Vorgeschichte: Plutarch datiert diese Rhetra vage nach 404, führt dabei aber gravierende Besitzunterschiede der Spartiaten um 250 auf sie zurück.

Zusammenfassung: Der Ephor Epitadeus wollte seinen verhassten Sohn enterben. Daher entwarf er eine Beschlussvorlage (ῥήτραν ἔγραψεν), die es ermöglichte, Haus und Kleros nach Belieben zu verschenken oder zu vererben. Aus persönlichen Motiven brachte Epitadeus den Gesetzesantrag ein (εἰσήνεγκε τὸν νόμον). Aus Habgier nahmen ihn die anderen an und setzten ihn in Kraft (οἱ ἄλλοι δεξάμενοι καὶ κυρώσαντες). Denn nun da die Bindung des Besitzes an die Familie gelockert war, konnten die Mächtigen (οἱ δυνατοί) ihren Reichtum rücksichtslos vergrößern.

748 Hamilton 1970, S. 301: »The ›wisest‹ of the Spartans, most probably the gerontes, objected to the importation of gold and silver money ... and sought an injunction to condemn the practice.« Bockisch 1965, S. 203 meint, dass das Geldverbot erst von Ephoren und Geronten beschlossen und dann von den Ephoren gelockert wurde. Auch Noethlichs 1987, S. 166 meint, dass das Geldverbot erst nach langen Beratungen von Ephoren und Gerusie zustande kam. Hodkinson 2000 zieht die Beteiligung der Gerusie am Geldverbot nicht in Betracht.

Institutioneller Ablauf: Der schriftliche Gesetzesantrag wurde von dem Ephoren eingebracht – mehr nicht. Andere nahmen ihn an und setzten ihn in Kraft und zwar die Reichen und Mächtigen, die im Gegensatz zur breiten Masse aus dem Gesetz Profit schlagen konnten. Offensichtlich handelte es sich nicht um die Ephoren oder die Volksversammlung, sondern um die Gerusie, deren Mitglieder aus der begüterten Schicht stammten (vgl. 2.4.1 d). Vielleicht warb sie geschickt für ein entsprechendes Probouleuma.

b) Verfahren

»The three necessary stages for legislation were that the proposal should be initiated by an ephor, passed by the senate, and finally ratified by the assembly« (MacDowell 1986, S. 7). Jede Rekonstruktion des Verfahrens – das sei an dieser Stelle eingeräumt – basiert zum Großteil auf der hellenistischen Agis-Episode.

Ein Gesetzesvorhaben (γνώμη = ῥήτρα) wurde der Gerusie von den Ephoren zur Vorberatung unterbreitet (vielleicht im 3. Fall) und zwar in schriftlicher Form (1. und 4.). Die Initiative zu diesem Gesetzesvorhaben konnte von den Ephoren selbst oder Dritten ausgehen, was wohl die Gerusie einschließt (3.), und der Gerusie in die Hände spielen (4.). Ferner konnte ein Gerichtshof, der zum Großteil oder ganz aus Geronten bestand, sein Urteil mit einer Gesetzesinitiative verbinden (2. und 3.).

Die Gerusie beriet über den Antrag (1., vielleicht 3. und 4.): Probouleusis. Der Antrag konnte zugelassen (vielleicht 4.), modifiziert (vielleicht 3.) oder abgelehnt werden. In der Gerusie gab es Fraktionen (1.). Die Gerusie konnte die Neigungen anderer Interessengruppen berücksichtigen (der Freunde Lysanders bei 3.; der Reichen bei 1.). Die Gerusie versuchte, sich zu einigen (εἰς ταὐτὸ ταῖς γνώμαις συμφέρεσθαι, vgl. 1.). Wenn sie sich einigen konnte, wurde im Anschluss ein Probouleuma erstellt (vielleicht 4.) und der Versammlung zur Ratifikation vorgelegt. Wahrscheinlich ließ ein Ephor das Volk per Akklamation mit Ja oder Nein abstimmen (s. u.).

Wenn sich die Gerusie nicht einigen konnte, wurde trotzdem die Volksversammlung einberufen – und zwar von den Ephoren (1.).[749] Dann versuchten Befürworter und Gegner des Antrags – nicht nur Geronten –, das Volk auf ihre Seite zu ziehen. Die Präferenz des Volkes wurde deutlich, ohne dass eine formale Entscheidung fiel. Ruzé 1997, S. 154 hat gezeigt, dass Debatten nicht immer sofort in eine Abstimmung münden müssen, um eine

749 Nach Kahrstedt 1922, S. 214 wurde die Volksversammlung früher von den Königen und in der klassischen Zeit von den Ephoren einberufen. Die Geronten hätten dieses Recht nie besessen.

wichtige Rolle im politischen Leben zu spielen und den Bürgern ein Gefühl der Teilhabe zu geben. Die Spartaner waren dafür bekannt, dass sie sich (im Gegensatz zu den Athenern) mit ihren Entscheidungen Zeit ließen (Th. 1,70). Anschließend gab es eine erneute vorberatende Sitzung der Gerusie (1.). Wenn sich die Geronten wieder nicht einigen konnten, stimmten sie per Mehrheit ab (1.). Normalerweise wird sich die Position durchgesetzt haben, die die Zustimmung des Volkes gewonnen hatte. Die von den Geronten befürwortete Vorlage wurde wohl wieder dem Volk vorgelegt – nun zur Ratifikation. Im Falle der Rhetra des Agis lief es anders: Die Gerusie kassierte das Gesetzesvorhaben, das der eine König, die Ephoren und das Volk befürwortet hatten, was zu Bürgerkrieg führte. Im Ausnahmefall konnte die Probouleusis zu einem Vetorecht werden.

2.7.5.4 Außen- und innenpolitische Entscheidung vor der Volksversammlung

a) Fälle

Im Folgenden sollen die drei sicheren Fälle und ein wahrscheinlicher Fall von außen- und innenpolitischen Entscheidungen diskutiert werden (vgl. Anm. 729 und 730), um den institutionellen Ablauf zu rekonstruieren und die Rolle der Gerusie bei der Entscheidungsfindung zu bestimmen. Um Einseitigkeit zu vermeiden, sind zusätzlich die ausführliche Beschreibung der Volksversammlung von 432 einzubeziehen, wo die Gerusie nicht explizit genannt wird, die Beratungen in Sparta über die sizilische Expedition, in der man eine Entscheidung des Volkes gegen die Gerusie gesehen hat, sowie der Vertragstext der athenischen Kapitulation. Von der Betrachtung auszuschließen sind in diesem Zusammenhang die »kleine Volksversammlung«, die einen Sonderfall bildet, und der Streit um Anaxandrides' Thronfolge, wobei es sich um einen Prozess zu handeln scheint.

1. Hetoimaridas, D. S. 11,50,5–7 – um 475/74

Quelle: Nur Diodor überliefert diese Debatte – wohl in Anlehnung an Ephoros, wie Richer 1998, S. 348, Anm. 140 vermutet; bei Thukydides, Xenophon und Plutarch fehlt sie. Für Ruzé 1997, S. 152ff. ist das Fehlen bei Thukydides kein hinreichender Grund, die Echtheit in Zweifel zu ziehen.[750] Denn Thukydides verkürze und eine Debatte, die an Spartas Politik

750 De Ste. Croix 1972, S. 126 meint zur Hetoimaridas-Episode, dass man von Diodor keine verfassungsrechtlichen Details erwarten könne.

nichts ändert, sei in der athenischen Pentekontaetie entbehrlich. Nach Welwei 2004, S. 174 gehört die Episode nicht in die Zeit nach den Perserkriegen, sondern in den Kontext der wachsenden Spannungen vor dem Peloponnesischen Krieg.

Zusammenfassung: Zum Schutz gegen die Perser hatten die Athener den Seebund gegründet, der sich zum Grundpfeiler ihres Imperiums entwickeln sollte. Die Gerusie beriet über einen Krieg gegen die Athener wegen ihrer Hegemonie zur See. Über dasselbe Thema (ὁμοίως) tagte eine Volksversammlung. Die Jungen und die meisten anderen wollten die Hegemonie zurück, weil sie von Spartas Machtzuwachs finanziell zu profitieren hofften. Man erinnerte sich an das Orakel, Sparta solle sich vor einer hinkenden Herrschaft schützen = Hegemonie zu Land ohne Hegemonie zu Wasser. Als fast alle Bürger von diesem Vorschlag (ὑπόθεσις = Rückgewinnung der Hegemonie zur See durch Krieg gegen Athen) begeistert waren (ὁρμάομαι πρός τι) und die Gerusie in dieser Sache tagte, erwartete keiner, dass jemand den Mut zu einem Gegenvorschlag habe. Aber der Geront Hetoimaridas protestierte: Man solle Athen die Hegemonie zur See lassen, weil Sparta eine Landmacht sei. Für seinen überraschenden Vorschlag (ὑπόθεσις) fand er gute Argumente und überzeugte so wider Erwarten die Gerusie und das Volk (ἔπεισε τὴν γερουσίαν καὶ τὸν δῆμον). Die Lakedaimonier entschieden (κρίνειν), dass Hetoimaridas Recht habe, und ließen ab von der Kriegslust (ὁρμή). »On that day the history of the fifth century was prescribed. Athens would take over power and exploit it, and it would require a war greater than all preceding wars to break her grip«, urteilt Cawkwell 1993, S. 522.

Institutioneller Ablauf: Die Gerusie berät über eine Kriegserklärung, die sie wie die meisten zu befürworten scheint, zumal Hetoimaridas die Geronten später vom Gegenteil überzeugen muss. Über die gleiche Frage tagt eine Volksversammlung, auf der rationale Argumente und Orakel angeführt werden und sich eine Präferenz für den Krieg abzeichnet. Fällt eine formale Entscheidung (ὁρμάομαι πρός τι)? Forrest 1967, S. 11, Richer 1998, S. 348 ff. und Luther 2004, S. 128 ff. verneinen das. Die Frage ist müßig. Denn entweder wird über die gleiche Sache ein zweites Mal entschieden oder auf eine »Vorentscheidung« folgt eine finale Entscheidung, was auf das Gleiche hinausläuft. Auf einer neuen[751] Sitzung will sich die Gerusie der Entscheidung oder Präferenz des Volkes anschließen. Aber ein Geront widersetzt sich dem Druck der Mehrheit und protestiert. Er überzeugt die Gerusie gegen den Krieg. Anschließend wird eine neue Versammlung einberufen (Anm. 751), auf der für die gemeinsame Position der Gerusie geworben wird. Die Ver-

751 Wir folgen Forrest 1967 und Luther 2004, die das Geschehen in Phasen unterteilen.

sammlung lässt sich überzeugen und ratifiziert den Vorschlag des Geronten gegen den Krieg.

Hingegen meint Luther 2004, S. 129 mit Anm. 451, dass es keine weitere Beschlussfassung des Volkes gab, obwohl von Umstimmung des Volkes (ἔπεισε … τὸν δῆμον) und Entscheidung (κρίνειν) die Rede ist und ὁρμή mit ὁρμάομαι korrespondiert. Meier 1998, S. 204, Anm. 117 vermutet, dass der Geront eher ein Veto der Gerusie herbeiführte, als die Masse umzustimmen. Auch diese Spekulation widerspricht der Aussage des Texts. Die Gerusie stützt sich nicht auf ein Vetorecht, sondern muss Überzeugungsarbeit leisten, kann damit aber die Präferenz des Volkes komplett umkehren.

2. Pyrrhos – um 272

Quellen: Die Geschichte wird in drei verschiedenen Versionen überliefert. Allen ist gemein, dass Pyrrhos Sparta bedrohte und ein Spartaner ihn mit einem selbstbewussten Spruch abfertigte. Der Wortlaut des Spruchs ist ähnlich; Abweichungen bestehen lediglich darin, wie der Spartaner hieß und zu welcher Gelegenheit er seinen Spruch anbrachte.[752] Frappierend ist, dass weder die beiden Plutarchstellen kohärent sind,[753] noch Stobaios von einer der beiden Stellen allein abhängt, sondern eine dritte Quelle benutzt zu haben scheint.[754] Wichtig sind für unseren Kontext die Volksversammlung, auf der

752 Plu. Pyrrh. 26: Mandrokleidas auf einer Gesandtschaft: »αἰ μὲν ἐσσὶ τύ γε θεός, οὐδὲν μὴ πάθωμεν· οὐ γὰρ ἀδικεῦμεν· αἰ δ' ἄνθρωπος, ἔσσεται καὶ τεῦ κάρρων ἄλλος.«; – Stob. 3,7,61: der Geront Derkyllidas vor der Volksversammlung: »εἰ μὲν θεός ἐστιν ὁ ἀπειλῶν, μὴ φοβώμεθα, οὐδὲν γὰρ ἀδικοῦμεν· εἰ δ' ἄνθρωπος, γνώτω ἀνδράσιν ἀπειλῶν.«; – Plu. Apophthegmata Laconica 219f.: Diese Version ist ein Zwitter. Denn einerseits kommt Derkyllidas, dessen Status nicht spezifiziert wird, als Gesandter zu Pyrrhos und unterbricht ihn, andererseits spricht er von ihm in der 3. Person wie in dessen Abwesenheit: »εἰ μὲν θεός ἐστιν, οὐ φοβούμεθα· οὐδὲν γὰρ ἀδικοῦμεν· εἰ δ' ἄνθρωπος, οὐχ ἡμῶν γε κρείσσων.«

753 Die größte Abweichung ist der Namenswechsel Mandrokleidas/Derkyllidas; sonst gibt es Entsprechungen, nur dass Pyrrh. detaillierter ist und zusätzliche Elemente bietet (wie die Geschichte von Archidamia). Die Datierung der Werke ist unsicher und bietet keinen Aufschluss für das Abhängigkeitsverhältnis.

754 Die Überschrift Πύρρου bezeichnet den Inhalt. Auf welche Quelle(n) stützt sich Stobaios? Weder allein auf Plu. Apophthegmata Laconica, weil dort der Status des Derkyllidas nicht spezifiziert wird; noch allein auf Plu. Pyrrh., weil dort Derkyllidas nicht erwähnt wird. Kombiniert Stobaios Plu. Apophthegmata Laconica und Plu. Pyrrh.? Dagegen spricht, dass Plutarch nirgendwo eine Volksversammlung erwähnt und Derkyllidas nirgends Geront nennt. Allerdings kann in beiden Plutarchstellen eine Volksversammlung impliziert sein. Außerdem kann man Derkyllidas mit gutem Recht für ein Mitglied der Gerusie halten, da die Geronten bisweilen als

ein Geront auftrat (Stob. 3,7,61), und die Ratssitzung (Plu. Pyrrh. 26). Diese Angaben scheinen sich zu ergänzen. Denn die Volksversammlung scheint über Pyrrhos' Forderungen zu verhandeln, als er noch im Anmarsch war. Der Rat beriet über Notmaßnahmen, als Pyrrhos schon vor der Stadt stand.

Stob. 3,7,61: Als Pyrrhos gegen Sparta zog und viele Drohungen aussprach, erhob sich in der Volksversammlung der Geront Derkyllidas und rief zum Widerstand auf.

Institutioneller Ablauf: Auf der Volksversammlung interveniert ein Geront.

Plu. Pyrrh. 26–27: Der Agiade Kleonymos, der in der Thronfolge übergangen worden war, hatte Pyrrhos gebeten, ihm in Sparta zur Macht zu verhelfen. Diese Bitte lieferte Pyrrhus einen willkommenen Vorwand, um brandschatzend gegen Sparta zu ziehen. Die Kritik einiger spartanischer Gesandter an seinem Vorgehen, wies Pyrrhos unwirsch zurück. Daraufhin fertigte ihn der Gesandte Mandrokleidas mit einem selbstbewussten Spruch ab. Sparta schien eine leichte Beute zu sein, weil König Areus mit dem Heer nach Kreta ausgezogen war. Um eine Plünderung der Stadt zu vermeiden, verschob Pyrrhos den Angriff auf den nächsten Morgen. In der Nacht berieten sich die Spartaner. Man plante, die Frauen nach Kreta zu schicken, aber diese widersetzten sich: Archidamia kam sogar mit einem Schwert bewaffnet in die Gerusie und verlangte, gemeinsam mit den Männern zu sterben. Daraufhin beschloss man, sich provisorisch zu verschanzen.

Institutioneller Ablauf: Die Gerusie tagt im Notfall. Eine Volksversammlung wird nicht explizit erwähnt. Trotzdem scheint die Ratssitzung eine Folgeveranstaltung zu sein. Denn erst planen die Spartaner (οἱ Λακεδαιμόνιοι πρῶτον μὲν ἐβουλεύσαντο), die Frauen zu evakuieren, dann widersetzen sich jene und Archidamia stürmt in die Ratssitzung. Archidamia kann die Gerusie überzeugen, denn man beschließt (ἔγνωσαν) Schutzmaßnahmen, bei denen die Frauen helfen sollen. Von einer ratifizierenden Volksversammlung ist keine Rede.

3. Gyridas, Pol. 4,34–35 – um 220

Vorgeschichte: Um freie Hand im Kampf gegen den Achaiischen Bund zu haben, hatte König Kleomenes III. um 227 das Ephorat und faktisch das Doppelkönigtum beseitigt. Antigonos II., König der Makedonen und seit

Gesandte ausgeschickt wurden. Entweder fasst Stobaios die beiden Plutarchquellen interpretierend zusammen oder er benutzt eine dritte Quelle. Letztere Möglichkeit scheint in Anbetracht seiner Arbeitsweise wahrscheinlicher, weil er eher zitiert als kompiliert.

225 Stratege des Achaiischen Bundes, hatte im Jahr 222 Sparta erobert, die innenpolitischen Reformen des Kleomenes rückgängig gemacht und Sparta gezwungen, seinem Bund beizutreten. Den Freunden der Makedonen stand eine Partei gegenüber, die sich deren Feinden, dem aitolischen Bund, anschließen wollte.

Zusammenfassung: Die pro-aitolische Partei lud die Aitoler ein, eine Gesandtschaft zu schicken. Sie schickten Machatas. Die Ephoren gaben dem Druck nach und ließen ihn vor die Versammlung. Machatas warb für eine Allianz mit Aitolien. Nach seinem Abgang entbrannte eine hitzige Diskussion: Die einen (τινὲς μέν) sprachen sich für das Bündnis aus, die anderen (ἔνιοι δέ) dagegen. Einige der Älteren (τῶν πρεσβυτέρων τινές) erinnerten das Volk an die Wohltaten der Makedonen und die Untaten der Aitoler. Die Spartaner ließen sich überzeugen, an ihrem Bündnis mit Makedonien festzuhalten. Aber die aitolerfreundliche Partei tötete die Ephoren und die Geronten um Gyridas und vertrieb die, die gegen die Aitoler gesprochen hatten. Dann wählte man neue Ephoren und schloss das Bündnis mit den Aitolern ab.

Institutioneller Ablauf: Die Ephoren lassen einen Gesandten vor die Versammlung, der für ein Bündnis wirbt. Nach dessen Abgang wird diskutiert. Mit den »Älteren«, die für die Makedonen und gegen die Aitoler sprechen, sind wohl die Geronten um Gyridas gemeint, der die makedonenfreundliche Fraktion anzuführen scheint. Andere Geronten sind wohl aitolerfreundlich. Gyridas' Fraktion überzeugt die Volksversammlung, die daraufhin beschließt, das Bündnis abzulehnen.

4. Prothoos, X. HG 6, 4, 2–3 – 371

Vorgeschichte: Im Jahr 371 war es zu Friedensverhandlungen zwischen Sparta, Athen und Theben gekommen. Alle stimmten dem Vertrag zu, der den Abzug von Garnisonen und die Auflösung der stehenden Heere vorsah, aber am nächsten Tag verlangte die thebanische Delegation plötzlich, dass im Vertragstext »Thebaner« durch »Boioter« ersetzt werde, was einer Anerkennung der thebanischen Hegemonie gleichgekommen wäre. König Agesilaos stellte Theben vor die Wahl: Wenn ihnen »Theben« allein nicht genug sei, würden sie ganz gestrichen. Von Plutarch erfahren wir, dass Agesilaos die Thebaner löschte und mit Krieg drohte, als sie nicht einlenkten (Plu. Ages. 28, 4).

Zusammenfassung: Zur gleichen Zeit wandte sich König Kleombrotos, der mit dem Heer in Phokis stand, an die Amtsinhaber zu Hause und fragte nach neuen Befehlen. In der Volksversammlung sprach ein gewisser Prothoos als erster und plädierte für die Auflösung des Heeres, um den Vertragsbedingungen gerecht zu werden, und für eine größere Autonomie der Städte. Das Volk war dagegen. Von Plutarch erfahren wir, dass Agesilaos Prothoos in der Versammlung attackiert und für den Kriegsbeschluss argumentiert hat (Plu. Ages. 28,4). Auf ihren Beschluss hin zog Kleombrotos nach Boiotien, um Theben zum Einlenken zu zwingen.

Institutioneller Ablauf: Vor der Volksversammlung wird über die Haltung gegenüber Theben diskutiert: Prothoos spricht sich für die Auflösung des Heeres, Agesilaos für Angriff aus. Prothoos spricht »als erster der Amtsträger«. War er ein Ephor oder ein Geront? Bisweilen ist Prothoos für einen Ephoren gehalten worden (Poralla), aber selbst Richer hat sich den Gegnern dieser Hypothese angeschlossen, weil es unwahrscheinlich sei, dass sich ein einzelner Ephor gegen seine Kollegen und die Mehrheit des Volkes wendet.[755] Der Mut, sich als einziger gegen die Menge zu stellen, passt eher zu einem Geronten, wie das Beispiel des Hetoimaridas zeigt. Außerdem waren es von den Beamten wohl die Geronten, die zuerst sprechen durften (vgl. 2.7.2.3). Andererseits scheint die Gerusie tendenziell und besonders in der Thebenpolitik auf Agesilaos' Seite gestanden zu haben. Denn Kleombrotos drohte ein Kapitalprozess seitens der Gerusie, wenn er nicht angriff (Anm. 698). Prothoos ist also entweder ein Ephor oder ein einzelner Geront. Anders als Hetoimaridas kann Prothoos weder die Gerusie noch das Volk überzeugen. Die Versammlung entscheidet sich für den Vorschlag des Agesilaos.

5. *Kriegserklärung an Athen, Th. 1,79 – um 432*

Zusammenfassung: In der spartanischen Versammlung klagten die Bundesgenossen die Athener an, die sich anschließend verteidigten. Die Auswärtigen traten ab, damit sich die Spartaner allein beraten konnten. Dabei gingen die Beiträge/Meinungen der meisten (Redner oder Zuhörer?) in dieselbe Richtung wie die der Bundesgenossen (τῶν μὲν πλεόνων ἐπὶ τὸ αὐτὸ αἱ γνῶμαι ἔφερον): Athen sei schuldig. Aber (δέ) Archidamos redete anders. Man solle den Krieg nicht überstürzen, sondern gut vorbereiten und die Schuldfrage in einem Schiedsgericht klären, wie die Athener vorgeschlagen hätten. Hingegen war der Ephor Sthenelaidas für sofortigen Krieg. Er

755 Richer 1998, S. 351 mit Anm. 158, die die Befürworter von Prothoos als Ephor anführt, und Anm. 159, die die Gegner anführt. Den Befürwortern ist Luther 2004, S. 47, Anm. 154 hinzuzufügen. Neben Richer erwägt auch Cartledge 1987, S. 307f. die Möglichkeit, dass Prothoos ein Geront war, weil er zu den im vorangegangenen Satz erwähnten οἱ ἐν τέλει gehört (X. HG 6,4,2). Dagegen meint David 1991, S. 27, Anm. 63, Prothoos sei kein Amtsträger.

ließ die Spartaner wie üblich durch Zuruf abstimmen, konnte aber nicht erkennen, welches Geschrei von beiden am lautesten war. Daher ließ er die Spartaner durch Auseinandertreten über die Frage abstimmen, ob Athen den Vertrag gebrochen habe oder nicht.

Institutioneller Ablauf: Bei den γνῶμαι τῶν πλεόνων scheint es sich um Redebeiträge zu handeln, weil sie mit den Vorschlägen der Verbündeten verglichen und dem des Archidamos entgegengesetzt werden. Dann gab es vorher mindestens drei Redebeiträge. Wie rekrutierte sich die Mehrheit der Redner, die für den Krieg war, wie die Minderheit, die dagegen war? Grundsätzlich aus Ephoren, Geronten und dem anderen König (s. o. 2.7.5.2). Vielleicht hatte sich Archidamos mit der Gerusie über die Kriegsgegnerschaft abgestimmt – vor der Versammlung oder nach dem Abtritt der Gesandten. Denn er eröffnet seine Rede mit der Warnung, man dürfe einen Krieg nicht überstürzen, wie er und die Gleichaltrigen aus Erfahrung wüssten. Richer 1998, S. 346 stellt zu Recht fest, dass in Anbetracht von Pausanias' Alter die über 60-Jährigen gemeint sind, was die Geronten zumindest einschließt.

Zwischen Reden und Abstimmung ist keine Zeit für Probouleusis. Sthenelaidas kann nicht erkennen, welches Geschrei von beiden am lautesten gewesen ist: für Archidamos oder für ihn (οὐκ ἔφη διαγιγνώσκειν τὴν βοὴν ὁποτέρα μείζων). Thukydides fasst nur die letzten beiden Reden ins Auge. Sthenelaidas ändert den üblichen Abstimmungsmodus, indem er die Abstimmung nach Lautstärke durch die Mehrheitsentscheidung ersetzt (vgl. 2.4.3).

6. Sizilische Expedition, Th. 6,88,10–6,93 – 415

Vorgeschichte: Als Athen nach Sizilien griff, wurden Gesandte von Syrakus nach Korinth geschickt, um ihre Mutterstadt um Hilfe zu bitten. Die Korinther beschlossen die Hilfe sofort und gaben den Syrakusanern Gesandte mit, um die Spartaner gemeinsam zu einer Hilfsaktion zu bewegen. In Sparta trafen sie Alkibiades, der dorthin nach dem Hermenfrevel geflohen war.

Zusammenfassung: Die Syrakusaner und Korinther konnten die Volksversammlung mit den gleichen Bitten wie Alkibiades von der Notwendigkeit einer groß angelegten Hilfsaktion überzeugen (ξυνέβη ἐν τῇ ἐκκλησίᾳ … τούς τε Κορινθίους καὶ τοὺς Συρακοσίους τὰ αὐτὰ καὶ τὸν Ἀλκιβιάδην δεομένους πείθειν τοὺς Λακεδαιμονίους). Die Ephoren und die Amtsträger (οἱ ἐν τέλει) wollten nicht helfen, sondern nur Boten nach Syrakus schicken, um einen Abfall zu Athen zu verhindern (διανοουμένων τῶν τε ἐφόρων καὶ τῶν ἐν τέλει ὄντων πρέσβεις πέμπειν … βοηθεῖν δὲ οὐ προθύμων ὄντων). Daher trat Alkibiades auf, um die Spartaner aufzustacheln. Seine Rede überzeugte die Spartaner, die zwar mit einem Krieg geliebäugelt, aber gezaudert hatten. Man beschloss, Dekeleia zu befestigen und Gylippos als Feldherrn nach Syrakus zu schicken.

Institutioneller Ablauf: Thukydides nimmt das Resultat vorweg: mit vereinten Kräften ließen sich die Spartaner am Ende überzeugen. Thukydides trennt sprachlich die Interventionen von Syrakusanern und Korinthern einerseits und Alkibiades andererseits. Denn nachdem die Syrakusaner und Korinther ihr Hilfsgesuch unterbreitet haben, reagieren die Ephoren und οἱ ἐν τέλει mit einem Gegenvorschlag. Zuletzt tritt Alkibiades auf. Vorher hat er nicht gesprochen, denn sonst müsste er sich nicht lange vorstellen.

Die οἱ ἐν τέλει umfassen neben den Ephoren wohl auch Könige und Geronten.[756] Sie tragen ihre Vorschläge vor, um eine Rückmeldung des Volkes zu bekommen und ohne formell abstimmen zu lassen. Ihre Darlegung zeigt im Volk Wirkung. Denn Alkibiades tritt an, um die Spartaner anzustacheln, wendet sich an alle und überzeugt schließlich die Spartaner, »die zwar mit einem Krieg geliebäugelt, aber gezaudert hatten«. Warum ließen die Ephoren Alkibiades auftreten? Vielleicht waren sie doch nicht so einig, wie Thukydides suggeriert, oder mussten sich dem Druck der Gesandten oder der Öffentlichkeit beugen.

Volk, Ephoren und οἱ ἐν τέλει lassen sich von Alkibiades überzeugen, wie Luther 2004, S. 137 zu Recht gegen Welwei 1998, S. 114 feststellt, der davon ausgeht, dass die Volksversammlung das Ergebnis der Vorberatung von Ephoren, Königen und Geronten nicht akzeptiert habe. Ähnlich argumentiert Richer 1998, S. 337 gegen Ruzé. Wird der Antrag des Alkibiades, der sich durchsetzt, unmittelbar im Anschluss ratifiziert? Richer 1998, S. 337 geht zu Recht davon aus, dass die Ephoren, von Alkibiades überzeugt, die Volksversammlung (vielleicht später) über den Inhalt seines Vorschlags abstimmen ließen.

7. *Athens Kapitulation, Plu. Lys. 14 – 404*

Quellen: Plutarchs Vertragstext stimmt mit dem des Andokides überein, der sich auf die Stele in Athen beruft (And. 3,11 f.), aber wie andere Autoren das Präskript weglässt (X. HG 2,2,20 und Arist. APol. 34,3). HCT ad Th. 5,77,1 macht wahrscheinlich, dass es sich bei dem von Plutarch bezeugten Präskript um die übliche Eröffnungsformel von spartanischen Dekreten handelt.

756 Nach HCT ad Th. 6,88,10 sind mit den οἱ ἐν τέλει mehr oder weniger Könige, Geronten und Ephoren gemeint. Dem schließt sich Richer 1998, S. 270 mit Anm. 45 an; ferner Luther 2004, S. 132, Anm. 462. Diese Meinung hatte bereits Kahrstedt 1922, S. 248 f. vertreten.

Zusammenfassung: Lysander fuhr in den Piräus und zwang Athen unter den von ihm diktierten Bedingungen zu kapitulieren (ἀναγκασθεῖσαν ἐφ᾽ οἷς ἐκεῖνος ἐκέλευε ποιήσασθαι τὰς διαλύσεις). Der tatsächliche Beschluss der Ephoren lautete: »Die Behörden der Lakedaimonier haben beschlossen …« (τὸ δ᾽ ἀληθινὸν δόγμα τῶν ἐφόρων οὕτως εἶχε· »Τάδε τὰ τέλη τῶν Λακεδαιμονίων ἔγνω …«).

Institutioneller Ablauf: Das Präskript zeigt, dass die Ephoren die Vertragsbedingungen nicht allein beschlossen, sondern eine Entscheidung der spartanischen Behörden herbeiführten, die die Gerusie einschließen konnten (Anm. 336).

b) Verfahren

In der Gerusie wurden politische Fragen diskutiert, bevor die Volksversammlung darüber tagte, was sich unter dem Begriff »Probouleusis« fassen lässt.[757] Es wird nicht gesagt, dass die Gerusie auf Anregung der Ephoren aktiv wurde. Die Gerusie versuchte eine gemeinsame Position zu finden, die dem Volk empfohlen werden sollte. Wahrscheinlich sprach die Gerusie mit Gesandten, bevor diese vor die Versammlung traten,[758] um sich über deren Anliegen zu informieren und eine Reaktion vorzubereiten. In der Gerusie konnte es Fraktionen geben (im 3. Fall). Die Gerusie konnte die Neigungen anderer Interessengruppen berücksichtigen.[759]

In der Volksversammlung sprachen Geronten, Könige (seit der Rhetra) und Ephoren (seit dem Zusatz). Ob Gesandte vor die Versammlung gelassen wurden oder nicht, entschieden die Ephoren nach deren Vollmachten und Vorschlägen. Auf Druck einer Interessengruppe hin haben die Ephoren auch Personen vorgelassen, die gegen ihre Präferenz eingestellt waren (3. und 6.). Die Auswärtigen traten ab, damit sich die Spartaner allein beraten konnten (5., vielleicht 3. und 6.). Jeder Redner warb für seine Position und formulierte abschließend einen abstimmbaren Vorschlag. Dem Beitrag eines Geronten kam besonderes Gewicht zu: Denn er sprach für ein Gremium und hatte als lebenslanges Mitglied zweifellos mehr Redeerfahrung als ein jährlich wechselnder Ephor. Es gab aber kein simples Probouleuma, das dem Volk einfach zum Absegnen vorgelegt wurde. Mehrere Geronten ergriffen das Wort, um einer Position Nachdruck zu verleihen (3.). Vielleicht

757 Im 1., vielleicht im 2. Fall und Phleius (s. u. 2.7.5.6).

758 In Athen angekommen, fragte ein spartanischer Herold zuerst nach der Gerusie (Ar. Lys. 980); der Geront Lichas bewirtete ausländische Gäste bei den Gymnopaidiai (X. Mem. 1,2,61 und Plu. Cim. 10,6); die exilierten Samier sprachen vor den Archonten (Gerusie mit oder ohne Ephoren) s. u. 2.7.5.6; die Gesandten aus Phleius sprachen vor den Behörden (Gerusie mit oder ohne Ephoren), s. u. 2.7.5.6.

759 Der Frauen bei 2.; des Königs bei Phleius (s. u. 2.7.5.6).

sprachen auch Geronten mit entgegengesetzten Positionen, was die Gerusie des Vorteils der Geschlossenheit berauben würde, den die Vorberatung ermöglichte (vielleicht 4.).

Die Abstimmung erfolgte unmittelbar nach den Vorschlägen[760] und wurde von den Ephoren geleitet (5.). Sie suchten die Anträge aus und formulierten die Abstimmungsfrage(n). Der Ephor ließ das Volk nacheinander über die Vorschläge der Redner per Akklamation abstimmen – nur ausnahmsweise per Hammelsprung. Der Vorschlag, der nach Meinung der Ephoren am lautesten bejubelt worden war, gewann. Mit Ja und Nein wurde nur abgestimmt, wo sich nur eine Alternative stellte (wie auch bei der Gesetzgebung). Normalerweise stimmten die Spartaner also zusammen für etwas und nicht gegen etwas (wie bei der Gerontenwahl – vgl. 2.4.3). Ein Vorschlag (oder ein Kandidat) wird verworfen, wenn er weniger Zustimmung findet als ein anderer, nicht weil er auf mehr Ablehnung trifft als ein anderer – im Gegensatz zu Athen, wo immer mit Ja und Nein abgestimmt wurde.[761] Die Vorschläge der Geronten konnten zur Grundlage der Entscheidung werden.[762] Wenn sich die Vorschläge der Könige oder Ephoren durchsetzten, konnte dies der Präferenz der Gerusie widersprechen (vielleicht 4.).

Die Gerusie konnte nach der Volksversammlung wieder zusammentreten und, wenn sie mit der Entscheidung des Volkes unzufrieden war, einen neuen Volksentscheid anstreben (1.). Auch in Athen war es möglich, wenngleich unüblich, eine Entscheidung in einer zweiten Volksversammlung zu revidieren.[763] Natürlich war es schwierig, sich dem erklärten Willen des Volkes zu widersetzen. Trotzdem war es möglich, aber nur wenn sich die Gerusie auf eine Linie einigte und in der neuen Volksversammlung Überzeugungsarbeit leistete (1.).

2.7.5.5 Probouleusis und Widerspruch im Vergleich

Vorberatung und Widerspruch liefen in der Gesetzgebung und in den innen- und außenpolitischen Entscheidungen verschieden:

Probouleusis im Falle der Gesetzgebung hieß, dass die Gerusie eine Beschlussvorlage der Ephoren begutachtete und nach möglicher Modifikati-

760 Aeschin. 1,180/181: Gerade als das Volk den Antrag des Schurken im Anschluss an dessen Rede ratifizieren will (γνώμην ψηφίζεσθαι), interveniert der Geront.

761 Vgl. Hansen 1977, S. 124 mit Anm. 2.

762 1. und 3., vielleicht Phleius (s. u. 2.7.5.6).

763 Nikias fordert die Prytanen auf, ein zweites Mal über die sizilische Expedition abstimmen zu lassen und keine Angst davor zu haben, für den Bruch des etablierten Verfahrens angeklagt zu werden (λύειν τοὺς νόμους), wie Dover ad Th. 6,14 interpretiert. Vgl. auch die Debatten über die Mytilener (Th. 3,36).

on vor die Volksversammlung ließ oder ablehnte. Im Falle von politischen Entscheidungen bedeutete Probouleusis, dass sich die Geronten auf eine gemeinsame Position abstimmten, um den Willen der Volksversammlung durch die abgestimmten Redebeiträge in diese Richtung zu lenken.

Der Rhetrazusatz ermöglichte es der Gerusie in der Gesetzgebung, eine Vorlage, die sie noch nicht abschließend beurteilt hatte, (nach einer beratenden Volksversammlung) in der zweiten Vorberatung abzulehnen = »wenn das Volk eine schiefe Vorlage befürwortet hat« (vgl. 2.7.2.1). Für die politische Entscheidung bedeutete der Zusatz den Protest gegen eine schiefe Entscheidung des Volkes in einer neuen (beratenden bzw. entscheidenden) Volksversammlung = »wenn das Volk einen schiefen Vorschlag ratifiziert hat.«

Bei Gesetzgebung und innen- und außenpolitischen Entscheidungen gab es normalerweise zwei Stufen: Probouleusis der Gerusie und Ratifikation durch die Volksversammlung. Wenn die Gerusie über eine Gesetzesvorlage uneinig war, folgten auf die Probouleusis eine rein beratende Volksversammlung, dann erneute Probouleusis und (bei Befürwortung) eine beratende bzw. entscheidende Volksversammlung (bei Ablehnung nichts). Wenn die Gerusie mit einer ratifizierten politischen Entscheidung unzufrieden war, begann das Verfahren von vorne: Probouleusis und beratende bzw. entscheidende Volksversammlung. Insofern unterscheidet sich unsere Rekonstruktion von Modellen, die drei oder vier reguläre Verfahrensstufen ansetzen,[764] und andererseits von Modellen, die die Gerusie ausblenden.[765]

---

764 Forrest 1967, S. 13 f.: discussion by gerousia, discussion by ekklesia, further discussion by gerousia, decision by ekklesia. Dieses Modell kritisiert Ruzé 1997, S. 153. – Luther 2004, S. 48 ff. vertritt ein Verfahren der Beschlussfassung in drei Schritten: 1. Die Antragstellung erfolgt entweder durch die Ephoren allein oder durch die »antragstellende/beratende Volksversammlung«, auf der auch einfache Bürger reden. Die Ephoren formulieren den Antrag der Volksversammlung und leiten ihn an die Gerusie weiter. 2. Der Antrag der beratenden Volksversammlung wird in der Gerusie zeitnah vorberaten. Falls die Geronten den Antrag der beratenden Volksversammlung verwerfen, weil er nicht in ihrem Interesse liegt, kann er von der entscheidenden Versammlung nicht ratifiziert werden. 3. Bei Befürwortung wird das Probouleuma der »beschlussfassenden Volksversammlung« vorgelegt. Der dritte Schritt könne vielleicht wegfallen, wenn der Antrag des Volks dem Probouleuma der Gerusie entspricht. – Nach Luther hat die Gerusie also das Recht, die Anträge der beratenden Volksversammlung zur Annahme zuzulassen oder sie zu verwerfen. Kurz gesagt: Die Volksversammlung übt die Probouleusis aus und die Gerusie das Ratifikationsrecht. Aber das verkehrt die Verhältnisse. Gegen Forrests und Luthers Thesen sprechen die Fälle, in denen die Volksversammlung unmittelbar nach den Reden abstimmt, ohne dass Zeit für eine Vorberatung der Gerusie bliebe (Th. 1,82 und Aeschin. 1,180/181).

765 Ruzé 1997, S. 157 ff.

Das partielle Schweigen der Quellen über die Gerusie rührt vielleicht daher, dass die Ephoren am Anfang der Gesetzgebung (Initiative einer Vorlage) und am Ende jedes Entscheidungsverfahrens vor der Volksversammlung standen (Abstimmung über Antrag), während die Gerusie im Mittelteil aktiv war und selten eine Gesetzesvorlage kassierte. Das könnte erklären, warum bisweilen von den an einer Entscheidung beteiligten Behörden nur das Volk und die Ephoren genannt werden.[766]

Die Gerusie entschied in einer Vorberatung, ob sie eine Gesetzesvorlage vor die Volksversammlung lassen wollte oder nicht, und welche Entscheidung in innen- und außenpolitischen Fragen sie dem Volk empfehlen sollte. In der Gesetzgebung hatte die Gerusie ein Veto, gegen politische Entscheidungen konnte sie nur protestieren. In der Gesetzgebung ging es nicht ohne die Gerusie; für politische Fragen waren die Vorschläge der Geronten wichtig und konnten Grundlage der Entscheidung werden. Diese schwächere Rolle der Gerusie bei den politischen Entscheidungen könnte Folge einer historischen Entwicklung gewesen sein.

2.7.5.6 Abgrenzung der Entscheidungskompetenzen der Institutionen

Die Volksversammlung war ohne Input der Geronten, Könige oder Ephoren nicht entscheidungsfähig. Dagegen entschieden Ephoren und Geronten bisweilen allein. Wann entschied wer?

Die Volksversammlung fällte in folgenden Fragen die letzte Entscheidung: Gesetzgebung (2.7.5.3 b), Krieg gegen Athen, Bündnis mit Aitolern, Bedingungen des Pyrrhos, Einhaltung des Friedensvertrags oder Bestrafung Thebens, Hilfe für Sizilien (2.7.5.4 a). Die Exklusivität ihrer finalen Entscheidungskompetenz wird in folgendem Beispiel deutlich: Die athenischen Gesandten, die im Jahr 404 erst mit König Agis und dann mit Lysander über die Friedensbedingungen verhandeln wollten, wurden von beiden aus mangelnder Entscheidungskompetenz an die Ephoren verwiesen, die die zweite Gesandtschaft vor die Volksversammlung ließen (X. HG 2,2,13 und 19). Die Volksversammlung konnte ihre Entscheidungskompetenz wohl auch übertragen: Als Polydamas aus Pharsalos sich im Jahr 375 mit einem Hilfsgesuch an die Spartaner wandte, baten sie sich zwei Tage Bedenkzeit aus, um ihre Ressourcen zu schätzen, bevor sie ablehnten (X. HG 6,1,17). De Ste. Croix

766 ἔδοξε τοῖς ἐφόροις καὶ τῇ ἐκκλησίᾳ (bei der Verkündung dieser Entscheidung in Elis ist aber von »Behörden« die Rede: ὅτι τοῖς τέλεσι τῶν Λακεδαιμονίων δίκαιον δοκοίη) X. HG 3,2,23. Plutarch und andere Autoren bezeugen einen Beschluss der Ephoren, der sich als Entscheidung der Behörden entpuppt (vgl. S. 208). Dementsprechend könnte in X. HG 4,6,3 (ἔδοξε τοῖς ἐφόροις καὶ τῇ ἐκκλησίᾳ) eine Ellipse der dritten Behörde nämlich der Gerusie vorliegen.

1972, S. 130 hält es für ausgeschlossen, dass die Versammlung die ganze Zeit über tagte. Eher sei die Entscheidung einem kleinerem Gremium (Ephoren mit oder ohne Gerusie) übertragen worden. Dann hätten die Behörden mit dem Segen der Volksversammlung entschieden.

Die Ephoren konnten als Volksvertreter aber auch im Namen des Volkes entscheiden, ohne die Versammlung einzuberufen. So wurde die erste athenische Gesandtschaft von den Ephoren mit der Begründung abgewiesen, die Gesandten sollten bessere Vorschläge bringen; erst die zweite, die mit Vollmachten kam, ist von den Ephoren vor die Versammlung gelassen worden (X. HG 2,2,13 und 19). Finale Entscheidungen konnten die Ephoren auf militärischem Gebiet treffen, was wohl mit der von ihnen ausgeübten Kontrolle des Königs, dem traditionellen Oberbefehlshaber, zusammenhängt.[767]

Wo haben die Geronten die letzte Entscheidung gehabt? Ein Fragment aus einer athenischen Tragödie des 5. Jh. bezeugt vielleicht, dass in Sparta im Kriegsfall der Rat die Befehle gab (Anm. 724). Das trifft vielleicht auf die Ratssitzung zu, die in der Nacht vor Pyrrhos' Angriff über Notmaßnahmen beriet (2.7.5.4 a).

Ephoren und Geronten zusammen konnten sicherlich ohne die Volksversammlung entscheiden. Die Volksversammlung konnte vielleicht umgangen werden, um eine Entscheidung geheim zu halten, was beim Feldzug des Agis und beim Helotenmassaker der Fall gewesen sein könnte.[768] In der sogenannten kleinen Volksversammlung, die im Notfall tagte, scheinen Geronten und Ephoren allein entschieden zu haben (vgl. 2.7.6). Auch in folgendem Fall gibt es keinen Hinweis auf eine Beteiligung der Volksversammlung:

Samier, Hdt. 3,46,1 – 525/4

Zusammenfassung: Um ihre Rückführung zu erreichen, sprachen die von Polykrates exilierten Samier ausführlich vor den Archonten (ἄρχοντες). Bei ihrem ersten Auftritt antworteten ihnen die Archonten (οἱ δέ σφι τῇ πρώτῃ καταστάσι ὑπεκρίναντο), dass sie den ersten Teil der Rede verges-

767 Mit drei zu zwei Stimmen erlauben die Ephoren Pausanias den Auszug mit einem regulären Heer (X. HG 2,4,29). Agesilaos überredet die Ephoren, eine Mobilisierung des Heeres in die Wege zu leiten (X. HG 5,1,33).

768 Agis II. bricht mit den Spartanern zu einem Feldzug auf und keiner kennt das Ziel, nicht einmal die (Periöken) Städte (Th. 5,54,1). Andrewes 1966, S. 11 meint, dass Agis von Geronten und Ephoren zum Anführer gemacht wurde, ohne dass die Versammlung davon wusste. Harvey 2004, S. 205 f. vermutet nicht zuletzt wegen der Heimlichkeit, dass die Entscheidung zum Helotenmassaker nicht von der Versammlung, sondern von der Gerusie und den Ephoren getroffen wurde.

sen und den zweiten nicht verstanden hätten. Danach stellten die Samier sich zu einem zweiten Auftritt ein (μετὰ δὲ ταῦτα δεύτερα καταστάντες). Sie brachten einen Brotsack mit und sagen nur, dem Sack fehle es an Brot. Da antworteten ihnen die Archonten (οἱ δέ σφι ὑπεκρίναντο), das Getue mit dem Sack könnten sie sich sparen. Aber sie beschlossen doch, ihnen zu helfen (βοηθέειν ... ἔδοξε αὐτοῖσι).

Institutioneller Ablauf: Der Terminus »Archonten« (ἄρχοντες) schließt sicherlich die Gerusie ein.[769] Der parallele Aufbau von erster und zweiter Anfrage und Antwort legt nahe, dass die Samier zweimal vor demselben Gremium sprachen. Außerdem lässt sich die Aktion mit dem Brotsack nur auf dem Hintergrund der ersten Sitzung verstehen. Von der Volksversammlung fehlt also jede Spur. Die Archonten sind auch als die Entscheidungsträger zu identifizieren (ἔδοξε αὐτοῖσι).

In einem weiteren Fall fällt die Abgrenzung schwerer:

Phleius, X. HG 5, 3, 23–5 – 379

Vorgeschichte: Auch nach der Einführung der Demokratie hielt Phleius an seinem Bündnis mit Sparta fest. Aber die vertriebenen Oligarchen baten Sparta, sie zurückzuführen. Die Ephoren beschlossen die Mobilisierung des Heeres, was Agesilaos, der unter den Vertriebenen Gastfreunde hatte, sehr gelegen kam (HG 5,3,13). Er führte das Heer nach Phleius und belagerte die Stadt, was die meisten Spartaner für unverhältnismäßig hielten (HG 5,3,16).

Zusammenfassung: Als die Lebensmittel ausgingen, wollten die Phleiasier über ihre Kapitulation verhandeln, aber nicht mit Agesilaos, sondern direkt mit den Behörden der Lakedaimonier (τοῖς τέλεσι τῶν Λακεδαιμονίων). Agesilaos fühlte sich übergangen und schickte Botschaft zu seinen Freunden in Sparta (πρὸς τοὺς οἴκοι φίλους), damit sie sich dafür einsetzten, dass ihm die Vollmacht über Phleius übertragen werde. Erst danach gewährte er den phleiasischen Gesandten Durchlass. Aus Sparta kam die Nachricht, die Stadt übertrage Agesilaos die Vollmacht (ἡ πόλις ἐπιτρέποι Ἀγησιλάῳ διαγνῶναι τὰ ἐν Φλειοῦντι ὅπως αὐτῷ δοκοίη).

Institutioneller Ablauf: Die Phleiasier wollten sich an die Geronten und Ephoren (= Behörden) wenden, um die Bedingungen ihrer Kapitulation auszuhandeln. Agesilaos kam ihnen zuvor, indem er seine Freunde mobilisierte – vielleicht die Geronten um Etymokles wie ein Jahr später im Falle des

769 Cartledge 1982, S. 258 ist der Auffassung, Herodot meine hier mit »Archonten« sicher die Könige, wahrscheinlich die Geronten und vielleicht die Ephoren. Darin folgt Cartledge anderen Forschern (ebd. Anm. 81). Auch sonst wird die Gerusie als ἀρχή und ihre Mitglieder als ἄρχοντες bezeichnet (vgl. 2.2).

Sphodrias, die Xenophon auch als Freunde des Agesilaos bezeichnet.[770] Entweder trafen Geronten und Ephoren eine Entscheidung im Namen der Stadt oder die Gerusie überzeugte die Volksversammlung, was in Anbetracht der Abneigung des Volkes gegen Agesilaos' Vorgehen eher unwahrscheinlich erscheint. Andererseits hatte über Athens Friedensbedingungen die Volksversammlung entschieden.

2.7.6 Kleine Volksversammlung

An dieser Stelle soll die sogenannte kleine Volksversammlung untersucht werden, die Charakteristika eines politischen Entscheidungsgremiums und eines Gerichtshofs zu vereinen scheint. Dieses Gremium ist sehr umstritten, weil es nur in einer Quelle bezeugt ist, die viele Fragen offen lässt.[771] Xenophon erwähnt im Zusammenhang mit der Kinadonverschwörung im Jahr 399 »die sogenannte kleinen Volksversammlung« (τὴν μικρὰν καλουμένην ἐκκλησίαν), was ein Terminus technicus zu sein scheint: Kinadon wurde bei den Ephoren denunziert, er plane eine Verschwörung der minderberechtigten Bevölkerungsschichten. Die Ephoren befragten den Denunzianten, um sich einen Überblick über das Ausmaß der Verschwörung zu verschaffen. Weil die Planung offenbar fortgeschritten war, erschraken sie und beriefen nicht »die sogenannte kleine Volksversammlung« ein, sondern berieten sich mit einzelnen Geronten. Ohne Zeitdruck hätten die Ephoren wohl alle Geronten versammelt, in diesem Fall konnten sie nur einzelne hinzuziehen, wahrscheinlich so viele, dass eine beschlussfähige Mehrheit entstand.[772] Man beschloss, Kinadon eine Falle zu stellen.

Grundsätzlich umfasste die kleine Volksversammlung also die Geronten und die Ephoren, die die Zusammenkunft einberiefen. Gab es weitere Mitglieder? Der Umstand, dass das Gremium nicht »große Gerusie«, sondern »kleine Volksversammlung« heißt, könnte auf weitere Mitglieder schließen lassen. So vermutet Cartledge 1987, S. 131, dass führende Spartaner ad hoc als Teilnehmer hinzugezogen wurden. Andererseits könnten die Ephoren die Zusammenkunft zu einer kleinen Volksversammlung machen, weil sie das Volk repräsentierten.[773] Im letzteren Fall würde die Zusammensetzung diese Gremiums dem Königsgericht ähneln.[774] Allerdings nahm am Königs-

770 X. HG 5,4,25 Ἀγησίλαον καὶ τοὺς ἐκείνου φίλους, 33 πάντες οἱ Ἀγησιλάου φίλοι.

771 X. HG 3,3,8; Literatur zur kleinen Volksversammlung verzeichnet Richer 1998, S. 355, Anm. 184.

772 So Richer 1998, S. 353 f.

773 Vgl. Anm. 557 und 559.

774 So sieht David 1991, S. 30 f. zwei Formen der kleinen Volksversammlung: »as a court of justice« und »as a political body convened in an emergency.«

gericht einer der Könige teil, die im Falle der kleinen Volksversammlung nicht explizit erwähnt werden. Da aber der Terminus »Geronten« die Könige einschließen kann (vgl. 2.2), folgen wir Richers Meinung, dass die kleine Volksversammlung aus den 28 Geronten, den beiden Königen und den fünf Ephoren bestand, insgesamt also 35 Mitglieder zählte (ebd. 1998, S. 353 f.).

Die kleine Volksversammlung vereint Charakteristika eines politischen Entscheidungsgremiums und eines Gerichtshofs. Manches erinnert an ein Gerichtsverfahren: Ein Dritter brachte eine Beschuldigung bei den Ephoren vor. Die Ephoren befragten Informanten und zogen, nachdem sie sich ein Bild von der Lage gemacht hatten, die Geronten hinzu. Das taten sie im Gerichtsverfahren erst, wenn es um schwere Strafen und um Spartiaten ging, für die die Gerusie zuständig war. Aber die Kinadonverschwörer sollen ausschließlich Minderberechtigte gewesen sein, die die Ephoren selbst hätten verurteilen können. Warum zogen sie die Geronten dann hinzu? Es scheint weniger um die richterlichen, als um die politischen Kompetenzen der Gerusie gegangen zu sein. Denn Kinadon wollte die bestehende Ordnung umstürzen, deren Beschützer die Geronten waren (2.7.3). Ohnehin deutet die Bezeichnung »kleine Volksversammlung« auf politische Kompetenz, da die spartanische Volksversammlung keine richterliche Kompetenz hatte. Offensichtlich brauchten die Ephoren in dieser Krisensituation die Macht der Gerusie. Ephoren und Geronten entwarfen einen Aktionsplan, um die Verschwörung aufzuhalten.

Durch die Bündelung der Kompetenzen von Geronten, Ephoren und Königen konnte die kleine Volksversammlung schnelle Entscheidungen im Namen des Volkes treffen. Der Terminus »kleine Volksversammlung« belegt vielleicht die repräsentative Kraft der spartanischen Behörden und erklärt, warum auch bei anderen richterlichen und politischen Entscheidungen, die formal nur von einzelnen Behörden getroffen wurden, von Entscheidungen des Volkes gesprochen werden konnte (vgl. Anm. 644).

2.7.7 Fazit und Ausblick

Die antiken Angaben zur allgemeinen Machtfülle der Gerusie sind berechtigt. Denn in ihrer Hand lag die Nomophylakie, die aus der höchsten politischen und richterlichen Kompetenz bestand. Es gab keine schwere Strafe, kein Gesetz und keine Grundsatzentscheidung ohne die Stellungnahme (Probouleusis) oder Billigung (Verzicht auf Veto) der Gerusie. Die Gerusie war das Gesetz, da sie die geschriebenen Gesetze beeinflusste und über die Einhaltung derselben und der ungeschriebenen Gesetze waltete.

Richterliche und politische Kompetenz waren eng miteinander verzahnt, wie die Prozesse zeigen, die in eine Gesetzesinitiative mündeten: Die Gerusie verurteilte Gylippos wegen Veruntreuung und initiierte ein Gesetz, das privaten Geldbesitz generell unter Todesstrafe stellte, die wiederum von der Gerusie verhängt wurde. Die Gerusie schaffte sich per Gesetz ihr eigenes Strafmandat. Im Prozess gegen Agis II. sah die Gerusie von schweren Strafen ab, initiierte aber ein Gesetz, dass ihn fortan ein Beirat begleiten musste, dessen Anführer sie aus den eigenen Reihen stellen konnte (vgl. S. 221). Die Gerusie konnte also auf einen Beamten juristischen Druck ausüben, eine gesetzliche Kontrolle zu akzeptieren, und diese Kontrolle selbst übernehmen. Die Kombination beider Kompetenzen und ihre Konzentration in wenigen Händen war ein entscheidender Machtfaktor. Treffend stellt MacDowell fest, dass es in Sparta kein Konzept der Gewaltenteilung gab.[775]

Trotzdem war die Gerusie an die Zusammenarbeit mit anderen Institutionen gebunden – besonders mit dem Ephorat. Redfield 1978, S. 154 hat richtig bemerkt, dass es in Sparta eine Interdependenz der Autoritäten gab: »Where so many had to consent, action could only follow an overwhelming consensus. The political system was thus designed to secure consensus by ensuring that without it the state could not function at all.« Auch in Bereichen, wo die Geronten allein entscheiden konnten, berücksichtigten sie oft die Präferenz von Dritten oder des Königs, ohne dass dies als ein Zeichen von Schwäche anzusehen ist.[776]

Die Macht der Gerusie wurde durch die Tatsache gesteigert, dass sie ihre politischen und richterlichen Kompetenzen uneingeschränkt nutzen konnte. Normalerweise mussten alle spartanischen Amtsträger den Ephoren über ihre Amtsführung Rechenschaft ablegen – selbst die alten Ephoren den neuen.[777] Nur die Gerusie war von dieser Regel ausgenommen. Diesen Umstand kritisierte Aristoteles scharf, weil er der Bestechlichkeit und dem Nepotismus Vorschub leiste.[778] Aristoteles' Sorge war offensichtlich berechtigt. Denn es gibt Hinweise auf Bestechlichkeit (Anm. 711). Außerdem hat

775 So MacDowell 1986, S. 123, dem sich Scott ad Hdt. 6,66,1 anschließt.

776 Pace Birgalias 2007. Vgl. 2.12.1.

777 Die Rechenschaftspflicht der Ephoren erschließt Nafissi 1991, S. 357 mit Anm. 31 aus Arist. Rh. 1419a31 ff.; Pol. 1271a5 ff. und Plu. Agis 12,1.

778 Arist. Pol. 1271a3 φαίνονται δὲ καὶ καταδωροδοκούμενοι καὶ καταχαριζόμενοι πολλὰ τῶν κοινῶν οἱ κεκοινωνηκότες τῆς ἀρχῆς ταύτης. διόπερ βέλτιον αὐτοὺς μὴ ἀνευθύνους εἶναι· δόξειε δ᾽ ἂν ἡ τῶν ἐφόρων ἀρχὴ πάσας εὐθύνειν τὰς ἀρχάς· τοῦτο δὲ τῇ ἐφορείᾳ μέγα λίαν τὸ δῶρον, καὶ τὸν τρόπον οὐ τοῦτον λέγομεν διδόναι δεῖν τὰς εὐθύνας. Kritikpunkt an Geronten in Kreta und Sparta: τὸ ἀνυπεύθυνον Arist. Pol. 1272a36.

die Gerusie sich in manchen Entscheidungen weniger von der Gerechtigkeit als von Partikularinteressen und dem eigenen Vorteil lenken lassen. Über solche Willkürentscheidungen konnten die anderen Griechen bisweilen nur den Kopf schütteln.[779]

Dieser Befund unterstützt die Auffassung von Cartledge 1987, S. 121 und 154, der die Gerusie für mächtiger als das Ephorat und überhaupt für die mächtigste Institution Spartas hält. Natürlich hat die Gerusie einen Teil ihrer Macht eingebüßt, als sie die Einrichtung des Ephorats nach dem ersten Messenischen Krieg zuließ oder sogar veranlasste. Aber die spartanische Aristokratie hat, wie Nafissi 1991, S. 357 gezeigt hat, keinen Selbstmord begangen. Indem sie ihr Machtmonopol gelockert hat, konnte sie den Fortbestand ihres Einflusses sichern. In der Tat scheinen die richterlichen und politischen Kompetenzen der Gerusie in der Folgezeit konstant geblieben zu sein.

Jetzt da die richterlichen und politischen Kompetenzen klar umrissen sind, könnte man alle Entscheidungen, die die Gerusie allein getroffen oder maßgeblich bestimmt hat, in ihren historischen Kontext stellen und so die politische Position der Gerusie bestimmen. Denn Urteile und Entscheidungen sind politische Statements. Natürlich haben die Geronten bisweilen auch Entscheidungen gegen ihre Präferenz getroffen, um das Einvernehmen mit anderen Interessengruppen herzustellen. Da diese Untersuchung den Rahmen der Arbeit sprengen würde, soll als Beispiel die Thebenpolitik genügen:

Den Polemarchen Phoibidas, der die Kadmeia unautorisiert und im Frieden erobert hatte, ließ die Gerusie auf Agesilaos' Initiative ungeschoren davonkommen (Anm. 684). Außerdem erreichte jener, dass Sparta die Kadmeia widerrechtlich besetzt hielt (Plu. Ages. 23,7). Für diese politische Entscheidung könnte sich ebenfalls die Gerusie stark gemacht haben. Denn als die Thebaner die Harmosten verjagten, wurden jene von der Gerusie hart bestraft (Anm. 589). Zum Angriff auf die Thebaner vor Leuktra wurde Kleombrotos von der Angst getrieben, dass ihm im Falle eines Rückzugs ein Kapitalprozess vor der Gerusie blühe (Anm. 694). Die Gerusie unterstützte also Agesilaos' konfrontative Thebenpolitik und war für die Katastrophe von Leuktra mitverantwortlich.

779 So im Sphodriasprozess – vgl. Anm. 683. Über den Widersinn, Phoibidas zu verurteilen, aber Theben besetzt zu halten, wunderten sich alle anderen Griechen (Plu. Pel. 6,1); zur Rolle der Gerusie vgl. Anm. 684.

2.8 Weitere Kompetenzen

a) Aufsicht über Sitten und Erziehung?

Die Forschung des 19. Jahrhunderts hat der Gerusie als zentrale Kompetenz die Sittenaufsicht zugeschrieben, die sonst Sache der Ephoren war (Richer 1998, S. 455 ff.), obwohl das nur in einer römischen Quelle explizit bezeugt ist.[780] Allerdings hatten in Sparta alte Männer eine Vorbildfunktion und bildeten eine moralische Instanz[781] – wohl besonders die Mitglieder der Gerusie. So soll die Anwesenheit von Geronten und Königen auf den Tanz- und Gesangsfesten die Jugendlichen angespornt haben.[782] Xenophon lobt, dass man dadurch, dass die Wahl in die Gerusie am Lebensende erfolgte, ein Leben lang zur Tüchtigkeit angehalten werde.[783] Nach Xenophon (Oec. 9,14) war es Aufgabe von Nomophylakes, als die die Geronten fungierten (vgl. 2.7.3), denjenigen, der gemäß den Gesetzen handelte, zu loben und denjenigen, der gegen sie verstieß, zu bestrafen.

Meier 1998, S. 285 mit Anm. 218 interpretiert Sparta als »shame culture«, in der das Individuum sein Handeln nach den Erwartungen der anderen richtet. Die Geronten zeichneten sich, wie sich ergeben hat, dadurch aus, dass sie ihr Leben so gelebt hatten, wie es die Gesellschaft erwartete.[784] Dadurch wurden sie in den Augen der anderen zu Vorbildern und kontrollierten ihrerseits die anderen durch ihre Erwartungen.

b) Kult

Cicero bezeugt, dass die Könige und die Gerusie Auguren als Beisitzer hatten (Cic. div. 1,95). Im Falle der Könige sind sicherlich die Pythier gemeint, die in deren Auftrag Orakelsprüche des Apollon Pythios in Delphi einholten (Hdt. 6,57). Dass auch die Geronten Auguren hatten, ist sonst zwar nicht bezeugt, aber deshalb nicht ausgeschlossen.[785] Vielleicht waren es diese Augu-

780 Müller 1844 Abt. 2, S. 91 mit Anm. 2. Gellius bezeichnet die Geronten in seiner Einführung zur Aischines-Anekdote als magistri disciplinae publicae (Gell. 18,3,5).

781 Plu. an seni res publica gerenda sit 795f–796a7; Plu. Lyc. 25. Die Alten, die die großzuziehenden Kinder auswählten (Plu. Lyc. 16,1–2), werden bisweilen mit den Mitgliedern der Gerusie gleichgesetzt (z. B. von Garland 2003, S. 82), obwohl nur von πρεσβύτεροι die Rede ist.

782 Plu. Lyc. 14.

783 X. Lac. 10,1: Καλῶς δέ μοι δοκεῖ ὁ Λυκοῦργος νομοθετῆσαι καὶ ᾗ, μέχρι γήρως ἀσκοῖτ' ἂν ἀρετή. ἐπὶ γὰρ τῷ τέρματι τοῦ βίου τὴν κρίσιν τῆς γεροντίας προσθείς.

784 D. 20,107: παρασχὼν αὑτὸν οἷον χρή – vgl. 2.4.1 c).

785 So Richer 1998, S. 139, Anm. 30.

ren, die einen Spruch der Pythia einholten, als sich die Gerusie in der Frage des Thronanspruchs des Demaratos nicht entscheiden konnte (s. o. S. 171).

c) Ehrungen

Die Ehrung eines Wohltäters der Stadt, die eine zentrale Funktion der hellenistischen Gerusien war, ist für die frühere Zeit nicht gut belegt. Ein spätes Beispiel für Sparta war die Verleihung der Ehrenbürgerschaft an Apollonius auf Initiative der Gerusie (Ap. Ty. Ep. 62; 1. Jh. n. Chr.). Vielleicht basierte die Fähigkeit, Ehre zu verleihen, auf der alten Macht der Gerusie, über die Ehre einer Person zu entscheiden. Die Geronten waren seit alters her Herren der Atimie (κύριος ἀτιμίας Plu. Lyc. 26), womit im engeren Sinne der Verlust des Bürgerrechts und im weiteren Sinne der Entzug der Ehre gemeint ist. Die Geronten nahmen aber nicht nur Ehre, sondern gaben sie auch. Der neugewählte Geront wählte eine Frau, die er mit einem Teil seines Ehrenpreises (ἀριστεῖον) auszeichnete (vgl. 2.4.4).

d) Diplomatie

Welche Rolle spielten die Geronten in der Diplomatie? Wie wirkte sich ihre Mitgliedschaft in der Gerusie auf die Verhandlungen aus? Repräsentierten sie den Willen der Gerusie? Es lassen sich zwei[786] Personen verfolgen:

Das erste Beispiel ist *Lichas,* der höchstwahrscheinlich ein Geront war (vgl. 2.5.4). Im Jahr 422 verhandelte Lichas mit den Argivern, deren Proxenos er war (Th. 5,76), um eine Verlängerung ihres Friedensvertrages mit Sparta zu erreichen – ohne Erfolg (Th. 5,22). Argos wollte wohl den Druck auf Sparta erhöhen. Denn einige Bündner waren mit der spartanischen Strategie und den Erfolgen im Archidamischen Krieg unzufrieden. Als die Spartaner daraufhin mit Athen Frieden schlossen, gelang es Argos tatsächlich, einen Gegenbund zu initiieren, den Sparta aber im Jahr 418 bei Mantineia besiegte. Kurze Zeit später zogen die Spartaner gegen Argos. Ein Parlamentär wurde vorausgeschickt: Lichas. Er hatte zwei Botschaften im Gepäck: eine Kriegserklärung und einen Friedensvertrag.[787] Die Spartaner waren nach

---

786 Ein weiteres Beispiel könnte Derkyllidas sein, der in Plutarchs Version als Gesandter zu Pyrrhos geschickt wird und bei Stobaios als Geront erscheint (s. o. Anm. 752). Wenn die 15 Spartiaten, die den Nikiasfrieden und das 50-jährige Bündnis mit Athen beschworen, Geronten waren (vgl. 2.8 e), dann waren zwei aus ihrer Mitte nach Th. 5,21,2 und einer nach 5,44,3 zugleich Gesandte, vgl. Kahrstedt 1922, S. 164.

787 Th. 5,76 δύο λόγω. λόγος changiert in dieser Passage zwischen Botschaft/Vorschlag/Vertrag/Redebeitrag.

dem Sieg in einer komfortablen Lage: entweder Frieden zu ihren Konditionen oder Krieg. Das Heer vor den Toren sorgte für den nötigen Nachdruck. Die spartafreundliche oligarchische Partei, die nach Mantineia die Oberhand gewonnen hatte, wollte die Volksversammlung zur friedlichen Übereinkunft überreden.[788] Andere – darunter Alkibiades, der zufällig anwesend war – waren dagegen. Wahrscheinlich trat auch Lichas als Redner auf und stellte das Volk vor die Wahl zwischen seinen Vorschlägen und erinnerte an sein früheres Angebot, das sie besser nicht ausgeschlagen hätten. Daraufhin nahmen die Argiver den Friedensvertrag an, den Thukydides im dorischen Wortlaut zitiert (Th. 5,77).

Bei dieser zweiten Verhandlung mit Argos kam es nicht so sehr auf Fingerspitzengefühl und Verhandlungsgeschick an, weil der Vertragsentwurf ja schon vorlag und Sparta in der überlegenen Position war. Lichas machte den Argivern direkt und unmissverständlich klar, dass sein Angebot unverhandelbar und die einzige Alternative zu Krieg war. Welches Gremium Lichas' Instruktionen vorgegeben hat, ist unklar: Vielleicht hat Lichas als Geront für die Gerusie gesprochen; aber der Vertrag mit Argos wurde später von der spartanischen Volksversammlung ratifiziert.

Nicht viel später brachten »dieselben Männer« – also Lichas für die spartanische Seite – ein 50-jähriges Bündnis zwischen den beiden Poleis zustande, das Thukydides ebenfalls zitiert (Th. 5,79). Hier könnte Lichas mehr Verhandlungsspielraum gehabt haben.

Fünf Jahre später war Lichas wieder auf Mission, aber auf einem anderen Kriegsschauplatz: Elf Spartiaten wurden unter Lichas' Führung[789] nach Ionien geschickt, um dem dortigen Nauarchen Astyochos, der eher erfolglos agierte, als »Berater« zur Seite zu stehen.[790] Aber ihre Kompetenz ging über das Beraten weit hinaus: Sie verfügten über eine Generalvollmacht.[791] Außerdem sollten sie die Amtsführung des Astyochos prüfen und ihn im Zweifelsfall absetzen.[792]

Dieser Vorgang erinnert an Agis II., dem die Gerusie sechs Jahre zuvor nach einer Schlappe den Prozess gemacht und dann zehn Berater (darun-

788 Th. 5,77 πείθειν τοὺς πολλοὺς ἐς τὴν ὁμολογίαν.

789 So HCT ad Th. 8,39 und Westlake 1985, S. 49. Lichas ist der einzige Berater, der hier und im Folgenden namentlich genannt wird.

790 Th. 8,38,2:ξυνέπεμψαν δὲ οἱ Λακεδαιμόνιοι καὶ ἕνδεκα ἄνδρας Σπαρτιατῶν ξυμβούλους Ἀστυόχῳ, ὧν εἷς ἦν Λίχας ὁ Ἀρκεσιλάου.

791 Th. 8,39,2: εἴρητο αὐτοῖς ἐς Μίλητον ἀφικομένους τῶν τε ἄλλων ξυνεπιμέλεσθαι ᾗ μέλλει ἄριστα ἕξειν, καί …

792 Th. 8,38,2: εἴρητο αὐτοῖς … Ἀστύοχον, ἢν δοκῇ τοῖς ἕνδεκα ἀνδράσι, παύειν τῆς ναυαρχίας, Ἀντισθένη δὲ καθιστάναι.

ter vielleicht einen Geronten; vgl. Anm. 747) mit ähnlich weitreichenden Kompetenzen[793] per Gesetz zur Seite gestellt hatte (vgl. S. 198). Vielleicht hat auch Astyochos den Beirat von der Gerusie verordnet bekommen. In diesem Fall war zwar kein richtiger Prozess vorausgegangen, aber doch eine Vorstufe: Der chiische Harmost Pedairitos, der sich von Astyochos im Stich gelassen fühlte, hatte diesen in Sparta verklagt, dass er Unrecht tue.[794] Und diese Vorwürfe sollten die Elf untersuchen.[795] Wenn die Berater Astyochos abgesetzt hätten, hätte ihm zu Hause wahrscheinlich ein Strafprozess durch die Gerusie gedroht (vgl. 2.7.4.4). Es ist also gut möglich, dass die Gerusie Astyochos einen Beirat verordnet hatte und Lichas zum Anführer machte, der ihre Gerichtsbarkeit repräsentieren sollte.

Außerdem sollten die Berater die Situation und Perspektiven in Ionien überprüfen. Ein Jahr zuvor hatten die spartanische Volksversammlung und die Versammlung des peloponnesischen Bundes beschlossen, erst Chios und dann den Hellespont anzugehen (Th. 8,5–8). Die Umsetzung dieses Plans war zuerst gut gelaufen, dann aber ins Stocken geraten: Nicht nur Chios, sondern auch Milet waren den Athenern abgejagt worden, standen nun aber unter Druck. Die nach Ionien geschickten Berater wurden von einer Flotte begleitet, die für den Hellespont bestimmt war, und die Berater waren ermächtigt, genauso viele Schiffe, mehr oder weniger an den Hellespont zu schicken.[796] Sie konnten also die vorhandenen und mitgebrachten Kräfte frei zwischen der derzeitigen und der anstehenden Operation aufteilen und so den ursprünglichen Plan den neuen Umständen anpassen. Vielleicht wollte die Gerusie durch die Entsendung des Lichas Einfluss auf die Umsetzung eines Planes gewinnen, dessen Skizzierung sie durch ihre außenpolitischen Kompetenzen beeinflusst haben könnte (vgl. 2.7.5.6).

Wie haben die Berater entschieden? Das lehren die Ereignisse: Es überrascht, dass vieles beim Alten blieb: Astyochos behielt sein Kommando, bis er regulär abgelöst wurde, Pedairitos bekam keine Hilfe, und Ionien blieb für ein weiteres Jahr das Zentrum der spartanischen Ambitionen. Warum? Astyochos hatte kurz vor Ankunft der Berater einen Achtungserfolg gegen die Athener errungen. Außerdem war die Situation in Ionien wohl komplizierter als es von zu Hause den Anschein hatte. Da die athenische Flotte den Peloponnesiern an Erfahrung und Ortskenntnis überlegen war, musste

793 Frühere Symbouloi konnten nur beraten – vgl. Roisman 1987, S. 419ff.

794 Th. 8,38,4: ἐπιστέλλει περὶ αὐτοῦ ἐς τὴν Λακεδαίμονα Πεδάριτος ὡς ἀδικοῦντος.

795 Th. 8,39,3: πρὸς γὰρ τὰς τοῦ Πεδαρίτου ἐπιστολὰς ὑπώπτευον αὐτόν.

796 Th. 8,38,2: εἴρητο αὐτοῖς … τὰς ναῦς ταύτας ἢ αὐτὰς ἢ πλείους ἢ καὶ ἐλάσσους ἐς τὸν Ἑλλήσποντον ὡς Φαρνάβαζον, ἢν δοκῇ, ἀποπέμπειν.

Astyochos vorsichtig sein. Die Athener hatten ihr Hauptquartier in Samos aufgeschlagen, von wo sie Milet und Chios gleichzeitig bedrohten und den Peloponnesiern die Koordination ihrer Kräfte erschwerten. Da Milet und Chios auf dem Spiel standen, die mächtigsten Poleis der Region, entschieden sich die Elf offenbar dafür, vorerst das Kontingent des Astyochos zu verstärken, statt die mitgebrachten Schiffe oder gar die des Astyochos an den Hellespont zu schicken. Dazu sollte es erst später kommen (vgl. Anm. 808). Die Berater reizten ihren Spielraum also nicht aus, sondern entschieden mit Augenmaß. Erklärungsbedürftig bleibt allerdings, warum sie später nicht eingriffen, als Astyochos angeblich bestochen den Feinden Informationen zuspielte und Vorwürfe gegen ihn im Heer laut wurden.[797] Entweder waren die Elf blind oder die Vorwürfe waren falsch, wie einige Forscher vermuten.[798]

Die Kompetenzen der Elf scheinen sich ferner auf einen Bereich erstreckt zu haben, den Thukydides bei der Beschreibung ihres Auftrags nicht explizit anführt, der aber unter ihre Generalvollmacht fiel (Anm. 790). Sie waren offenbar beauftragt, die Verhandlungen mit den Persern zu übernehmen, die vorher von Kommandanten wie Astyochos geführt worden waren.[799] Chalkideus und Therimenes hatten mit dem persischen Satrapen Tissaphernes zwei vorläufige Verträge ausgehandelt,[800] mit denen man in Sparta wahrscheinlich unzufrieden war (vielleicht auch unter den Geronten). Gleich nach ihrer Ankunft trafen sich die Berater mit Tissaphernes und Lichas kritisierte die beiden früheren Verträge, weil unter die Klausel, dass den Persern alle ihre ehemaligen Besitzungen zustünden, auch das griechische Mutterland falle und die Spartaner den Griechen statt der Freiheit eine persische Oberhoheit brächten. Er wolle keine Subsidien zu diesen Bedin-

797 Astyochos wurde angeblich (ὡς ἐλέγετο vgl. HCT und Hornblower ad Th. 8,50,3) von Tissaphernes dafür bezahlt, ihm Informationen zu hinterbringen. Später wurde Astyochos auch von den Soldaten vorgeworfen, von Tissaphernes bestochen zu sein (Th. 8,83).

798 So Kagan 1987, S. 83 mit Anm. 60 und Falkner 1999, S. 213 mit Anm. 30.

799 Chalkideus war ἄρχων der Mission nach Chios (Th. 8,11), Therimenes sollte Astyochos Nachschub zuführen (8,26), der Nauarch war (8,20).

800 Die beiden Verträge (Th. 8,18 und 37) galten zwar für die Akteure vor Ort: Tissaphernes zahlte Sold und die peloponnesische Flotte half ihm. Sie waren aber nicht von den Verantwortlichen in der Heimat ratifiziert worden. Denn sonst hätte Lichas nicht drohen können, die Anwendung der Verträge auszusetzen (οὐ χρήσεσθαι, vgl. HCT ad 8,43,4). Der dritte Vertrag scheint dagegen ratifiziert worden zu sein (Anm. 804). Terminologisch unterscheidet Thukydides zwischen vorläufigem und finalem Vertrag nicht.

gungen, sondern einen neuen Vertrag zu besseren Konditionen. Daraufhin brach Tissaphernes die Verhandlung beleidigt ab (Th. 8,43).

Lichas schlug neue Töne an, die Tissaphernes von Chalkideus und Therimenes wohl nicht gewohnt war. Der Anstoß, den Lichas an der Formulierung nahm, mutet aber ein wenig pedantisch und überzogen an. Denn mit den alten Besitzungen des Großkönigs war wohl faktisch Kleinasien gemeint.[801] Mehr als über diese Unterstellung hat sich Tissaphernes (wie sich später zeigen sollte) darüber geärgert, dass Lichas über die Befreiung der Griechen schwadronierte, die sich die Spartaner auf die Fahnen geschrieben hatten. Lichas ging von Maximalforderungen aus, die einander ausschlossen: Ihr wollt ganz Griechenland besitzen, wir wollen es befreien. Dabei lässt er das gemeinsame Interesse außen vor: Beide wollten die Athener schwächen, weil sie Spartas Herrschaft in Griechenland und Persiens Herrschaft in Kleinasien bedrohten. Auch Lichas war zweifellos klar, dass man den Persern etwas anbieten musste, wenn man ihre Unterstützung im Kampf gegen Athen gewinnen wollte. Wahrscheinlich sah er sich nach dem Seesieg über die Athener und der Vergrößerung der peloponnesischen Flotte in der stärkeren Position und hoffte, die Unterstützung der Perser zu besseren Konditionen zu bekommen. Dass Lichas die Freiheit der Griechen, mit der er Tissaphernes hier schreckte, in Wirklichkeit nicht besonders wichtig war, sollte sich später zeigen (Anm. 809).

Lichas hat, indem er Tissaphernes brüskierte, viel riskiert. Denn bisher waren die Spartaner auf das persische Geld angewiesen. Aber den Spartanern sollte es vorerst gelingen, den Wegfall der Subsidien zu kompensieren. Denn die elf Berater[802] beschlossen, auf die Einladung der rhodischen Aristokraten einzugehen, die dortigen athenfreundlichen Demokraten zu verjagen: Alles klappte kampflos, und Geld kam in die Kriegskasse (Th. 8,44). Außerdem war Lichas' Spiel gefährlich, weil er Tissaphernes verunsicherte und in das Lager der Gegner trieb: Als die Spartaner Rhodos eroberten, schien es Tissaphernes, dass Lichas' Worte von der Befreiung der Griechen in die Tat umgesetzt würden (Th. 8,52), wie es ihm Alkibiades früher prophezeit hatte (Th. 8,46). Daraufhin nahm Tissaphernes Verhandlungen mit den Athenern vermittels Alkibiades auf (Th. 8,56). Obwohl die athenischen Gesandten ihm weit entgegen kamen, ließ Tissaphernes die Verhandlungen scheitern. Laut Thukydides wollte er die Spartaner, die er mehr als die Athener fürchtete, nicht verprellen und beide Seiten einander weiter aufreiben lassen.[803]

801 So Lewis 1977, S. 99, dem Hornblower ad 8,43,3 folgt.

802 Für ihre Initiative argumentiert überzeugend Heitsch 2007, S. 70.

803 Westlake 1985, S. 45: »Tissaphernes' diplomacy seems to have originated from a shrewd appreciation of the situation rather than from vacillation.«

Darauf lud Tissaphernes die Spartaner zu neuen Verhandlungen ein (Th. 8,57). Jetzt, da Tissaphernes eine Alternative verloren hatte und die Spartaner demonstriert hatten, dass sie ihre Flotte (zumindest kurzfristig) auch ohne persische Subsidien finanzieren konnten, hatte sich die Ausgangsposition zugunsten der Spartaner verlagert: Lichas war weitsichtig oder einfach glücklich.

Es kam ein dritter Vertrag zustande, der im Gegensatz zu den früheren eng mit dem Großkönig abgestimmt und von Sparta ratifiziert wurde.[804] Vielleicht wurde die Ratifikation dadurch erleichtert, dass die Gerusie (neben anderen Institutionen s. u.) für die Bestätigung bzw. Beschwörung von Verträgen zuständig war und dass ein Geront den Vertrag ausgehandelt hatte. Denn Lichas war sicherlich federführend gewesen,[805] weil der Text seiner Kritik Rechnung trug (der Anspruch des Großkönigs wurde auf Asien begrenzt) und Lichas später auf seine Einhaltung pochen sollte (Anm. 809). Auch in anderen Punkten unterschied sich dieser Vertrag von den früheren Entwürfen. Vorher war die Devise gewesen: Die Perser zahlen und die Spartaner machen die Arbeit; jetzt sollten die Perser, bis ihre eigene Flotte da wäre, zahlen und danach wollten beide den Krieg gemeinsam führen; Geld sollten die Spartaner dann immer noch beziehen können, aber als Kredit. Die Perserflotte war der eigentliche Mehrwert gegenüber den früheren Verträgen. Ohne zusätzliche Schiffe fühlten sich die Spartaner den Athenern zu Recht unterlegen.[806] Die Perserschiffe hätten den Krieg nach Thukydides' Einschätzung entschieden.[807] Aber es sollte anders kommen.

Tissaphernes unterbrach und kürzte die Zahlungen, und die Schiffe des Königs blieben aus (Th. 8,78). Erst jetzt setzte man die ursprüngliche Option der Elf um und kommandierte einige Schiffe (mehr als die mitgebrachten)

804 Der Großkönig muss die Definition seines Herrschaftsbereichs und seiner Verpflichtungen abgesegnet haben – vgl. Lewis 1977, S. 104f. Formalität und Detail der Präambel eignen sich zur Ratifizierung – vgl. Kagan 1987, S. 98. Zu den beiden vorläufigen Verträgen vgl. Anm. 800.

805 Nach Pouilloux/Salviat 1983, S. 380 sei der Vertrag sicherlich von Lichas ausgehandelt, obwohl sein Name nicht fällt. Auch Parke 1930, S. 46 und Roisman 1987, S. 421. DNP Astyochos behauptet fälschlich, jener habe den dritten Vertrag mit Tissaphernes unterzeichnet.

806 Nach dem Rhodos-Coup wäre der Moment gewesen, nach Chios oder zum Hellespont durchzubrechen, aber die Spartaner beziehen Winterlager und rühren sich nicht. Über die Gründe ist viel spekuliert worden: Kagan 1987, S. 93 führt die Untätigkeit auf die Angst der Spartaner zurück, von den zwar weniger zahlreichen, aber erfahreneren Athenern abgefangen zu werden.

807 Th. 8,87. Zweifel an Thukydides' Urteil und der Schlagkraft der phönizischen Flotte äußert Kagan 1987, S. 213, Anm. 10.

zum Hellespont ab.[808] Obwohl Tissaphernes die Kontrolle über die Spartaner zu entgleiten drohte, änderte er seine Zahlungsmoral nicht (Th. 8,83). Die aufgestaute Frustration entlud sich, als die Milesier unter dem Beifall der Verbündeten die persische Besatzung vertrieben – nur Lichas protestierte.[809] Der Bruch schien unmittelbar bevorzustehen, als es plötzlich neuen Anlass zu hoffen gab: Tissaphernes lud Lichas (der durch seine Vertragstreue wahrscheinlich in Tissaphernes' Ansehen gestiegen war) ein, ihn nach Aspendos zu begleiten, wo er die phönizische Flotte abholen wolle.[810] Aber langes vergebliches Warten und die Nachricht, dass bei Tissaphernes alles Lug und Trug sei, brachten das Fass zum Überlaufen: Die Spartaner verlegten die ganze Flotte an den Hellespont (Th. 8,99). Was war passiert?

Thukydides ist davon überzeugt, dass die phönizischen Schiffe wirklich in Aspendos waren, und vermutet, dass sie von Tissaphernes nicht mitgebracht wurden, damit sich die Griechen weiter untereinander aufreiben (Th. 8,87). Hat Tissaphernes Lichas und die anderen Spartaner durch seine Hinhaltetaktik hinters Licht geführt? Es scheint nicht so, als wäre Lichas bei seinen Verhandlungen und beim Vertragsabschluss zu blauäugig gewesen: 1. Tissaphernes handelte unberechenbar, weil er sich selbst schadete.[811] Denn er verprellte die Spartaner so sehr, dass sie mit der ganzen Flotte abfuhren, um am Hellespont seinem Konkurrenten, Pharnabazos, zu helfen, worüber sich Tissaphernes sehr ärgerte (Th. 8,109). 2. Vielleicht wollte der Großkönig die Schiffe wirklich einsetzen. Denn nach Diodor kam eine Verschwörung der Könige von Arabien und Ägypten dazwischen, die den Abzug der Flotte erforderte, was glaubhaft erscheint.[812] 3. Vielleicht war es Lichas, der den Vertragspartner übervorteilt hat, indem er unklare Formulierungen in den Vertragstext einbaute, die Ausflüchte gegenüber den persischen Ansprüchen bieten sollten.[813] Auch wenn sich der eigentliche Effekt

---

808 Th. 8,80: ὥσπερ καὶ τὸ πρῶτον ἐκ τῆς Πελοποννήσου προσετάχθη – Rückverweis auf die Ausschickung der Elf. Vorher war bereits Derkyllidas mit einem kleinen Landheer zum Hellespont geschickt worden (Th. 8,61 f.).

809 Th. 8,84: Lichas tadelte die Milesier, weil sie und alle Griechen im persischen Land dem Großkönig dienen sollen – jedenfalls bis zum Ende des Krieges, wie er erstaunlicherweise hinzufügte. Hatte Lichas Hintergedanken? Vielleicht gab es in seinem Vertrag eine Hintertür (vgl. Anm. 813).

810 Th. 8,87. Erstreckt sich das Mandat der Elf auch auf die Zeit nach Astyochos' Ablösung (8,85)? Lichas ging wohl nicht nach Aspendos. Denn es war Philippos, der die Spartaner später über den Verbleib der Schiffe unterrichtete (8,99), was vielleicht mit Lichas' Krankheit zusammenhing (8,84).

811 Zu Tissaphernes' Kurzsichtigkeit vgl. Westlake 1985, S. 50.

812 So HCT ad 8,87,2 über D. S. 13,46,6. Anders urteilt Kagan 1987, S. 213 mit Anm. 8.

813 In Anbetracht der Tatsache, dass im dritten Vertrag nicht mehr von Städten, sondern vom Land des Königs die Rede ist, erwägt De Ste. Croix 1972, S. 154 f. und

des Lichasvertrags in Grenzen hielt, so hob der erste förmliche Vertragsabschluss zwischen Sparta und Persien die Beziehungen doch auf eine neue Stufe, was deren enge Kooperation in der letzten Kriegsphase, die den Spartanern den Sieg sichern sollte, begünstig haben dürfte.[814]

Lichas' diplomatische Karriere fiel, soweit sie sich überblicken lässt, (fast) ganz in die Zeit nach seiner Aufnahme in die Gerusie (2.5.4). Er handelte wichtige Verträge mit Argos und Persien aus. Für die Verhandlungen mit Argos eignete er sich wegen der Proxenie. Seine in Argos unter Beweis gestellten Fähigkeiten, prädestinierten ihn für den Einsatz in Ionien. Als Anführer des Beraterstabs genoss er weitreichende Kompetenzen: über den Oberbefehlshaber, die Kriegsführung und die Verhandlungen mit den Persern. Seine Entscheidungen bewegten sich im Rahmen bestimmter Vorgaben und wurden andererseits aus den Erfordernissen der Situation heraus getroffen. Vielleicht stammte Lichas' Mandat von der Gerusie, die einen direkteren Einfluss auf das Geschehen gewinnen wollte, als es ihre Kompetenzen von zu Hause aus erlaubten. Bei den Verhandlungen machten sich Lichas' Geschick und seine Autorität als Geront bezahlt. Unbequeme Positionen vertrat er sowohl gegenüber dem Verhandlungspartner als auch gegenüber den eigenen Leuten. Manchmal sagte er das eine und dachte das andere. Zum Erfolg führte nicht nur Kalkül, sondern auch Glück. Seine Bilanz wird von zwei Faktoren getrübt: dass er Astyochos, wenn er denn wirklich ein Verräter war, nicht das Handwerk gelegt hat, und dass die Schiffe des Königs nicht kamen, was vielleicht nicht seine Schuld war.

Das zweite Beispiel ist *Etymokles,* der gewiss ein Geront war (vgl. 2.5.4). Etymokles befand sich im Jahr 378 mit einer Gesandtschaft in Athen (X. HG 5,4,22). Er war ein enger Vertrauter des Agesilaos, weswegen Cartledge 1987, S. 136 vermutet, dieser habe die Gesandtschaft initiiert. Über die Ziele der Mission gibt es keine Angaben, aber wahrscheinlich wurde eine Annäherung an Athen und eine Isolierung Thebens gesucht.[815] Denn die Athener hatten die Thebaner zwar bei der Vertreibung der spartanischen Besatzer unterstützt (Plu. Pel. 6,4), waren aber auf Distanz gegangen, als die Sparta-

---

313 f., dem sich Lévy 1983, S. 232 mit Anm. 96 anschließt, dass man sich die Möglichkeit offenhalten wollte, den Begriff »Land« nach dem Krieg im engeren Sinne also ohne die griechischen Städte auszulegen. In der Tat sollten die Spartaner nach dem Krieg (vergeblich) versuchen, Kleinasien zurückzugewinnen.

814 Der Lichasvertrag wurde vielleicht im Jahr 407 ergänzt oder ersetzt, wobei den griechischen Städten Kleinasiens eine gewisse Autonomie zugestanden wurde, solange sie den Persern Tribut entrichteten (vgl. Lewis 1977, S. 123 f.). Die Verhandlungen wurden durch die Ablösung des Tissaphernes durch Kyros, den Sohn des Großkönigs, entscheidend erleichtert.

815 So Cartledge 1987, S. 157.

ner mit einem großen Heer (vergeblich) zur Rückeroberung Thebens angesetzt und einen Teil ihrer Truppen in Böotien, also in unmittelbarer Nachbarschaft Athens, stationiert hatten (X. HG 5,4,19; Plu. Pel. 14,5).

Die Verhandlungen scheiterten, als der Kommandeur dieser Truppen, Sphodrias, einen völlig unerwarteten Angriff auf den Piräus unternahm. Die Gesandten wurden festgesetzt und erst freigelassen, als sie ihr Unwissen beteuerten und Sphodrias' Bestrafung versprachen. Obwohl Etymokles für eine Annäherung eingetreten war, er unter Sphodrias' Aktion zu leiden hatte und bei den Athenern im Wort stand, stimmte er im anschließenden Prozess für Sphodrias' Freispruch, was Athen brüskieren musste. Wie kam es dazu? Als König Agesilaos aus persönlichen Motiven, und um seine Stellung in Sparta zu festigen,[816] auf einmal für einen Freispruch eintrat, schlossen sich ihm seine Freunde in der Gerusie an – wohl aus Loyalität.[817] In Athen sah man den Freispruch als Rechtfertigung von Sphodrias' Angriff und als Bruch des Königsfriedens an. Daraufhin erklärte man Sparta den Krieg und verbündete sich mit Theben (D. S. 15,29,7). Etymokles scheint die inkonsistente und kontraproduktive Athenpolitik des Agesilaos bis zur Selbstaufgabe unterstützt zu haben.

Das nächste Mal hören wir von Etymokles im Jahr 370, als er sich wieder mit einer Gesandtschaft in Athen befand (X. HG 6,5,33 ff.), wohin er offensichtlich robuste Beziehungen unterhielt, die auch seinen Wortbruch im Sphodriasprozess verkraften konnten – vielleicht war er Proxenos. Die Gesandten traten vor die athenische Volksversammlung und baten um Hilfe gegen die Thebaner, die nach ihrem Sieg bei Leuktra in Lakonien eingefallen waren. Wahrscheinlich unterstützte Etymokles auf diplomatischer Ebene Agesilaos, der gerade die Verteidigung Spartas organisierte und der trotz oder wegen Leuktra noch mehr Einfluss gewonnen hatte (Plu. Ages. 30 f.). Dabei war die Niederlage auch eine Folge von Agesilaos' konfrontativer Thebenpolitik, die die Gerusie gestützt hatte (2.7.7). Die spartanische Gesandtschaft hatte Erfolg und Athen schickte einen Hilfszug aus (X. HG 6,5,49).

Es ergibt sich: Die Geronten konnten auf diplomatische Mission gehen. Das hatte Tradition; denn die Etymologie zeigt, dass die Gesandtschaft (πρεσβεία) ursprünglich Sache der Älteren (πρεσβύτεροι) war. Das hohe

---

816 Nach Plutarch und Xenophon hatte Agesilaos persönliche Gründe: eine Liebesgeschichte zwischen seinem und Sphodrias' Sohn. Cartledge 1987, S. 158 und 375 vermutet, Agesilaos wolle Sphodrias und Kleombrotos, der jenen vielleicht angestiftet hatte, in seine Schuld stellen.

817 X. HG 5,4,25 ff. Zur Motivation der Geronten vgl. Schulz (in Vorbereitung).

Alter der Geronten schob diesen Aktivitäten einen natürlichen Riegel vor: Lichas starb auf diplomatischer Mission. Vielleicht konnte ein abwesender Geront sein Stimmrecht in der Gerusie von einem Kollegen wahrnehmen lassen.[818] Für die Diplomatie eigneten sich die Geronten besonders, weil sie über große Erfahrung verfügten und oft aus der Oberschicht stammten, die über Kontakte in andere Poleis verfügte und über die Mittel, jene zu unterhalten (Gastfreundschaft und Proxenie). So war Lichas dafür bekannt, dass er die ausländischen Gäste bei den Gymnopaidiai bewirtete (Anm. 455). Diese Gastmähler gaben sicherlich Gelegenheit, Kontakte zu knüpfen und Meinungen zu sondieren und zu formen – ein informeller Machtfaktor, den Plutarch unterschätzt.[819] Die Geronten wurden vielleicht vom König oder von der Gerusie ausgeschickt. Ihr Mandat konnte enger oder weiter gefasst sein. Innerhalb dieses Rahmens entschieden die Geronten frei. Wer diesen Rahmen vorgab, lässt sich nur schwer ergründen. Im Falle des Etymokles war es zwar eindeutig Agesilaos. Aber das heißt noch nicht, dass die Geronten generell an die Meinung des Königs gebunden waren (vgl. 2.12.1). Zweifellos hat ein Geront als Repräsentant der Regierung eine besondere Autorität genossen, zumal die Gerusie für die Ratifikation von Verträgen (mit)zuständig war.

e) Verträge beschwören?

Thukydides bezeugt mehrere Schwüre, die häufig diskutiert werden. Brasidas hat die spartanischen Behörden, die ihn ausschickten (424), schwören lassen, dass alle von ihm eroberten Städte autonom sein sollten.[820] Brasidas handelte also im Einklang mit den Behörden.[821] Dieses Versprechen sollte nur zum Teil eingehalten werden.[822] Wer waren die Behörden (τὰ τέλη),

818 Dagegen meint Kahrstedt 1922, S. 168, dass Vertretung nur beim König nötig war.

819 Nach Plutarch ist der Einflussgewinn durch Freigiebigkeit in gesunden Gemeinwesen begrenzt: Ismenias macht Spenden, Lichas gibt Gastmähler, Nikeratos führt Choregien, aber Epameinondas, Aristides und Lysander bekleiden Ämter, machen Politik und führen Kriege (Plu. praecepta gerendae rei publicae 823e).

820 Brasidas beruft sich auf diesen Schwur in seiner Rede vor den Akanthern (Th. 4, 86,1: ὅρκοις τε Λακεδαιμονίων καταλαβὼν τὰ τέλη τοῖς μεγίστοις). Was ein Trick sein könnte, um die Akanther zum Abfall von Athen zu bewegen, wird von Thukydides anschließend als Tatsache hingestellt (Th. 4,88,1: πιστώσαντες αὐτὸν τοῖς ὅρκοις οὓς τὰ τέλη τῶν Λακεδαιμονίων ὀμόσαντα αὐτὸν ἐξέπεμψαν).

821 So Hornblower ad Th. 4,86,1, obwohl das Gegenteil oft behauptet werde.

822 Einige Städte bekommen Harmosten (Th. 4,132,3). Andererseits könnte Sparta darauf bestanden haben, dass im Nikiasfriedensvertrag anderen Städten (darunter Akanthos) die Autonomie zugesichert wurde (Th. 5,18,5).

die Brasidas den Schwur leisteten und ihn ausschickten? Richer 1998, S. 269 sieht darin die Volksversammlung und die Ephoren.

Thukydides bezeugt zwei weitere Verträge: Der Nikiasfrieden und das 50-jährige Bündnis zwischen Athen und Sparta wurden auf spartanischer Seite von den beiden Königen, Pleistoanax und Agis, und 15 weiteren Personen beschworen.[823] Die Eidformel des Nikiasfriedens lautete: »Ich werde diese Bestimmungen und diesen Frieden halten gerecht und ohne Falsch« (Th. 5,18,9). Laut Kahrstedt 1922, S. 164f. handelte es sich bei den 15 Personen um die Majorität der 28 Geronten. Diese These ist nicht unproblematisch.[824] Denn trotz zeitlicher Nähe und ähnlichem Inhalt wundert man sich, warum in beiden Verträgen genau dieselben 15 Geronten die Mehrheit bildeten. War die Gerusie so polarisiert? Kahrstedt steht mit seiner These allein. Seit Kirchhoff vermutet man, dass die 15 aus den fünf Ephoren und einem Zehnerkollegium bestanden,[825] was aber auch nicht mehr als eine Hypothese ist.

Eindeutig ist ein Vertrag aus hellenistischer Zeit (ca. 265), der von den Geronten, Königen und Ephoren beschworen wurde (vgl. Anm. 734). Die Beteiligung der Geronten ist auch für die hier behandelte Epoche wahrscheinlich. Denn die Geronten konnten Verträge aushandeln, der Volksversammlung die Ratifikation empfehlen und durch Widerspruchsrecht, Gerichtsbarkeit und lebenslange Amtsführung die dauerhafte Einhaltung garantieren (wie in der Eidformel des Nikiasfriedens gefordert). Schon als Lykurg die Bürger an seine Verfassung binden wollte, sollen zuerst Könige und Geronten geschworen haben.[826]

f) Ephorenwahl?

Vielleicht hatten die Geronten einen Einfluss auf die Ephorenwahl, wenn sie die Schiedsrichter bei der Abstimmung nach Lautstärke stellten, wie David

823 Th. 5,19,2 und 24,1. In 5,19 fehlen die Könige. Da es in 24,1 aber heißt, dass dieselben Personen wie vorher schwören und die restlichen Namen übereinstimmen, gehen alle Kommentare (Classen/Steup, HCT und Hornblower) von einer Auslassung aus.

824 Einer der 15, Pleistolas, ist der eponyme Ephor, in dessen Amtszeit der Vertragsschluss fällt (Th. 5,19,1). Dass er gleichzeitig Geront war, ist vielleicht möglich (vgl. 2.5.5). Warum erscheint Lichas nicht? Wenn er dafür war, hätte man ihn als besonders prominenten Geronten wahrscheinlich verzeichnet.

825 So Kirchhoff 1895, S. 63f., dem sich Hornblower ad locum und Richer 1998, S. 391 mit Anm. 11 anschließen. HCT ist vorsichtiger: Abgesehen von Pleistolas könne man über die Personen nichts sagen.

826 Plu. Lyc. 29,3: ὅρκους λαβὼν παρὰ τῶν βασιλέων καὶ τῶν γερόντων, ἔπειτα παρὰ τῶν ἄλλων πολιτῶν. Vgl. Kahrstedt 1922, S. 248.

1991, S. 18 vermutet (vgl. 2.4.2), und auf diese Weise die Wahl der Ephoren erfolgte, wie Richer 1998, S. 296f. vermutet. Dahingehend kann man auch Aristoteles' Angabe interpretieren, der Demos wähle die Gerusie (ohne daran Anteil zu haben), aber habe am Ephorat Anteil (ohne es zu wählen).[827]

2.9 Privilegien

In Sparta scheint es einen Adel gegeben zu haben, der gewisse Vorrechte genoss (vgl. 2.4.1 e mit Anm. 405). Die Geronten, die zumeist adlig waren, genossen besondere Amtsprivilegien:

Wahrscheinlich stand den Geronten ein Teil der Kriegsbeute zu. So beklagen sich die Messenier über das Verhalten der Spartaner im dritten Heiligen Krieg (356–346; Paus. 4,5,4): Nicht nur die Könige und die anderen Angesehenen hätten sich persönlich (ἰδίᾳ) an Apollons Gütern bereichert, sondern auch kollektiv (κοινῇ) die Ephoren und die Gerusie. Der Gegensatz zwischen persönlich und kollektiv suggeriert, dass die Geronten geschlossen und offiziell handelten.

Vielleicht gab es bestimmte Amtsinsignien, die den Geronten vorbehalten waren: Kranz und Mantel (vgl. Anm. 428 und 435).

2.10 Ansehen

Antike Autoren berichten übereinstimmend, dass das Alter nirgendwo so hoch geehrt wurde wie in Sparta[828] und dass man den Amtsträgern nirgends so großen Respekt entgegenbrachte.[829] Daher nimmt es nicht Wunder, dass die Geronten von den Mitbürgern geachtet und gefürchtet wurden,[830] denn sie waren die Ältesten (Anm. 373) und bekleideten das höchste Amt (vgl. 2.7.1). David hat in seiner Studie des Alters in Sparta gezeigt, dass sich diese für griechische Verhältnisse erstaunliche Ehrung des Alters hauptsächlich auf die Gruppe der alten Homoioi bezog, von denen sich wieder-

827 So wird Arist. Pol. 1294b29ff. von Rahe 1980, S. 389 verstanden, was Richer 1998, S. 294 ablehnt.

828 X. Mem. 3,5,15 und Pomp. Trog. hist. Iust. 3,3,2. Dass die Spartaner die Alten wie die eigenen Väter ehren, ist ein geflügeltes Wort (Plu. Apophthegmata Laconica 237d; Nic. Dam. FGrHist 90 Fr. 103z; Par. Vat. 57).

829 X. Lac. 8,1–2.

830 τις τῶν γερόντων, οὓς ἐκεῖνοι καὶ αἰσχύνονται καὶ δεδίασι Aeschin. 1,180.

um die Geronten abhoben.[831] Dieser gerontokratischen Zug wird auch von Schmitz herausgestellt, dabei aber etwas überzeichnet.[832]

Das Prestige der Geronten hing an ihrer aristokratischen Exklusivität (vgl. 2.5.3). Die wenigen Plätze waren hart umkämpft. Nur die verdientesten Personen bekamen einen Platz. Sie zeichneten sich durch Vermögen, Abkunft und besonders Leistung aus (vgl. 2.4.1). So genoss der Geront Hetoimaridas »wegen seiner persönlichen Qualität« das Ansehen der Mitbürger.[833] Ein Platz in der Gerusie war das höchste Ziel; die Aufnahme mit den höchsten öffentlichen Ehrungen verbunden (vgl. 2.4.4). Zum Ansehen der Geronten trug sicherlich die Nähe zu den Königen bei, die auch außerhalb der Beratungen zur Schau gestellt wurde (Anm. 782).

Schmitz hat treffend herausgearbeitet, dass in der spartanischen Gesellschaft, die von festen Altersklassen geprägt war, der Respekt vor dem Alter von klein auf trainiert wurde und selbst junge Männer unter der Kontrolle der Älteren standen:[834] Zum Beispiel ließen die Jungen den Alten den Vortritt und erhoben sich;[835] während in den meisten Städten Altersgenossen am Symposion teilnahmen und sich zu Ausschweifungen anstachelten, waren in Sparta Jung und Alt gemischt, was mäßigend gewirkt haben soll (X. Lac. 5,5). Besonderen Respekt zollten die Jüngeren den Geronten: So soll die Anwesenheit von Geronten und Königen auf den Tanz- und Gesangsfesten die Jugendlichen angespornt haben (Anm. 782). Jeder neugewählte Geront wurde von den Jugendlichen bewundert und gerühmt (vgl. 2.4.4). Dieser Respekt wurde von den Geronten regelrecht eingefordert. Denn der Geront Hippansidas hat Athena einen Thron geweiht, damit sie bestaunt werde und die Jungen die Alten achteten.[836]

831 David 1991, S. 103 ff.

832 Schmitz 2003, S. 105: »Alter war zum alles entscheidenden Distinktionsmerkmal geworden, war fortan von größerer Bedeutung als Reichtum, vornehme Herkunft, Charisma oder persönliche Leistung. Und die über 60-Jährigen standen uneingeschränkt an der Spitze. Die spartanische Gesellschaft war eine Gerontokratie, durch und durch.« Schmitz übergeht hier die Ephoren und Könige und selektiert an anderer Stelle die Quellen (vgl. Anm. 387).

833 δι᾽ ἀρετὴν ἀποδοχῆς τυγχάνων παρὰ τοῖς πολίταις D. S. 11,50.

834 Schmitz 2003, S. 92 ff. und S. 105 ff.

835 Hdt. 2,80; X. Lac. 9,5; Plu. Apophthegmata Laconica 237d.

836 SEG 46 400: ὥστε ἀπὸ τούτου θεᾶσθαι, τοὺς δὲ νέους τοῖς πρεσβυτέροις ὑποχάζειν (Attische Transkription).

2.11 Die Gerusie als Vergleichspunkt, als Modell für historische Gremien und in der Staatstheorie

a) Vergleichspunkt

Die spartanische Gerusie diente oft als Vergleichspunkt für ähnliche Institutionen: von Griechen für griechische Institutionen,[837] von Griechen für fremde Institutionen[838] und von Fremden für eigene Institutionen.[839] Die spartanische Gerusie war also der Inbegriff des Ältestenrats.

b) Modell für historische Gremien

Auch wenn man heute geneigt ist, Ciceros Behauptung, Romulus habe sich bei der Schaffung des Senats die Gerusie Lykurgs zum Vorbild genommen (Cic. rep. 2,50), in das Reich der Legende zu verweisen, war die Gerusie möglicherweise doch Modell für historische Gremien. Pikanterweise könnte das in Athen, der großen Konkurrentin Spartas, der Fall gewesen sein, wo die Forschung verschiedene Gremien auf die Gerusie zurückgeführt hat: 1. der Areopag zu Zeiten Solons und nach 404;[840] 2. der solonische Rat der 400;[841] 3. die 30 Tyrannen, die nach Athens Kapitulation im Jahr 404/3 herrschten. Sie wurden von Lysander installiert und von einer spartanischen Garnison geschützt (Plu. Lys. 15,5). Vor ihrer Aufstellung wurde ein Gremium von fünf Ephoren eingesetzt (Lys. 12,43 f., 46 und 76). Kritias, einer der Ephoren und Anführer der 30, soll die spartanische Verfassung für die beste gehalten haben (X. HG 2,3,34) und schrieb eine *Verfassung der Spartaner* (88 B 6–9 DK). Whitehead meint, dass die 30 sich als athenische Version des spartanischen Ältestenrats ansahen.[842] Denn die runde Zahl 30 spiegele eher eine Absicht als die tatsächliche Anzahl der Verschwörer. Die Einsetzung der 30 scheint eine Fortsetzung der oligarchischen Strömung zu sein, die

837 Arist. Pol. 1272a4–12 für Kreta; Hom. Sch. Il. 18,506 für Homer.

838 Pol. 6,51,2 und Arist. Pol. 1272b37 für Karthago; D. S. 17,104 für Patara; Str. 7a1c für Makedonien; Hecat. Abd. Fr. 25 (= D. S. 1,75,3) für Ägypten.

839 Cic. rep. 2,50 und D. H. 2,14 für Rom.

840 Wallace 1989, S. 68–69, 96 lässt den politischen Areopag erst mit Solon beginnen; zum Areopag von 404 vgl. ebd. S. 143–144.

841 Nach Andrewes 1954, S. 21–22 wurde die Vorberatung in der spartanischen Gerusie erfunden und dann von Solon übernommen.

842 Whitehead 1982/83, S. 120 ff. Auch Krentz 1982, S. 64 ff. Dagegen meint Cartledge 1987, S. 282, die Zahl 30 sei Zufall. Németh 2006, S. 15 führt die Anzahl auf athenische Vorbilder zurück.

zehn Jahre zuvor zur Einsetzung von zehn Probouloi geführt hatte, die aus den Alten gewählt wurden (Th. 8,1,3).

c) Verfassungstheorie

In staatstheoretischen Schriften oder Überlegungen wird das Wesen der spartanischen Gerusie (aristokratisch, oligarchisch) hinsichtlich der Verfassungsform bestimmt (Aristokratie, Oligarchie, Mischverfassung) und ihre Rolle innerhalb der Verfassung untersucht (Gegengewicht zu). Dabei wird die Rolle der Gerusie positiv oder negativ bestimmt.

Verhinderung von Tyrannis und Demokratie Platon bestimmt die Rolle der Gerusie im 8. Brief dahingehend, dass sie (zusammen mit den Ephoren) das Königtum vor der Tyrannis bewahre (Pl. Ep. VIII 354b; Stob. 4,6,23). Ähnlich in den Gesetzen: Lykurg habe die willkürliche Gewalt der Könige mit der besonnenen Kraft der Geronten vereint (Pl. Lg. 692a2). Plutarch zitiert diese Passage und setzt hinzu, dass die Gerusie die Waage zwischen Tyrannis und Demokratie halte (Lyc. 5,6).

Prägt Oligarchie oder bildet oligarchisches Element einer Mischverfassung Für Plutarch ist die spartanische Verfassung eine Mischverfassung, in der die Gerusie das oligarchische Element bilde.[843] Aristoteles beruft sich auf die einen, die die Gerusie für das oligarchische Element einer Mischverfassung hielten (Königtum = Monarchie, Geronten = Oligarchie, Ephoren = Demokratie), und die anderen, die Sparta wegen der Gerusie für eine Oligarchie hielten.[844] Auch ein Scholion zu Thukydides sieht in der spartanischen Verfassung eine Oligarchie, die durch die Gerusie verkörpert werde (Anm. 508).

Prägt Aristokratie oder bildet aristokratisches Element einer Mischverfassung Die spartanische Verfassung wurde bisweilen als Aristokratie angesehen.[845] Auch bei Aristoteles wird sie ab und zu unter die Aristokratie subsumiert,

843 Weil in der Mischverfassung, die in Sparta seit der Einrichtung der Gerusie herrschte, die Macht der Wenigen überwog, führten Spätere das Ephorat ein, das dem Volk zu seinem Recht verhalf (Plu. Lyc. 7,1).

844 Arist. Pol. 1265b38 (von De Ste. Croix 1972, S. 353 fälschlich zu Aristoteles' Meinung erklärt); Arist. Pol. 1294b29ff.

845 Laut Thukydides warb im Peloponnesischen Krieg die eine Seite (Athen und seine Bundesgenossen) mit Redefreiheit, die andere Seite (Sparta und seine Bundesgenossen) mit »besonnener Aristokratie« (Th. 3,82,8).

zumeist aber als Mischverfassung mit aristokratischem Element beschrieben, das in der Gerusie besteht (s. u.). Bereits Isokrates sieht in der spartanischen Verfassung eine Mischung aus Demokratie und Aristokratie, wobei die gewählte Gerusie wohl für letztere steht (Isoc. 12,153). Auch ein dem Archytas zugeschriebenes Fragment, das wohl ins späte 4. Jahrhundert zu datieren ist,[846] geht in diese Richtung: Die ideale Verfassung müsse wie in Sparta aus allen Verfassungen zusammengesetzt sein, wo die Könige die Monarchie, die Geronten die Aristokratie, die Ephoren die Oligarchie und die Hippagreten/Koroi die Demokratie verkörperten. Die Körperschaften hielten einander das Gleichgewicht, wobei die Hippagreten/Koroi in der Mitte stehen (Stob. 4,1,138; Ps. Archyt. Fr. 34). Hier besteht die Mischverfassung aus vier Elementen und die Gerusie steht nicht in der Mitte. Polybios lobt Lykurg dafür, eine Mischung aus den reinen Verfassungsarten verwirklicht zu haben: aus Königsherrschaft statt Monarchie, aus Aristokratie statt Oligarchie und aus Demokratie statt Pöbelherrschaft; denn die Geronten, deren Wahl nach persönlicher Qualität (ἀριστίνδην) erfolgt sei, bildeten das aristokratische Element (Pol. 6,10,7–10). Indem die Geronten zwischen König und Volk vermitteln, halten sie die Verfassung in der Waage wie die Hippagreten/Koroi bei Archytas.[847]

Aristoteles' Politik Aristoteles' Einordnung der spartanischen Verfassung und der Gerusie in der *Politik* ist kompliziert, da sie in Folge der Perspektivwechsel, die sich aus neuen Fragestellungen ergeben, verschieden ausfällt. Es zeichnet sich aber eine Schnittmenge ab:

Bei der Polemik gegen Platon erscheint Sparta als Mischverfassung mit aristokratischem Element, die dessen Staatsentwurf, dem das aristokratische Element fehle, überlegen sei.[848] Diesen Ansatz führt Aristoteles im Kapitel über die spartanische Verfassung aus (1270b16ff.): Die (nach der Königsherrschaft des Charilaos bestehende)[849] aristokratische Verfassung habe durch den Machtzuwachs des Ephorats Übergewicht zur Demokratie bekommen. Andererseits habe das Volk nun Ruhe gehalten, weil es über den Zugang zum Ephorat an der Macht beteiligt war; und das sei gut so. Denn nur die Verfassung sei von Dauer, in der alle Schichten (τὰ μέρη τῆς πόλεως) zu-

846 Archytas von Tarent lebte im 4. Jh. und war ein so bedeutender Philosoph und Mathematiker, dass ihm viele Schriften zugeschrieben wurden. Wellmann/von Jahn 1895 meinen, dass diese Schrift nacharistotelisch ist.

847 Ollier 1933–1943, Bd. 1, S. 205 und Bd. 2, S. 150.

848 »Denn vielleicht verdient doch die Verfassung Spartas eher Lob oder sonst eine andere, die einen stärker aristokratischen Charakter hat« Arist. Pol. 1265b33.

849 Vgl. Anm. 340.

frieden sind: die Könige wegen ihrer Ehre, die Schönen und Guten (καλοὶ κἀγαθοί) wegen der Gerusie, weil sie Lohn für persönliche Qualität (ἆθλον τῆς ἀρετῆς) sei, und das Volk wegen des Ephorats, weil es aus allen Bürgern besetzt werde. Die Gerusie, die aus den Schönen und Guten (καλοὶ κἀγαθοί) besteht und die persönliche Qualität (ἀρετή) verkörpert, scheint also dem aristokratischen Element zu entsprechen, das den Gegensatz zu Volk/Ephorat/Demokratie bildet. Hier charakterisiert Aristoteles die Verfassung Spartas also als Mischung aus Königtum, Aristokratie (Gerusie) und Demokratie (Ephoren).

Im Buch der Verfassungstypen (IV) und im Buch der Verfassungswechsel (V) wird die Gerusie bei den Aristokratien behandelt. Hier verengt Aristoteles die spartanische Mischverfassung auf zwei Elemente: Aristokratie und Demokratie – die Könige fehlen (1293 b 16 ff.); dort wird der aristokratischen Verfassung von Sparta eine Tendenz zur Oligarchie zugesprochen (1307 a 33).

Diese theoretische Analyse steht mit der historischen Realität, die Aristoteles in Kapitel II 9 schildert (Pol. 1270 b 35–1271 a 18), in einem Spannungsverhältnis: Wären die Geronten anständig (ἐπιεικῶν ὄντων) oder zur Mannhaftigkeit (ἀνδραγαθία) erzogen, würden sie der Stadt nützen. Stattdessen erhielten die Geronten eine Erziehung, die guten Männern nicht entspreche (οὐκ ἀγαθοῖς, Anm. 390). Aristoteles führt dieses Defizit in mehreren Beispielen aus: Die Entscheidungen der Geronten seien käuflich und würden nach Sympathie gefällt (Anm. 778). Außerdem kritisiert er, dass aus wenigen Kandidaten die Ehrgeizigsten gewählt würden – und zwar aus bestimmten Dynastien – und nicht aus allen Bürgern die Besten, was eigentlich die Aristokratie ausmacht (vgl. 2.4.1).

In der Theorie ist Sparta also eine Mischverfassung mit aristokratischem Element, dem die Gerusie entspricht. In der Realität wurde die Gerusie ihrem aristokratischen Ideal aber in vielerei Hinsicht nicht gerecht. Insofern macht die Gerusie Sparta zu einer Aristokratie (oder einer Mischverfassung mit aristokratischem Element), auch wenn sie in der Realität keine rein aristokratische Institution war. Aristoteles steht also den von ihm angeführten Gewährsmännern nahe, die die Gerusie für eine oligarchische Institution halten.

Es ergibt sich: Bisweilen wird die spartanische Verfassung als eine von der Gerusie geprägte Aristokratie oder Oligarchie, zumeist aber als Mischverfassung angesehen, in der die Gerusie das oligarchische oder das aristokratische Element verkörpert, das in der Mitte steht und zwischen den Extremen vermittelt.

2.12 Verhältnis zu anderen Institutionen

2.12.1 Geronten und Könige

In diesem Kapitel soll das Verhältnis zwischen Königen und Geronten, wie es von der Staatstheorie bestimmt wurde, mit der Praxis verglichen werden. Dabei soll die Grundfrage erörtert werden, ob der König die Geronten gelenkt hat, er der Vollstrecker ihres Willens war oder ob ein wechselseitiger Einfluss bestand. Das Abhängigkeitsverhältnis wird in der modernen Forschung und in der antiken Staatstheorie unterschiedlich bewertet: Birgalias und Hodkinson halten die Gerusie für ein Instrument der Könige;[850] Polybios meint, das Volk wage nicht, die Könige zu verachten, weil es Angst vor den Geronten habe, die die Partei, die ins Hintertreffen gerate (zumal die Könige), stärkten.[851]

Platon nennt die Geronten und Ephoren eine heilende Fessel, damit der König nicht zum Tyrannen werde (Pl. Ep. VIII 354b; Stob. 4,6,23). Aber die Kontrolle, die Ephoren und Geronten ausübten, war verschieden. Über die Geronten sagt Platon an anderer Stelle, dass ihre besonnene Kraft der willkürlichen Gewalt der Könige beigemischt war (Pl. Lg. 692a2). Mischung hört sich eher nach Integration an. In der Tat waren es die Ephoren, die die Könige überwachten und ihnen z. B. auf Feldzügen nichts durchgehen ließen. Dagegen integrierten die Geronten die Könige in ihre Reihen: Die Stimme des Königs hatte in der Gerusie das gleiche Gewicht wie die eines normalen Geronten. Das sind zwei Formen der Kontrolle: eine externe und eine interne. In manchen Fällen konnte die Gerusie aber auch die Ephoren bei der externen Kontrolle unterstützen: z. B. bei den Königsprozessen. Außerdem sicherten Geronten (und Ephoren) den Bestand des Königtums, indem sie Thronstreitigkeiten entschieden.

Die Bindung von Königen und Gerusie ist ambivalent: Die Könige gehörten zur Gerusie. Denn schon die Rhetra hat die Einbindung der Könige unterstrichen, indem sie eine Gerusie aus 30 Mitgliedern inklusive Königen konstituierte. Andererseits gehörten die Könige aber auch nicht dazu, wie der Sprachgebrauch zeigt, da zumeist von 28 Geronten die Rede ist. Daher meint Busolt 1905, S. 403, die Könige seien keine Geronten gewesen, son-

850 Birgalias 2007, S. 348 und Hodkinson 2000, S. 362.

851 Pol. 6,10,9f.: τοῦ δὲ δήμου πάλιν μὴ θαρροῦντος καταφρονεῖν τῶν βασιλέων διὰ τὸν ἀπὸ τῶν γερόντων φόβον, οἳ … πάντες ἔμελλον ἀεὶ τῷ δικαίῳ προσνέμειν ἑαυτούς, ὥστε τὴν τῶν ἐλαττουμένων μερίδα … ἀεὶ γίνεσθαι μείζω καὶ βαρυτέραν τῇ τῶν γερόντων προσκλίσει καὶ ῥοπῇ. Zur Interpretation von τὴν τῶν ἐλαττουμένων μερίδα vgl. Walbank ad locum.

dern hätten nur das Recht gehabt, den Geronten beizusitzen.[852] Zweifellos hatte der König durch seine militärischen Kompetenzen eine unabhängige Machtposition. Aber auch die Gerusie existierte ohne den König. Denn sie konnte nur mit einem König oder sogar allein tagen (vgl. 2.6.2). Dass die Könige den Vorsitz führten, wie Birgalias meint, erscheint unwahrscheinlich (vgl. Anm. 486).

Der König war also einerseits Subjekt, andererseits Objekt der Gerusie. Die Gerusie integrierte den König in ihre Reihen, so dass er als Subjekt an ihren Entscheidungen Anteil hatte, und sicherte und kontrollierte das Königtum, so dass der König zum Objekt ihrer Entscheidungen wurde, was besonders in den Königsprozessen der Fall war.

Schon Plutarch hat bemerkt, dass *Agesilaos'* Erfolg darauf beruhte, dass er dieses Verhältnis änderte (Ages. 4,2 ff.): Im Gegensatz zu seinen Vorgängern habe er nicht den Streit mit den Geronten (und Ephoren) gesucht, sondern habe sich mit ihnen gut gestellt: Er habe den Geronten Antrittsgeschenke gemacht und seinen Respekt gezeigt, indem er ihrem Ruf auf dem Fuße folgte. Indem er dem Anschein nach ihre Würde ehrte und erhöhte, habe er sie eingewickelt und seine Macht heimlich vergrößert. Deswegen hätten ihn die Ephoren bestraft, weil er Personen der Öffentlichkeit zu seinem persönlichen Besitz mache (Anm. 434). Bei den Geronten scheint er mehr Erfolg gehabt zu haben: Denn Agesilaos wurde nie der Prozess gemacht, obwohl es dafür viele Anlässe gegeben hätte, und es scheint, dass er seine Meinung in der Gerusie leicht durchsetzen konnte: Etymokles hat gegen Gerechtigkeit, Vernunft und eigene Präferenz den Freispruch des Sphodrias unterstützt (vgl. 2.8 d); die (Mehrheit der) Gerusie hat seine fatale Thebenpolitik unterstützt (vgl. 2.7.7).

Warum taten die Geronten das? Neben Respekt und Geschenken sicherlich auch für eine Gegenleistung. Denn Agesilaos war dafür bekannt, dass er seinen Freunden bisweilen maßlos nutzte (Ages. 5). Ein Beispiel dafür könnte Etymokles sein, der für die Politik des Agesilaos auf zwei Gesandtschaften in Athen warb – vielleicht als Proxenos (vgl. S. 228), wozu ihn Agesilaos gemacht haben könnte. Denn laut Herodot konnten die spartanischen Könige die Proxenoi benennen.[853] Die Geronten standen also nicht in einem Abhängigkeits- sondern in einem do-ut-des-Verhältnis zum König. Es ist nämlich zu bedenken, dass sie sich Agesilaos aus freien Stücken und nicht aus Zwang anschlossen. Denn später, als sich Agesilaos als Söldnerführer verdingte und in Sparta über weniger Einfluss verfügte, hätte man mit ihm

852 Hdt. 6,57,24: παρίζειν βουλεύουσι τοῖσι γέρουσι, ἐοῦσι δυῶν δέουσι τριήκοντα.
853 Vgl. zu Hdt. 6,57,11 Cartledge 1987, S. 108 und 245 f. und Baltrusch 2006, S. 184.

abrechnen können, weil die Gerusie auch wegen vergangener Vergehen verurteilen konnte. Aber das sollte nicht geschehen. Außerdem war der Einfluss vielleicht wechselseitig: Nach Plutarch soll Agesilaos jede Aktion mit den Geronten (und Ephoren) abgestimmt haben.[854] Das war vielleicht nicht nur schöner Schein, um den Geronten ein Gefühl der Teilhabe zu geben, wie folgendes Beispiel zeigt: Ein Geront soll Agesilaos davon abgehalten haben, eine brisante Rede des verstorbenen Lysander zu verlesen.[855] Aber Agesilaos' Einfluss auf die Gerusie ist nicht von der Hand zu weisen. Plutarch sieht darin eine Neuheit, mancher moderne Forscher die Regel.

In der Tat ähnelt die Rolle, die Agesilaos für den Freispruch des Sphodrias gespielt hat, derjenigen, die *Leonidas* ein gutes Jahrhundert später bei der Ablehnung der Rhetra des Agis spielen sollte. Wieder war die Gerusie gespalten. Als Dritte den König um Hilfe baten, kam eine Mehrheit für seine Position zustande (vgl. 2.7.5.3 a). Hier könnte Agesilaos Signalwirkung gehabt haben.

Auch in der Zeit vor Agesilaos lässt sich vielleicht Vergleichbares finden: Im *Pausanias*prozess plädierten 14 Geronten und der andere König auf schuldig, die 14 übrigen Geronten (und die Ephoren) sprachen ihn frei. Birgalias liest daraus, dass jeder König eine Fraktion anführte, die jeweils die Hälfte der Geronten umfasste (Anm. 413). Aber wie im Sphodriasprozess könnte es auch neutrale Geronten gegeben haben.

Ein noch früherer König, der viele Parallelen zu Agesilaos aufweist, ist in diesem Zusammenhang noch nicht untersucht worden, obwohl er ein besonders enges Verhältnis zur Gerusie gehabt zu haben scheint: *Kleomenes I.*[856] Im Konflikt mit seinem Kollegen und Rivalen Demaratos scheint die Gerusie fest auf seiner Seite gestanden zu haben: Im Jahr 506 unternahm Kleomenes den zweiten Versuch, in Athen seinen Gastfreund Isagoras an die Macht zu bringen. Es kam zum Streit über den Sinn und Zweck des Unternehmens, in dessen Folge Demaratos mit seinem Kontingent abzog. Daraufhin rückten auch die Bundesgenossen ab, so dass sich der Feldzug auflöste und Kleomenes blamiert war (Hdt. 5,75). Daraufhin wurde ein Gesetz verabschiedet, dass in Zukunft nur ein König zu Felde ziehen und der an-

854 Plu. Ages. 4,3: πάσης μὲν ἀπ' ἐκείνων (scil. τῶν ἐφόρων καὶ τῶν γερόντων) πράξεως ἀρχόμενος.

855 Bei Plu. Ages. 20,3 und Plu. Apophthegmata Laconica 212c durch einen Geronten, bei Ephor. Fr. 207 (= Plu. Lys. 30) und Plu. Apophthegmata Laconica 229f durch den Ephoren Lakratidas. Vielleicht bekleidete Lakratidas beide Ämter.

856 Carlier 1977, S. 69, Anm. 19 weist zu Recht darauf hin, dass Herodot die Gerusie in dieser Zeit nicht erwähnt. Trotzdem erwägt er ihre Beteiligung bei den Prozessen von 494 und 488. Unsere Untersuchung erlaubt es, diese Ansätze fortzusetzen.

dere zu Hause bleiben solle. Dieses Gesetz, das langfristig die Konkurrenz zwischen den Königen um große Kommandos fördern und die militärische Entscheidungs- und Handlungsfähigkeit steigern sollte, hatte unmittelbar zur Folge, dass Kleomenes alle weiteren Kommandos bekam. Vielleicht war das von der Gerusie, die an der Gesetzgebung natürlich beteiligt war, intendiert.[857] Ein Rechenschaftsprozess kam wohl aus Rücksicht auf die Bundesgenossen nicht in Frage, bei denen sich Demaratos, wie Carlier vermutet, beliebt gemacht hatte (ebd. 1977, S. 76).

Um 494 besiegte Kleomenes das Heer der Argiver. Weil er aber auf die Eroberung der Stadt verzichtete, wurde er bei den Ephoren angeklagt und vor Gericht gestellt (Anm. 652). Die Klage war entweder vom Ephorat oder von den Anhängern des Demaratos ausgegangen. Kleomenes wurde mit großer Mehrheit freigesprochen (vgl. S. 170), was für seinen großen Rückhalt in der Gerusie spricht, wie bereits Cartledge 2001, S. 65 erkannt hat.

Anders als viele seiner Kollegen wurde Kleomenes nie von der Gerusie verurteilt; auch nicht drei Jahre später, als er Aigina, das sich den Persern unterworfen hatte, zwingen wollte, Athen, das es in dieser Frage mit Sparta hielt, Geiseln zu stellen. Demaratos hintertrieb Kleomenes' Vorhaben und brachte ihn bei den Aigineten und den Spartanern in Verruf: Kleomenes agiere nicht im Interesse Spartas, sondern von den Athenern bestochen.[858] Daraufhin weigerten sich die Aigineten, Geiseln zu stellen. Kleomenes musste blamiert abreisen (Hdt. 6,50 f.). Andere Könige wurden wegen Schädigung der Stadt und des Verdachts der Bestechlichkeit angeklagt und verurteilt – nicht Kleomenes. Wahrscheinlich stand die Gerusie so geschlossen hinter ihm, dass seine Feinde es nicht noch einmal wagten, einen Prozess gegen ihn anzustrengen.

Dass Demaratos ihm wieder in den Rücken gefallen war, muss für Kleomenes unerträglich gewesen sein. Jedenfalls sann er auf Rache, bei der ihn die Gerusie unterstützt zu haben scheint. Für seine Pläne gewann Kleomenes Leotychides, der aus demselben Königshaus wie Demaratos stammte. Kleomenes versprach, Leotychides auf den Thron zu bringen, wenn dieser ihm im Gegenzug mit Aigina helfe.[859] Daraufhin stellte Leotychides Demaratos' rechtmäßige Abkunft in Frage und verklagte ihn wohl vor dem Königsgericht, das mehrheitlich aus Geronten bestand. Als Kleomenes die

857 Für Carlier 1977, S. 76 war es Effekt oder Ziel dieser Gesetzesinitiative, Demaratos von der Außenpolitik auszuschließen. Luther glaubt, dass das Gesetz, das Kleomenes begünstigte, durch dessen Einfluss Zustande gekommen sei (ebd. 2004, S. 114 und 120).

858 Hdt. 6,50: ἄνευ γάρ μιν Σπαρτιητέων τοῦ κοινοῦ ποιέειν ταῦτα, ὑπ' Ἀθηναίων ἀναγνωσθέντα χρήμασι.

859 Hdt. 6,65: ἢν αὐτὸν καταστήσῃ βασιλέα ἀντὶ Δημαρήτου, ἕψεταί οἱ ἐπ' Αἰγινήτας.

Pythia zu einem entsprechenden Spruch bestochen hatte, setzte das Königsgericht Demaratos ab und machte Leotychides zum König (vgl. S. 171). Wie vereinbart begleitete Leotychides nun Kleomenes zu den Aigineten, die sich den beiden Königen nicht mehr widersetzen konnten und die Geiseln stellten (Hdt. 6,73).

Obwohl die Unregelmäßigkeiten bei Demaratos' Absetzung bald aufflogen, wurde die Entscheidung nicht aufgehoben. Die Gerusie ignorierte die neuen Fakten oder war in das Komplott eingeweiht gewesen. Aber diese Aktion hat das Vertrauen, das Kleomenes im Volk genoss, zunichte gemacht, und es wurde für Geronten bestimmt schwerer, ihn zu unterstützen. Die letzten Aktionen des Kleomenes sind undurchsichtig: Flucht nach Thessalien, Bedrohung Spartas durch einen arkadischen Gegenbund, Rehabilitierung und Selbstmord. Als seine Machenschaften gegen Demaratos aufflogen, floh Kleomenes »aus Angst vor den Spartiaten« (Hdt. 6,74). Aber sein Rückhalt in der Gerusie scheint weiterhin beträchtlich gewesen zu sein. Wäre er aus Angst vor einem Prozess geflohen, wie Roobaert meint (ebd. 1985, S. 55), hätte man ihn wohl, wie in anderen Fällen bezeugt, in Abwesenheit verurteilt. Aber bis zu seinem Tod sollte ihm nicht der Prozess gemacht werden. Freilich wäre die Bedrohung Spartas durch einen Gegenbund wohl selbst gewogenen Geronten zu weit gegangen. Insofern ist Kleomenes entweder Opfer eines Komplotts geworden.[860] Dann hätten seine Gegner die Intention seiner Arkadienreise verdreht und so die Stimmung, die sich seit der Demaratos-Affäre gegen ihn neigte, verstärkt. Leotychides und die Geronten konnten zwar juristische Konsequenzen verhindern, nicht aber die öffentliche Meinung umstimmen, was auch Kleomenes nach seiner Rückkehr nicht gelang. Daran zerbrach er oder wurde ermordet. Oder Kleomenes wandte sich wirklich gegen Sparta, so dass er die Unterstützung der Geronten verlor. Vielleicht waren unter den Verwandten (οἱ προσήκοντες Hdt. 6,75), die Kleomenes nach seiner Rückkehr festsetzten, auch Geronten, die ja oft mit den Königshäusern verwandt waren (vgl. 2.4.1 e). Einem sicheren Todesurteil könnte Kleomenes den Selbstmord vorgezogen haben.

Dass Kleomenes von der Gerusie bis zuletzt unterstützt wurde, zeigt sich darin, dass die Aigineten sich erst in dem Moment in Sparta beklagten, als sie von Kleomenes' Tod erfuhren,[861] also zwei bis drei Jahre[862] nachdem sie zur Stellung der Geiseln gezwungen worden waren. Die große Zeitspanne

860 Cawkwell 1993, S. 513 f.; Welwei 2004, S. 121.

861 Hdt. 6,85: Τελευτήσαντος δὲ Κλεομένεος ὡς ἐπύθοντο Αἰγινῆται, ἔπεμπον ἐς Σπάρτην ἀγγέλους καταβωσομένους Λευτυχίδεω περὶ τῶν ἐν Ἀθήνῃσι ὁμήρων ἐχομένων.

862 Scott ad Hdt. 6,85–93 datiert den Prozess und Leotychides' Reise nach Aigina auf Ende 490 oder 489, Thommen 1996, S. 70 auf ca. 488/87.

zwischen Tat und Beschwerde ist bisher nicht erklärt worden. Sie scheint daher zu rühren, dass eine Anklage so lange aussichtslos gewesen war, wie die Geronten hinter Kleomenes gestanden und die Könige einander gedeckt hatten. Nun beriefen die Lakedaimonier einen Gerichtshof, der wohl aus Ephoren und Gerusie bestand (vgl. S. 168), und beschlossen, Leotychides als Sühne für die Geiseln an Aigina auszuliefern. Vielleicht war es einem letzten Getreuen zu verdanken, dass es nicht so weit kam. Theasides, der vielleicht Geront war (vgl. 2.5.4), erreichte, dass sich Leotychides für die Auslösung der Geiseln einsetzen durfte. In jedem Fall brach dieser Prozess mit der von Kleomenes initiierten und von Leotychides mitgetragenen Politik gegenüber Aigina.

Es ergibt sich: Dafür, dass Demaratos den Feldzug nach Athen zum Scheitern gebracht hatte, scheint die Gerusie ihn durch ein Gesetz faktisch vom Oberbefehl ausgeschlossen zu haben. Als er bei nächster Gelegenheit Kleomenes einen Prozess anzuhängen versuchte, wurde die Anklage von der Gerusie abgewiesen. Das hatte Signalwirkung. Denn trotz späterer Vorwürfe aus dem Umfeld des Demaratos und trotz weiterer Machenschaften des Kleomenes sollte gegen letzteren nie wieder Anklage erhoben werden. Indem die Gerusie Kleomenes bei der Absetzung des Demaratos unterstützte, ging sie bis zum Äußersten. Die Gerusie folgte Kleomenes' außenpolitischer Kehrtwende: erst (mit Isagoras) gegen Athen, dann mit Athen gegen die Perser (und Aigina). Über einen Zeitraum von 15 Jahren scheint die (Mehrheit der) Gerusie Kleomenes in der Außenpolitik und im Kampf gegen seinen Kollegen durch ihre Kompetenzen in der Gesetzgebung und im Prozesswesen unterstützt zu haben. Dass die Geronten unmittelbar nach Kleomenes' Tod mit seiner Politik und seinem Günstling brachen, suggeriert, dass die Geronten eher Kleomenes gefolgt sind als Kleomenes den Geronten.

Das Einflussverhältnis zwischen Königen und Geronten scheint bisweilen aber auch umgekehrt gewesen zu sein: Weil *Anaxandrides* keinen Erben hatte, zwangen ihn die Geronten (und Ephoren), eine zweite Frau zu nehmen (Anm. 589). Anaxandrides heiratete eine Urenkelin des legendären Chilon, der möglicherweise Geront war (vgl. 2.5.5 und Anm. 480). Vielleicht haben die Geronten eine Heiratspolitik betrieben, um den König an die Institution zu binden (Anm. 410). In der Tat scheint eine enge Bindung zwischen Gerusie und Anaxandrides bestanden zu haben. Denn ausgerechnet ihm wird die Erklärung und Rechtfertigung zugeschrieben, warum die Kapitalprozesse vor der Gerusie so lang dauerten (Anm. 669). Dass Anaxandrides, obwohl ihn die Geronten belangt hatten, als ihr (Für-)Sprecher erscheint, zeugt von Vertrautheit, Wertschätzung und einer gewissen Ergebenheit.

Dass Kleomenes und Agesilaos die spartanischen Könige waren, die die Politik ihrer Epoche am nachhaltigsten geprägt haben (Carlier 1984, S. 283), scheint nicht zuletzt am Rückhalt und an der Unterstützung der Geronten gelegen zu haben. Sicherlich ermöglichte eine lange Regierungszeit einem König, ein gutes Verhältnis zu den Geronten aufzubauen, sie für die eigene Politik zu gewinnen und Prozessen vorzubeugen. Ein neuer Kollege musste sich dagegen erst behaupten. Kleomenes bestieg den Thron 10 Jahre vor Demaratos und regierte insgesamt 30 Jahre lang; Leotychides war erst drei Jahre auf dem Thron, als ihm der Prozess gemacht wurde. Agesilaos wurde während seiner 40-jährigen Regierungszeit kein einziges Mal der Prozess gemacht, obwohl es dafür zahlreiche Anlässe gegeben hätte. Cartledge führt die Verurteilungen von König Pausanias (395) und dessen Vater Pleistoanax (446) darauf zurück, dass die Agiaden wegen der jungen Thronfolger und kurzen Regierungszeiten zwischen 470 und 370 im Gegensatz zu den Eurypontiden keine enge Bindung zu den Geronten aufbauen konnten.[863]

Es ergibt sich, dass das Machtverhältnis zwischen Königen und Geronten ambivalent war: Die Gerusie existierte auch ohne die Könige. Die Geronten haben bei den Entscheidungen die Mehrheit der Stimmen, so dass ein König seine Position nur mit Allianzen durchsetzen konnte. Die Geronten konnten den König auf den Thron bringen, zur Rechenschaft ziehen und absetzen (dagegen waren die Geronten von der Rechenschaftspflicht ausgenommen). Mancher König war ihnen etwas von Anbeginn schuldig, alle mussten sich vor Prozessen hüten. Die Könige hatten durch ihre militärischen Kompetenzen eine unabhängige Machtposition. Ein König konnte vielleicht die Gerontenwahl beeinflussen, um seine Freunde einzuschleusen, oder sich die neugewählten Geronten gewogen machen, indem er sie beschenkte oder zum Proxenos machte. Jeder König konnte eine Fraktion von Geronten anführen, daneben gab es aber auch neutrale Geronten. Dass die Fronten innerhalb der Gerusie nicht gerade entlang der beiden Königshäuser verliefen, wie Birgalias 2007, S. 348 meint, erhellt auch daraus, dass eine Gerontenfamilie mit beiden Königshäusern verwandt sein konnte (Anm. 480). Wenn die Geronten einem König gegen die eigene Präferenz gefolgt sind, taten sie das nicht aus Zwang oder Verpflichtung, sondern weil sie sich davon einen Vorteil versprachen. Geronten und Könige standen in einem do-ut-des-Verhältnis: Loyalität gegen Geschenke und Verantwortung; Unterstützung in der einen Sache gegen Unterstützung in der anderen Sache. Ein Geront konnte den König von seiner Position abbringen. Das Verhältnis von Königen und Geronten in der Zeit vor Agesilaos war nicht nur von Konkurrenz geprägt. Die Tatsache, dass die Geronten und Köni-

863 Cartledge 1987, S. 133–135 und 2001, S. 64f.

ge oft aus demselben Clan stammten, brachte wohl mit sich, dass man in vielen Fragen ähnliche Grundüberzeugungen hatte. Die Gerusie war kein Instrument der Könige.

2.12.2 Geronten und Ephoren

Im Zuge des Aufstiegs des Ephorats (an dem die Gerusie vielleicht nicht unbeteiligt war) mussten die Geronten einen Teil ihrer Kompetenzen an die Ephoren abgegeben oder mit ihnen teilen (vgl. 2.7.2.5): Die Ephoren hatten als Volksvertreter das Initiativrecht in der Volksversammlung gewonnen, das mit dem der Gerusie konkurrierte. Der Rhetrazusatz war die aristokratische Gegenreaktion. Die Gerusie erhielt ein Veto- oder Widerspruchsrecht gegen die Ratifikation oder Befürwortung von Gesetzesvorschlägen oder Anträgen der Ephoren durch das Volk, wovon die Gerusie aber nur selten Gebrauch gemacht hat (vgl. 2.7.5.5). Sonst waren beide Institutionen für verschiedene Bereiche zuständig oder wurden im gleichen Bereich in verschiedenen Phasen tätig:

Die Ephoren konnten zwar Minderberechtigte hinrichten, über Spartiaten aber nur leichte Strafen verhängen. Die Gerusie hatte die alleinige Blutgerichtsbarkeit über Spartiaten (vgl. 2.7.4.2 a. E.), aber in den meisten Prozessen führten die Ephoren die Ermittlung und erhoben Anklage (vgl. 2.7.4.3). Dabei zogen beide Gremien oft an einem Strang: Der Kommandant Klearchos widersetzte sich einem Befehl der Ephoren und wurde von den spartanischen Behörden (wohl der Gerusie) wegen Ungehorsams zum Tode verurteilt.[864] Von besonders enger Abstimmung zeugen wohl die Prozesse, die in Gesetzgebung mündeten (vgl. 2.7.7).

Gemeinsam haben Ephoren und Geronten im Königsgericht und in der kleinen Volksversammlung entschieden. Wie reibungslos dabei die Zusammenarbeit verlief, zeigen die Prozesse gegen Anaxandrides und Agis IV. (Anm. 589) sowie die Kinadonverschwörung (vgl. 2.7.6). Es sind keine Fälle bekannt, in denen die Geronten und die Ephoren zwei Lager gebildet hätten.

Das Verhältnis von Ephoren und Geronten war also gut: In den Bereichen, in denen sich ihre Kompetenzen überschnitten, gab es wenig Streit. Zumeist arbeiteten beide Gremien einander zu und manchmal entschie-

864 X. An. 2,6,3f. ἐπεὶ δὲ μεταγνόντες πως οἱ ἔφοροι ἤδη ἔξω ὄντος ἀποστρέφειν αὐτὸν ἐπειρῶντο ἐξ Ἰσθμοῦ, ἐνταῦθα οὐκέτι πείθεται, ἀλλ' ᾤχετο πλέων εἰς Ἑλλήσποντον. ἐκ τούτου καὶ ἐθανατώθη ὑπὸ τῶν ἐν Σπάρτῃ τελῶν ὡς ἀπειθῶν.

den sie sogar gemeinsam. Vielleicht wurde die Zusammenarbeit dadurch erleichtert, dass ein Geront gleichzeitig Ephor sein konnte (vgl. 2.5.5).

2.13 Entwicklung

Lässt sich eine Entwicklung der Gerusie nachzeichnen? Diese Frage gehört in den weiteren Problemkreis der Ausbildung der spartanischen Ordnung, worüber die Meinungen auseinandergehen:[865] Thommen 1996, S. 147 ist der Meinung, »dass sowohl das Bild der frühen spartanischen Gesetzgebung als auch das der im 6. Jh. vollendeten Verfassungsentwicklung unzutreffend sind. Erst zur Zeit der Perserkriege und der Pentekontaetie, in der sich dem Bürgerverband wesentliche existenzielle und machtpolitische Probleme stellten, erhielt die spartanische Verfassung ihre als typisch erachtete Ausprägung.« Link 2000, S. 118 schließt dagegen: »In seinen wesentlichen Strukturen war Sparta als Stadt und Staat ganz eigenen Charakters bereits um 600 v. Chr. fertig ausgebildet.« Finley spricht von »sixth-century revolution« (Finley 1975, S. 162). Luther 2004, S. 138 f. hält die politischen Grundstrukturen in der späterhin bekannten Form spätestens um 550 für gegeben und konstatiert bis um 400 verfassungsmäßig wenig Veränderung.

Richer versucht eine Entwicklung im Machtverhältnis der Körperschaften zu rekonstruieren:[866] Ursprünglich sei die Gerusie schwach gewesen und habe erst nach der Niederlage bei Leuktra an Einfluss gewonnen. Aber viele Quellen vor Leuktra belegen, dass die Gerusie in richterliche und politische Entscheidungen eingebunden war. Richer versucht erfolglos, ein paar dieser Beispiele zu entkräften: Die Hetoimaridas-Episode von 475 wird als Beweis dafür gewertet, dass die Gerusie noch keine Entscheidung verhindern könne. Aber die Gerusie musste ja selbst erst von Hetoimaridas überzeugt werden; und tatsächlich revidierte das Volk seine Position nach Hetoimaridas' Intervention. Richers Zuspitzung der Aischines-Anekdote »ein unwürdiger Unbekannter macht einen Vorschlag, dessen Befolgung lohnt; der Vorschlag wird von einem anderen Bürger angenommen« ignoriert die maßgebliche Rolle des Geronten, der Einspruch erhebt und einen neuen Redner auffordert. Laut Richer hat Agesilaos in den Jahren nach der Schlacht von Leuktra, die vom Bürgermangel geprägt waren, das Machtverhältnis auf Kosten des Ephorats und der Volksversammlung zu Gunsten der Gerusie

865 Zu dieser Debatte vgl. Meier 2006, S. 113 und Thommen 2006, S. 10 f.

866 Richer 1998, S. 361 ff. und S. 513 conclusion générale. Ähnlich bereits Ruzé. Beide Thesen lehnt Luther ab (vgl. Anm. 723).

verändert. Inwiefern der Machtzuwachs der Gerusie eine Folge der Oliganthropie sein soll, bleibt unklar. Denn Richer meint einerseits, dass weniger Bürger für die Gerusie berechenbarer gewesen seien, argumentiert aber andererseits, die politische Macht des Einzelnen sei gestiegen, wenn sich die Gruppe verkleinerte. Genauso wenig wie einen Bedeutungszuwachs kann man an der Oliganthropie die Entwicklung zu einem Volksrat festmachen, weil es trotzdem genug Kandidaten gab, um nach Leistung und vielleicht Vermögen und Abkunft auszulesen (vgl. 2.5.3).

Aus unserer Untersuchung folgt, dass die Gerusie im ausgehenden 8. Jh. durch einen gesetzgeberischen Akt, den die Rhetra spiegelt, institutionalisiert wurde: Sie bekam einen Namen, eine feste Zusammensetzung und Größe und bestimmte politische Kompetenzen. Durch die Integration der Könige in den Rat wurde Sparta von einer Königsherrschaft zu einer Aristokratie. Das sind wichtige Bestandteile der Lykurgtradition, die also einen wahren Kern zu haben scheint. Die Rhetra schreibt das Initiativrecht der Gerusie fest, die sich vorab über Vorschläge abstimmen konnte. Das Volk hatte das Recht, die Anträge der Geronten zu ratifizieren. Dieses Monopol der Gerusie hatte bis nach dem ersten Messenischen Krieg (ca. 690–670) Bestand, als das Ephorat entstand und ebenfalls ein Initiativrecht bekam; im Gegenzug wurde der Gerusie, wie der Rhetrazusatz und dessen poetische Fassung durch Tyrtaios dokumentieren, eine Richtungskompetenz zugesichert. Das Ephorat drang auch in andere Bereiche vor, die früher wohl den Geronten oblagen: z. B. die Verhandlung mit Gesandten. Aber es usurpierte nicht die Einberufung und Leitung der Gerusie wie behauptet. Nach der Ausbildung des Ephorats gibt es nur wenig Anzeichen für eine Entwicklung der Gerusie. Besonders gut lässt sich diese Kontinuität bei den richterlichen und politischen Kompetenzen verfolgen:

Die Gerusie wird in einer Reihe von Quellen von Isokrates bis Diodor als Spartas mächtigste Institution angesehen. In den sicher und den höchstwahrscheinlich bezeugten Prozessen vor der Gerusie, die im 6. Jh. einsetzen, besonders in die Zeit nach dem Peloponnesischen Krieg fallen und bis in die Zeit nach Leuktra reichen, zeichnen sich ein und dieselben richterlichen Kompetenzen ab: So entschied das Königsgericht, das zum Großteil aus Geronten bestand, in der 2. Hälfte des 6. Jh. über die Nachfolge des Anaxandrides, um 400 über die des Agis II. und 309 über die des Kleomenes II. und zog in 403 Pausanias und in 243/2 Agis IV. zur Rechenschaft. Diese Rechtspraxis deckt sich mit den richterlichen Kompetenzen, die der Gerusie für verschiedene Epochen von einer Reihe von Quellen ab dem 4. Jh. zugeschrieben werden. In der Rhetra, im Zusatz und bei Tyrtaios werden der Gerusie dieselben politischen Kompetenzen wie in einer Reihe von späteren Quellen seit dem 4. Jh. zugesprochen. Diese generellen Angaben über die politischen Kompetenzen der Gerusie decken sich mit dem Bild, das sich aus den sicheren und höchstwahrscheinlichen Interventionen der Gerusie im 5. und 4. Jh. ergibt. Folgende Geronten traten vor die Volksversammlung, um einen Vorschlag zu machen, und übten dabei ein Initiativrecht aus: 475/74 Hetoimaridas, 371 vielleicht Prothoos, ein namenloser Geront vor 348 (Anm. 731), 272 Derkyllidas und 220 Gyridas. Das in der Rhetra beschriebene Verfahren scheint auch für die Gesetzgebung zu gelten, wie mehrere Gesetzesinitiativen der Gerusie im ausgehenden 5. Jh. suggerieren und besonders das Gesetzgebungsverfahren, das Agis um 243/2 anstößt.

Die Gerusie war bei der Gesetzgebung stärker als bei innen- und außenpolitischen Entscheidungen, was mit einer allmählichen Machtausweitung des Ephorats zusammenhängen könnte. Auch unabhängig vom Ephorat gab es Entwicklungen: Vielleicht wurde ursprünglich im Konsens und später per Mehrheit entschieden. Aber im Großen und Ganzen blieb die Gerusie nach der Ausbildung des Ephorats konstant – jedenfalls bis zu den Reformen des Kleomenes III., der im Jahr 227 Königtum und Ephorat schwächte und die Geronten durch Patronomoi ersetzte (Anm. 575). Obwohl Kleomenes' Reformen bald rückgängig gemacht wurden, war die Gerusie danach nicht mehr die alte. In der Folgezeit zeigt sich, dass die Aufnahmebedingungen gelockert, die Zusammensetzung geändert und die lebenslange Mitgliedschaft abgeschafft waren.[867]

867 Vgl. Chrimes 1949, S. 138ff.

3 Das Verhältnis der spartanischen Gerusie zu den homerischen Räten

Die meisten Forscher glauben, dass zwischen den homerischen Räten und der Gerusie eine Verbindung besteht, aber Ähnlichkeiten und Unterschiede werden infolge anderer Argumentationsziele nur vereinzelt ausgemacht. Hier soll das Verhältnis beider Gremien erstmals auf Grundlage eines umfassenden Vergleichs geklärt werden. Die antiken und modernen Theorien werden in der Reihenfolge ihrer (wachsenden) Wahrscheinlichkeit abgehandelt: Die Gerusie sei von anderen Griechen oder Nichtgriechen übernommen (ohne direkte Verbindung zu den homerischen Räten); die Gerusie sei eine Weiterentwicklung eines lokalen Vorläufers des homerischen Typs: eines dorischen bzw. primitiven Ältestenrats oder eines Adels- bzw. Beirats. Abschließend wird ein eigenes Modell entworfen, wie sich in Sparta aus einem homerischen Beirat die Gerusie entwickelt haben könnte.

3.1 Vergleich

Offiziell wird der spartanische Ältestenrat als γερουσία bezeichnet und seine Mitglieder als γέροντες. Bei Homer ist vom Rat der Alten (βουλὴ γερόντων) die Rede, aber nirgendwo von Gerusie, weil der Terminus unbekannt oder unzutreffend ist.[868] Die homerischen Räte und ihre Mitglieder können auch mit anderen Termini bezeichnet werden. Feste »Amtsbezeichnungen« gibt es also nicht, aber scheinen sich zu entwickeln, wie die Sonderbedeutung des Plurals γέροντες »Ratsmitglieder« zeigt.

Für die Aufnahme in beide Räte spielen persönliche Exzellenz (ἀρετή) und Ansehen eine entscheidende Rolle. Bei Homer kann die Arete in verschiedenen körperlichen und intellektuellen Fähigkeiten bestehen. Da Ansehen und Erfahrung mit dem Alter steigen, sind viele Ratsmitglieder alt. Aber für die spartanischen Geronten gibt es ein festes Mindestalter, das vor Arete geht und die erforderliche Arete auf die intellektuellen Fähigkeiten

868 Busolt 1920–1926, Bd. 1, S. 329, Anm. 10: »Bei Homer kommt γερουσία noch nicht vor.« Dagegen meint Müller 1844 Abt. 2, S. 87 mit Anm. 3, der Terminus lasse sich aus Formulierungen wie γερούσιον ὅρκον und γέροντες βουλευταί ableiten.

zuspitzt. Die Mitglieder stammen jeweils aus den besseren Kreisen, die bisweilen mit den Königshäusern verwandt sind, aber Geburt ist kein formales Aufnahmekriterium. Die spartanischen Geronten werden von der Volksversammlung gewählt – im Gegensatz zu den homerischen, deren Amt aber ebenfalls vom Volk legitimiert wird.

Die Zusammensetzung beider Gremien ähnelt einander: Die homerischen Räte sind um den König gruppiert, dem spartanischen Rat gehören beide Könige an. Am homerischen Rat nehmen bestimmte Persönlichkeiten teil, so dass sich eine feste Teilnehmerzahl ergibt. Umgekehrt steht in der spartanischen Gerusie eine Mitgliederzahl von vornherein fest, die die Zahl der teilnehmenden Persönlichkeiten begrenzt. Bei der Konsensentscheidung hat der homerische König das letzte Wort, in der Mehrheitsentscheidung zählt die Stimme eines spartanischen Königs nicht mehr als die eines Geronten. Man spricht jeweils in der Reihenfolge des Alters.

Sowohl in Sparta als auch bei Homer genießen die Ratsmitglieder neben den Königen vor der Volksversammlung das exklusive Rederecht. In Sparta müssen die Geronten es nach der Gründung des Ephorats mit den Ephoren teilen. Die homerischen Räte können die Volksversammlung in formellerem oder informellerem Rahmen vor- und nachbereiten. Von einem regulären Probouleuma – wie in Sparta seit der Rhetra – kann man aber nicht sprechen. Die Probouleusis in Sparta (Vorberatung durch Gerusie; Entscheidung durch Volksversammlung) gibt dem Volk ein formelles Ratifikationsrecht und sichert gleichzeitig die Richtungskompetenz der Oberschicht. Andrewes meint, dass die Spartaner das System der Probouleusis, das für alle griechischen Poleis grundlegend ist, erfunden haben und dass Sparta Dank dieses Ausgleichs zwischen den Gesellschaftsschichten Umstürzen entgangen ist.[869] Die homerische Versammlung stimmt den Argumenten und Vorschlägen der Ratsmitglieder durch Zuruf zu oder lehnt sie durch Schweigen ab. Diese Akklamation erinnert an die spartanische Abstimmung nach Lautstärke. Der Unterschied liegt aber darin, dass es in der homerischen Versammlung nicht zu einer formellen Abstimmung kommt, in der erst der einen Option, dann der anderen akklamiert wird.

Die homerischen Ratsmitglieder haben individuell Recht gesprochen; die spartanischen Geronten bilden kollektiv den obersten Gerichtshof. Sowohl bei Homer als auch in Sparta eignen sich die Ratsmitglieder dank ihrer aristokratischen Kontakte und ihres Wohlstands für den Empfang von

869 Nach Andrewes 1954, S. 13ff. wurde das probouleutische System, das bei Homer noch nicht existiert (ebd. S. 6), durch die Rhetra eingeführt, um die wachsenden politischen Ambitionen der Hopliten gegenüber der alten Elite zu befriedigen.

Staatsgästen und fungieren als Gesandte. Außerdem schwören sie als Repräsentanten der Gemeinschaft den Staatseid. Die homerischen Ratsmitglieder werden für ihre Dienste vom König und vom Volk durch Speisung belohnt, die spartanischen Geronten bekommen beim Gemeinschaftsmahl zumindest am Tag ihrer Wahl eine Extraportion.

Diese weitreichenden Kompetenzen verleiten sowohl die homerischen Ratsmitglieder als auch die spartanischen Geronten bisweilen zum Amtsmissbrauch.

Die zahlreichen Ähnlichkeiten ließen sich gut dadurch erklären, dass die Gerusie aus einem Rat des homerischen Typs hervorgegangen ist, die Unterschiede durch lokale Tradition oder Innovation. Oder ist die Gerusie doch eine Kopie wie oft behauptet wird?

3.2 Fremde Vorbilder der Gerusie?

Xenophon bestreitet, dass die spartanische Verfassung irgendwelchen fremden Vorbildern folge (X. Lac. 1,2). Damit protestiert er gegen zahlreiche antike Theorien, nach denen es griechische oder fremde Vorbilder gab, was auch in der modernen Forschung vertreten wird. Raaflaub 2004, S. 273 gibt zu bedenken, dass es grundsätzlich leichter ist, Kulturtechniken als Institutionen zu übernehmen.

3.2.1 Nichtgriechische Vorbilder

Lykurg soll nach *Ägypten* gereist sein, um die dortigen Gesetze zu studieren und Anregungen für die eigene Gesetzgebung zu beziehen.[870] Laut Isokrates haben die Spartaner in Teilen die Verfassung der Ägypter nachgeahmt: Reiseverbot, Syssitien, Askese, Trennung in Krieger und Arbeiter (Isoc. 11,17 f.). Letzteres hatte bereits Herodot vermutet (Hdt. 2,167). Die Diskussion wird von Plutarch aufgegriffen: Wie die Ägypter und einige griechische Autoren berichteten, habe Lykurg aus Ägypten die gesellschaftliche Trennung von Kriegern und Handwerkern übernommen (Plu. Lyc. 4). Den einzelnen Berichten liegen verschiedene Intentionen zu Grunde:[871] Herodot will die Besonderheit einer spartanischen Institution erklären und sie in die ägyptische Tradition stellen, die er für ihr Alter bewunderte. Isokrates weitet diese

870 Ephor. Fr. 149,79 ff. (= Str. 10,4,19): γενόμενον δὲ καὶ ἐν Αἰγύπτωι καὶ καταμαθόντα καὶ τὰ ἐκεῖ νόμιμα. D. S. 1,98,1: Λυκοῦργον δὲ καὶ Πλάτωνα καὶ Σόλωνα πολλὰ τῶν ἐξ Αἰγύπτου νομίμων εἰς τὰς ἑαυτῶν κατατάξαι νομοθεσίας.

871 Froidefond 1970, S. 145 ff. und 242 ff.; Tigerstedt 1965–1978, Bd. 1, S. 104 und 181 ff.

etablierte Zuweisung aus und wendet sie gegen Sparta, das er zum Epigonen erklärt (Isoc. 11,19–20). Plutarch, der sich gut in das Thema eingelesen hatte, zeigt, dass die antike Communis opinio nicht Isokrates, sondern Herodot zuneigte. All diese Konstruktionen entbehren der historischen Grundlage; ohnehin wird die Gerusie, anders als in einer modernen Theorie, nicht explizit erwähnt.[872]

Laut Drews war die spartanische Eunomie inklusive Dyarchie, Gerusie und Syssitien von den *Phöniziern* inspiriert (ebd. 1979, S. 47–51). Diese Einrichtungen seien erst in Kreta adaptiert worden, wo Griechen und Phönizier siedelten, und von dort nach Sparta gekommen, wozu die Tradition von der kretischen Herkunft der spartanischen Gesetze passe. Raaflaub 2004, S. 281 nennt diese Argumentation »rein spekulativ«, weil die fraglichen phönizischen Institutionen für das Mutterland nur sporadisch und für die Kolonie Karthago nur spät bezeugt sind. Auch Carlier lehnt Drews These ab (ebd. 1991, S. 94 f.). Die antike Tradition, dass die spartanischen Gesetze aus Kreta stammten, die Drews als Brücke benutzt, ist für den Ältestenrat nicht gerade wahrscheinlich, wie sich im Folgenden zeigen wird.

3.2.2 Griechische Vorbilder

Isokrates meint, Lykurg habe in seiner Reform mit der Gerusie die damalige athenische Verfassung mit ihrem Rat – er denkt an den *Areopag* – nachgeahmt (Isoc. 12,153). Dabei handelt es sich allerdings um eine Einzelmeinung, die im Kontext des Panathenaikos die Unterlegenheit der spartanischen Verfassung erweisen soll. In einer anderen Rede plädiert Isokrates für einen ägyptischen Ursprung der spartanischen Verfassung (s. o.). Weil der Areopag von Anfang an primär als Gerichtshof fungierte, hat Wallace bezweifelt, dass der Areopag aus einem homerischen Beirat des Königs hervorgegangen ist,[873] wie man es von der Gerusie annimmt. Das Königtum wird in Athen nicht vom Rat abgelöst, sondern von den gewählten Archonten.

Lykurgs Gesetze oder einzelne Einrichtungen (darunter auch die Gerusie) galten vielen antiken Autoren als Nachahmung der Gesetze von *Kreta,* die auf Minos zurückgeführt wurden. Herodot führt zwei Versionen vom Ursprung der spartanischen Gesetze an: Manche meinten zwar, Lykurg habe seine Ordnung von der Pythia, aber die Spartaner selbst berich-

---

872 Umgekehrt werden an der Gerusie ägyptische Institutionen gemessen: Das Gremium der zehn Richter von Heliopolis, Theben und Memphis stehe nicht hinter dem Areopag und der Gerusie zurück, vgl. Hecat. Abd. Fr. 25 (= D. S. 1,75,3).

873 Wallace 1989, S. 32 ff.

teten, jener habe die Gesetze (inklusive der Ephoren und der Geronten) aus Kreta geholt (Hdt. 1,65). Ephoros wertet den Umstand, dass viele Einrichtungen in Sparta »kretisch« genannt werden, als Hinweis auf ihre Herkunft (Fr. 149,45 ff. = Str. 10,4,18 ff.). Manche Ämter hätten in Kreta und Sparta nicht nur die gleiche Funktion (wie Kosmoi und Ephoren), sondern auch denselben Namen wie die Behörde der Geronten (ἀρχὴ γερόντων). Lykurg soll die kretischen Gesetze auf einer Reise kennengelernt haben. Aristoteles schließt sich im Kern Ephoros an (Pol. 1271b22): Es habe den Anschein, dass die Verfassung der Spartaner tatsächlich in den meisten Einrichtungen der kretischen nachgebildet sei. Die kretische Ordnung weise folgende Entsprechungen zu derjenigen der Spartaner auf: Die Geronten glichen den Geronten, die die Kreter βουλή nennen. Gelegenheit zur Übernahme habe wieder Lykurgs Reise nach Kreta gegeben. Platon, Ephoros' Zeitgenosse und Aristoteles' Lehrer, ist neutraler. Er stellt die kretische und die spartanische Verfassung auf eine Stufe, ohne an Geschichten von Lykurgs Reise nach Ägypten anzuknüpfen.[874] Dagegen steht der Autor des pseudoplatonischen Minos in der Tradition des Ephoros (Ps. Pl. Min. 318cd). Laut Plutarch studierte Lykurg in Kreta die dortigen Gesetze und beschloss, manche in Sparta einzuführen – welche bleibt offen (Plu. Lyc. 4).

In seiner Abhandlung polemisiert Ephoros gegen gewisse Personen, die entgegen der traditionellen Zuweisung behaupteten, die spartanische Verfassung sei Vorbild der kretischen gewesen.[875] Nafissi 1983–1984, S. 355 f. verortet diese Meinung unter den konservativen oft athenischen Spartafreunden des frühen 4. Jh. und zeichnet die Kontroverse nach. Kern des Streits ist Spartas kretische Kolonie Lyktos. Aristoteles und Ephoros meinen, Lyktos habe die kretischen Gesetze übernommen, die von dort nach Sparta gekommen wären. Die Gegner meinen, Lyktos habe die Gesetze der Mutterstadt behalten und in Kreta eingeführt. Nafissi ordnet auch Pausanias bzw. dessen Quelle den Befürwortern der spartanischen Priorität zu (ebd. S. 363 ff.).

Wie wahrscheinlich ist, dass die Kreter oder Spartaner den Ältestenrat des anderen übernommen haben? Ephoros und Aristoteles argumentieren mit der Terminologie: Ephoros behauptet, dass »die Behörde der Geronten« (ἀρχὴ γερόντων) in Sparta und Kreta denselben Namen habe und spricht

874 Cuniberti 2000, S. 102 f.

875 Ephor. Fr. 149,23 ff. (= Str. 10,4,17): λέγεσθαι δ' ὑπό τινων, ὡς Λακωνικὰ εἴη τὰ πολλὰ τῶν νομιζομένων Κρητικῶν· τὸ δ' ἀληθές, εὑρῆσθαι μὲν ὑπ' ἐκείνων … καὶ δὴ καὶ τὰ Λυττίων νόμιμα ποιεῖσθαι μαρτύρια τοὺς τὰ Λακωνικὰ πρεσβύτερα ἀποφαίνοντας.

von den »sogenannten Geronten« (τοῖς γέρουσι καλουμένοις) von Kreta.[876] Meint Ephoros den Terminus »Gerusie«? Aristoteles setzt die kretischen und spartanischen Geronten ebenfalls gleich, betont aber, dass die Kreter das Gremium »Rat« (βουλή) nennen (Arist. Pol. 1272a4–12; a36; 1273a6). Aristoteles korrigiert Ephoros,[877] geht aber nicht weit genug. Denn in literarischen Quellen ist γερουσία als Bezeichnung des kretischen Rats extrem selten, und auf Inschriften unserer Periode erscheinen weder γερουσία noch γέροντες, sondern ausschließlich andere Termini.[878] Ephoros täuscht also eine größere terminologische Nähe der kretischen und spartanischen Ältestenräte vor, was Kritikern aus Antike und Neuzeit nicht entgangen ist.[879] Aristoteles will die Analogie nicht ganz fallenlassen.

Gegen eine Übernahme könnten Inschriften aus Lyktos sprechen, die sich dahingehend interpretieren lassen, dass der dortige Rat im Gegensatz zur Gerusie βολά[880] hieß und weniger als 20 Mitglieder hatte, die die einzelnen Phylen vertraten.[881] Zwischen den Ältestenräten in Kreta, Athen und Sparta gibt es fundamentale Unterschiede: In der Gerusie gab es ein festes Mindestalter, wohingegen der Areopag und die kretischen Räte den literarischen Quellen gemäß aus den ehemaligen höchsten Beamten besetzt wurden.[882] Beim Rat aus den höchsten Beamten schwanken das Alter und die Zahl der Teilnehmer. Ein Rat von 30 Mitgliedern ist für Kreta anders als behaup-

876 Ephor. Fr. 149,48 ff. (= Str. 10,4,18): τῶν δ᾽ ἀρχείων τὰ μὲν καὶ τὰς διοικήσεις ἔχειν τὰς αὐτὰς καὶ τὰς ἐπωνυμίας, ὥσπερ καὶ τὴν τῶν γερόντων ἀρχὴν καὶ τὴν τῶν ἱππέων … τοὺς ἐφόρους δὲ τὰ αὐτὰ τοῖς ἐν Κρήτῃ κόσμοις διοικοῦντας ἑτέρως … ὠνομάσθαι … περὶ δὲ τῶν μεγίστων συμβούλοις χρῶνται τοῖς γέρουσι καλουμένοις.

877 Nafissi 1983–1984, S. 360, Anm. 56.

878 Busolt 1920–1926, Bd. 2, S. 749 f. meint, in literarischen Quellen heiße der kretische Rat auch Gerusia, aber ich kann nur Hesych finden (Hes. γερωνία, γεροντία· παρὰ Λάκωσι καὶ Κρησί). In archaischen Inschriften erscheinen βολά (dorisch für βουλή), πρεισγήια bzw. πρείγιστοι (abgeleitet von πρεσβύς »altehrwürdig«) – nicht etwa γέροντες oder γερουσία – vgl. Koerner 1993 und Van Effenterre/Ruzé 1994 passim.

879 Pol. 6,46. Vgl. Nafissi 1983–1984, S. 355 mit Anm. 33. Dagegen meint Chaniotis 1992, S. 444, dass Ephoros von »sogenannten Geronten« spricht, um andere Termini wie βολά, πρείγα bzw. πρείγιστοι einzuschließen. Aber diese Vorsicht stünde im Gegensatz zu der behaupteten Namensgleichheit der ἀρχὴ γερόντων.

880 Van Effenterre/Ruzé 1994, S. 62.

881 Vgl. Koerner 1993, S. 182 f. zu Dreros und Lyktos. Gehrke 1997, S. 58 f. mit Anm. 185 äußert sich vorsichtig zustimmend, Link 1994, S. 114, Anm. 71 skeptisch.

882 Aus den kretischen Kosmen vgl. Ephor. Fr. 149,127 (= Str. 10,4,22); aus den athenischen Archonten vgl. Plu. Sol. 19 und Arist. APol. 3,6.

tet nicht bezeugt.[883] Meyer wertet die antike Theorie vom kretischen Ursprung der spartanischen Gesetze als Beleg, dass die Dorier erst Kreta und von dort aus die Peloponnes besiedelten (ebd. 1965 [1913], Bd. 3, S. 248). Heute geht man umgekehrt davon aus, dass Kreta von der Peloponnes aus besiedelt wurde (DNP Dorische Wanderung).

In Anbetracht dieser Indizien erscheint es unwahrscheinlich, dass die Spartaner den Ältestenrat von den Athenern oder den Kretern übernommen haben. Trotzdem könnte es eine indirekte Verbindung zwischen Kreta und Sparta geben, eine gemeinsame dorische oder primitive Wurzel. Denn die wenigsten Forscher glauben an eine Creatio ex nihilo, sondern dass es in Sparta einen Vorläufer der Gerusie gab.

3.3 Lokale (homerische) Vorläufer der Gerusie?

3.3.1 Aus dorischem oder primitiven Ältestenrat

Immer wieder wird die Ansicht vertreten, dass die Gerusie einen Ältestenrat als Vorläufer gehabt habe. Der Ältestenrat wird als charakteristische Institution der Dorier oder der Stammesgesellschaft angesehen, in den homerischen Epen wiedergefunden und zum Urzustand aller Griechen erklärt. Diese Theorien, die lange in der Tradition einer romantischen Völkerkunde standen, basieren zunehmend auf ethologischen und anthropologischen Ansätzen.

Für Müller 1844 ist Sparta die Stadt des reinen Dorismus (ebd. Abt. 2, S. 73); die Dorier hätten von allen Griechenstämmen das althellenische Leben am treusten bewahrt (ebd. S. 395). Es bestehe kein Zweifel, dass es ursprünglich in jedem dorischen Staat eine Gerusie gegeben habe (ebd. S. 92). Der homerische Rat, der auch Gerusie heiße und ebenfalls aus älteren Männern bestanden habe, bilde eine Vorstufe (ebd. S. 87 f.). Laut Treu 1941 machte die Rhetra aus einem gemeingriechischen Rat der Alten, wie ihn die

883 So Raaflaub 2004, S. 281. Laut Busolt 1920–1926, Bd. 2, S. 749 ist die Zahl der Ratsmitglieder unbekannt. Manche Forscher lesen aus einer (doppeldeutigen) Passage der *Politik*, die Anzahl der Geronten sei in Sparta und Kreta gleich gewesen (Stein-Hölkeskamp 1989, S. 101; Ruzé 1997, S. 122 mit Anm. 43; Welwei 1998, S. 67 und Chaniotis 2004, S. 66). In Arist. Pol. 1272a5 heißt es: »Die spartanischen Ephoren haben die gleiche Macht wie die kretischen Kosmen, nur dass die Eporen fünf und die Kosmen zehn sind. Die spartanischen Geronten gleichen den kretischen Geronten.« Ob sich »gleichen« (ἴσοι) auf die Anzahl, die Macht oder beides bezieht, ist unklar.

homerischen »Ratbringer« darstellten, eine feste Körperschaft (ebd. S. 30). Nach Oliva 1971 haben sich in Sparta Institutionen aus der Stammesgesellschaft erhalten.[884] Schon als die Dorier in die Peloponnes einfielen, habe es eine Gerusie gegeben, die den homerischen Räten vergleichbar gewesen sei. Diese Gerusie, »the supreme tribal organ«, habe aus den Stammesältesten bestanden. Laut David 1991 müsse es in Sparta wie auch anderswo in Griechenland einen ursprünglichen Ältestenrat gegeben haben, der vielleicht dem homerischen ähnelte. Sparta gehöre zu den primitiven oder traditionellen Gesellschaften, denen die besondere Verehrung des Alters und gerontokratische bzw. gerontozentrische Züge gemein seien.[885]

Diese Forscher berücksichtigen nicht, dass Geburt und Alter in den homerischen Räten, die nicht Gerusie heißen, keine entscheidende Rolle spielten. Eine schlüssigere Theorie ist von Meyer 1965 [1913] vorgelegt worden: In vielen antiken Kulturen hätten ursprünglich die Greise, die nicht mehr kämpften, den Jüngeren als Berater gedient und einen Rat der Alten gebildet. Diese Institution sei in Sparta erhalten geblieben, weil die Dorier in so großen Massen in die Peloponnes eindrangen, dass sie ihre primitiven staatlichen und rechtlichen Institutionen bewahrten. Der Rat bei Homer, an dem auch Junge teilnehmen, sei eine Weiterentwicklung hin zum Adelsrat ohne Altersgrenze. Allein deren Bezeichnung als γέροντες lasse den früheren Zustand erahnen.[886] Meyers These, dass es ursprünglich überall Räte von Greisen gegeben habe, setzt voraus, dass der Stamm γερ- ursprünglich (wie in späterer Zeit) die Alten bezeichnet hat. In der Tat scheint bei Homer der Terminus γέροντες auf die jungen Ratsmitglieder nicht recht zu passen; sie scheinen unter einen Begriff subsumiert zu werden, der eigentlich Ältere bezeichnet; aber der eigentliche γέρων ist nicht nur der Greis, sondern auch der ältere Kämpfer. γέρων umfasst bei Homer also eine größere Zeitspanne als in späterer Zeit, was vielleicht bereits in mykenischer Zeit der Fall war.[887] Es ist durchaus möglich, dass in der Frühzeit gerade die Ältesten als Bera-

---

884 Oliva 1971, S. 70, 89, 97 und 99.

885 David 1991, S. 16 und 46f. Besonders viele Ähnlichkeiten zu Sparta wiesen die Stämme der Abchasier auf, bei denen jedes Dorf einen mächtigen Ältestenrat habe, der alle wichtigen Entscheidungen des öffentlichen Lebens treffe.

886 Meyer 1965 [1913], Bd. 1,1, S. 54; Bd. 3, S. 259 und S. 315.

887 Die ke-ro-te (= γέροντες) von PY Jn 881 leisten einen Bronzebeitrag (vgl. Carlier 1995, S. 363). Ob die ke-ro-si-ja (γερουσία) von PY An 261 bzw. 616 eine Vereinigung von (erfahrenen) Handwerkern (Palmer 1963, S. 227–229; Lindgren 1973, Bd. 2, S. 78f.) oder ein Gremium von Angesehenen ist (Carlier 1991, S. 88), bleibt ungewiss; dass es allein um alte Männer geht, die nicht mehr arbeiten, erscheint aber unwahrscheinlich.

ter dienten, aber unwahrscheinlich, dass sie Ältestenräte mit einem hohen Mindestalter wie in Sparta bildeten.

In den Augen derer, die im Ältestenrat eine Institution der Dorier oder der Stammesgesellschaft sehen, ist die Gerusie ein Relikt. Die Vorstellung von der dorischen Wanderung hat sich seit Müller und Meyer aber radikal geändert: Die Dorier seien nicht plötzlich und in großen Massen, sondern in kleinen Gruppen über einen langen Zeitraum gekommen. Es ist wohl schwer vorstellbar, dass eine mehr oder weniger ausgebildete Institution die Jahrhunderte der Wanderung und der Sesshaftwerdung überdauerte. Außerdem muss die Stellung der Alten während der Wanderung wohl eher prekär gewesen sein, sofern sie überhaupt mitgenommen wurden.

Neuere Erkenntnisse im Bereich der Ethnogenese legen nahe, dass sich die dorische Identität und ihre Einrichtungen erst mit der Zeit formiert haben und zurückprojiziert wurden. Die dorische Ethnogenese trug sich wohl zwischen dem zehnten und achten Jahrhundert zu.[888] In der Wanderungszeit gab es keine Verwandtschaftsgruppen, sondern Gefolgschaftsgruppen, die sich um tüchtige Anführer scharten. Die Phylenordnung, die als typisch dorisch erachtet wurde, ist mit der Entstehung der Polis verbunden und lässt sich nicht unmittelbar aus Stammesstrukturen ableiten.[889] In Abkehr von David sieht Schmitz in der spartanischen Gerontokratie kein Relikt, das gesellschaftliche Organisationsformen aus der Zeit der Wanderung bewahre, sondern das Resultat einer gesellschaftlichen Umwälzung, die aus der spartanischen Expansion nach Messenien resultierte.[890]

Meyer und Müller sei zugestanden, dass sich Ältestenräte besonders im dorischen Raum finden,[891] was Hall ignoriert und Van Effenterre ausklammert.[892] Trotzdem muss sich darin nicht eine urdorische Institution spiegeln. Denn diese Ältestenräte tragen verschiedene Namen, die auf verschiedenen Ursprung und Wesen deuten: vom Alter abgeleitet (γερουσία/

888 Nafissi 2009, S. 118.

889 Walter 1993, S. 152–54.

890 Schmitz 2003, S. 111, Anm. 84.

891 Die meisten Ältestenräte gibt es in Poleis, die dorisch oder nordwestgriechisch sprechen (vgl. Hansen/Nielsen 2004, S. 1341 f. und Miller 1910): Sparta (γερουσία, γέροντες), Argos (οἱ ὀγδοήκοντα), Elis (ἐνενήκοντα γέροντες), Korinth (γερουσία), Kreta (Anm. 878), Knidos (ἀμνήμονες), Kroton (γέροντες), Lokroi (γέροντες), Kyrene (βουλή? γερουσία) und Euhesperides (γέροντες).

892 Hall 1997 macht zwar deutlich, dass die dorische Identität zum Großteil konstruiert war, spart aber die Institutionen von der Untersuchung aus. Van Effenterre 1985, S. 299 schließt die aristokratische Verfassung (die die Gerusie nach Aristoteles verkörpert) explizit von seiner Untersuchung aus, weil sie überall vorkomme.

γέροντες, πρείγα/ πρείγιστοι) oder einer andere Eigenschaft der Mitglieder (ἀμνήμονες), ihrer Zahl (ὀγδοήκοντα, ἐνενήκοντα) oder der Funktion (βουλή). Außerdem gibt es die (Bezeichnung) Gerusie schon in mykenischer Zeit (Anm. 887), also vor der dorischen Wanderung. Wie oben gezeigt, haben die kretischen Räte, was die Zusammensetzung und Größe angeht, mehr mit dem Areopag als mit der Gerusie gemein.

Die Gerusie ist also keine Institution, die in der dorischen Wanderung oder der Stammesgesellschaft wurzelt. Wie die homerischen Epen zeigen, war der Ältestenrat keine allgemeingriechische Institution.

3.3.2 Aus Adelsrat oder Beirat

Andere Forscher meinen, die spartanische Gerusie sei aus dem (Adels-)Rat entstanden, der wie bei Homer neben dem Königtum stand,[893] was am wahrscheinlichsten erscheint. Nach Thukyides waren in Hellas ursprünglich erbliche Königtümer verbreitet (Th. 1,13); vielleicht auch in Sparta, jedenfalls wurden die Königslisten bis auf die Herakliden zurückgeführt. Nach Dionysios war es eine griechische Sitte, dass die Könige einen Rat der Mächtigsten wie bei Homer hatten.[894] Die Rhetra konstituiert eine Gerusie von »30 Mann inklusive den Königen«, was sich als Umkehr der homerischen Verhältnisse interpretieren lässt: Der Rat ist nicht mehr an den König

893 Busolt nennt die spartanischen Geronten »Nachfolger der homerischen Geronten« (ebd. 1920–1926, Bd. 2, S. 679); »In Sparta finden wir zunächst die drei Hauptorgane der homerischen Verfassung: ein Königtum, einen Rat der Geronten und eine Gemeindeversammlung« (ebd. Bd. 1, S. 349). Kahrstedt 1922, S. 246: »Mit dem Sturz des Absolutismus wird auch dieses Kollegium (der alte Kronrat in Sparta) zu einer ἀρχή.« Aber die von ihm angeführten Aristotelesstellen und Scholien beziehen sich nur auf Sparta und lassen keine Verallgemeinerung zu. Kiechle 1963, S. 143 f.: »Dadurch, dass die Gerusie auch später noch eine Domäne der Oberschicht innerhalb der Spartiaten gewesen zu sein scheint, wird deutlich, dass die Gerusie aus dem ursprünglich neben dem Königtum stehenden Adelsrat hervorgegangen ist«, S. 145: »Es scheinen also die Geronten im archaischen Sparta in etwa den ›zeptertragenden Königen‹ bei den Phäaken entsprochen zu haben.« Welwei 1986 [1979], S. 433 und 442: »Wenn zu diesem Gremium [der Gerusie der Rhetra] auch die beiden Könige zählten, dürfte die historische Gerusia die Nachfolgerin eines damals auch in anderen Gemeinwesen existierenden Adelsrates gewesen sein, der den Königen zur Seite gestanden hatte [...] und [...] sich aus den Häuptern der führenden Familien zusammensetzte.«

894 Laut Dionysios folgte die Senatsgründung durch Romulus griechischer Tradition: Ἑλληνικὸν δὲ ἄρα καὶ τοῦτο ⟨τὸ⟩ ἔθος ἦν. τοῖς γοῦν βασιλεῦσιν ... βουλευτήριον ἦν ἐκ τῶν κρατίστων, ὡς Ὅμηρός τε καὶ οἱ παλαιότατοι τῶν ποιητῶν μαρτυροῦσι (D. H. 2,12,4).

gebunden, sondern der König an den Rat. Freilich, die Gründungslegende der Gerusie schweigt. Bei Plutarch heißt es, Lykurg habe zu den ersten Geronten seine Freunde gemacht, die aus der Bürgerschaft stammten (Plu. Lyc. 5,5). Von deren Zugehörigkeit zu einem früheren Beirat des Königs wird nichts gesagt. Die Räte der homerischen Epen spiegeln die politischen Verhältnisse des frühen oder späten 8. Jh. (je nachdem ob sie gleichzeitig oder fast gleichzeitig mit der Gegenwart des Dichters sind, den wir in das ausgehende 8. Jh. setzen). Die Rhetra und die »lykurgischen« Reformen, die ins späte 8. Jh. fallen, sind in etwa zeitgleich. Diese These passt zu der antiken Tradition, die Lykurg und Homer synchronisiert.[895]

Manche modernen und antiken Autoren würden dem wohl entgegenhalten, dass dorische und ionische Institutionen nichts miteinander zu tun haben. Gemäß einer modernen Hypothese repräsentiert der Rat bei Homer den Adelsrat von Ionien, wo die Epen entstanden;[896] gemäß einer anderen repräsentiert die spartanische Gerusie den für die Dorier typischen Ältestenrat, was wir bereits in Zweifel gezogen haben. Schon in Platons »Gesetzen« heißt es, Homer schildere keine lakonische, sondern eine ionische Lebensweise.[897] Plutarch spricht von einem Unterschied der Lebensformen und Verfassungen (διαφορὰ τῶν βίων καὶ τῶν πολιτειῶν): Lykurg habe in Kreta die dortigen Gesetze studiert und beschlossen, manche in Sparta einzuführen. Danach sei er nach Kleinasien gereist, um die einfache und strenge Lebensform der Kreter mit der ionischen Schwelgerei und Üppigkeit zu vergleichen wie ein Arzt gesunde und kranke Körper (Plu. Lyc. 4). Dass es typisch ionische und typisch dorische Eigenschaften und Einrichtungen gibt, galt lange Zeit als ausgemacht,[898] bis Will verdeutlicht hat, dass die Vorstellung vom Gegensatz zwischen Doriern und Ioniern von den politischen, militärischen und ideologischen Kämpfen seit dem 5. Jahrhundert geprägt ist.[899] Tatsächliche Unterschiede wurden verallgemeinert und in die

895 Nach der einen Tradition haben sich Lykurg und Homer persönlich getroffen (Plu. Lyc. 1,2; Ephor. Fr. 149,72 [= Str. 10,4,19] jeweils unter Berufung auf »andere«). Nach der anderen Tradition wird Lykurg nach Homer gesetzt, dessen Gedichte er von dessen Nachkommen (bzw. denen des Kreophylos, Homers Freund) übernommen haben soll (Plu. Lyc. 4,4). Timaios versucht diese Diskrepanz zu lösen, indem er zwei Personen mit Namen Lykurg postuliert (Plu. Lyc. 1,4).

896 Miller 1910, S. 1265: »Finsler Jahrb. für kl. Altert. 1906 I 313 ff. macht wahrscheinlich, daß der Dichter mit den Homerischen γέροντες den Rat der ionischen Adelsherrschaft seiner Zeit zeichnet.«

897 Plat. Lg. 680d οὐ μέντοι Λακωνικόν γε ἀλλά τινα μᾶλλον Ἰωνικὸν βίον διεξέρχεται ἑκάστοτε.

898 Morrow 1960, S. 59–63 bietet eine Synkrisis ionischen und dorischen Wesens.

899 Will 1956.

Vergangenheit zurückprojiziert. Raaflaub hat hingegen wahrscheinlich gemacht, dass Homer panhellenische Gebräuche und Institutionen schildert (Anm. 315).

Es ist also gut möglich, dass es in Sparta ursprünglich einen Rat des homerischen Typs gegeben hat, der sich aber erst mit der Rhetra zu einem Ältestenrat entwickelte.

3.4 Vom homerischen Beirat zur spartanischen Gerusie

Wie kam es in Sparta zur Abkehr vom homerischen Rat? Im Folgenden wird eine neue Antwort entwickelt, die die spartanischen Zeitumstände und die Defizite des homerischen Rats berücksichtigt.

In Kriegszeiten spaltet sich der homerische Stadtrat, wenn der Prinz mit den jungen Ratsmitgliedern zu Felde zieht und die alten Ratsmitglieder und der König zu Hause bleiben (wie in Troja), oder löst sich auf, wenn der König selbst zu Felde zieht. Das zeigt sich auf Ithaka, wo in Odysseus' Abwesenheit das politische Leben brachliegt.[900] Die zurückgebliebenen Ratsmitglieder füllen das Machtvakuum nicht, sondern allenfalls Usurpatoren. Der zurückkehrende König muss seine Stellung wieder erkämpfen (wie Odysseus) oder fällt den veränderten Machtverhältnissen zum Opfer (wie Agamemnon). Odysseus hatte für die Zeit seiner Abwesenheit nur die Führung seines Haushalts geregelt.[901]

In Sparta hätten diese Zustände durch das Doppelkönigtum leicht vermieden werden können, indem der eine König zu Hause bleibt, wenn der andere zu Felde zieht. In der Tat gibt es eine solche Regelung, aber erst aus dem ausgehenden 6. Jh. Davor zogen beide zu Felde, weil jeder Ruhm sammeln wollte oder an zwei Fronten gekämpft wurde.

Sparta geht durch die Einrichtung der Gerusie einen anderen Weg: Im Gegensatz zu den homerischen Räten wird sie nur aus nicht mehr kämpfenden Männern besetzt. Die Gerusie besteht nicht aus homerischen Geronten, sondern spätestens seit dem Rhetrazusatz aus den »an Geburt Ältesten«.[902]

900 Keine Versammlungen oder Ratssitzungen in Ithaka (vgl. Anm. 49).

901 Odysseus hat Mentor »die Führung seines ganzen Hauses übertragen, dass er dem alten Laertes gehorche und alles heil bewahre« (Od. 2,226f. καί οἱ ἰὼν ἐν νηυσὶν ἐπέτρεπεν οἶκον ἅπαντα, / πείθεσθαί τε γέροντι καὶ ἔμπεδα πάντα φυλάσσειν). Zum Kontrast: Der Perserkönig Xerxes soll Regenten nach Alter bestimmt haben, die während seiner Abwesenheit über Palast und Königreich wachen sollen und »die Vertrauten« (= Ratsmitglieder?) genannt werden (A. Pers. 1ff.).

902 Um Doppeldeutigkeit zu vermeiden, werden die Ratsmitglieder im Rhetrazusatz und bei Tyrtaios nicht einfach γέροντες, sondern πρεσβυγενεῖς (γέροντες) genannt.

Dadurch bleibt der Rat, wenn die Könige mit den jüngeren Anführern in den Krieg ziehen, intakt und die Stadt während eines Feldzugs regiert: »Im Kriegsfall gibt der Rat Befehle«, wie es vielleicht bei Ion heißt (Anm. 724). Durch diese Kontinuität werden die Probleme bei der Wiedereingliederung der Rückkehrer vermieden. Es herrscht Arbeitsteilung, wobei die Jungen kämpfen und die Alten entscheiden: »die Ratschläge der Geronten und die Speere der Jungen«, wie es bei Pindar heißt (Anm. 435). Das ist eine Abkehr vom homerischen Ideal, nach dem Exzellenz im Rat und Kampf in einer Person zusammenfallen (Anm. 96). Die Einrichtung der Gerusie führte dazu, dass sich die jungen Spartaner auf den Krieg konzentrieren konnten, und war insofern mitverantwortlich für Spartas militärische Erfolgsgeschichte.[903]

Das späte 8. Jh., wohin wir die Rhetra und die Einrichtung der Gerusie setzen, stand im Zeichen der spartanischen Expansion (Anm. 569). Vielleicht hat die häufige Abwesenheit der Könige und der jungen Anführer zu einer Emanzipation der zurückbleibenden alten Ratsmitglieder geführt. Außerdem mussten die lakonischen Heloten unter ständiger Kontrolle stehen, damit es im Kriegsfall an der Heimatfront ruhig blieb. Dank der Sklaven, die im Haus und auf dem Land arbeiteten, behielten die Greise auch bei Abnahme der Körperkraft ihre Unabhängigkeit und gesellschaftliche Stellung.[904] Diese Gegebenheiten könnten die Entstehung eines Rats, der ausschließlich aus Alten bestand, begünstigt haben. Das Mindestalter von 60 Jahren könnte im Zuge der Hoplitenreform fixiert worden sein, da es mit dem Ende des Kriegsdienstes zusammenfiel, dessen Vereinheitlichung die Phalanx erforderte. Parker und andere verbinden die Rhetra mit der Eroberung von Amyklai im späten 8. Jh. (Anm. 567). Nicht nur die Bevölkerung und das Land (Anm. 568), sondern auch die entmachtete Elite musste integriert werden, wofür die Gerusie ein geeignetes Mittel gewesen sein könnte. Vielleicht erklärt sich der Umstand, dass die Gerusie rund doppelt so groß ist wie mancher homerischer Rat daraus, dass der Rat von Amyklai inkorporiert wurde.

Die Rhetra markiert die Ablösung des Königtums durch eine Aristokratie bzw. Gerontokratie. Dass das Doppelkönigtum in einem Ältestenrat aufging, ist alles andere als selbstverständlich. In anderen Poleis kommt es zur Ersetzung bzw. Ergänzung des Königtums durch einen Adelsrat ohne Altersgrenze oder zur Rotation des Königtums oder dessen Aufteilung zwischen den Mächtigen oder zur Tyrannis.[905] Kein anderer Ältestenrat der

903 Laut Strabon legten die lykurgischen Reformen den Grundstein für Spartas militärische Überlegenheit (Str. 8,5,5).

904 David 1991, S. 54ff. und Schmitz 2003, S. 111ff.

905 Busolt 1920–1926, Bd. 1, S. 347ff. listet Beispiele für Wechsel.

dorischen Städte lässt sich bis zur Ablösung des Königtums zurückführen. Sparta schlug mit der Einrichtung der Gerusie einen innovativen und erfolgreichen Weg ein.

4 Bibliographie, Abkürzungen*

4.1 Editionen, Kommentare und Übersetzungen

Ameis/Hentze/Cauer = Homers Ilias für den Schulgebrauch erklärt von Ameis, K. F./ Hentze, C./Cauer, P., 10 Bde., Leipzig 1868–1913

Avezzù (abgekürzt A) = Alcidamas, Orazioni e frammenti, introd., trad. e note a cura di Avezzù, G., (BIFG Suppl. VI), Rom 1982, 8–62.

BK = Basler Kommentar = Homers Ilias, Gesamtkommentar, ed. Latacz, J., München 2000ff.

Classen/Steup = Thukydides, Erklärt von Classen, J., bearbeitet von Steup, J., 8 Bde., Berlin 1862–1922

DK = Die Fragmente der Vorsokratiker, edd. Diels, H./Kranz, W., Berlin 1903–1956

Dover = Thucydides Book VI, With an Introduction and Commentary by Dover, K. J., Oxford 1965

FGrHist = Die Fragmente der griechischen Historiker, ed. Jacoby, F., 15 Bde., Berlin 1923–1958

FHG = Fragmenta Historicorum Graecorum, ed. Müller, K., Bde. 5, Paris 1841–1872

HCT = A Historical Commentary on Thucydides by Gomme, A. W./Dover, K. J./ Andrewes, A., 5 Bde., Oxford 1945–1981

Hornblower = A Commentary on Thucydides by Hornblower, S., 3 Bde., Oxford 1991–2008

How/Wells = A Commentary on Herodotus by How, W. W./Wells, J., 2 Bde., Oxford 1912

IG = Inscriptiones Graecae, Berlin 1873ff.

Kirk = The Iliad, A Commentary, general ed. Kirk, G. S., 6 Bde., Cambridge 1985–1993

Lipka = Xenophon's Spartan Constitution, Introduction, Text, Commentary by Lipka, M., Berlin 2002

Mariß = Alkidamas, Über diejenigen, die schriftliche Reden schreiben, oder über die Sophisten, Eingeleitet und kommentiert von Mariß, R., Münster 2002

Merry/Riddell/Monro = Homer's Odyssey, edd. Merry, W. W./Riddell, J./ Monro, D. B., Oxford 1886–1901

* Zeitschriften werden nach l'Année Philologique abgekürzt.

Muir = Alcidamas, The Works and Fragments, ed. with Introduction, Translation and Commentary by Muir, J. V., Bristol 2001

Prato (abgekürzt P) = Tirteo, Introduzione, testo critico, testimonianze e commento, ed. Prato, C., Rom 1968

Rapp = Aristoteles, Rhetorik, Übersetzt und erläutert von Rapp, Ch., Berlin 2002

Rebenich = Xenophon, Die Verfassung der Spartaner, Herausgegeben, übersetzt und erläutert von Rebenich, St., Darmstadt 1998

Rose (abgekürzt R) = Aristotelis qui ferebantur librorum fragmenta, collegit Rose, V., Leipzig 1886

Schadewaldt = Homer, Ilias, Übersetzt von Schadewaldt, W., Frankfurt am Main 1975

Schütrumpf = Aristoteles, Politik, Übersetzt und erläutert von Schütrumpf, E./ Gehrke, H. J., 3 Bde., Berlin 1991–2005

Scott = Historical Commentary on Herodotus Book 6 by Scott, L., Leiden 2005

SEG = Supplementum Epigraphicum Graecum, Leiden 1923 ff.

TrGF = Tragicorum Graecorum Fragmenta, edd. Snell, B./Radt, S./Kannicht, R., 5 Bde., Göttingen 1971–2004

Walbank = A Historical Commentary on Polybius, ed. Walbank, F. W., 3 Bde., Oxford 1957–1979

West (abgekürzt W) = Iambi et Elegi Graeci ante Alexandrum cantati, ed. West, M. L., Oxford 1998

Wirth = Athenaios, Das Gelehrtenmahl, ed. Wirth, P., 5 Bde., Stuttgart 1998–2001

Ziegler = Plutarch, Große Griechen und Römer, ed. Ziegler, K., 6 Bde., Zürich 1954–1965

4.2 Lexika und Nachschlagewerke

Benveniste = Benveniste, E., Le vocabulaire des institutions indo-européennes, 2 Bde., Paris 1969

Chantraine = Chantraine, P., Dictionnaire étymologique de la langue grecque, Paris 1968

Denniston = Denniston, J. D., The Greek Particles, Oxford 1954

DGE = Diccionario griego-español, ed. Adrados, R., Madrid 1980 ff.

DNP = Der Neue Pauly, Enzyklopädie der Antike, edd. Cancik, H./Schneider, H., Stuttgart 1996 ff.

LfgrE = Lexikon des frühgriechischen Epos, begründet von Snell, B., ed. Thesaurus Linguae Graecae, Göttingen 1955 ff.

LSJ = A Greek-English Lexicon, With a Revised Supplement, edd. Liddell, H. G./ Scott, R./Jones, H. S., Oxford 1996

Poralla = Poralla, P., Prosographie der Lakedaimonier bis auf die Zeit Alexanders des Grossen, Rom 1966

RE = Pauly's Realencyclopädie der classischen Altertumswissenschaft, edd. Pauly, A./Wissowa, G./Kroll, W., Stuttgart 1894–1980

4.3 Forschungsliteratur

Aguilar 1997 = The Politics of Age and Gerontocracy in Africa, Ethnographies of the Past and Memories of the Present, ed. Aguilar, M. I., Trenton, New Jersey 1997

Andrewes 1954 = Andrewes, A., Probouleusis, Sparta's Contribution to the Technique of Government, Oxford 1954

Andrewes 1966 = Andrewes, A., The Government of Classical Sparta, in: Ancient Society and Institutions, Studies presented to V. Ehrenberg, Oxford 1966, 1–20

Baltrusch 2006 = Polis und Gastfreundschaft, Die Grundlagen der spartanischen Außenpolitik, in: Das frühe Sparta, edd. Luther, A./Meier, M./Thommen, L., München 2006, 165–191

Baltrusch 1998 = Baltrusch, E., Sparta, München 1998

Birgalias 2007 = Birgalias, N., La Gérousia et les gérontes de Sparte, in: Ktèma 32 (2007), 341–350

Blum 2001a = Blum, H., Die »homerische Gesellschaft«: Adelsherrschaft oder »big-man society«? in: Anatolien im Lichte kultureller Wechselwirkungen, Akkulturationsphänomene in Kleinasien und seinen Nachbarregionen während des 2. und 1. Jahrtausends v. Chr., ed. Klinkott, H., Tübingen 2001, 25–39

Blum 2001b = Blum, H., Homers Troia und die Luwier, in: Anatolien im Lichte kultureller Wechselwirkungen, Akkulturationsphänomene in Kleinasien und seinen Nachbarregionen während des 2. und 1. Jahrtausends v. Chr., ed. Klinkott, H., Tübingen 2001, 41–51

Bockisch 1965 = Bockisch, G., HARMOSTAI (431–387), in: Klio 156 (1965), 129–239

Bourriot 1996 = Bourriot, F., Kaloi kagathoi, kalokagathia à Sparte aux époques archaïque et classique, in: Historia 45 (1996), 129–139

Bringmann 1986 [1975] = Bringmann, K., Die Große Rhetra und die Entstehung des spartanischen Kosmos, ND in: Sparta, ed. Christ, K., Darmstadt 1986, 351–86

Bringmann 1986 [1980] = Bringmann, K., Die soziale und politische Verfassung Spartas, Ein Sonderfall der griechischen Verfassungsgeschichte? ND in: Sparta, ed. Christ, K., Darmstadt 1986, 448–469

Busolt 1905 = Busolt, G., Spartas Heer und Leuktra, in: Hermes 40 (1905), 387–449

Busolt 1920–1926 = Busolt, G., Griechische Staatskunde, bearb. von Swoboda, H., 2 Bde., München 1920–1926

Carlier 1977 = Carlier, P., La vie politique à Sparte sous le règne de Cléomène Ier, in: Ktèma 2 (1977), 65–84

Carlier 1984 = Carlier, P., La royauté en Grèce avant Alexandre, Strasburg 1984

Carlier 1991 = Carlier, P., La procédure de décision politique du monde mycénien à l'époque archaïque, in: La transizione dal Miceneo all'Alto Arcaismo, ed. Musti, M., Rom 1991, 85–95.

Carlier 1995 = Carlier, P., Qa-si-re-u et qa-si-re-wi-ja, in: Aegaeum 12 (1995), 355–364

Cartledge 1979 = Cartledge, P., Sparta and Lakonia, A Regional History 1300–362 BC, London 1979

Cartledge 1982 = Cartledge, P., Sparta and Samos, A Special Relationship? in: CQ 32 (1982), 243–265

Cartledge 1984 = Cartledge, P., A New Lease on Life for Lichas Son of Arkesilas? in: LCM 9 (1984), 98–102

Cartledge 1987 = Cartledge, P., Agesilaos and the Crisis of Sparta, London 1987

Cartledge 2000 = Cartledge, P., Spartan Justice? Or « the state of the Ephors »? in: Dike 3 (2000), 5–26

Cartledge 2001 = Cartledge, P., Spartan Reflections, London 2001

Cartledge/Spawforth 1989 = Cartledge, P./Spawforth, A., Hellenistic and Roman Sparta, A Tale of two Cities, London 1989

Cawkwell 1983 = Cawkwell, G. L., The Decline of Sparta, in: CQ 33 (1983), 385–400

Cawkwell 1993 = Cawkwell, G. L., Cleomenes, in: Mnemosyne 46 (1993), 506–27

Chaniotis 1996 = Chaniotis, A., Die Verträge zwischen kretischen Poleis in der hellenistischen Zeit, Chaniotis, A., Stuttgart 1996

Chaniotis 2004 = Chaniotis, A., Das antike Kreta, München 2004

Chrimes 1949 = Chrimes, K. M. T., Ancient Sparta, A Re-examination of the Evidence, Manchester 1949

Clauss 1983 = Clauss, M., Sparta, München 1983

Coale/Demeny 1983 = Coale, P./Demeny, D. F., Regional Model Life Tables and Stable Populations, San Diego 1983

Cuniberti 2000 = Cuniberti, G., Λακεδαιμονίων Πολιτεία, priorità e originalità nel dibattito sulle politeiai-modello di Sparta e Creta, in: SIFC 18 (2000), 99–111

David 1985 = David, E., The Trial of Spartan Kings, in: RIDA 32 (1985), 131–140

David 1991 = David, E., Old Age in Sparta, Amsterdam 1991

De Franciscis 1972 = De Franciscis, A., Stato e società in Locri Epizefiri, Neapel 1972

De Ste. Croix 1972 = De Ste. Croix, G. E. M., The Origins of the Peloponnesian War, London 1972

Deger-Jalkotzy 1979 = Deger-Jalkotzy, S., Homer und der Orient, Das Königtum des Priamos, in: WJA 5 (1979), 25–31

Delcourt 2005 = Delcourt, A., Lecture des Antiquités romaines de Denys d' Halicarnasse, Brüssel 2005

Dreher 2006 = Dreher, M., Die Primitivität der spartanischen Verfassung, in: Das frühe Sparta, edd. Luther, A./Meier, M./Thommen, L., München 2006, 43–62

Drews 1979 = Drews, R., Phoenicians, Carthage and the Spartan Eunomia, in: AJPh 100 (1979), 45–58

Duplouy 2006 = Duplouy, A., Le prestige des élites, Recherches sur les modes de reconnaissance sociale en Grèce entre les Xe et Ve siècles avant J.-C., Paris 2006

Ehrenberg 1965 = Ehrenberg, V., Der Staat der Griechen, Stuttgart 1965

Eisele 1979 = Eisele, F. R., Origins of »Gerontocracy«, in: Gerontologist 19 (1979), 403–407

Falkner 1999 = Falkner, C., Astyochus, Sparta's Incompetent Navarch? in: Phoenix 53 (1999), 206–221

Fanta 1882 = Fanta, A., Der Staat in der Ilias und Odyssee, Ein Beitrag zur Beurtheilung der homerischen Verfassung, Innsbruck 1882

Fellmann/Scheyhing 1972 = Fellmann, B./Scheyhing, H., 100 Jahre Ausgrabung in Olympia, Austellungskatalog, München 1972

Figueira 1986 = Figueira, T. J., Population Patterns in Late Archaic and Classical Sparta, in: TAPhA 116 (1986), 165–213

Finley 1956 = Finley, M. I., The World of Odysseus, London 1956

Finley 1975 = Finley, M. I., Sparta, in: Ders., The Use and Abuse of History, London 1975, 161–77

Flaig 1993 = Flaig, E., Die spartanische Abstimmung nach Lautstärke, in: Historia 42 (1993), 139–160

Flaig 1994 = Flaig, E., Das Konsensprinzip im homerischen Olymp, Überlegungen zum Entscheidungsprozeß in Ilias 4, 1–72, in: Hermes 122 (1994), 13–31

Flaig 2005 = Flaig, E., Rezension Ruzé, F., Délibération et pouvoir dans la cité grecque, Paris 1997, in: Gnomon 77 (2005), 328–334

Fontenrose 1978 = Fontenrose, J. E., The Delphic Oracle, Its Responses and Operations with a Catalogue of Responses, Berkeley 1978

Forrest 1967 = Forrest, W., Legislation in Sparta, in: Phoenix 21 (1967), 11–19

Fowler 2004 = Fowler, R., The Homeric Question, in: The Cambridge Companion to Homer, ed. Fowler, R., Cambridge 2004, 220–234

Froidefond 1970 = Froidefond, C., Le Mirage égyptien dans la littérature grecque d'Homère à Aristote, Diss. Aix en Provence 1970

Garland 2003 = Garland, R., The Greek Way of Death, Ithaca 2003

Gehrke 1997 = Gehrke, H. J.,Gewalt und Gesetz, Die soziale und politische Ordnung Kretas in der Archaischen und Klassischen Zeit, in: Klio 79 (1997), 23–68

Gladstone 1863 = Gladstone, W. E., Homerische Studien, frei bearbeitet von Schuster, A., Leipzig 1863

Glotz 1928 = Glotz, G., La cité grecque, le développement des institutions, Paris 1928

Gnilka 1983 = Gnilka, Ch., Greisenalter, in: Reallexikon für Antike und Christentum, Bd. 12 (1983), 995–1094

Grethlein 2006 = Grethlein, J., How Old is Nestor? in: Eikasmos 17 (2006), 1–9

Gschnitzer 1983 = Gschnitzer, F., Der Rat in der Volksversammlung, Ein Beitrag des homerischen Epos zur griechischen Verfassungsgeschichte, in: Festschrift für Robert Muth, edd. Haendel, P./Meid, W., Innsbruck 1983, 151–163

Gschnitzer 1991 = Gschnitzer, F., Zur homerischen Staats- und Gesellschaftsordnung, Grundcharakter und geschichtliche Stellung, in: Zweihundert Jahre Homerforschung, ed. Latacz, J., Stuttgart 1991, 182–204

Hall 1997 = Hall, J. M., Ethnic identity in Greek antiquity, Cambridge 1997

Hamilton 1970 = Hamilton, Ch.D., Spartan Politics and Policy 405–401 B. C., in: AJPh 91, 3 (1970), 294–314

Hammond 1950 = Hammond, N. G. L.: The Lycurgean Reform at Sparta, in: JHS 70 (1950), 42–64

Hammond 1967 = Hammond, N. G. L., The Origins and the Nature of the Athenian Alliance of 478–477 B. C., in: JHS 87 (1967), 41–61

Hansen 1977 = Hansen, M. H., How Did the Athenian »Ecclesia« Vote?, in: GRBS 18 (1977), 123–137

Hansen/Nielsen 2004 = An Inventory of Archaic and Classical Poleis, edd. Hansen, M. H./Nielsen, T. H., Oxford 2004

Harvey 2004 = Harvey, D., The Clandestine Massacre of the Helots, in: Spartan Society, ed. Figueira, J. T., Wales 2004, 199–217

Haubold 2005 = Haubold, J., The Homeric Polis, in: The Imaginary Polis (Acts of the Copenhagen Polis Centre 7), ed. Hansen, M. H., Kopenhagen 2005, 25–48

Heitsch 2007 = Heitsch, E., Geschichte und Personen bei Thukydides, Berlin 2007

Hicks 1906 = Hicks, R. D., A Supposed Qualification for Election to the Spartan Senate, in: CR 20 (1906), 23–27

Hodkinson 2000 = Hodkinson, S., Property and Wealth in Classical Sparta, London 2000

Hodkinson 2007 = Hodkinson S., The Episode of Sphodrias as a Source for Spartan Social History, in: Corolla Cosmo Rodewald, ed. Sekunda, N. V., Gdansk 2007, 43–65

Hölkeskamp 1997 = Hölkeskamp, K.-J., Agorai bei Homer, in: Volk und Verfassung, edd. Eder, W./Hölkeskamp, K.-J., Stuttgart 1997, 1–19

Hölkeskamp 1999 = Hölkeskamp, K.-J., Schiedsrichter, Gesetzgeber und Gesetzgebung im archaischen Griechenland, Stuttgart 1999

Hölscher 1986 = Hölscher, U., Tyrtaios über die Eunomie, in: Studien zur Alten Geschichte, Bd. 2, ed. Kalcyk, H. u. a., Rom 1986, 415–20

Hooker 1980 = Hooker, J. T., The Ancient Spartans, London 1980

Hornblower 2000 = Hornblower, S., Thucydides, Xenophon, and Lichas, Were the Spartans Excluded from the Olympic Games from 420 to 400 B. C.? in: Phoenix 54 (2000), 212–225

Hornblower 2004 = Hornblower, S., Thucydides and Pindar, Historical Narrative and the World of Epinikian Poetry, Oxford 2004

Huxley 1962 = Huxley, G. L., Early Sparta, London 1962

Jones 1966 = Jones, A. H. M., The Lycurgan Rhetra, in: Ancient Society and Institutions, Studies Presented to V. Ehrenberg, Oxford 1966, 165–75

Jordan 1970 = Jordan, B., Herodotus V, 71, 2 and the Naukraroi of Athens, in: CSCA 3 (1970) 153–175

Jordan 1990 = Jordan, B., The Ceremony of the Helots in Thucydides IV, 80, in: AC 59 (1990), 37–69

Kagan 1981 = Kagan, D., The Peace of Nicias and the Sicilian Expedition, Ithaca 1981

Kagan 1987 = Kagan, D., The Fall of the Athenian Empire, Ithaca 1987

Kahrstedt 1922 = Kahrstedt, U., Griechisches Staatsrecht, Bd. 1, Sparta und seine Symmachie, Göttingen 1922

Keaney 1974 = Keaney, J. J., Theophrastus on Greek Judicial Procedure, in: TAPhA 104 (1974), 179–194

Kennell 1992 = Kennell, N. M., IG V 1, 16 and the Gerousia of Roman Sparta, in: Hesperia 61 (1992), 193–202

Kiechle 1963 = Kiechle, F., Lakonien und Sparta (Vestigia 5), München 1963

Kirchhoff 1895 = Kirchhoff, A., Thukydides und sein Urkundenmaterial, Berlin 1895

Koerner 1993 = Koerner, A., Inschriftliche Gesetzestexte der frühen griechischen Polis, ed. Hallof, K., Köln 1993

Köhnken 1975 = Köhnken, A., Die Rolle des Phoinix und die Duale im I der Ilias, in: Glotta 53 (1975), 25–36

Kõiv 2003 = Kõiv, M., Ancient Tradition and Early Greek History, The Origins of States in Early-Archaic Sparta, Argos and Corinth, Tallinn 2003

Kourinou-Pikoula 1992–1998 = Kourinou-Pikoula, E., Μνᾶμα γεροντείας, in: Horos 10–12 (1992–1998), 259–276

Krentz 1982 = Krentz, P., The Thirty at Athens, Ithaca 1982

Lévy 1983 = Lévy, E., Les trois traités entre Sparte et le Roi, in: BCH 107 (1983), 221–241

Lévy 2001 = Lévy, E., Le régime lacédémonien dans la « Politique » d'Aristote, in: Images et représentations du pouvoir et de l'ordre social dans l'Antiquité, ed. Molin, M., Paris 2001, 57–72

Lévy 2003 = Lévy, E., Sparte, Histoire politique et sociale jusqu'à la conquête romaine, Paris 2003

Lévy 2009 = Lévy, E., La prise de décision collective chez Thucydide, in: Ktèma 34 (2009), 389–398

Lewis 1977 = Lewis, D. M., Sparta and Persia (Cincinnati classical studies N. S. 1), Leiden 1977

Lindgren 1973 = Lindgren, M., The People of Pylos, Prosopographical and Methodological Studies in the Pylos Archives, 2 Bde., Stockholm 1973

Link 1994 = Link, S., Das griechische Kreta, Untersuchungen zu seiner staatlichen und gesellschaftlichen Entwicklung vom 6. bis zum 4. Jahrhundert v. Chr., Stuttgart 1994

Link 2000 = Link, S., Das frühe Sparta (Pharos 13), St. Katharinen 2000

Link 2003 = Link, S., Eunomie im Schoß der Rhetra? Zum Verhältnis von Tyrt. frgm. 14 W und Plut. Lyk. 6,2 und 8, in: GFA 6 (2003), 141–50

Link 2008 = Link, S., Staatliche Institution und innergemeindlicher Diskurs, Politische Entscheidungsfindung in Sparta? in: HZ 287 (2008), 1–35

Luther 2002 = Luther, A., Chilon von Sparta, in: Gelehrte in der Antike, ed. Goltz, A., Köln 2002, 1–16

Luther 2004 = Luther, A., Könige und Ephoren, Untersuchungen zur spartanischen Verfassungsgeschichte, Frankfurt am Main 2004

MacDowell 1978 = MacDowell, D. M., The Law in Classical Athens, London 1978

MacDowell 1986 = MacDowell, D. M., Spartan Law (Scottish Classical Studies 1), Edinburgh 1986

Mackie 1996 = Mackie, H., Talking Trojan, Speech and Community in the Iliad, Lanham 1996

Maffi 2006 = Maffi, A., Recht und Rechtsprechung, in: Das frühe Sparta, edd. Luther, A./Meier, M./Thommen, L., München 2006, 63–72

Meadows 1995 = Meadows, A. R., Pausanias and the Historiography of Classical Sparta, in: CQ 45 (1995), 92–113

Meier 1998 = Meier, M., Aristokraten und Damoden, Stuttgart 1998

Meier 2000 = Meier, M., Zwischen Königen und Damos, Überlegungen zur Funktion und Entwicklung des Ephorats in Sparta (7.-4. Jh. v. Chr.), in: ZRG 117 (2000), 43–102

Meier 2002 = Meier, M., Tyrtaios Fr. 1B G/P bzw. Fr. 14 G/P (= Fr. 4 W) und die große Rhetra – kein Zusammenhang?, in: GFA 5 (2002), 65–87

Meier 2006 = Meier, M., Wann entstand das homoios-Ideal in Sparta? in: Das frühe Sparta, edd. Luther, A./Meier, M./Thommen, L., München 2006, 113–124

Meyer 1892 = Meyer, E., Forschungen zur Alten Geschichte, Bd. 1, Halle 1892

Meyer 1965 [1913] = Meyer, E., Geschichte des Altertums, 5 Bde., Darmstadt 1965 [1913]

Miller 1910 = Miller, J., Gerontes, Gerusia, in: RE, Bd. 7,1 (1910), 1264–1268

Morrow 1960 = Morrow, G. R., Plato's Cretan City, A Historical Interpretation of the Laws, New Jersey 1960

Mossé 1985 = Mossé, C., Dori o spartiati? L'immagine dei Dori negli scrittori greci dell'epoca classica, in: Le origini dei Greci, ed. Musti, D., Rom 1985, 313–320

Müller 1844 = Müller, K. O., Die Dorier, Zwei Abteilungen, Breslau 1844

Nafissi 1983–1984 = Nafissi, M., La controversia sulla priorità fra le politeiai di Sparta e Creta, Eforo e Pausania, in: AFLPer 21 (1983–1984), 343–366

Nafissi 1991 = Nafissi, M., La nascita del kosmos, Neapel 1991

Nafissi 2009 = Nafissi, M., Sparta, in: A Companion to Archaic Greece, edd. Raaflaub, K. A./Van Wees, H., Oxford 2009, 117–137

Nafissi 2010 = Nafissi, M., The Great Rhetra (Plut. Lyc. 6), A Retrospective and Intentional Construct? in: Intentional History, Spinning Time in Ancient Greek, edd. Foxhall, L./Gehrke, H.-J., Luraghi, N., Stuttgart 2010, 89–120

Németh 2006 = Németh, G., Kritias und die Dreißig Tyrannen, Untersuchungen zur Politik und Prosopographie der Führungselite in Athen 404/403 v. Chr., Stuttgart 2006

Neumann 1906 = Neumann, K. J., Die Entstehung des spartiatischen Staates in der lykurgischen Verfassung, in: HZ 96 (1906), 1–80

Niese 1899 = Niese, B., Chilon 1), in: RE, Bd. 3,2 (1899), 2278–2279

Noethlichs 1987 = Noethlichs, K. L., Bestechung, Bestechlichkeit und die Rolle des Geldes in der spartanischen Außen- und Innenpolitik vom 7.-2. Jh. v. Chr., in: Historia 36 (1987), 129–170

North 1966 = North, H., Sophrosyne, Self-Knowledge and Self-Restraint in Greek Literature, Ithaca 1966

Oliva 1971 = Oliva, P., Sparta and Her Social Problems, Amsterdam 1971

Oliver 1941 = Oliver, J. H., The Sacred Gerusia (Hesperia Suppl. 6), Princeton 1941

Oliver 1961 = Oliver, J. H., New Fragments of Sacred Gerusia 24 (IG II^2 1108), in: Hesperia 30 (1961), 402–403

Oliver 1967 = Oliver, J. H., The Sacred Gerusia and the Emperor's Consilium, in: Hesperia 36 (1967), 329–335

Ollier 1933–1943 = Ollier, F., Le Mirage spartiate, 2 Bde., Paris 1933–1943

Osborne 2004 = Osborne, R., Homer's Society, in: The Cambridge Companion to Homer, ed. Fowler, R., Cambridge 2004, 206–219

Palmer 1963 = Palmer, R., Interpretation of Mycenaean Greek Texts, Oxford 1963

Parke 1930 = Parke, H. W., The Development of the Second Spartan Empire (405–371 B. C.), in: JHS 50 (1930), 37–79

Parke/Wormell 1956 = Parke, H. W./Wormell, D. E. W., The Delphic Oracle, 2 Bde., Oxford 1956

Parker 1991 = Parker, Wars = Parker, V., The Dates of the Messenian Wars, in: Chiron 21 (1991), 25–47

Parker 1993 = Parker, V., Some Dates in Early Spartan History, in: Klio 75 (1993), 45–60

Pavese 1992 = Pavese, C. O., La Rhetra di Licurgo, in: RFIC 120 (1992), 260–285

Perlman 2002 = Perlman, P., Gortyn, The Laws from the Temple of Apollo Pythios, in: Even More Studies in the Ancient Greek « Polis », ed. Nielsen, T. H., Stuttgart 2002, 187–227

Pouilloux/Salviat 1983 = Pouilloux, J./Salviat, F., Lichas, Lacédémonien, archonte à Thasos et le livre VIII de Thucydide, in: CRAI (1983), 376–403

Raaflaub 1993 = Raaflaub, K. A., Homer to Solon, The Rise of the Polis, The Written Sources, in: The Ancient Greek City-State (Acts of the Copenhagen Polis Centre 1), ed. Hansen, M. H., Kopenhagen 1993, 41–105

Raaflaub 1997 = Raaflaub, K. A., Politics and Interstate Relations in the World of Early Greek Poleis, Homer and beyond, in: Antichthon 31 (1997), 1–27

Raaflaub 1998 = Raaflaub, K. A., A Historian's Headache, in: Archaic Greece, edd. Fisher, N./Van Wees, H., London 1998, 169–193

Raaflaub 2004 = Raaflaub, K. A., Zwischen Ost und West, Phönizische Einflüsse auf die griechische Polisbildung? in: Griechische Archaik, Interne Entwicklungen – Externe Impulse, edd. Rollinger, R./Ulf, Ch., Berlin 2004, 271–290

Raaflaub 2006 = Raaflaub, K. A., Historical Approaches to Homer, in: Ancient Greece: From the Mycenaean Palaces to the Age of Homer, ed. Deger-Jalkotzy, S., Edinburgh 2006, 449–462

Rahe 1980 = Rahe, P. A., The Selection of Ephors at Sparta, in: Historia 29 (1980), 385–401

Redfield 1978 = Redfield, J., The Women of Sparta, in: CJ 73 (1978), 146–161

Richer 1998 = Richer, N., Les éphores, Paris 1998

Roisman 1987 = Roisman, J., Alkidas in Thucydides, in: Historia 36 (1987), 385–421

Rossum 1988 = Rossum, J. A. van, De gerousia in de Griekse steden van het Romeinse Rijk, Diss. Leiden 1988

Rothe 1910 = Rothe, C., Die Ilias als Dichtung, Paderborn 1910

Roobaert 1985 = Roobaert, A., Isolationnisme et impérialisme spartiates de 520 à 469 avant J.-C., Louvain 1985

Roussel 1951 = Roussel, P., Étude sur le principe de l'ancienneté dans le monde hellénique du V siècle av. J. C. à l'époque romaine, in: MAI 43 (1951), 123–227

Ruzé 1991 = Ruzé, F., Le conseil et l'assemblée dans la grande rhètra de Sparte, in: REG 104 (1991), 15–30

Ruzé 1997 = Ruzé, F., Délibération et pouvoir dans la cité grecque, Paris 1997

Sale 1994 = Sale, W. M., The Government of Troy, Politics in the »Iliad«, in: GRBS 35 (1994), 5–102

Sartori 1984 = Sartori, G., Selbstzerstörung der Demokratie? in: An den Grenzen der Mehrheitsdemokratie. Politik und Soziologie der Mehrheitsregel, edd. Guggenberger, B./Offe, C., Opladen 1984

Scheid (in Vorbereitung) = Scheid, E., Que disent les Anciens? in: Délibération et décision collectives, Tagungsband zur Konferenz vom 29. und 30.05.2008 in Paris, edd. Werlings, M.-J./Schulz, F., Paris (in Vorbereitung)

Schmitz 2003 = Schmitz, W., Nicht »altes Eisen«, sondern Garant der Ordnung, Die Macht der Alten in Sparta, in: Am schlimmen Rand des Lebens, Altersbilder in der Antike, edd. Gutsfeld, A./Schmitz, W., Köln 2003, 87–112

Schulz (in Vorbereitung) = Schulz, F., Le procès de Sphodrias, délibération et décision du Conseil des Anciens spartiate, in: Délibération et décision collectives, Tagungsband zur Konferenz vom 29. und 30.05.2008 in Paris, edd. Werlings, M.-J./Schulz, F., Paris (in Vorbereitung)

Schulz 2009 = Schulz, F., Lykurgs Reform ohne Demokratie? Zwei Konjekturen der Rhetra, in: Ktèma 34 (2009), 333–350

Schwartz 1899 = Schwartz, E., Tyrtaeos, in: Hermes 34 (1899), 428–68

Sealey 1976 = Sealey, R., A History of the Greek City States ca. 700–338 B. C., Berkeley 1976

Shaw 2003 = Shaw, P.-J., Discrepancies in Olympiad Dating and Chronological Problems of Archaic Peloponnesian History (Historia, Einzelschriften 166), Stuttgart 2003

Shewan 1913 = Shewan, A., The Pluralis Maiestatis in Homer, in: CQ 7 (1913), 129–131

Shimron 1964 = Shimron, B., The Spartan Polity after the Defeat of Cleomenes III, in: CQ 14 (1964), 232–239

Simmel 1908 = Simmel, G., Soziologie: Untersuchungen über die Formen der Vergesellschaftung, Leipzig 1908

Spencer 1965 = Spencer, P., The Samburu, a Study of Gerontocracy in a Nomadic Tribe, London 1965

Stahl 2003 = Stahl, M., Gesellschaft und Staat bei den Griechen, Archaische Zeit, Paderborn 2003

Starke 1997 = Starke, F., Troia im Kontext des historisch-politischen und sprachlichen Umfeldes Kleinasiens im 2. Jahrtausend, in: ST 7 (1997), 447–487

Stein-Hölkeskamp 1989 = Stein-Hölkeskamp, E., Adelskultur und Polisgesellschaft, Studien zum griechischen Adel in archaischer und klassischer Zeit, Stuttgart 1989

Stibbe 1985 = Stibbe, C. M., Chilon of Sparta, in: MNIR 46 (1985), 7–24

Stibbe 2006 = Stibbe, C. M., Agalmata, Studien zur griechisch-archaischen Bronzekunst, Leuven 2006

Taplin 1990 = Taplin, O., Agamemnon's Role in the Iliad, in: Characterization and Individuality in Greek Literature, ed. Pelling, C. B.R, Oxford 1990, 60–82

Thommen 1996 = Thommen, L., Lakedaimonion Politeia (Historia, Einzelschriften 103), Stuttgart 1996

Thommen 2003 = Thommen, L., Sparta, Verfassungs- und Sozialgeschichte einer griechischen Polis, Stuttgart 2003

Thommen 2006 = Thommen, L., Einleitung: Überlegungen zum frühen Sparta, in: Das frühe Sparta, edd. Luther, A./Meier, M./Thommen, L., München 2006, 9–14

Thür 2007 = Thür, G., Der Reinigungseid im archaischen griechischen Rechtsstreit und seine Parallelen im Alten Orient, in: Rechtsgeschichte und Interkulturalität. Zum Verhältnis des östlichen Mittelmeerraums und »Europas« im Altertum, edd. Rollinger, R./Barta, H./Lang, M., Wiesbaden 2007, 179–196

Tigerstedt 1965–1978 = Tigerstedt, E. N., The Legend of Sparta in Classical Antiquity, 3 Bde., Stockholm 1965–1978

Treu 1941 = Treu, M., Der Schlußsatz der großen Rhetra, in: Hermes 76 (1941), 22–42

Ulf 1990 = Ulf, Ch., Die homerische Gesellschaft, Materialien zur analytischen Beschreibung und historischen Lokalisierung, München 1990

Urfalino 2006 = Urfalino, Ph., La décision par consensus apparent, Nature et propriétés, in: Revue Européenne des Sciences Sociales 126 (2006), 34–59

Van Effenterre 1985 = Van Effenterre, H., Il problema delle istituzioni doriche, in: Le origini dei Greci, ed. Musti, D., Rom 1985, 293–312

Van Effenterre/Ruzé 1994 = Van Effenterre, H./Ruzé, F., Nomima, Recueil d'inscriptions politiques et juridiques de l'archaïsme, Bd. 1, Rom 1994

Van Gennep 1909 = Van Gennep, A., Les rites de passage, Paris 1909

Van Wees 1999 = Van Wees, H., Tyrtaeus' Eunomia: Nothing to do with the Great Rhetra, in: Sparta, New Perspectives, edd. Hodkinson, S./Powell, A., London 1999, 1–41

Van Wees 2002 = Van Wees, H., Gute Ordnung ohne Große Rhetra – Noch einmal zu Tyrtaios' Eunomia, in: GFA 5 (2002), 89–103

Vlachos 1974 = Vlachos, G. C., Les sociétés politiques homériques, Paris 1974

von Fritz 1953 = von Fritz, K., Rezension Michell, H., Sparta, in: AJPh 74 (1953), 429–434

Wade-Gery 1958 = Wade-Gery, H. T., The Spartan Rhetra in Plutarch Lycurgus VI, in: Ders.: Essays in Greek History, Oxford 1958, 37–85

Wagner-Hasel 2000 = Wagner-Hasel, B., Der Stoff der Gaben, Kultur und Politik des Schenkens und Tauschens im archaischen Griechenland, Frankfurt am Main 2000

Wallace 1989 = Wallace, R. W., The Areopagos Council to 307 B. C., Baltimore 1989

Walter 1993 = Walter, U., An der Polis teilhaben, Bürgerstaat und Zugehörigkeit im archaischen Griechenland, Stuttgart 1993

Weber 1980 [1922] = Weber, M., Wirtschaft und Gesellschaft, Grundriss der verstehenden Soziologie, besorgt von Johannes Winckelmann, Tübingen 1980 [1922]

Wellmann/von Jahn 1895 = Wellmann, E./von Jahn, K., Archytas 3), in: RE, Bd. 2,1 (1895), 600–602

Welwei 1986 [1979] = Welwei, K.-W., Die spartanische Phylenordnung im Spiegel der Großen Rhetra und des Tyrtaios, ND in: Sparta, ed. Christ, K., Darmstadt 1986, 351–86

Welwei 1998 = Welwei, K.-W., Die griechische Polis, Stuttgart 1998

Welwei 2004 = Welwei, K.-W., Sparta, Aufstieg und Niedergang einer antiken Großmacht, Stattgart 2004

Wéry 1979 [1967] = Wéry, L., Die Arbeitsweise der Diplomatie in homerischer Zeit, ND in: Antike Diplomatie, ed. Olshausen, E., Darmstadt 1979, 15–53

West 2001 = West, M. L., Studies in the Text and Transmission of the Iliad, München 2001

Westlake 1985 = Westlake, H. D., Tissaphernes in Thucydides, in: CQ 35 (1985), 43–54

Whitehead 1982/83 = Whitehead, D., Sparta and the Thirty Tyrants, in: AncSoc 13/14 (1982/83), 105–130

Will 1956 = Will, E., Doriens et Ioniens, Essai sur la valeur du critère ethnique appliqué à l'étude de l'histoire et de la civilisation grecques, Paris 1956

Wüst 1935 = Wüst, K., Politisches Denken bei Herodot, Diss. München 1935

5 Anhang

5.1 Zusammenfassung

Thema

Diese Arbeit untersucht: 1. die homerischen Räte, 2. die spartanische Gerusie von ihren Ursprüngen bis zum Ende der klassischen Epoche und 3. ihr Verhältnis zueinander. Eine grundlegende Untersuchung erscheint lohnend, weil die Theorien zum Verhältnis beider Institutionen nicht zusammenpassen und sich das Interesse der Spartaforschung eher auf die Ephoren und die Könige und sich die historische Homerforschung auf die Könige und die Volksversammlung konzentriert hat. Die homerischen Räte und die spartanische Gerusie werden (soweit möglich und sinnvoll) nach demselben Grundschema untersucht, was den Vergleich erleichtern wird: Terminologie, Aufnahme, Mitgliedschaft, Verfahren, Kompetenzen, Privilegien, Verhältnis zu anderen Institutionen, Ursprung und Entwicklung.

Diese Arbeit ist eine Untersuchung. Im Mittelpunkt steht Institutionengeschichte, aber es wird auch die Frage nach den Wurzeln der Polis und der Ausbildung der spartanischen Ordnung berührt. In vielen Teilen der Arbeit werden die bewährten Methoden der klassischen Altertumswissenschaften auf bekannte Texte angewandt. Aber es werden auch neue Methoden (wie historische Demographie) genutzt und neue Quellen und Quellengattungen (wie Inschriften) ausgewertet.

1 Die homerischen Räte

Alle Gemeinschaften der homerischen Welt – im Himmel und auf der Erde, bei den Griechen und Fremden – besitzen Räte, die um eine besondere Person gruppiert sind: den König, obersten Gott oder Oberbefehlshaber. So gibt es den Rat des Zeus, des Agamemnon, des Priamos, des Hektor, des Alkinoos und des Laertes.

Die Ratsmitglieder werden als Basilees und Geronten bezeichnet. Der Singular »Basileus« bezeichnet den Monarchen, der Plural kann Anführer umfassen, die nicht unbedingt Monarchen sind. Ähnlich bezeichnet der Singular »Geron« den älteren Kämpfer und den Greis, aber der Plural kann auch jüngere Personen einschließen, sofern sie zu den Anführern gehören. Dank seiner Leistung kann jemand in früheren Jahren als ein anderer zum Kreis der Basilees und Ratsmitglieder stoßen und zu den Geronten zählen, nicht aber Geron werden. Die Basilees bilden in der Stadt bzw. im Heer die Ober- bzw. Führungsschicht, die über den einfachen Bürgern bzw. Soldaten steht. Da Leistung entscheidend ist, kann man sie nicht einfach Adlige nennen, obwohl Geburt und ererbter Wohlstand wichtig sind. Aus dieser Spitzengruppe rekrutieren sich die engsten Ratsmitglieder des Königs. Wie die Basilees und Geronten die Besten des Volkes sind, so sind die Ratsmitglieder die Besten der Basilees und Geronten. Agamemnons Ratsmitglieder scheinen sich auf verschiedenen Gebieten vor den anderen Basilees und Geronten auszuzeichnen (Zahl der Schiffe, Abkunft, Alter, Erfahrung, Verstand, Kampfeskraft oder Reichtum); teilweise auf mehreren Gebieten gleichzeitig. Die Verschiedenheit der Qualitäten scheint darauf hinzudeuten, dass die Mitgliedschaft im Rat nicht auf festen Aufnahmebedingungen (wie Mindestalter, Zahl der Schiffe), sondern auf persönlicher Exzellenz basiert. Der Aufnahmemodus, der dem Einfluss des Königs enthoben scheint, hatte wohl eine erbliche Komponente, die aber an den Dienst an der Gemeinschaft geknüpft war. Die Mitgliedschaft war wohl lebenslang.

In der epischen Welt lassen sich verschiedene Typen von Räten unterscheiden: Die Variablen sind Krieg/Frieden; Mitglieder einer Stadt/Mitglieder mehrerer Städte; alte/junge Mitglieder; großer/kleiner Kreis. In jeder Stadt gibt es einen (kleinen oder großen) Rat, der aus älteren, aber auch jüngeren Anführern (und dem König) besteht (wahrscheinlich Alkinoos' und Laertes' Rat sowie der trojanische Rat im Frieden). Wenn diese Stadt ein Heer ausschickt, wird es von einem Kriegsrat geführt, der aus jüngeren Ratsmitgliedern (unter der Führung des Königs oder Prinzen) gebildet wird. Der Stadtrat wird auf die zu Hause bleibenden ältesten Ratsmitglieder reduziert. Wenn der König (wie Priamos) zu Hause bleibt, ist der Rat aktiver als wenn er (wie Odysseus) zu Feld zieht. Führen Bundesgenossen gemeinsam Krieg, wird jedes Kontingent von einem Kriegsrat einer Stadt geführt (wie Achills Kontingent) und das Gesamtheer von einem Gesamtkriegsrat, der aus den Kommandanten der einzelnen Kontingente gebildet wird. Der Oberfeldherr kann die Kommandanten geschlossen oder im kleinen Kreis konsultieren (Agamemnons und Hektors Räte). Zuerst gab es wohl den Stadtrat und den einfachen Kriegsrat. Als mehrere Städte etwas zusammen unternahmen, entstand der zwischenstädtische Kriegsrat. Vielleicht übertrug man das System, das innerhalb einer Stadt zu kollektiven Entscheidungen von König und Würdenträgern führte, auf diesen Kriegsrat.

Allein der König kann den Rat einberufen, der zwar einen eher privaten Charakter hat, aber in jeder Angelegenheit konsultiert wird. Die Ratsmitglieder können dem König die Einberufung empfehlen, über dessen Vorschläge frei diskutieren und neue Themen einbringen. Der Rat kann manche Dinge, die z. B. Geheimhaltung erforderten, ohne irgendeine Beteiligung der Volksversammlung entscheiden. Oder der Rat entscheidet und informiert das Volk über seine Beschlüsse. Aber einige Fragen (z. B. Außenkontakte) müssen vor der Volksversammlung diskutiert werden, auf der freilich die Ratsmitglieder das Wort führen. Das Volk drückt seine Zustimmung durch Beifall und seine Ablehnung durch Schweigen aus. Die Ratsmitglieder versuchen die Zustimmung des Volkes und ihrer Kollegen zu gewinnen, indem sie Überzeugungsarbeit leisten und ihre Position anpassen. Die unter den Ratsmitgliedern ausgeprägte Bereitschaft zum Nachgeben und zu Kompromiss ermöglicht, dass die Debatte im Idealfall zu einem Vorschlag führt, dem alle Ratsmitglieder zustimmen und der vom Volk bejubelt wird: die Entscheidung.

Aber die Volksversammlung ist weniger vom Konsens und der offenen Debatte geprägt als die Ratssitzung, auf der sich der König weniger beweisen muss. Daher setzt sich im Rat häufiger der Vorschlag eines Ratsmitgliedes durch und in der Volksversammlung häufiger der des Königs. Der König kann sich als Monarch zwar gegen Rat und Volk stellen, ist aber auf die Ratschläge der Ratsmitglieder angewiesen, um gute und konsensuale Entscheidungen zu treffen. Die Ratsmitglieder und der König stehen in einem do-ut-des-Verhältnis: Ratschlag und Legitimation gegen Einfluss und Ansehen. Der König kann nicht ohne Rat existieren und umgekehrt.

Die Handlung der homerischen Epen basiert auf Verwicklungen, die aus den Spannungen zwischen Konsensprinzip und Entscheidungsgewalt des Königs erwachsen. Wenn ein König die Regeln des Konsenses respektiert, bringt das Erfolg, wenn er dagegen seine Souveränität ausspielt, drohen Rückschläge oder Niederlage. Darin zeigt sich, wie sehr der Konsensgedanke in der homerischen Gesellschaft verwurzelt ist.

Die Kompetenzen der Ratsmitglieder erstrecken sich nicht nur auf die Beratung, sondern auch auf den Kult, die Diplomatie, die Gerichtsbarkeit und die Gastfreundschaft, wobei sie den König und das Volk repräsentieren können.

Folgender Zug des Rats ist bisher nur am Rande behandelt worden: die Bedeutung der Familie. Der Umstand, dass die Brüder des Königs an dessen Kronrat teilnahmen, führt wohl dazu, dass jene durch Partizipation von Umsturzversuchen abgehalten werden. Außerdem wird ein jüngerer Bruder darauf vorbereitet, im Falle des Ablebens des Königs dessen Nachfolge anzutreten, wenn dieser keinen Sohn hinterlassen hat, oder die Regentschaft zu übernehmen, wenn dessen Sohn minderjährig ist. Beziehungen zwischen Vätern und Söhnen spielen eine wichtige Rolle. Indem die Jungen den Gesprächen der Erwachsenen lauschen und kleine Aufgaben übernehmen, werden die Söhne auf ihre zukünftige Rolle vorbereitet. Durch das Miteinander von Jung und Alt ist der Rat ein Ort des Wissenstransfers und beugt dem Generationskonflikt vor.

Die homerischen Räte spiegeln keine mykenischen, sondern (fast) zeitgenössische Institutionen des Dichters, den wir in das ausgehende 8. Jh. setzen. Die Räte der Trojaner und der Achaier unterscheiden sich weder politisch, noch chronologisch noch kulturell. Auch zwischen den Räten der Ilias und der Odyssee bestehen keine Unterschiede, die sich nicht durch den Kontext oder die verschiedenen Ratstypen erklären ließen.

Manche Forscher meinen, dass in den homerischen Epen kein Rat im engeren Sinn existiert. Unsere Untersuchung kommt zu einem anderen Schluss: Es gibt einen Rat, der dem König rät und die Volksversammlung oft vorbereitet und immer leitet, aber keinen eigentlichen Ältestenrat, der ausschließlich aus Alten besteht.

2 Die spartanische Gerusie

Die Gerusie wurde im ausgehenden 8. Jh. (im Zuge der Expansion) durch einen gesetzgeberischen Akt, den die sogenannte Rhetra spiegelt, institutionalisiert oder geschaffen: hinsichtlich des Namens, der Zusammensetzung, Größe und politischen Kompetenz. Durch die Integration der Könige in den Rat wurde Sparta von einer Königsherrschaft zu einer Aristokratie. Das sind integrale Bestandteile der Lykurgtradition, die also einen wahren Kern zu haben scheint. Die bisher ignorierte Tradition, dass die Verschwörer und späteren Geronten an der Institutionalisierung der Gerusie und die Gerusie an Lykurgs anschließenden Reformen beteiligt waren, modifiziert die Theorie, nach der die spartanischen Gesetze das Produkt von Lykurgs Genie und göttlicher Sanktion waren.

Die 28 Plätze der Gerusie standen nur spartanischen Bürgern offen, die über 60 Jahre alt waren. Die Kandidaten stammten zumeist aus der Oberschicht, die sich (wie Inschriften bezeugen) durch Geburt und Reichtum auszeichneten. Entscheidend war aber das persönliche Verdienst. Insofern ist die Gerusie weder ein Adels- noch ein Volksrat gewesen.

Mit Hilfe plausibler (aber moderner) Sterbetafeln lässt sich die Selektivität der Gerusie ermessen. Die durchschnittliche Dauer der Amtsführung betrug 7,5 Jahre. Wenn jeder der 28 Plätze durchschnittlich 7,5 Jahre lang besetzt war, wurden pro Jahr ca. vier Plätze frei – also nur einer weniger als beim Ephorat. Wenn man die überlieferten Bürgerzahlen hinzunimmt, lässt sich die Zahl der potenziellen Kandidaten pro Platz quantifizieren: ca. 250 am Ende der Perserkriege und am Ende des 4. Jh. nur noch 50, worunter die Exklusivität der Gerusie gelitten haben dürfte.

Zwischen dem 8. und 4. Jahrhundert sind 13 Geronten namentlich bezeugt und nicht nur ein einziger, wie bisweilen behauptet. Es ist also übertrieben, von einem »Schweigen der Quellen über die Gerusie« zu sprechen. Viele bemerken, dass Thukydides die Gerusie nicht erwähnt, übersehen aber, dass ein Geront eine wichtige Rolle in seiner Geschichte des Peloponnesischen Krieges spielt.

Der Nachricht, Chilon, den man gemeinhin für einen der sieben Weisen und den ersten Ephoren hält, sei ein Geront gewesen, ist zu wenig Aufmerksamkeit geschenkt worden. Denn Chilon trägt in der Überlieferung seit dem 5. Jahrhundert Züge eines Geronten. Vielleicht war er Geront und später auch Ephor. Das wäre ein weiterer Hinweis darauf, dass Ämterkumulation möglich war, was die Macht der Geronten erheblich steigern würde.

Die Thesen, die Gerusie sei von den Königen oder den Ephoren einberufen und geleitet worden, sind unhaltbar. Denn die Gerusie hat bisweilen ohne Könige getagt, wenn beide zu Felde gezogen waren. Außerdem wurden die Geronten richterlich und politisch nicht ausschließlich auf Initiative der Ephoren aktiv und entschieden in den meisten Fällen allein.

Im Gegensatz zur Volksversammlung, die per Lautstärke (= Intensität) entschied, zählte im spartanischen Ältestenrat die Mehrheit, die sich nicht so leicht manipulieren ließ. Die Abstimmung erfolgte offen, wobei die Stimme eines Königs und eines Geronten gleich viel zählten.

Die antiken Autoren sprechen oft von der Machtfülle der Gerusie. Diese (oft bezweifelten) Angaben sind berechtigt. Denn in ihrer Hand lag die Nomophylakie, die aus der höchsten politischen und richterlichen Kompetenz bestand. Es gab keine schwere Strafe, kein Gesetz und keine Grundsatzentscheidung ohne die Stellungnahme (Probouleusis) oder Billigung (Verzicht auf Veto) der Gerusie. Das partielle Schweigen der Quellen über die Gerusie rührt vielleicht daher, dass die Ephoren am Anfang der Gesetzgebung (Initiative einer Vorlage) und am Ende jedes Entscheidungsverfahrens vor der Volksversammlung standen (Abstimmung über Antrag), während die Gerusie mit Probouleusis im Mittelteil aktiv war und das Veto selten benutzte. Ferner hatte die Gerusie Kompetenzen im Erziehungswesen, im Kult und (wie bisher vernachlässigt) in der Diplomatie.

Zusätzlich zu den Vorrechten des Adels genossen die Geronten besondere materielle und symbolische Anerkennungen. Nirgendwo wurde das Alter so hoch geehrt wie in Sparta, nirgendwo brachte man den Amtsträgern so großen Respekt entgegen. Daher nimmt es nicht Wunder, dass die Geronten von den Mitbürgern geachtet und gefürchtet wurden, denn sie waren die Ältesten und bekleideten das höchste Amt. Zum Ansehen der Gerusie trug sicherlich die Nähe zu den Königen bei, die auch außerhalb der Beratungen zur Schau gestellt wurde.

Ephoren und Geronten scheinen eher zusammengearbeitet als konkurriert zu haben. Das Verhältnis von Königen und Geronten ist ambivalent: Die Gerusie integrierte den König in ihre Reihen, so dass er als Subjekt an ihren Entscheidungen Anteil hatte, und sicherte und kontrollierte das Königtum, so dass der König zum Objekt ihrer Entscheidungen wurde, was besonders in den Königsprozessen der Fall war. Die Gerusie war nicht dem Willen der Könige unterworfen. Wenn die Geronten einem König gegen die eigene Präferenz gefolgt sind, taten sie das nicht aus Zwang, sondern weil sie sich davon einen Vorteil versprachen. Geronten und Könige stehen in einem do-ut-des-Verhältnis: Loyalität gegen Geschenke und Verantwortung; Unterstützung in der einen Sache gegen Unterstützung in der anderen Sache. Die Zusammenarbeit von Ephoren und Geronten war eng.

Seit der Rhetra hatte die Gerusie vielleicht probouleutische Funktion und das alleinige Initiativrecht gegenüber der Volksversammlung. Dieses Monopol der Gerusie hatte bis nach dem ersten Messenischen Krieg (ca. 690–670) Bestand, als das Ephorat entstand und ebenfalls ein Initiativrecht bekam; im Gegenzug wurde der Gerusie eine Richtungskompetenz zugesichert, wie der Rhetrazusatz und dessen poetische Fassung durch Tyrtaios dokumentieren. Das Ephorat drang auch in andere Bereiche vor, die früher wohl den Geronten oblagen: z. B. die Verhandlung mit Gesandten. Aber ab einem frühen Zeitpunkt scheint es im Machtverhältnis der Körperschaften wenig Bewegung gegeben zu haben. Dieser Befund passt zu den Theorien, die von einer frühen Ausbildung der spartanischen Ordnung ausgehen.

3 Vergleich und Abhängigkeitsverhältnis

Dass die Spartaner die Gerusie von den Ägyptern oder Phöniziern bzw. von den Athenern oder Kretern übernommen haben, erscheint unwahrscheinlich. Eher gab es in Sparta einen Rat des homerischen Typs als Vorläufer. Denn zwischen beiden Gremien gibt es viele Bezugspunkte. In vielen Ähnlichkeiten zeichnen sich bei genauerem Hinsehen aber auch Unterschiede ab. Terminologisch liegen Rat der Geronten und Gerusie beieinander, aber nur in Sparta gibt es eine offizielle Amtsbezeichnung. Am homerischen Rat nehmen bestimmte Persönlichkeiten teil, so dass sich eine feste Teilnehmerzahl ergibt. Umgekehrt steht in der spartanischen Gerusie die Mitgliederzahl von vornherein fest, die die Zahl der teilnehmenden Persönlichkeiten begrenzt. Die homerischen Ratsmitglieder haben individuell Recht gesprochen; die spartanischen Geronten bilden kollektiv den obersten Gerichtshof.

Die Bedeutung der Rhetra lag in der Institutionalisierung einer aristokratischen Verfassung – ein Paradigmenwechsel zu Homer. Verfügten die Könige bei Homer über das letzte Wort, so ging ihre Machtfülle in Sparta in einem größeren Gremium auf. Nicht der Rat war an den König gebunden, sondern das Königtum an den Rat. Die homerischen Räte können die Volksversammlung in formellerem oder informellerem Rahmen vor- und nachbereiten. Von einem regulären Probouleuma – wie in Sparta seit der Rhetra – kann man aber nicht sprechen. Sowohl bei Homer als auch in Sparta eignen sich die Ratsmitglieder dank ihrer aristokratischen Kontakte und ihres Wohlstands für den Empfang von Staatsgästen und fungieren als Gesandte und schwören als Repräsentanten der Gemeinschaft den Staatseid.

Für die Aufnahme in beide Räte spielen ähnliche Faktoren eine Rolle, aber in verschiedener Gewichtung. Im homerischen Rat geht persönliche Exzellenz vor Alter, in der Gerusie gibt es ein festes Mindestalter, das Vorrang hat. Die homerischen Epen spiegeln also keinen gemeingriechischen Ältestenrat, der oft als Grundlage der Gerusie postuliert wird. Genausowenig hatte die Gerusie einen dorischen oder primitiven Ältestenrat als Vorläufer. Vor der Einrichtung der Gerusie herrschten in Sparta wohl ähnliche Zustände wie in den homerischen Epen, die zwar in Ionien entstehen, aber panhellenische Züge tragen: ein (bzw. zwei) König(e) mit Beratern. Der Wandel zur Aristokratie in Sparta fiel in dieselbe Zeit wie die Verschriftlichung der homerischen Epen, die eine monarchische Gegenwart spiegeln.

In Kriegszeiten spaltet sich der homerische Stadtrat, wenn der Prinz mit den jungen Ratsmitgliedern zu Felde zieht und die alten Ratsmitglieder und der König zu Hause bleiben (wie in Troja), oder löst sich auf, wenn der König selbst zu Felde zieht (wie in Ithaka). In Abwesenheit des Königs liegt das politische Leben brach; die zurückgebliebenen Ratsmitglieder füllen das Machtvakuum nicht, sondern allenfalls Usurpatoren. Der zurückkehrende König muss seine Stellung wieder erkämpfen (wie Odysseus) oder fällt den veränderten Machtverhältnissen zum Opfern (wie Agamemnon).

In Sparta hätten diese Zustände durch das Doppelkönigtum leicht vermieden werden können, indem der eine König zu Hause bleibt, wenn der andere zu Felde zieht. Aber Sparta geht durch die Einrichtung der Gerusie einen anderen Weg: Im Gegensatz zu den homerischen Räten wird sie nur aus nicht mehr kämpfenden Männern besetzt, so dass der Rat intakt bleibt, wenn die Könige mit den jüngeren Anführern in den Krieg ziehen. Dadurch bleibt die Stadt während eines Feldzugs regiert. Durch diese Kontinuität werden die Probleme bei der Wiedereingliederung der Rückkehrer vermieden. Es herrscht Arbeitsteilung: die Jungen kämpfen, die Alten entscheiden. Die Einrichtung der Gerusie führte dazu, dass sich die jungen Spartaner auf den Krieg konzentrieren konnten, und war insofern mitverantwortlich für Spartas militärische Erfolgsgeschichte.

Sparta hat in der Zeit, als die Gerusie entstand, viel Krieg geführt. Vielleicht hat die häufige Abwesenheit der Könige und der jungen Anführer zu einer Emanzipation der zurückbleibenden alten Ratsmitglieder geführt. Die Helotie förderte die ökonomische Unabhängigkeit der Alten und erforderte innenpolitische Stabilität. Diese Gegebenheiten könnten die Entstehung eines Rates, der ausschließlich aus Alten bestand, begünstigt haben.

Dass das Doppelkönigtum in einem Ältestenrat aufging, ist alles andere als selbstverständlich. Sparta schlug einen innovativen und erfolgreichen Weg ein.

5.2 Summary

Topic

This book is to investigate (1) the Homeric councils, (2) the Spartan Gerousia from its origins to the end of the classical period and (3) their relationship. The subject is promising, because the theories about the relationship of these institutions don't match up and because recent scholarship on Sparta has focused on the ephors and the kings, whereas the historical studies of the Homeric epics were focused on the assembly. The analysis of the Homeric councils and the Spartan Gerousia is following the same pattern, which will facilitate comparison: terminology, criteria for admission, membership, proceedings, powers, privileges, relation to other institutions, origins and development.

This work is an analysis, which is about institutional history, but also touches on the Homeric question and the disputed origins of the citystate and the development of the Spartan institutions. Part of my study will entail the application of well-established methods of classical and ancient historical studies to familiar texts, but it will also involve the application of new methods (like historical demography) and the study of new material (like inscriptions).

1 The Homeric councils

All communities of the Homeric world – in heaven, on earth, of Greeks and of foreigners – had a council headed by the most powerful individual: the king, the highest god or the commander. Thus, there is a council of Zeus, Agamemnon, Priam, Hector, Alcinous and Laertes.

The members are referred to as basilees and gerontes. The singular basileus applies to the monarch, whereas the plural may comprise leaders or chiefs of differing ranks, who are not necessarily monarchs. Similarly the singular geron designates the senior fighter or the old man, while the plural may comprise younger individuals, provided that they belong to the chiefs. So by virtue of his deeds, one could join the circle of basilees and council members earlier than another, thus belonging to the gerontes, but the becoming of a geron earlier is impossible. In the army the basilees are the leaders who rule the soldiers. In a town the basilees are the chiefs who rule the commoners. They cannot be called nobility, because personal excellence is decisive, although birth and inherited wealth could be important. The basilees and gerontes are the best of the people and the members of the council are in turn the best of the basilees and gerontes. The members of Agamemnon's council appear to distinguish themselves from other basilees and gerontes in various ways (number of ships, age, experience, wisdom and wealth), which differ among the council members.

Admission did apparently not depend on fixed criteria (such as minimum age, number of ships etc.), but rather on personal excellence. The mode of admission is not attested; the king does not appear to award or to withdraw membership. There appears to be a hereditary element, but public service was decisive. Membership was probably life-long.

In the epic world there are different types of councils depending on war vs. peace, members from one city vs. members from several cities, old vs. young members, small vs. large circle. In every city there is a council, which consists of (the king and) older, but also younger basilees (e.g. the council of Alcinous and Laertes). When this city goes to war, the army will be lead by a council of war, which consists of the younger council members (lead by the king or prince). The city council will be reduced to the elderly members, who have to stay behind due to their age. When the king stays at home (like Priam in Troy) the council is likely to be more active than when the king goes to war (like Ulysses of Ithaca). If allies wage war, every contingent is lead by its city council and the allied forces will be lead by a common council, which consists of the commanders of the individual contingents. The commander in chief may deliberate with all of these commanders or with a small circle (such as Agamemnon's and Hector's council). The city council and the simple council of war are probably older than the allied council of war, which requires exchange and interaction. The procedure, which assured that kings and chiefs came to collective decisions within the city, was perhaps transferred to the council of war.

The council could only be convened by the king and the meeting often took place at his quarters, which accounts for their intimate character. On the other hand it was consulted on every public matter. The members could recommend the convocation to the king, could discuss his propositions freely and could bring up new topics. The council could decide on certain (e.g. confidential) issues without the assembly. Or the council decided and informed the people about their decisions. Some issues (e.g. foreign relations) required discussion before the assembly – by the council members of course. They made proposals, which were loudly acclaimed or silently rejected by the people. The councillors tried to gain the support of their collegues and the people by convincing them or adapting their own position. Their readyness to yield and to compromise made it possible that the debate lead to a proposal, on which all chiefs agreed and which was acclaimed by the people: the decision.

In assembly sessions, however, consensus and open debate were less frequent than in the intimate council meetings, where the king felt less pressure to display his power. That is why the proposal of a council member more often prevailed in a council meeting than in popular assembly, where the king had the final say. The monarch could impose his opinion, but he needed council in order to take good decisions. King and council members had a do-ut-des-relationship: advice and legitimation in exchange for influence and prestige. The king and the council could not exist without one another.

The plot of the Homeric epics is based on problems, which arise from tensions between consensus and the supreme power of the kings. A king respecting the consensus succeeds, a king ignoring it suffers defeat. This illustrates how deeply rooted the idea of consensus is in Homeric society.

The powers of the council members were not limited to giving council, but extended to cult, diplomacy, jurisdiction and guest friendship. In these fields the council could represent both the king and the people.

An important trait of the Homeric councils has so far been neglected: the importance of family relations. The fact that the king's brothers attended his council, gave them a share in power and kept them from plotting. Besides they were prepared to succeed their brother, if he died without leaving a son, or to act as regent, if the son was too young. Father and son relations are important, too: sons listen to the discussions of their fathers and take over small missions in preparation for their future role. This interaction between the young and the old is bridging the generation gap and makes the council a place of knowledge transfer.

The Homeric councils do not represent Mycenaean, but rather institutions contemporary with the poet, who dates to the second half of the 8th century. The councils of Trojans and Achaeans are neither politically nor chronologically nor culturally distinct. All differences between the councils of the Iliad and the Odyssey can by explained in terms of different types of councils.

Some scholars claim, that in the Homeric epics there is no council in the narrow sense. Our study comes to a different conclusion: a council exists, which advises the king, often prepares the assembly and always leads the discussion, but there is no council of Elders, which consists only of the aged.

2 The Spartan Gerousia

The Spartan Gerousia was founded (or institutionalised) at the end of the 8th century (coinciding with the Spartan expansion and introduction of hoplite warfare) by the rhetra, which determined its name, composition, size and political powers. By integrating the king into the council, Sparta's double kingship gave way to aristocracy. This transition is an important part of the legend of Lycurgus, which appears to contain an element of truth. The (widely ignored) tradition that the conspirators, who would become the first council members, took part in the reforms, modifies the ancient and modern theory that the Spartan laws were a product of Lycurgus' genius and divine sanction.

The 28 seats of gerontes could only be occupied by Spartan citizens, who were older than 60. Candidates were often members of the upper class, which was defined by birth and wealth, but personal merit was decisive and so the Gerousia was neither a pure council of nobles nor a council of the people.

The selectivity of the Gerousia may be assessed, when applying plausible (yet modern) mortality tables. Life expectancy of a 60 year old was 7.5 years. So if every seat out of 28 was occupied for 7.5 years, there would be approximately four seats vacated per year (only one less than the ephorate). Taking into account the attested numbers of citizens, the number of potential candidates per seat can be calculated as: 250 at the end of the Persian Wars and only 50 at the end of the 4th century, a factor that must have rendered the Gerousia to be less exclusive.

Between the 8th and the 4th century 13 gerontes are attested by name, not just a single geron as alleged. The alleged silence of sources about the Gerousia is less strong. While emphasizing that Thucydides does not mention the Gerousia, many have overlooked that one of its members plays an important part in his history of the Peloponnesian War.

The testimony that Chilon, who is considered to have belonged to the seven sages and to have been the first ephor, was a geron, has been widely ignored. Yet in texts starting from the 5th century Chilon is described in terms matching that of a geron. Perhaps he was first geron and later elected ephor. This would add to the evidence that accumulation of these offices was possible; a fact that would amplify the powers of the gerontes.

The theories that the Gerousia was convened and presided by the kings or by the ephors, is not justified. For there must have been sessions without the kings, when they were campaigning. Furthermore the Gerousia's actions in jurisdiction and politics were not exclusively initiated by the ephors and in most cases the gerontes decided alone.

Contrary to the assembly, which decided by acclamation (volume = intensity), the Spartan Gerousia decided by majority vote, which is more difficult to manipulate, and by open ballot, in which the vote of the king had the same weight as the vote of a geron.

The ancient sources hail the Gerousia as the mightiest institution of Sparta. This claim, which the moderns have often doubted, appears to be justified. For the Gerousia was charged with nomophylakia, the supreme power within politics and jurisdiction. There was no capital trial of a Spartan citizen, no law and no important political decision made without the initiative (proubouleusis) or consent (or veto) of the Gerousia. The fact that in decision-making the ephors came often first by initiating discussion and the assembly last by casting its vote, may account for the partial silence of sources on the Gerousia, whose probouleusis came in the middle and whose veto was rare. The Gerousia's powers extended to education, to cult and to diplomacy, which has often been neglected.

The gerontes enjoyed certain symbolical and financial privileges. Nowhere in Greece was old age as venerated nor office holders as respected as in Sparta. This accounts for the high esteem of gerontes, who were very advanced in age and held the highest office. The proximity to the kings certainly added to this, which too was displayed on other occasions than the council meeting.

Ephors and gerontes appear to have collaborated rather than competed with one another. The relation between kings and gerontes was ambiguous: on one hand the Gerousia integrated the king, so that he took part in the decisions (as a subject), on the other hand the Gerousia secured and controlled the kingship, so that sentences were passed onto him (as an object), especially in the trials of the kings. The Gerousia was not at the king's disposal. When the gerontes adopted the king's opinion, despite conflict with their own, they did not do so as a result of force, but rather for profit. Gerontes and kings had a do-ut-des-relationship: loyalty in exchange for gifts and responsibility; support for one issue in exchange for support for another. Collaboration of gerontes and ephors was close.

After the rhetra, the Gerousia was probouleutic and had the sole right to put forward motions in the assembly. This monopoly was in place until the first Messenian War (ca. 690–670), but its aftermath gave rise to the ephorate, which also acquired power to propose motions. In exchange, the Gerousia received a vetoing power, as the rider of the rhetra stipulates. The ephorate also entered other domains of the gerontes (e.g. negotiations with envoys), but since early on, the power relations between the two institutions were quite stable. This result is in line with the theories of the early evolution of the Spartan institutions.

3 Comparison and relation

It is unlikely that the Spartans modelled the Gerousia on Egyptian, Phoenician, Athenian or Cretan institutions. The Gerousia rather developed from a council of the Homeric type. For both institutions have much in common. But what seems alike on the surface often turns out differently upon closer inspection. The terminology is similar: council of gerontes and Gerousia. But while there are other terms which designate the Homeric council and its members, in Sparta these terms were official. There are certain chiefs, who participate in the Homeric council, thereby determining its size, whereas the Gerousia had a fixed size, which limited the number of elders who could participate. The Homeric gerontes passed sentences in turn, while the gerontes formed the high court collectively.

The rhetra is significant, because it institutionalised, or founded an aristocratic constitution – a paradigm shift to the Homeric world. The Homeric kings had the final say, whereas in Sparta their power was absorbed by a larger body. The council is not attached to the kingship anymore, but rather the kingship to the council. The Homeric council could gather before or after the assembly for preparation and debriefing. But there is no regular probouleuma as in Sparta, after the rhetra. In the Homeric world and in Sparta alike, the council members receive foreign envoys and act as envoys themselves because of their aristocratic contacts and wealth and they confirm treaties by oath because they represent the community.

In both cases admission depended on similar criteria, although they were weighed differently: in the Homeric councils, excellence took priority over age; whereas the reverse applied in the Spartan Gerousia. Therefore the Homeric epics do not represent a common council of Elders, which has often been claimed to be the root of the Gerousia. Nor did the Gerousia have a Dorian or tribal council of Elders as predecessor.

Before the Gerousia was set up in Sparta, the conditions were probably similar to the Homeric epics (which were compiled in Ionia, but have Panhellenic aspirations) with one or two kings in power. The development into an aristocracy coincided with the writing of the Homeric epics, which represent a monarchic world.

In times of war the Homeric city council would split up if the prince and the younger council members campaigned and the king and the older members stayed behind (as in Troy), or disbanded if the king himself campaigned (as in Ithaca). During the king's absence there was a lack of governance, which could not be filled by the remaining council members and could give rise to usurpers. Upon return, the king had to fight to regain his position (as Odysseus) or became the victim of the power shift (as did Agamemnon).

In Sparta, this danger could have easily been prevented by the double kingship, if one king had stayed at home when the other was campaigning. But in creating the Gerousia, Sparta took a different way. Unlike the Homeric councils, it consisted only of men who no longer fought, so the council was not affected if the king and the younger men campaigned, keeping the city governed while the soldiers were abroad. Thanks to this continuity, there were fewer problems when they returned. There was a division of labour: the young fought, the aged made decisions. In allowing the young Spartans to focus on war, the Gerousia was an important factor for Sparta's military success.

The Gerousia originated at a time when Sparta was constantly at war. The regular absence of the kings and the young chiefs may have lead to the emancipation of the remaining elderly council members. Helotism enhanced the economic independence of the aged and called for inner stability. These circumstances favoured the emergence of a council, which consisted only of the aged.

The fact that the double kingship was integrated into a council of Elders is not a matter of course. Sparta took an innovating and successful step.

6 Register

6.1 Allgemein

6.2 Griechische Begriffe

6.3 Orte

6.4 Personen

6.5 Stellen*

* Fragmente der griechischen Historiker und Inschriften sind unter den einschlägigen Sammlungen verzeichnet; Scholien stehen nach dem betreffenden Autor.

6.6 Volltextrecherche

Der Inhalt dieses Buches steht jedem Leser zur Volltextrecherche im Internet frei zur Verfügung. Sie erreichen diese Suchfunktion bequem über die Homepage des Verlages (www.wellem-verlag.de). Hier gibt es eine Rubrik »Recherche«, in der dieses Buch gelistet ist.

Auf diese Weise ist in Kombination mit diesem Buch eine Vielzahl von Suchanfragen (auch Stellensuche) möglich. Stellen Sie gezielte Anfragen nach bestimmten Wortkombinationen bitte in Anführungszeichen („“).